北京园林优秀设计

2009-2016

上

北京市园林绿化局
北京园林学会 编

中国建筑工业出版社

编 委 会

本书汇集了近八年来北京优秀园林绿化设计成果，既是过去的成果总结，也是今后的重要参考资料。回顾这一时期北京园林绿化设计的发展历程，是与国家和北京市园林绿化事业的方针政策密不可分的。生态文明建设作为国家五位一体的基本国策的提出，使园林绿化规划设计更加重视生态效益，主要表现在以下几个方面：

一是园林绿化建设项目的多元化，带动了规划设计的多样化，例如郊野公园、滨河森林公园、城市与近郊的绿道建设、废弃地的生态修复、屋顶绿化以及城市核心区的拆违建绿等新兴项目，都对规划设计提出了新的要求。

二是增强了对不同项目规模和功能的认知能力，特别是对大尺度的规划方案的把控能力，有了突破性的进展。

三是初步树立了城乡一体化的观念，把郊区的城、镇、村纳入了视野并勇于实践，已取得了较好成效。

四是思想开放，博采众长，能主动吸取相关学科的知识（城市规划、建筑、生态、林业、水务等）。提高了和其他专业协调配合的水平，增强了自身在方案策划方面的综合能力。

五是重视植物在各类园林绿化项目中的主体地位，较好地掌握了植物的自然属性，如形态特征、生态习性等。依据科学性和艺术性的规律进行植物的规划与设计，在城镇中再造自然。

六是在继承和创新上勇于探索，中国传统园林博大精深，是中国园林的根。每位设计者都应对其有全面的认识并掌握其精髓。但在现代园林设计中，如何实现传承与发展却不是一件容易的事。这几年不少作品在不断探索和实践，应该给予鼓励。

经过长期努力，中国特色社会主义进入了新时代，这是我们国家发展新的历史方向。新时代要有新起点、新任务、新要求。北京既是一座国际大都市，又是一座历史文化名城。因此对我们北京风景园林行业来讲，继承和创新是一个永恒的课题，需要不断地探索、实践和总结。

回顾过去，成绩斐然；展望未来，任重道远。相信在大家的共同努力下，定能完成历史赋予我们的使命。

于2018年元旦

前 言
PREFACE

首都风范，时代精神
——读《北京园林优秀设计2009-2016》有感

改革开放以来，随着我国经济社会快速发展，风景园林规划设计行业进入了最佳发展期。为不断鼓励大胆创新设计理论与方法，积极探索北京园林文化在设计实践中的表达，促进行业健康发展，北京市园林绿化局和北京园林学会在行业内适时推出优秀规划设计项目评选活动。评优活动增进了同行间的交流与互动，提升了北京园林规划设计水平。《北京园林优秀设计 2009-2016》的出版，记录了北京园林建设发展的脉络，推动了风景园林事业理论研究，反映了北京城市建设的水平，对我国园林建设事业具有良好的示范作用。

评优活动每年在7、8月由各会员单位开始申报，9、10月组织专家评审。评审分为初评、终评两个阶段。专家组对报奖的每个项目进行认真的现场考察，并结合申报文件进行综合评定。同时邀请北京市园林绿化局和北京园林学会领导全程参与指导。合理的评审程序、严格的评审制度、专家们的辛勤劳动，孕育了一批批优秀设计作品。

"艰辛化绿彩，从心筑凌云"，是首都著名园林专家、我的老院长刘少宗先生写于30年前《北京园林优秀设计作品集》的卷首语。借用此句评价本次刊出的优秀设计作品有两层含义：其一，谨向以刘少宗先生为代表的老一辈园林专家致敬，感谢他们为首都园林建设事业贡献了毕生精力，感谢他们带领、培养的一批批优秀的中青年风景园林师，走上园林规划设计的大舞台，担负起建设美丽首都的使命。其二，在中国经济高速发展的大背景下，北京中青年风景园林师经过1990年北京亚运会、1999年新中国成立50周年大庆、2008年北京奥运会、2013年北京第九届国际园林博览会，以及2015年APEC会议等一系列园林建设高潮的洗礼，增长了才干，开阔了视野，有了驾驭大型综合园林建设项目的能力，同时也有了和国际一流设计大师交流、竞技的机会。本作品集既体现了年轻一代的成长进步，也渗透着老一辈的心血，在此借用刘少宗先生的名言进行评价非常贴切。

本次出版的作品是2009年以来的评优项目，共计156项，归纳起来主要突出在以下几个方面。

景面文心，文化为魂

习近平总书记多次强调：中国的自信，本质上是文化自信。文化自信，是继道路自信、制度自信、理论自信之后，中国强调的第四个自信，意义更为深远。

北京有3000多年建城史，800多年建都史，更是国家政治、文化中心，必然要有体现民族文化自信的城市风貌。风景园林作为城市文化的载体和重要组成，是将文化具象化的最直接手段，金柏苓先生在他的著作《史鉴文魂》中讲道："古今的园林似乎都更应该是文化的载体，特别是人与自然关系方面文化的载体，同时也是一种生活理想和价值观的表达，形式在某种意义上只是表象，文化才是园林艺术的灵魂和发展演变的内在动力。"

文化也是一个城市的灵魂和特质，如何在北京这个历史文化厚重之地承担园林设计工作，如何将抽象的文化内容用形象化的设计语言加以诠释，如何恰如其分地把握表达的形式和内容，是设计师文化修养、设计水平的最好体现，也是每一个北京园林人必须践行的责任。北京"金中都公园""北京园博园北京园""大望京公园"等项目，都在这方面做了有意的探索和实践。

植物造景，生态优先

十九大明确指出：加强建设生态文明是中华民族永续发展的千年大计。必须树立和践行绿水青山就是金山银山的理念，坚持节约资源和保护环境的基本国策，既要创造更多物质财富和精神财富以满足人民日益增长的美好生活需要，也要提供更多优质生态产品以满足人民日益增长的优美生态环境需要。①

作为首善之区，北京城市生态修复任务艰巨，充满了挑战。城市生态修复包括废弃地修复、湿地保护、城市绿道建设等风景园林建设的各种绿地类型，因此园林绿化作为城市唯一有生命的城市基础设施，风景园林师在城市生态修复中发挥着不可替代的作用，他们不仅是城市美容师，更是提高人民群众生活品质、实现美丽中国梦的生力军。

"门城大沙坑环境景观整治"项目，是真正以生态修复为主的废弃地整治项目，也是以风景园林师为主导，园林工程为主要技术手段，乡土园林植物为主要造景材料，建设成本较低，短期取得一定效果的生态修复突出案例。

历史上，北京是水草丰美之地，从幽州城至辽金中都再到金大都，无一不是依湿地建设。但是，由于中国经济持续高速发展，生态环境遭到了严重破坏，湿地也难逃厄运。北京湿地大量消失，玉泉不再吐水，稻田景观不再呈现。因此，保护和恢复已有的湿地资源刻不容缓。

翠湖湿地是北京重要的湿地之一，设计师没有急功近利，经过近十年的跟踪、调研、设计、建设，到2014年才建成开放。其最大亮点在于充分协调了保护、科研、科普、教育、游览等多种功能，利用分区分时、限制人流等方式有效解决了保护与游览的矛盾，使该湿地的综合效益最大化。

近年来，北京市启动了大规模绿道建设，目标是力争五年内建设市级绿道1000公里，串联公园、风景区、历史文化遗迹等各类旅游文化景点200多处，示范带动1000公里以上的区县级和社区级绿道建设，形成覆盖城乡，功能多样的绿道网络。

如何正确理解绿道在城市中的综合功能十分重要。北京文化古迹众多，绿道不仅是居民休闲健身的步道，也是串联文化古迹、指引游人游览的旅游廊道。绿道应根据所处地区的差异，在设计风格、植物选择、主要功能、驿站和服务休闲设施的安排上，进行有针对性的设计。本次出版的绿道项目，是设计师将自己的理解付诸实践的成果，为北京市的绿道建设提供了宝贵的经验。

《京津冀协同发展规划纲要》提出：要把生态环境保护作为三个率先突破的重点领域之一，园林绿化作为生态建设的主体，率先实现突破。……力争到2020年，全市新增城市绿地2300公顷，让城市85%的市民出门500米就能见到公园绿地。建设30处环城森林公园，北京市将再新增38万亩林木绿地，使平原地区的森林覆盖率达到30%以上。在纲要的指导下，北京加快了郊野公园建设的进程。学科背景和理解角度不同，对郊野公园的定义也有所不同。本人理解的郊野公园应是位于城市郊区，面积较大，管理相对粗放，服务游乐设施能满足基本需求，植物造景为主，游客来此主要体验郊游乐趣的公园。本书收录的十几个郊野公园，都是近八年建成，为北京生态建设、居民休闲娱乐做出了突出贡献。

节约型园林绿化，就是以最小的资源和资金投入，实现生态效益、景观效益、经济效益和社会效益的最大化，以促进城市园林建设事业可持续发展。住建部早在2006年就召开了建设节约型园林专题会议，首次提出了"节约型园林"的概念。2007年8月，住建部发出了《关于建设节约型城市园林绿化的意见》，这是我国经济社会发展到一定阶段对园林绿化建设理念上的一次重要反思。

对于一个风景园林师来说，坚持适地适园，合理把握设计强度，就是对节约型园林理念最好的落实，也是设计师最起码的职业良知。

本书收录的"北极寺公园"是一个很好的范例。设计师在项目中坚持植物造景，以北京乡土树种为主，适量选择已经适宜北京环境的新优植物，充分利用现状地形和现状植物，保证居民最基本的休闲健身需求的同时，去掉硬质景观中华而不实的装饰性元素，实现了低成本建设、低成本维护的良性循环。虽然受各方面客观条件制约，这样的项目出现不多，但说明我们的设计师已注意到"过度设计"这一问题，并积极探索应对策略。

---

① 决胜全面建成小康社会夺取新时代中国特色社会主义伟大胜利——在中国共产党第十九次全国代表大会上的报告。

服务民生，以人为本

"近年我国休闲和游憩从理论到实际都有了新的发展。经济学家成思危认为：20世纪90年代，人们将生活中41%的时间用于追求娱乐、休闲。到了2005年前后，因为知识经济和新技术的发展，将有50%的时间用于休闲。由于现代人们休闲时间增加，更需要发展休闲空间。"[1] 随着闲暇时间的增多，公园绿地已成为人们度过闲暇时光的最佳场所，俨然已成市民的"第二个家"。而中国的"老龄化"问题也已倏然而至。《2016–2017年北京市老龄事业和养老服务发展报告》显示：截至2016年底，全市60岁及以上户籍老年人口约329.2万人，户籍老龄化程度居全国第二位。80岁以上高龄老年人口，从2012年的42.6万人，增长到2016年的59.5万人。北京的养老社会问题已经摆在面前。

公园绿地建设应以服务民生为根本宗旨，以建设和优化人居环境为最终目标，根据区域和不同人群的特殊需求，充分挖掘公园绿地的潜力，协调绿化、景观、生态等多重功能，有针对性地安排适合特定人群的健身、休闲场地，使公园使用者各得其所，这也是"万寿公园景观改造""金源娱乐园""长春健身园"项目获奖的关键所在。

开放包容，多元互鉴

随着中国的崛起，北京发展成一个包容开放的国际化大都市，新时代的北京以更加包容、开放的姿态向世界展示东方大国首都的风采，一大批有国际背景的园林景观设计公司不断在北京出现，一批批设计手法现代、具有创新意识的作品竞相展现在世人面前，北京的风景园林建设呈现百花齐放的新局面。

外来文化的进入，信息的开放，给这座古老的城市带来了活力，给传统思维、传统文化带来了新的思考和冲击，特别是改革开放之初，全盘西化的呼声曾一度甚嚣尘上。值得庆幸的是，我们有一批有真才实学的老园林专家，有一批懂政治、讲科学的专家型领导，在他们的坚持、带领下，北京平稳度过了一场场风波，园林建设的主流仍在坚持以绿化造景为主、古都文化为魂的正确道路。

与时俱进，创新发展

科学技术的发展，使得园林设计早已打破了传统造园要素的束缚，任何手段和材料都能在园林景观设计中找到应用和发挥的空间，特别是新优园林植物品种为北京园林增色添彩，丰富了风景园林师的创作思路。而大数据，计算机辅助设计软件的应用更是为我们的创作提供了无限的可能。

在计算机辅助设计方面，如BIM系统、GIS地理信息系统等已在规划设计行业的其他领域成熟应用，但在园林设计中还处于起步阶段。大数据、人工智能的高速发展，海量设计辅助软件的应用，是未来设计行业发展的必然趋势。如何适应这一新常态，如何在信息化时代找到立足点，是我们这一代乃至下一代风景园林师所必须面对和思考的问题。

结语

八年在历史的长河中只是短暂一瞬，北京的园林设计师却在这短短的八年里为北京的城市园林增添了长久的记忆。

在飞速发展的时代，作为一个园林设计师必须要保持足够开阔的视野，不断自我变革，勇于探索新事物、新观念。信息化、大数据时代的到来，必定会对传统的园林设计行业造成巨大的冲击，我们的机遇与挑战并存！

随着北京城市规划的新一轮调整，北京园林绿化事业迎来了新的发展机遇，北京的园林人也一定能够在新的历史时期创造出具有首都风范、时代精神的中华园林新辉煌。

2018年2月　于北京

---

① 刘少宗. 园林设计［M］. 北京：中国建筑工业出版社，2008。

目　录
CONTENTS

「上」

公园绿地

道路绿化

居住区绿化

屋顶绿化

其他附属绿地

公园绿地
2009年度

一等奖

1. 长春健身园

二等奖

2. 门城大沙坑环境景观整治

3. 古塔郊野公园

4. 裘马都东侧大绿地

5. 先农坛神仓外部绿地

三等奖

6. 立水桥公园

7. 延庆江水泉公园

8. 陶然亭公园潭影流金景区改造

9. 常营公园（一、二期）

10. 十八里店乡老君堂郊野公园

1. 长春健身园

2009年度北京园林优秀设计一等奖

一、项目概况

长春健身园属于昆玉河绿色生态走廊整体规划中"五园"之一，昆玉河水景观走廊南起八一湖，北至颐和园如意门，全长10km，规划绿地面积约130hm²，包括"一水、两路、四立交、五个公园"的建设。"一水"指昆玉河，"两路"指蓝靛厂南路河两岸，"四立交"指八里庄桥、车道沟桥、长春桥及火器营桥，"五个公园"指巴沟山水园、长春健身园、鲁艺文化园、金源娱乐园和玲珑公园。届时，昆玉河两岸将呈现"一片杨柳一片桃，绿荫深深避天日，银枫秋色连成片，落叶枝梢点点绿"的四季美景。桥体灯光流光溢彩，与自然景观相得益彰，是以体育健身为主题的公园。本项目位于海淀区昆玉河东岸，西临蓝靛厂北路，东临万柳西路，北起万泉庄路，南至长春桥桥区，全长约0.7km，总面积约10hm²。2007年建设完成，并在同年10月向游人开放。

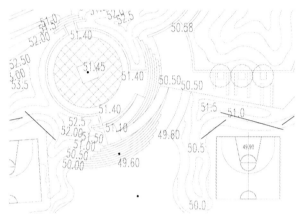 

节点1：竖向平面图　　　　　　节点2：竖向平面图

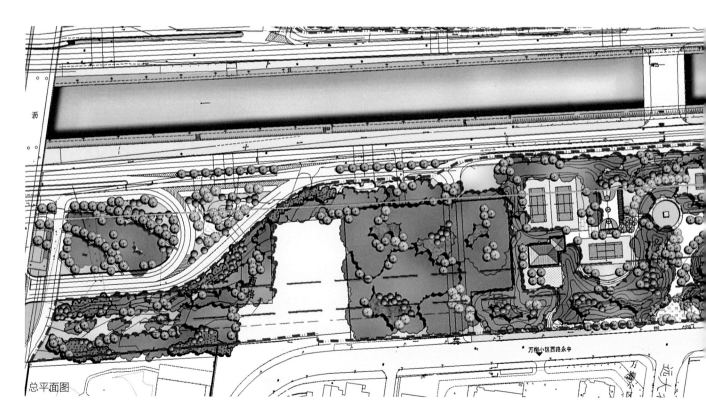

总平面图

主入口服务设施竖向图

健身广场

文化景墙

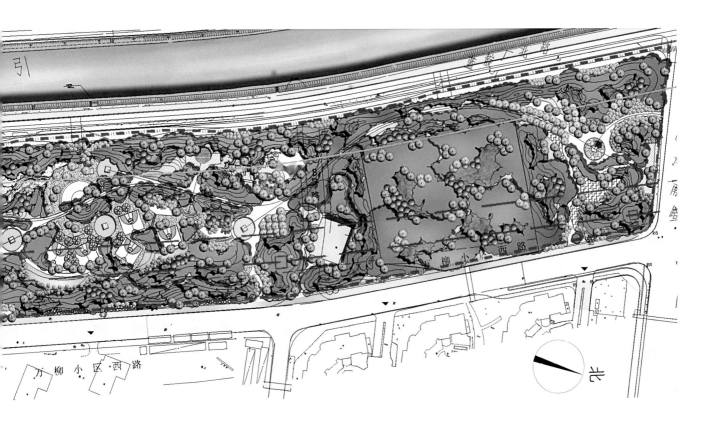

休闲空间

二、设计意图

本项目设计前提需要延续自然山水景观特色，完善生态走廊的构建。划分运动场地时，以满足群众健身活动为主，按不同年龄使用人群的需求分为3个场地区域，分别是标准场地区、综合健身场地区以及专类场地区。其中标准场地区位于公园南部，由4个网球场地、1个整场篮球场地、4个半场篮球场地组成，布局方式采用自由式的园林化布局，打破传统的整齐排列式球场布局概念，使球场与公园环境紧密融合，令其周边大树环绕，形成林中运动场景观。综合健身场地区位于公园中部，整体地势下

种植景观

种植冬景

入口景观

园区冬景

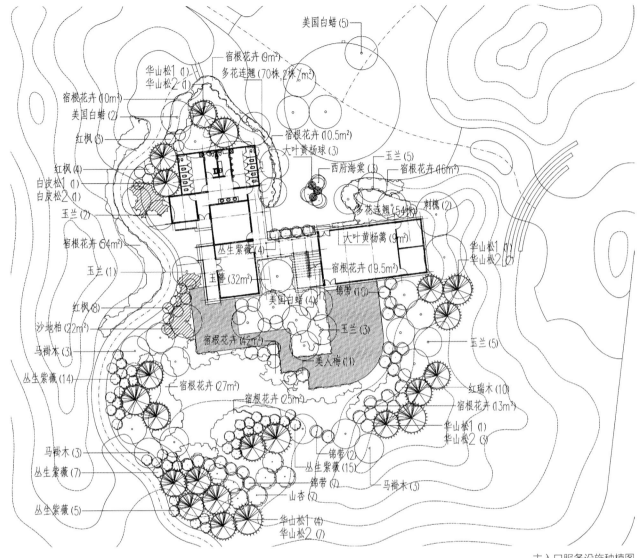

美国白蜡 (5)
华山松1 (1)
华山松2 (1)
宿根花卉 (9m²)
多花连翘 (70株,2株/m²)
宿根花卉 (10m²)
美国白蜡 (2)
红枫 (3)
宿根花卉 (10.5m²)
大叶黄杨球 (3)
红枫 (4)
西府海棠 (3)
白皮松1 (1)
白皮松2 (1)
玉兰 (5)
宿根花卉 (16m²)
玉兰 (2)
刺槐 (2)
多花连翘 (54株)
宿根花卉 (54m²)
华山松1 (1)
华山松2 (1)
大叶黄杨篱 (9m²)
丛生紫薇 (4)
宿根花卉 (19.5m²)
玉兰 (1)
玉簪 (32m²)
美国白蜡 (4)
锦带 (10)
红枫 (8)
宿根花卉 (15m²)
玉兰 (5)
沙地柏 (22m²)
玉兰 (3)
马褂木 (3)
美人梅 (1)
丛生紫薇 (14)
宿根花卉 (27m²)
红瑞木 (10)
宿根花卉 (25m²)
宿根花卉 (13m²)
华山松1 (1)
华山松2 (3)
马褂木 (3)
锦带 (2)
丛生紫薇 (7)
丛生紫薇 (15)
锦带
丛生紫薇 (5)
马褂木 (3)
山杏 (7)
华山松1 (4)
华山松2 (1)

主入口服务设施种植图

沉,被四周地形环抱,形成相对封闭的内向空间,由半场篮球场地、健身设施场地及休闲健身场地组成。空间变化多样,场地周围的绿地内种植灌木及地被花卉,场地穿插组合,相互映衬,形成低谷健身花园景观。专类场地区位于公园北部,针对少年儿童及老人设立,由儿童乐园、老人活动场及青少年活动场组成,此位置距离公园入口相对距离短,方便儿童与老人及时到达,并根据不同的使用人群制造相对独立的空间,打造风格各异的景观效果,营造园中园的独特景观特色。

三、种植原则

1. 对原有树木进行保留和移植。原有树木包括油松、龙柏、桧柏、榆树、臭椿、垂柳、大叶黄杨等乔灌木,因现场大型西安桧柏、油松和大叶黄杨长势良好,具有很好的景观效果,故予以保留。对影响景观的小型桧柏、油松、龙柏、榆树、臭椿、垂柳等植物分别进行现场移植,保证现场原有苗木的观赏质量。

2. 因地制宜,在通往下沉广场的二级路两侧,种植以大油芒、狼尾草为主,以宿根花卉为辅的地被植物,使其充分具有郊外野趣。

3. 园内立体花境采取自然式轻松活泼的种植方式,色带呈流线形,全山包种植宿根花卉,呈现立体形态,给人一种漫山遍野花团锦簇、犹如梦境一般的感觉。

设计单位:北京创新景观园林设计有限责任公司——刘巍工作室
项目负责人:刘巍
主要设计人员:
孙起林 包乳洁 仇铮 张萌
参加人员:栾树人 安达 刘述

2. 门城大沙坑环境景观整治

2009年度北京园林优秀设计二等奖

一、项目概况

该项目位于北京市门头沟区，场址原为永定河古河道，沙坑南北狭长，最深处达40m，最宽处约400m，坑壁直立且易坍塌，总面积约40万m²，由于长期以来缺乏有效管理，这里已经成为附近居民的垃圾倾倒场所，局部垃圾覆盖深度近1m，气味刺鼻，严重影响环境卫生，是北京西郊的主要污染源之一，对城市土壤、地貌、空气、水源涵养等都造成极大的危害。坑内仅部分崖壁坍塌区域存在极少量植被，在生态系统中起主导作用的生产者十分匮乏，生物物种几乎绝迹。可以说，该区域的生态环境已经恶化到了在可以预期的相当长的时间内仅凭自然之力无法逆转的状况，生态环境极为恶劣。

二、设计理念

"对自然进行补偿，引导被破坏自然环境在较短时间内形成良性自身演替机能"是项目的设计理念，其目标是通过有意识地运用生态补偿设计观念尽可能减少对自然的负影响，并争取经过若干年的恢复，经过自然演替，逐步形成自身相对稳定并可自行繁衍的良性生态体系，最终达到改良该区域环境的目的。

三、方案设计要点

（一）稳定的环境体系

按照系统性原则、生态优先原则、可持续发展原则，着力构建良性循环、稳定的自然生态环境体系。力求通过人类的辅助设计对受损区域进行适当干预，促使自然本身所持有的再生能力得到最大限度的发挥。

（二）安全的空间结构

在保留崖壁的顶部及底部设置了10~20m不等的缓冲区域，顶部缓冲区保留原有植物群落，底部缓冲区经过填土设计5m缓冲平台并种植大量灌木群，在允许可能自然坍塌的同时，形成与可能进入区域的隔离，局部地段适当采用岩土工程技术进行处理。

（三）因地制宜，尊重原有地形地貌

根据原地形北高南低的高差变化及多台层的特点，在坑内设计了3块面积分别为2hm²、0.6hm²、0.5hm²的水体，并由一条设计水系由北至南连通，水体的营建及水生植物的种植可以极大改善沙坑的基本自然条件，为昆虫、鸟类等提供相应的生存条件，从而加速该区域的演化进程。

（四）多种类、多层次、可繁衍的植物群落

对局部区域内的自然植物群落给予保留的同时，通过大量适于当地生长的乔木、灌木、地被应用形成多种类、多层次植物群落，与传统单纯为营造景观的植物种植相比，该项目注重植物的演替过程，力求通过一段时间内植物间的自然竞争达到自然选择的目的。在植物种植的选择上突出群落种植，并参照长期以来自然界形成的稳定群落进行设计，整个林地覆盖率高达50%以上。

（五）材料的循环利用

对于沙坑内部原有大量砂石、卵石，无论是在水边护岸还是道路基层

坑内坑壁直立且随时坍塌，现场大量垃圾随处堆放

石英砂过滤系统 ——— 入口广场

观景平台
生物活性滤池屋顶花园
休闲广场

节点三
出水口
观景平台

湿生地

景观水面

景观水面

浅滩湿地

景观水面

节点二

节点一

北

0   50   100   200m

门城大沙坑景观整治规划总平面图

的处理、挡土墙的砌筑等方面均大量应用，在降低造价的同时，也体现沙坑自身的风格特点。

（六）减少水资源消耗，强调可

持续发展

水体来源通过降水及北部污水处理厂排放的中水，共同使水面维持在设计水位，局部水体进行了防渗处

理，而最南侧汇水坑则不作任何处理，水体通过北坑沉淀及溪流过滤，在经过水生植物处理后回灌地下。从生态、环保的角度出发，沙坑中仅在

水体及水生植物群落

安全稳定的空间结构

多种类、多层次植物地下森林

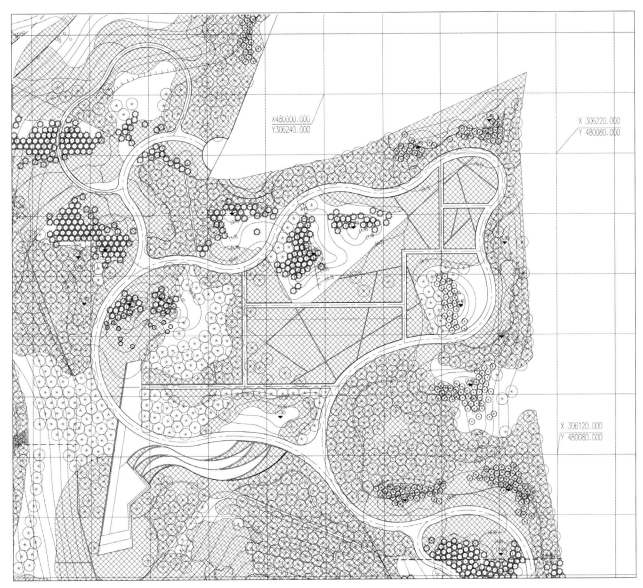

北坑北部节点平面布置图

局部重点区域采用喷灌系统，利用独特的小气候条件以及通过节水耐旱植物品种的选择，尽可能地减少水资源的消耗，部分区域甚至仅仅通过自然降水维持沙坑内部植物所需。

（七）局部范围内人的休闲活动

集中在沙坑顶部开阔地处，坑内则仅以自然恢复为主，仅供少量游人进行散步游览，避免对脆弱的环境造成过大压力。

四、结语

本设计是对处于永定河故道上的废弃砂石采集坑结合环境设计进行生态修复的有益实践。通过合理的地形修整、适当的植被修复、低成本的中水处理系统建设，在生态、安全、景观等不同层面取得了较好的修复成果，在如何综合运用现有技术手段、低成本高效地对废弃地进行生态修复的问题上进行了积极的探索。

设计单位：北京北林地景园林规划设计院有限责任公司

项目负责人：赵锋

主要设计人员：

叶丹　李学伟　钟继涛　郭竹梅

参加人员：

石丽平　马亚培　朱京山　刘框拯

吴家钦

3. 古塔郊野公园

2009年度北京园林优秀设计二等奖

一、项目概况

古塔公园位于王四营乡中部，占地面积约836亩（55.7hm²），2007年4月开始建设，2008年5月免费开放。

2000年，北京绿化隔离带建设期间，古塔公园开始建园。由于资金问题，只修建了一部分道路和水面，由于无水源，干涸的湖区杂草丛生；园内基础设施非常薄弱，供水、供电设施不能满足园区的要求；植物以片林为主，树种植被比较单一，林地标准和养护管理水平都比较低。提升与改善地区环境质量，为周边居民提供自然化、多样化的休闲、休憩及娱乐场所，成为环境建设的重点。

二、规划设计理念

结合北京市提出的把绿色隔离带提升为公园的建设思路，以"景观是前提，特色是关键，文化是灵魂"为原则，古塔公园定位为"集生态休闲于一体的郊野森林公园"，把自然引入城市，用错落有致的植物景观实现"城在林中，林在城中"；并以"因地制宜，保留、改造、提升相结合，功能优先，节约节能，可持续发展，突出人性化及生态性；体现地区文化性"为设计原则。

总平面

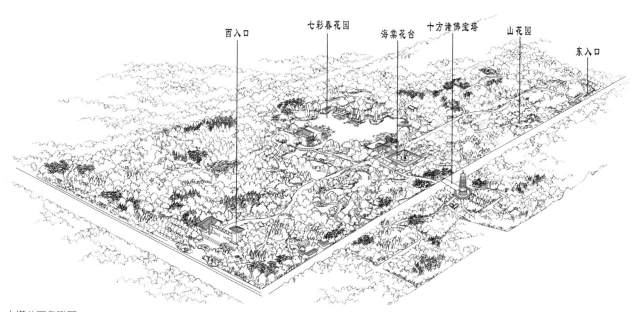

古塔公园鸟瞰图

三、主要景区景点

园区共分为4个主要景区，分别为主入口区、七彩春花园景区、山花园景区、古塔景区。

（一）主入口区

公园主入口（西门区）紧邻观音堂文化大道，大道两侧密布画廊及小型美术馆，文化气氛浓郁。公园入口营造出郊野与自然之趣，大小各异的绿岛构成空间的层次与变化，将"森林与绿色"融入城市。主入口区通过木屋建筑与高大的观景木塔给人鲜明的印象，成为古塔公园的标志性景观。

（二）七彩春花园区

位于中心区的七彩春花园以展示各类春花植物景观为主题，在突出海棠、桃花、玉兰等植物的自然形态与景致的同时，也发掘与表现植物本身的文化特征，提高环境的文化品位和环境质量。

公园大门

水边的休息廊架

古塔远现花丛间

设计将原有6hm²的干涸水面缩为2.5hm²，引入中水作为水源。在北侧堆山，阻隔园外混乱的景观。湖区景观主要包括平泉叠水、野鸭岛、观赏平台、木栈道、滨水亭廊等，构成几条景观线，风格自然野趣。

（三）山花园区

山花园区位于古塔公园东部，以岩石园、沙生植物区、山花区为主要景点，以引种、展示耐旱节水植物景观为特色，引种栽培北京乡土的抗旱园林观赏植物品种和一些新推广的节水耐旱园林观赏植物，林间升辟约1000m²的林间活动场地，供游人休憩，享受林间休闲情趣。

原有毛白杨全部保留了下来，形成大的林地景观。利用原有多余土方，以微地形来塑造空间。道路在原有毛白杨林间穿越。植物配置突出耐旱植物特色。岩石园景区结合地形、山石进行局部调整，引种栽培北京乡土的抗旱园林观赏植物品种和一些新推广的节水耐旱园林观赏植物，具有一定的科普展示功能。

（四）古塔景区

此景区内有明代遗留的延寿寺和十方法佛宝塔，属于市级文物保护项目，公园也因此而定名。发掘与展示古塔文化和其独特的建筑风格是设计的核心。在苍松翠柏的映衬下，耸立的高塔与草间横斜的残破的石柱，诉说着历史的沧桑。在景区南部的文化休闲广场上，每天早晨扭秧歌的人们脸上都洋溢着快乐之情。

四、结语

古塔公园规划设计提出在强调

山花园小景

古塔文化休闲区

"郊野"与"生态"主题共性的同时，不应忽视各个公园的个性与特色。开发利用公园潜在的景观和文化价值，重视景观建设、公园特色与地域文化的发掘与弘扬也应成为郊野公园规划设计的重点。只有把握地域文化根基，才能避免"千园一面"，做到"园园精彩"。

设计单位：北京创新景观园林设计公司

项目负责人：辛奕

主要设计人：辛奕　吴晓舟

一、项目概况

公园位于京顺路裘马都小区东侧，占地2.2hm²。

二、设计定位

该绿地定位为开放性市民休闲公园，主要服务于周边居民。整体设计风格为现代简约、自然休闲。主要通过植物营造景观，配合少量铺装和建筑小品满足功能需要，体现以人为本、经济环保、亲近自然的设计理念。

三、具体设计

方案平面构图以椭圆和大弧线为

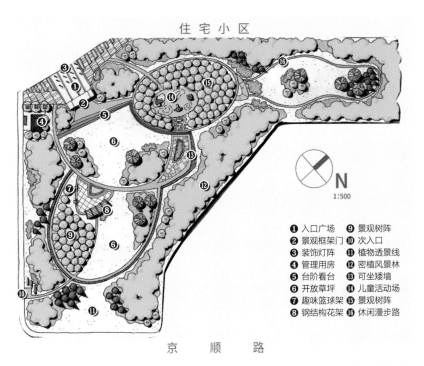

住宅小区

N
1:500

❶ 入口广场　❾ 景观树阵
❷ 景观框架门　❿ 次入口
❸ 装饰灯阵　⓫ 植物透景线
❹ 管理用房　⓬ 密植风景林
❺ 台阶看台　⓭ 可坐矮墙
❻ 开放草坪　⓮ 儿童活动场
❼ 趣味篮球架　⓯ 景观树阵
❽ 钢结构花架　⓰ 休闲漫步路

京 顺 路

裘马都东侧大绿地规划总平面图

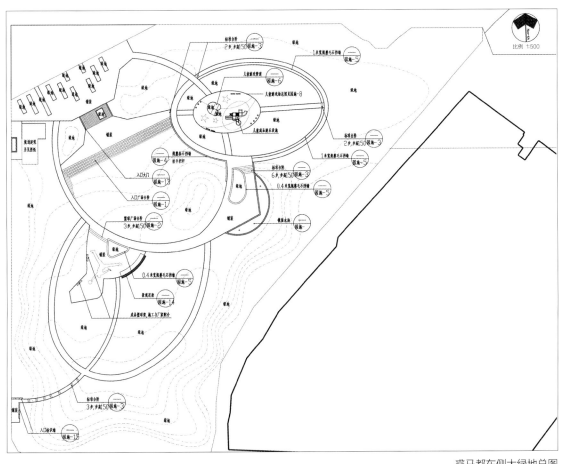

裘马都东侧大绿地总图

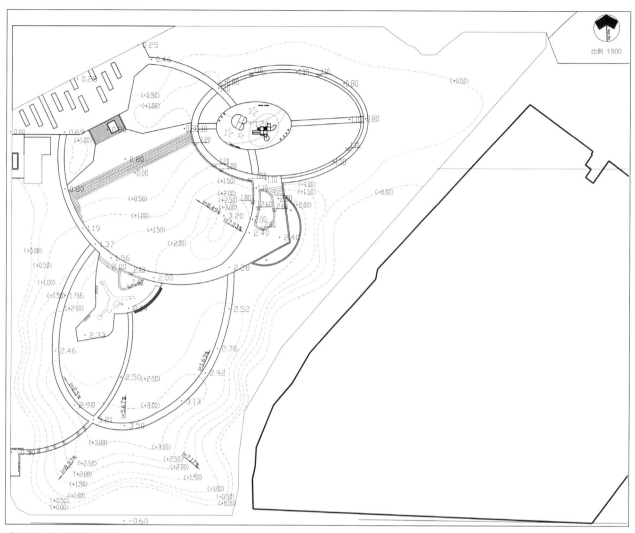

比例 1:500

裘马都东侧大绿地竖向图

建成实景

主，增加了现代感。园区设置了主入口广场、表演广场草坡看台、篮球广场、儿童活动广场等，以满足不同人群活动需要。

（一）主入口广场

以大型景观框架门作为公园标识性景观，将园区与园外步行街有机分隔，减少外界对园区内部园林空间的干扰，门区提供的林荫活动空间可供游人晨练健身活动。

（二）草坡看台

提供了亲近自然、开展社区文化活动的绿色空间。游人在这里可以或尽情展示才艺，或为他人精彩的表现

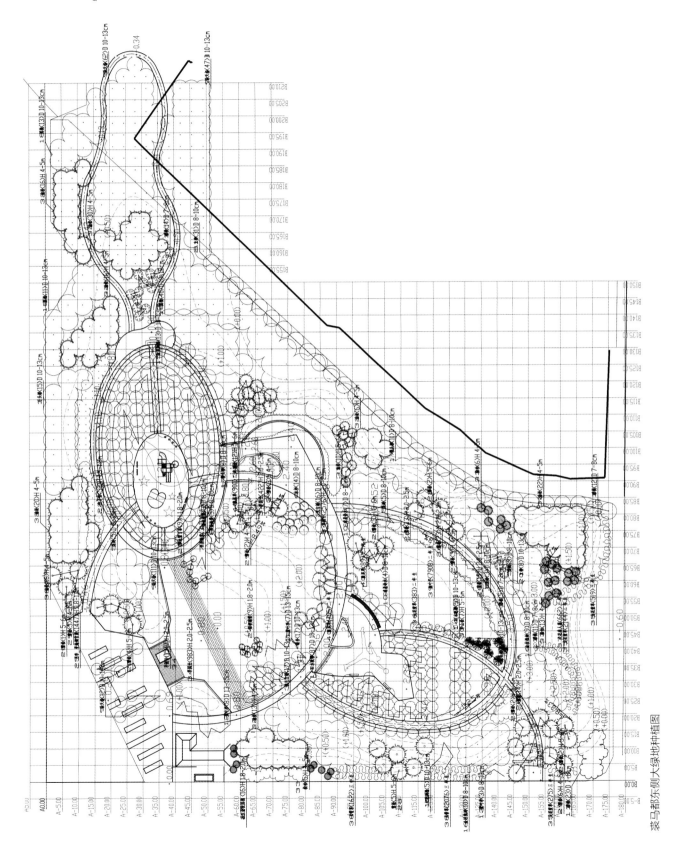

裘马都东侧大绿地种植图

趣味篮球架

康体健身步道

台阶看台

放声喝彩，优美的园林空间为群众建立和谐的人际关系提供了有利条件。

（三）篮球广场

场地铺装图案采用"飞人"造型突出主题，在绿地一角设置一组趣味篮球架，突破、上篮，年轻人在阳光、绿草、清新空气中，惬意享受运动带来的乐趣。在广场的另一侧布置了一组林荫木花架，为运动的人们提供休息的场所。

（四）儿童活动广场

为保证儿童活动安全，采用软质地面；同时，为满足儿童心理要求，设计彩色图案铺地。林下丰富多彩的活动内容安排，为少年儿童与家长提供了安全、舒适、亲近自然、富有乐趣的场所。游乐设施的选择体现经济环保、亲近自然的理念，如设计的游戏水泥管既自然简洁，又能带给孩童无限的乐趣。

四、竖向设计

梳理现状地形，充分利用现状土山，因高就低，以经济、适用、美观为指导原则，利用台阶、草坡、台地等元素营造变化多样的场地空间，丰富公园景观层次。

五、种植设计

通过植物种植设计，令公园的不同活动区形成各自特色鲜明的植物景观。整体设计体现自然、生态的理念，结合方案的椭圆和大弧线构图形式，采用规则和自然种植相结合的方式，植物选择注重造型变化和季相变化。

入口广场以竹林作为表演舞台优美的绿色背景；在与入口相对的大草坪一侧，通过银杏、元宝枫、水杉和紫薇、丁香、玉兰等花灌木组合形成鲜明的季相变化；同时复层种植、疏密结合，形成节奏舒缓的林冠线，围合出草坪看台空间。中心弧形漫步路一侧种植较大规格、树形较好的红叶李，形成园区一条亮丽的红色林荫路，人们可以在此康体漫步。儿童活动广场周边规则种植钻天杨，高耸的树阵形成了园区另一特色景观，林间嬉戏穿行的儿童，在自然的怀抱中感受美好的童年。

此外，植物造景追求自然风格，种植了多种新优地被花卉，进行了有益的尝试。

六、环保节能设计

尊重可持续发展的理念，在建设的过程中应用了许多先进的园林科技成果，使用新造景材料，如植物根部渗透技术等。铺装材料大面积使用了透水混凝土，园区能够最大限度利用地表径流，成为一个能源节约型的公园。

设计单位：北京市园林古建设计研究院有限公司

项目负责人：严伟

主要设计人：

李海涛　朱泽南　王欣　汪静　王堃　季宽宇

一、项目概况

　　该项目位于宣武区东经路21号，正阳门西南方，与天坛建筑群对望。先农坛是明清两代帝王祭祀先农神的处所。本次设计地块为紧邻神仓院的祭器库的一块L形绿地。

　　现在，该处绿地重新设计后向公众开放，故设计区域除具有现代感之外还保存着丰富的历史内涵和独特的地域性等特点。

二、设计说明

　　本方案充分挖掘场地的区域特征和历史文脉，延续了先农坛本来的使

先农坛神仓外部绿地效果图

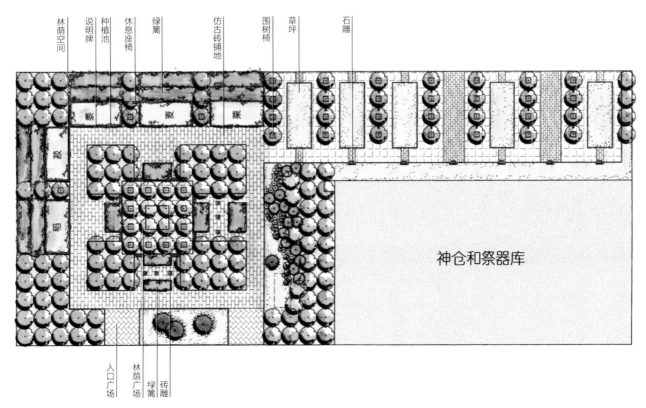

林荫空间　说明牌　种植池　休息座椅　绿篱　仿古砖铺地　围树椅　草坪　石雕

神仓和祭器库

入口广场　林荫广场　绿篱　砖雕

平面图

用特色，设计思路来源于古代农业最具有代表性的"五谷"（即稷、黍、稻、麦、菽），所以可以形成独特的种植特色。北侧利用相对开敞的空间设置广场，为群众活动提供了场地，并结合银杏树阵，丰富场地的景观效果，而树阵的使用又突出了先农坛庄重的氛围，与整体氛围相呼应。在场地的东侧和北侧设置5个特色种植池，分别种植五谷，同时配以说明牌，介绍五谷的历史由来，使之成为绿地的亮点，也再次强调了主题。在南侧，用国槐树阵和矩形草坪形成一处开敞的活动空间，使整个绿地形式风格统一、历史特色突出。在细节处

建成前

建成后

出入口对比图

建成前

建成后

建成前

建成后

对比图1

建成前

建成后

建成前

建成后

对比图2

理上也尽可能使用一些符合明清风格的传统纹样，以进一步彰显对传统的尊重与延续。方案减少了铺装面积，增加了绿地面积，同时在坛墙周边栽植桧柏，衬托坛墙，保证了冬季的景观效果。该处绿地在为市民提供憩息、活动、娱乐场所的同时，又具有一定的科普、教育意义，整个场地成为历史与现代之间的最佳结合点和延续点。

设计单位：北京山水心源景观设计院有限公司

项目负责人：赵新路

主要设计人：韩建

参加设计人员：朱宇　孟博　张恒仓

地灯

"五谷"说明牌

坐凳

路灯

小品

6. 立水桥公园

2009 年度北京园林优秀设计三等奖

一、项目概况

　　明天第一城代征城市绿地约24万多平方米，代征道路用地约3.5万m²。位于朝阳区和昌平区交界处，是朝阳区的北门户。项目北临京包铁路、地铁13号线，东南侧为清河水域，西侧为明天第一城等住宅社区。安立路为过境路，公园东西两园各临其侧，地铁5号线高架纵跨西园。

二、公园定位

　　作为本区域标志性的生态休闲公园，将体验自然与健康休闲理念相结合，以提高地区的生态效益，满足周边居民的日常休闲游憩活动为目的，同时也承担着陶冶情操、传播大众文化、给人以美的享受等功能。

三、设计理念

　　遵循"将传统的空间形式与现代景观元素相结合"的理念，运用传统造园注重空间变化的内涵本质，注重"步移景异""峰回路转"等空间围合与渗透结合的设计手法，将现状平坦的地势形成开合有序、高低起伏、延伸融合的园林空间，同时赋予现代的景观元素，强调现代材料的色彩及质感的搭配，使公园形成"外在现代，内涵传统"的现代园林风格。

四、设计内容

（一）东园——静态休憩型

　　由于位置紧邻清河，设计时将水景延伸入园，一池碧水给公园带来了活力与灵气，并形成了公园的景观中心。因水设景，周边木桥、挑台、桃柳映岸，呈现自然野趣。一条水溪将人引入中心休憩广场，五彩斑斓的层台叠水是公园的视线焦点，也是儿童嬉戏和活动的场所。水池边设置了多个可供安静休息的观景广场，丰富的水生植物及周边葱郁的观赏型植物群落共同形成人与自然和谐互动的园林空间。

（二）西园——动态健身型

　　由于本地段南侧就是"明天第一城"大型居住区，因此充分体现"以人为本"的设计原则，侧重设置以人的各类活动为核心的多功能、多用途的广场，如中心健身广场、鲜花慢跑径、儿童活动场、戏水池、下沉广场、林下活动广场等，使公园成为居民日常起居生活的一个部分。园内绿荫如盖，高低起伏，地势变化丰富，

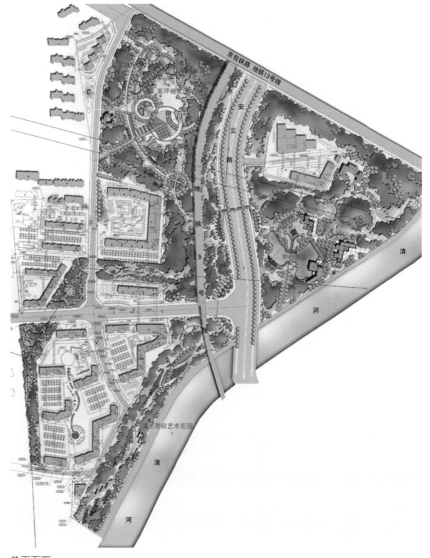

总平面图

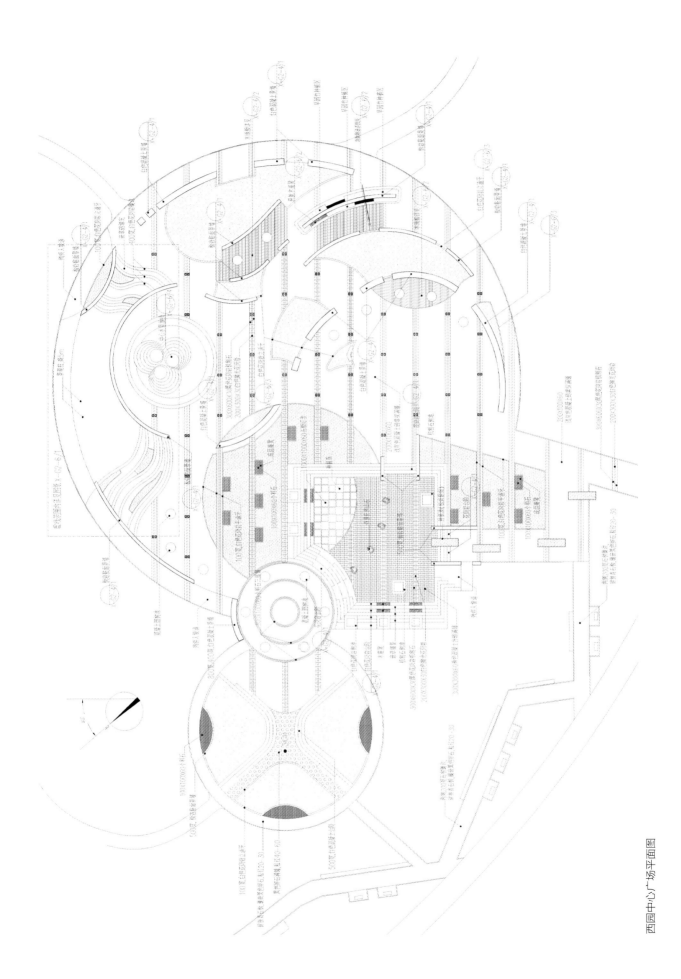

西园中心广场平面图

五彩叠水

西园变化丰富的主空间

北部4m高的地形及毛白杨林既为公园提供了绿色的背景，同时又遮挡了京包铁路给园内带来的干扰。硬质景观的设计融入了现代元素，使人们在健身锻炼的同时体会高质量环境带来的美的享受。

（三）滨水带状艺术花园

是体现亲水特点的变化的花园，点缀有艺术小品。由长椅、景墙、花坛、铺地等不同形式的硬质景观构成，时隐时现，时断时续，形成一条飘舞的亮线，充满浪漫色彩，串联各

种体验空间，即实用又具现代感，营造和挖掘了宜居特色。

设计单位：北京创新景观园林设计公司

项目负责人：张迟

主要设计人：张迟　付超

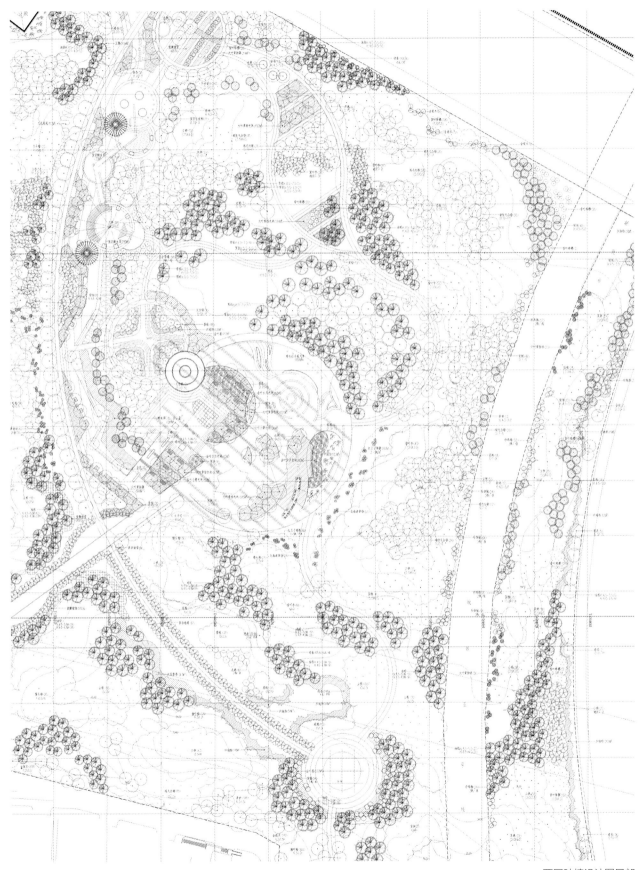

西园种植设计图局部

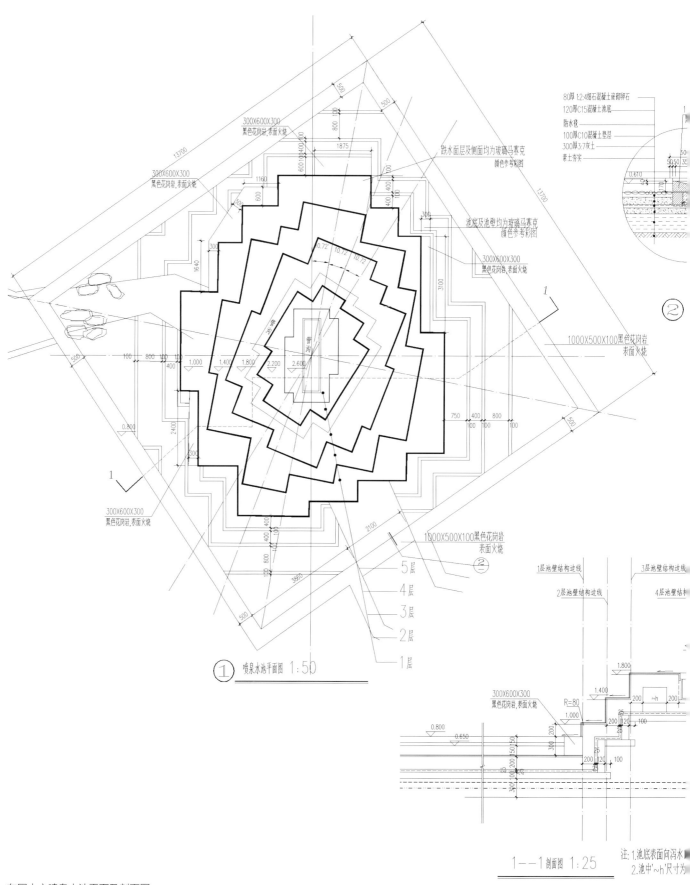

东园中心喷泉水池平面及剖面图

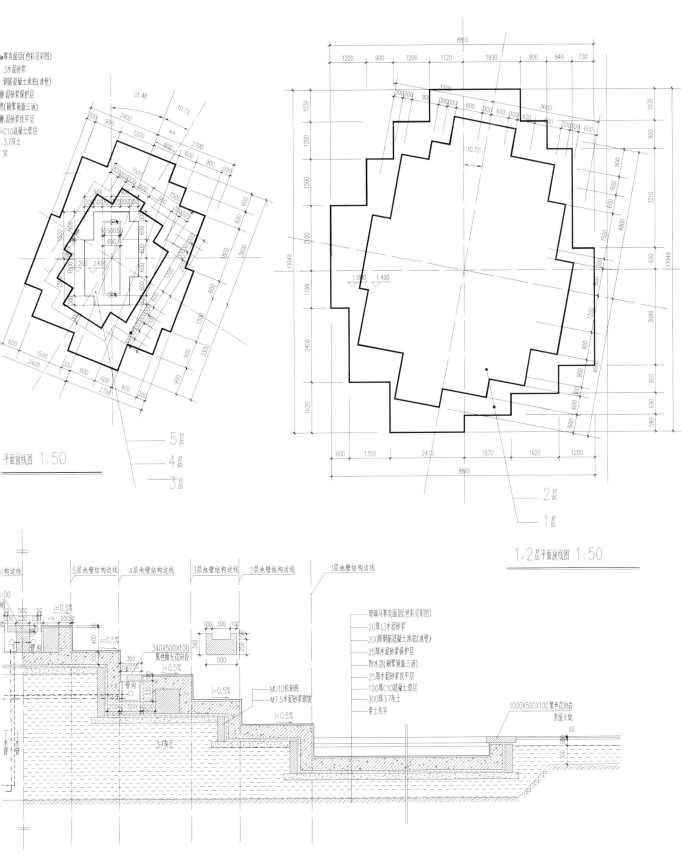

马克面层(色彩见彩图)
:3水泥砂浆
钢筋混凝土池底(池壁)
泥砂浆保护层
层(刷聚氨酯三道)
泥砂浆找平层
C10混凝土垫层
:7灰土
实

21.46   10.73

5层
4层
3层

平面放线图 1:50

1,2层平面放线图 1:50

2层
1层

5层池壁结构边线   4层池壁结构边线   3层池壁结构边线   2层池壁结构边线   1层池壁结构边线

i=0.5%
i=0.5%
i=0.5%
i=0.5%
i=0.5%

340X500X100
黑色抛光花岗岩

MU10机制砖
M7.5水泥砂浆砌筑

玻璃马赛克面层(色彩见彩图)
20厚1:3水泥砂浆
200厚钢筋混凝土池底(池壁)
25厚水泥砂浆保护层
防水层(刷聚氨酯三道)
25厚水泥砂浆找平层
100厚C10混凝土垫层
300厚3:7灰土
素土夯实

1000X500X100黑色花岗岩
表面火烧

3:7灰土

放线图为准.

7. 延庆江水泉公园

2009年度北京园林优秀设计三等奖

一、项目概况

江水泉公园（原名"绿韵公园"）位于延庆县老仁庄水库下游、妫水公园及三里河湿地公园上游，西为别墅区用地，南临温泉度假村，占地30hm²。建设前场地内南北贯穿排洪河道，北部为大片杨树林及水生湿生植被，南部为鱼塘，界内自然植被长势良好，但景观较为杂乱、单调。为发展延庆县观光事业，增加市民休闲活动空间，同时解决下游公园水位问题，县政府决定在该区域挖湖蓄水，将之改造为生态地景公园。公园于2003年建成开放。

二、设计原则

在保留现状树木基础上增加其他乡土树种，形成高低层次、季相变化丰富的植物体系；保留并利用原河道内的泉眼，在原有河道范围内进行多样化的水态塑造，减少土方量的同时营造空间变化丰富的水体景观；只设置少量必须的休憩娱乐场所和设施，设计取法自然，尽可能减少对原生态景观的破坏。

三、设计理念

以"绿色协奏曲"为主线，"绿色"指代季相丰富的山岭、活泼跳动的溪流、生机勃发的草木、可爱精灵的动物等自然生态环境元素，"协奏曲"则表示设计应以韵律流动的方式将以上诸多元素协调、优美地组合起来。

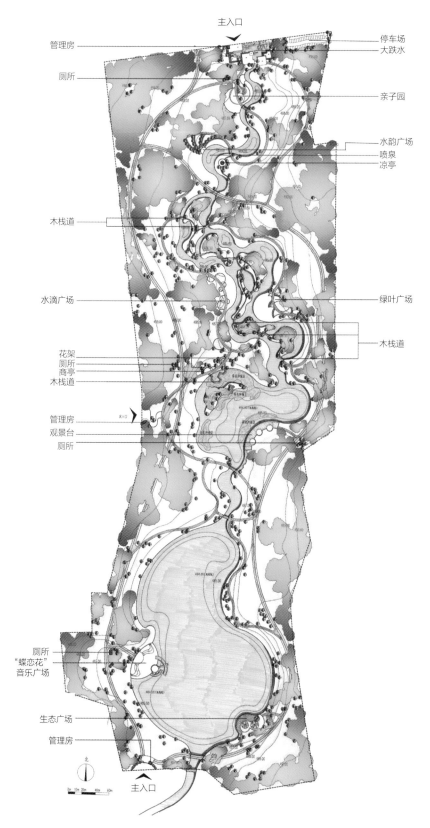

江水泉公园总平面图

音乐广场

中部溪流汀洲区

四、功能分区

全园分为入口广场、儿童游戏、休憩观赏、集会活动四大功能区。其中，北入口广场位于上游水库水源引入区域，利用现状地形近4m的高差设置一组形式多样的跌水组合，创造了生动活泼的亲水空间；儿童游戏区则依傍着轻流的小溪，设置水车、抽水器等戏水的器具和取材自然的游具；休憩观赏区结合地形条件，因势形成木葱草荣山林区、水嬉石玩溪流区、百转千回汀洲区、鳞跃雀舞花港区4个景区；集会活动区则以大湖为中心，设有以近水木栈道相接的下沉音乐广场和木石铺装的生态广场，并各以凤蝶、荷叶造型的景观雕塑点出充满自然韵律感的"蝶恋花""碧叶蛙声"生态主题。

五、竖向设计

由于需要保存大部分现状植物，陆地大部分维持原地形，以原河道为重点整理改造区域，将原先常水位较浅的北部水道结合现状泉水整理成溪流、汀洲等形式，而南部的鱼塘开挖成大湖，构成了跌水、溪流、汀洲、湖等收放自如、富有韵律变化的水体形态。

六、种植规划

种植规划充分考虑当地养护管理水平，主要利用木本植物构建较为丰富的空间骨架，仅在重点水岸配植水生植物，突显湿地特色。

全园共形成春、夏、秋三大特色植物景观区。北部区域保留杨树林，

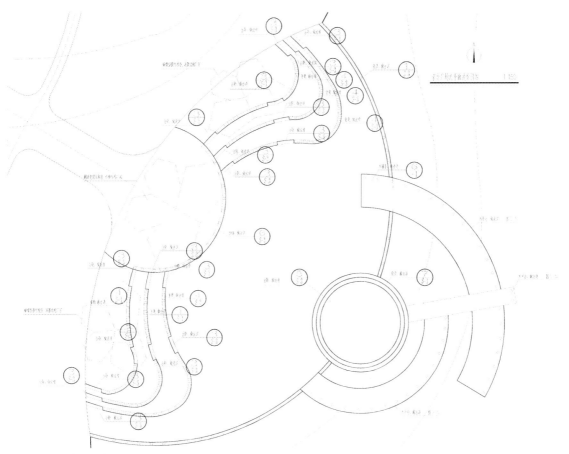

音乐广场平面布置及索引

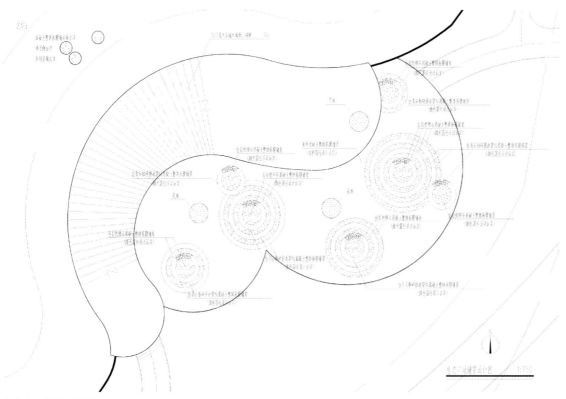

生态广场铺装平面图

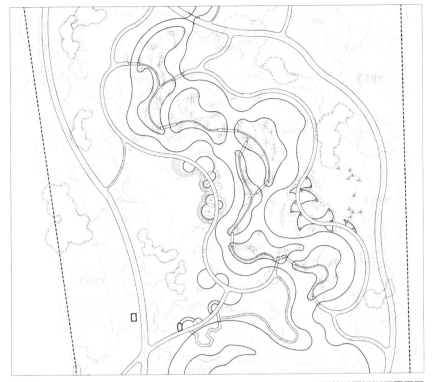

百转千回汀洲区平面图

增加连翘等春花灌木，溪流沿岸采用碧桃、柳树等小乔木，亲子园内栽植色彩斑斓的春季花卉；中部以夏景为主，现状杨树、国槐、枫杨、油松等大乔木配以珍珠梅等夏季花灌木，汀洲部分种植蒲棒、芦苇等水生植物，小湖区栽种荷花；南部以白蜡、元宝枫等色叶树作为大湖区背景乔木，配以金银木、山楂等观果植物，营造水天相映、叶色斑斓、果实累累的秋色。

设计单位：北京市京华园林工程设计所

项目主要设计人员：

刘红滨　符晨洁　由远晖　肖寒　张庆
王学东

中部观景台滨水植物景观

8. 陶然亭公园潭影流金景区改造

2009年度北京园林优秀设计三等奖

一、项目概况

陶然亭公园建于1952年，是新中国成立后北京最早兴建的一座现代园林。2006年编制的《陶然亭公园总体规划修编》对公园未来发展进行了明确定位——延续中国自然山水园精神建设的，体现陶然亭独特历史文化特征，具备现代公园复合功能的，以服务周边居民为主，同时接待观光游人的综合性城市公园。

改造场地位于公园东南，面积约3.2hm²，北侧有成片银杏林，秋季景观极佳；整体地势平坦，银杏林下略有低洼；东侧缺乏活动场地，西侧游人活动多，容量超负荷；对游人来说，此区域缺少吸引力，难以驻足。

二、设计理念和策略

通过现场调查和对历史文脉的考证，抓住场地特点，创建"潭影流金"景区。"潭影"是指黑龙潭旧景，是许多人记忆中的城南名胜；"流金"则是利用现有长势良好的银杏林，结合微地形设计，创造"溪流"蜿蜒穿过银杏林、漂满金色落叶的美景。

银杏是景区代表性植物，场地内现有银杏近50株，树体高大、郁闭成荫，是很多游人对此处场地最主要的印象。在设计中，将银杏林作为主体，引入其他园林要素，体现自然优势与人文特点，创造特色鲜明的公园新景区。

（一）功能结合造景，形成"潭影流金"景观

从解决现状地势低洼不利于银杏生长的角度出发，通过塑造微地形，形成满足汇水排水功能的旱溪。

旱溪总长400m，蜿蜒于银杏林间，局部应用雾喷技术，增加空气湿度的同时烘托"林溪"氛围；旱溪最终到达陶然亭湖岸，结合驳岸高差设计叠水，丰富湖岸形式的同时，通过水循环促进局部水体自净。

（二）激活林下使用功能，创造林荫漫步空间

设计方案局部改造现状园路，使银杏林更加完整。在银杏林下加入架空木栈道和平台，丰富游线，使纯观赏的银杏林变为林荫漫步空间。

（三）从"景观筒"中看风景

在以亭为特色的公园内，新增形式需与现有构筑物和谐统一。"景观筒"是依托于木平台的休息廊架，以"画框"作为立面造型依据，形成多组框景；局部点缀传统窗格装饰，形成疏密有致的节奏，使"景观筒"既是"看"风景的角度，又成为"被看"的焦点。

（四）新景观要素的引入应对原有生态环境干扰最少

银杏林是场地的宝贵自然与人文财富，新景观要素的引入要最大限度地减少对生态环境的破坏。木栈道和平台采用架空形式，通过控制距离、优化基础等手段，减少对银杏正常生长的不利影响。

平面图

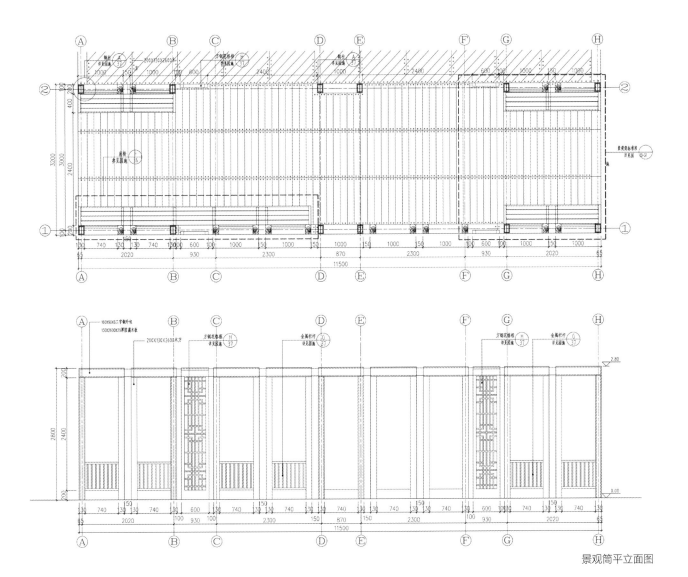

景观筒平立面图

林间木栈道

"景观筒"休息廊架

卵石旱溪

设计单位：北京山水心源景观设计院

项目负责人：夏成钢　王智

主要设计人：徐南松

项目参与人：

石洋　高丽晓　张坚坚　张晓蕊

一、项目概况

北京于2007年启动绿化隔离带地区"郊野公园环"建设的各项工作，常营公园是设计项目之一。公园位于朝阳区常营乡绿化隔离带区域内的"千亩银杏林"处，公园分两期建设，占地约74hm²。

二、设计思考

由于绿化隔离地区郊野公园的自身条件、需求等与一般意义上的郊野公园存在其一定的特殊性，因此在规划设计中以项目条件特征的需求分析为依据，以灵活性、实效性、可持续性为设计思路，使共性条件特征与个性条件特征和谐统一，形成项目特色，这是郊野公园质朴化景观设计的基本策略。

三、设计策略

通过对本项目的建设背景、位置、区域规划及周边建成环境、区域

常营公园主入口

常营公园总平面图

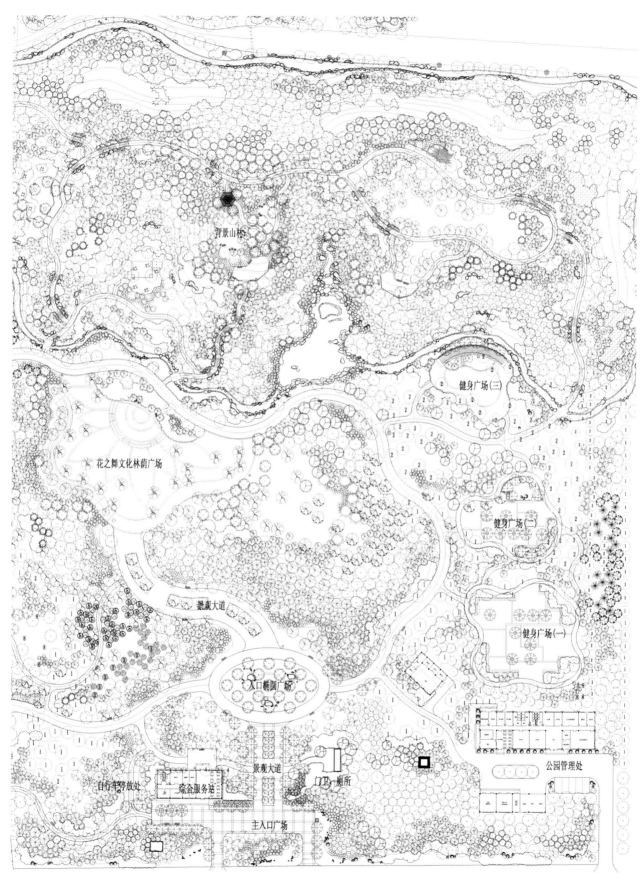

背景山林

健身广场(三)

花之舞文化林荫广场

健身广场(二)

景观大道

健身广场(一)

入口椭圆广场

公园管理处

自行车停放处

综合服务站

景观大道

门卫 厕所

主入口广场

综合文化休闲区施工设计总平面图

文化、内部（重点是植物资源）资源、投资等不同条件特征的分析，得出项目的需求要点，以此指导项目规划设计要实现的重点内容。

（一）区域规划需求的体现

公园在规划设计时要考虑周边乡镇郊野公园连片的特性，需整体规划，打造城市东部郊野公园板块生态与活动功能的整体效应，实现东坝、常营、平房三个乡的郊野公园相互贯通，同时结合各自资源与当地文化，塑造项目特色。

（二）景观与功能需求的体现

公园以现有银杏林为依托，塑造千亩秋景林为特色的生态绿色空间。同时，公园以"银杏"植物文化及当地民俗文化为特色，通过活动设施及场所的建设，满足市民休闲、健身运动、特色民俗文化展示及科普宣传等需求。

根据以上需求，进行公园设计，其主要功能区及景点为：综合文化休闲区（由花之舞文化广场、跳舞广场、秋之山林等组成）、绿色养生休闲（由银杏走廊、银杏台、杏花谷、香花广场等组成）、林间场地运动区（由健身场地、球类运动场等组成）、绿色健康活动区（由林间慢跑道、空竹广场等组成）。

（三）植物特征需求的体现

植物景观是公园建设的主体，公园强调秋景特色植物效果，主要通过以下内容实现：重点活动区域增加植物品种的丰富性、栽植模式的多样性；一般活动区域适当增加必要的植物层次，塑造银杏景观林的效果；背景绿地区域通过疏移、整理现有银杏

花之舞广场

秋之山林

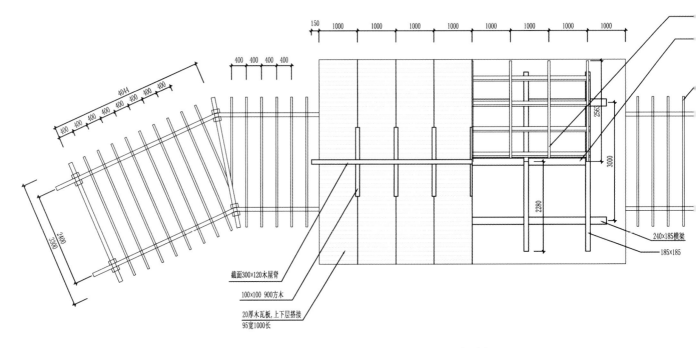

截面300×120木屋脊
100×100 900方木
20厚木瓦板,上下层搭接
95宽1000长

240×185横梁
185×185

顶平面图 1:50

杏花谷观景廊顶平面图

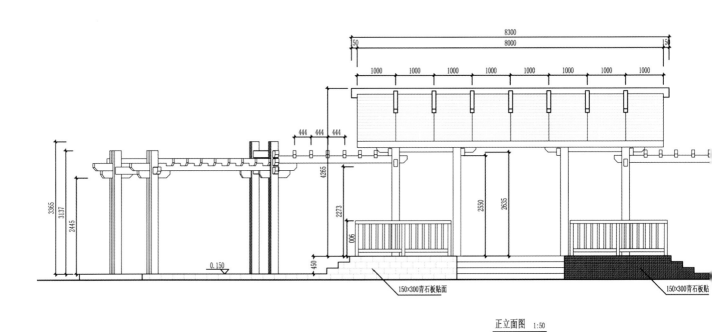

150×300青石板贴面
150×300青石板贴

正立面图 1:50

杏花谷观景廊正立面图

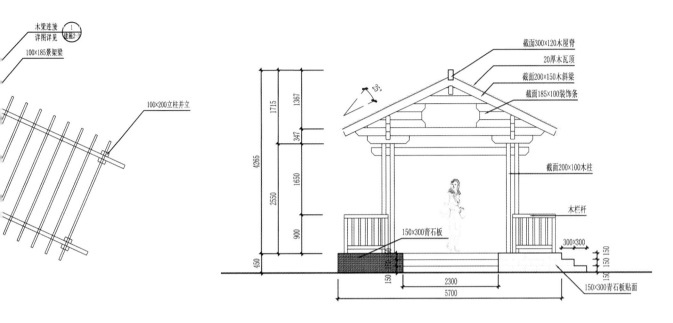

木梁连接 ①
详图详见 建施2-
100×185景架梁

100×200立柱并立

截面300×120木屋脊
20厚木瓦顶
截面200×150木斜梁
截面185×100装饰条

截面200×100木柱

木栏杆

150×300青石板

300×300

150×300青石板贴面

2300
5700

1715
1367
347
1650
2550
900
4265
450
150

避雨棚侧立面图 1:50

杏花谷观景廊侧立面图

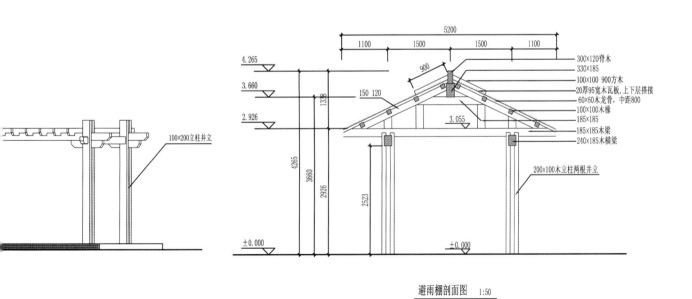

100×200立柱并立

5200
1100   1500   1500   1100

4.265
3.660
2.926

900
150 120

300×120脊木
330×185
100×100 900方木
20厚95宽木瓦板,上下层搭接
60×60木龙骨,中距800
100×100木椽
185×185
185×185木梁
240×185木横梁

3.055
1338
4265
3660
2926
2523

200×100木立柱两根并立

±0.000
±0.000

避雨棚剖面图 1:50

杏花谷观景廊剖面图

文化休闲区园路景观

林的密度及林缘组合形式，为实现疏密有致、空间自然的银杏林景观效果奠定基础。

（四）文化特征需求的体现

公园通过不同规模、形式的景观设施与场所，满足当地民间保留至今的民俗文化活动，以此弘扬地域传统文化。例如公园中设置了花之舞广场、空竹广场等，满足常营乡居民跳

公园主入口立面图

舞、抖空竹、金秋聚会（每年一次）等民俗活动需求。

（五）资金投入需求的体现

在郊野公园环的建设背景及资金标准要求下，公园以植物建设为资金投入的主体；公园基础设施的设置，以必要性、基本性的原则进行设计。为了突出公园的个性特征，在设计中通过合理论证，并进行整体平衡，使必要的个性特征需求得以投资建设。例如对原有建筑垃圾山（秋之山林）、银杏林改造等，都争取到了相应资金的投入。

四、结语

由于绿化隔离地区郊野公园的规划设计周期较短，因此从对项目条件特征的分析入手，是比较有效的设计方法。

本质的，才是适宜的——景观就是让人感悟阳光、风、水、土地和动植物的美。

设计单位：北京天下原色聚落景观艺术设计有限公司

项目负责人：蔡泓

主要设计人：向群　张卫东等

10. 十八里店乡老君堂郊野公园

2009年度北京园林优秀设计三等奖

一、项目概况

该项目位于朝阳区十八里店乡老君堂村，处于北京市一道绿隔内。项目地形平坦，全部为绿化用地，林地始建于2000年，2001年完成基本绿化，目前植被已覆盖全园。规划地块占地面积725亩，合48.3hm²。其中绿地面积435950m²，占总用地的90.26%；道路铺装43050m²，占总用地的8.91%；建筑4000m²，占总用地的0.83%。工程总投资3378.56万元。

二、建设内容

该项目的实施将填补北京东南部缺乏大型综合公园的空白。由于该区缺乏综合公园，周边居民的休闲活动空间相当匮乏。

公园设计以大面积的植物景观为主，融入适合在自然环境中开展的如休闲、健身、娱乐、体验、观赏、科普教育等多种活动，提供必要的服务配套设施，满足不同年龄、不同喜好的市民的多种休闲活动需求。公园布局结合高压线、城际铁路对空间分割的影响，分为综合休闲区、露营休闲区、田野种植体验区、康体健身区4个景观功能分区。每个分区的设计内容如下：

（一）综合休闲区

建设服务于全园及周边绿地的游

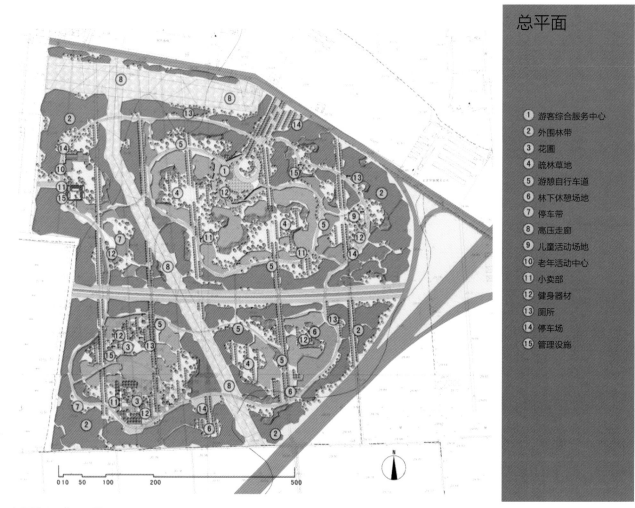

总平面

1. 游客综合服务中心
2. 外围林带
3. 花圃
4. 疏林草地
5. 游憩自行车道
6. 林下休憩场地
7. 停车带
8. 高压走廊
9. 儿童活动场地
10. 老年活动中心
11. 小卖部
12. 健身器材
13. 厕所
14. 停车场
15. 管理设施

老君堂公园总平面图

客服务中心，包括公园管理用房、小卖部、茶点、厕所、医疗保健、安全等服务设施，使人在自然、安全、景观优美的环境中自发进行多种休闲活动。

（二）露营休闲区

在公园东南部，满足市民郊野休憩的需求。置身自然，在草地上、林荫下支开帐篷、铺开餐布进行野餐，在风和日丽中听林间鸟叫虫鸣，看孩童在草地上自由嬉戏。在森林中设置露营场地，并提供了露营的必要服务设施，如水、医疗点、以及其他相关野营、露营设备等。

（三）田野种植体验区

在公园西南侧林间，规划了以"花"和"田"为主题的景区，在林间空地上结合花境、花田、花丘、花台、花海，形成了丰富多彩的花卉、花艺休闲观赏景区，同时开展花卉种植、养护的科普展览活动。部分花田的种植和维护还可以结合花屋出租的方式让市民参与其中，体会在花田中短暂度假、劳作的快乐。

（四）康体健身区

位于公园西北部，以提供老年休憩活动功能为主，设有散步道、健身场地和健身器材，活动设施包括茶室、棋牌、文艺活动室等。

三、设计特色

（一）地形处理设计

植物种植和园区地形处理相结合。在地形处理上，结合城际铁路及外围市政道路做微地形处理，改变公园现状过于平坦的竖向特征，以增加

公园门区活动场地

田野种植体验区

野趣，全园土方调整约10万方。其他区域结合种植进行局部地形调整，形成5个汇水区，使雨水得以回灌地下水，同时可形成季节性池塘或湿地，对丰富物种的多样性给予支撑。

（二）种植调整设计

公园种植调整充分结合片林的现状植被特征，设计保留现状大树和大部分片林，对其进行疏密安排和种类丰富，成行成排的植物景观经过多年的成长后将成为隔离地区具有代表性的大气、挺拔的植物景观特征。在道路两侧和游客活动区域开林窗，进行植物调整，增加植被种类，形成乔灌花草相结合的植被群落。在几何式的植物肌理中增加自然的气氛。

设计单位：北京北林地景园林规划设计院有限责任公司

项目负责人：叶丹

主要设计人员：

钟继涛　杨玉　应欣　石丽萍　马亚培
武昶宏

现有林改造休息场地

公园绿地
2010年度

11. 通惠河庆丰公园

2010年度北京园林优秀设计一等奖

一、项目概况

通惠河庆丰公园，以闻名于此的庆丰闸而得名。位于通惠河的西段，东三环国贸桥的两侧，与闻名的北京商务区CBD隔河相望。全长约1700m，宽70m至260m不等，分为东、西两园，面积26.7hm²。改造前是离京城最近的、脏乱不堪的"城中村"，与河北岸的CBD现代风貌极不相符。

二、场地的过去

1293年秋，元世祖忽必烈看到河道中船帆遮天蔽日，极为壮观，遂赐名"通惠河"，从此它成为大都城的一条生命河，各类物资源源不断被输入北京，带动了周边的繁华；当年最出名的就是二闸，即庆丰闸。清末以后，运输功能减弱，这里因景色优美，成为京城百姓和文人墨客踏青聚会的公共水上游览地，著名作家沈从文先生曾写过散文《游二闸》。1956年，通惠河全部混凝土硬化，形成了深槽式的河床结构，成为城区最主要的一条排洪河道，周边开始私搭乱建，变成拥挤杂乱的城中村。往昔的风景与繁华荡然无存，但数百年积淀下来的遗迹与传说，还保留着独具特色的通惠河文化。

三、设计定位

公园正好处在一个传统与现代的交汇点，中间是八百年历史的漕运河道和众多的文化遗迹，而对面是代表着首都国际化大都市形象的摩天大厦，此岸城、彼岸景，地理位置极为独特。

场地周边发生了翻天覆地的变化，已不可能回到从前"北方秦淮"的景象，设计也不能依照以前的单一功能和传统风格的布局，应将其融入新的城市风貌和新的城市肌理之中。它承担着传承历史文脉、彰显现代都市景观、突出绿色生态、满足大众休闲等多种功能，是现代风格的城市滨水开放空间。希望通过恢复庆丰闸地区独特的文化氛围和文化空间，使其重拾"公共游览地"这一历史角色，再次成为市民钟爱的聚会休闲场所。

四、景观空间结构

公园依场地的特质分为两个不同氛围的景区空间：北部临河的滨水景观区和南部的自然休闲区，中间以一条蜿蜒的水溪和自然起伏的山丘形成分隔与过渡。

（一）滨水景观区

为临河南侧的40m区域。拆除原来的第二道5m高的混凝土挡墙，恢

东园西园总平面图

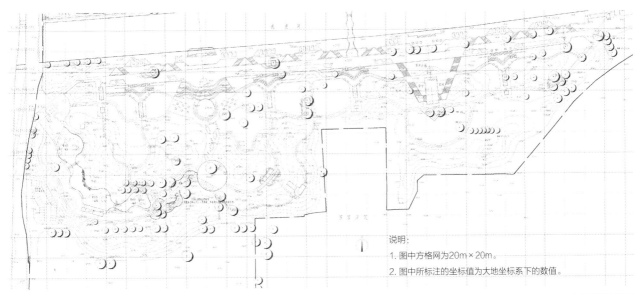

说明：
1. 图中方格网为20m×20m。
2. 图中所标注的坐标值为大地坐标系下的数值。

东园竖向总图

复被阻断了的河道与城市、河道与人的交流和联系，形成3层错台式滨水活动空间。视线开阔，使人们可以在不同高度的平台上亲水、望水和远眺对岸，突出看与被看的互动体验。

景点及广场设计，处处动感地体现出与对岸CBD各条景观轴线的延续与呼应，特别是波浪形的大通帆涌广场和高10m的新城绮望观景台两处主要节点，所对应的分别是对岸航空集团花园轴线及CBD中央公园的轴线。沿滨水步道每隔45m设一个船形眺望台，形成醒目整齐的序列景观，可近观漕运河道，感受昔日繁华；远望都市新景，如一幅海市蜃楼的长卷图画，感受时代变迁。

（二）自然休闲区

为呼应周边的多个居住区，公园南侧以体现植物景观为主，为市民提供天然的绿谷氧吧。恢复昔日"无限幽栖意，啼鸟自含春"宁静朴野的环境气氛，营建山谷水溪，环绕丰富的自然景致。一条叠水花溪串联樱花谷、海棠谷、丁香谷3个花谷。沿溪

三层错台式滨水空间

船形眺望台

自然休闲区朴野景观

大通帆涌广场夜景

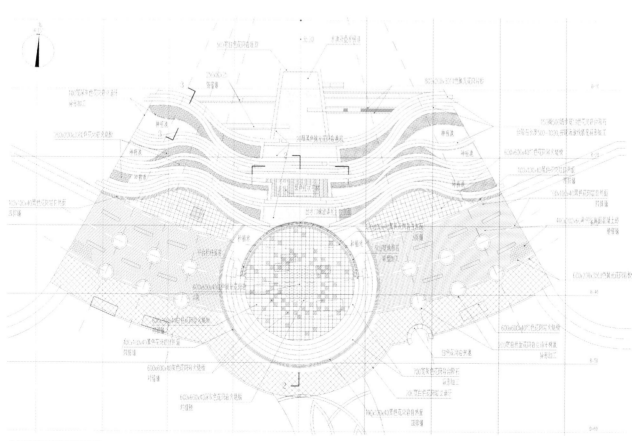

大通帆涌广场平面图

船形眺望台和文槐忆故

设京畿秦淮、二闸诗廊等多个文化景点，使人们在放松身心的同时，体会当年川晴烟雨似江南般如画的景致。

五、节点塑造

以尊重场地的历史性为原则，沿着明确的文化主线，对通惠河文化中有形或无形的元素加以提炼，综合运用"再现与抽象""隐喻与象征""对比与融合"等手法，塑造出独具场地气质的文化空间和景观小品，激发游人与场地间的历史记忆和情感纽带。

（一）突出以"船和帆"为母题

"舳舻蔽水，帆樯林立"是当年通惠河留给人的印象，在清代《通惠河漕运图》和《潞河督运图》中也都有所体现，因此，提炼船和帆为设计母题，经艺术化抽象后，以现代的材料和新颖的造型，形成本公园独具魅力的景观小品，如波浪形的大通帆涌广场、船形眺望台、各种船形花坛组合、群帆雕塑、帆形灯等，形成统一的、具有视觉冲击力的标志性形象，使公园不仅成为一个生态的场所，同时也是精神和艺术的家园。

（二）点缀文化景点

结合公园的总体布局，点缀和展示体现通惠文化的景点，如京畿秦淮、大通帆涌、庆丰古闸、文槐忆故、二闸诗廊等。

（三）提倡景观多样性

公园的两大景区体现了两种不同的风格，呈现了多样化的景观形式。滨水景观区的现代风格与对岸现代化的城市肌理和风格相协调，形成开敞的、简洁的气氛，硬质景观是几何形的规则构图形式，追求大尺度、明快的效果，植物则以色块和带状树阵为主。南部的自然休闲区则是由几道山谷围合的相对封闭的空间，体现自然、宁静、轻松的氛围。硬质材料是朴野风格的青石板、卵石和大量荒料石的组合，植物也是群落式的自然种植，苇草掩映，垂柳疏杨，体现了丰富多彩的季相变化。

六、结语

城市因水而生、因水而兴，滨水地区从来都是城市最活跃的地带。本项目不是单一的景观工程，而是与城市开发、城市经济、社会生活等方面密不可分的综合体。公园的建成实现了现代商务与历史文化、自然生态的完美结合，重塑了城市形象，赋予了城市新

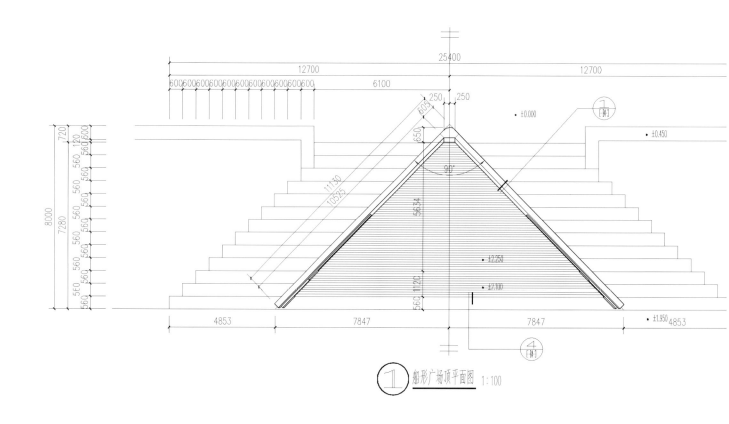

① 船形广场顶平面图 1:100

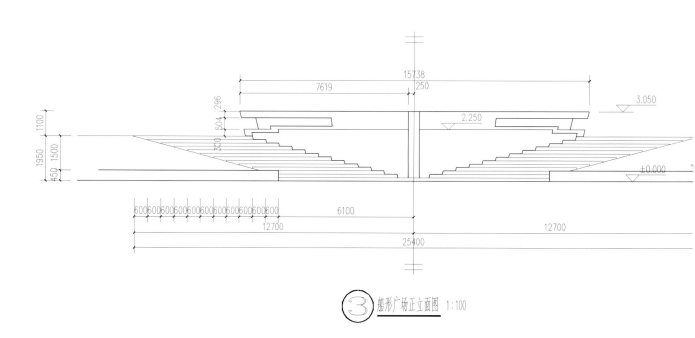

③ 船形广场正立面图 1:100

船形广场详图

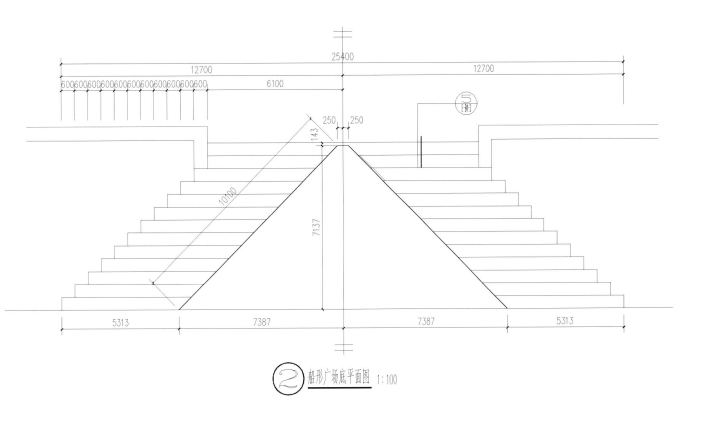

②船形广场底平面图 1:100

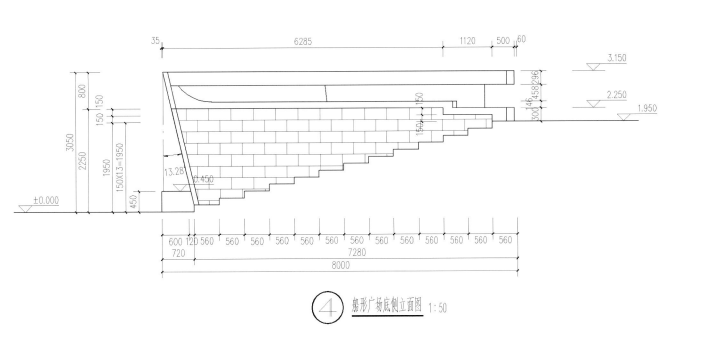

④船形广场底侧立面图 1:50

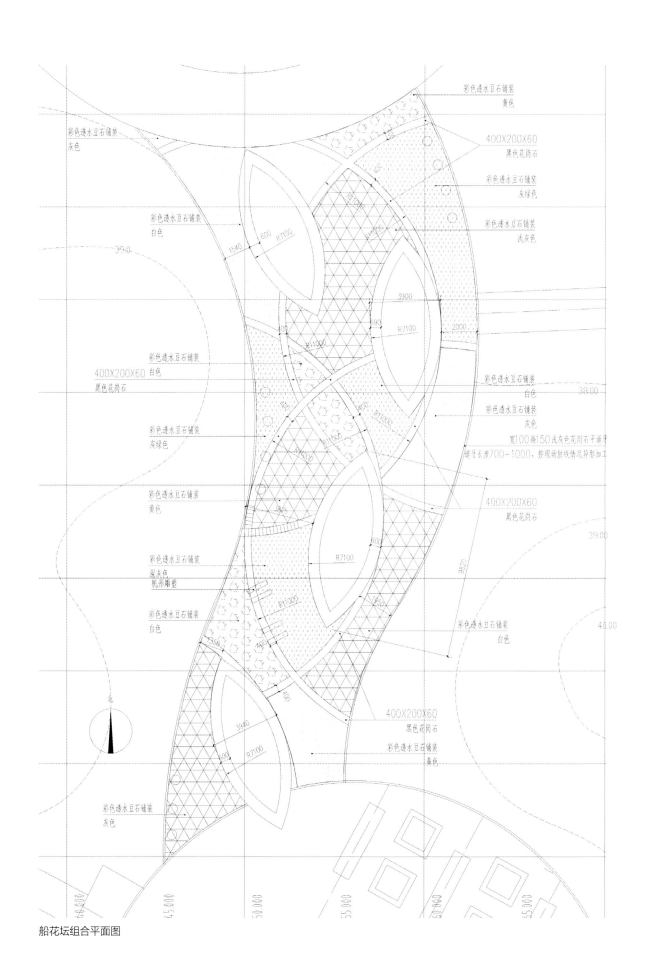

彩色透水豆石铺装
灰色

彩色透水豆石铺装
黄色

400X200X60
黑色花岗石

彩色透水豆石铺装
灰绿色

彩色透水豆石铺装
白色

彩色透水豆石铺装
虎灰色

彩色透水豆石铺装
白色

400X200X60 白色
黑色花岗石

彩色透水豆石铺装
灰色

彩色透水豆石铺装
灰绿色

宽100高150虎灰色花岗石手凿毛，
锯牙长度700-1000，按现场放线情况异型加工

彩色透水豆石铺装
黄色

400X200X60
黑色花岗石

彩色透水豆石铺装
深灰色
帆形雕塑

彩色透水豆石铺装
白色

彩色透水豆石铺装
白色

400X200X60
黑色花岗石

彩色透水豆石铺装
黄色

彩色透水豆石铺装
灰色

北

船花坛组合平面图

船形花坛组合

东园建成鸟瞰图

的内涵和新的功能，同时又唤起了人们对数百年来奔流不息的古河道悠久历史的记忆。这一地区重获新生，又成了一个充满活力、引人关注的地方。

设计单位：北京创新景观园林设计公司

项目负责人：李战修　辛奕

主要设计人：

李战修　辛奕　张迟　付超　李春　郝永翔

种植设计图局部

一、项目位置和概况

大望京公园位于朝阳区崔各庄乡辖区内，总占地面积280000m²，北靠北小河，东南临京顺路，东北至五环路，西接望京规划路。

望京是具有悠久历史的区域，它比北京的历史还要长几百年。史书记载，望京作为地名最早出现在辽代，距今已有千年。辽代定都于中京（今内蒙古宁城），而把幽州（今北京）作为陪都之一，称为"南京"（亦称"燕京"）。望京当时处在中京经古北口通往幽州的交通要道上，是兵家必争之地，村中曾设有瞭望敌方情况的土堡。为了给南来北往的使臣提供宿息饮钱之所，辽代便在孙侯建立馆舍，始称"孙侯馆"，后改为望京馆，想必是当年望京较孙侯更有名。如今到孙河村去找寻望京馆的遗迹，已是一无所获。

如果说在辽宋时期让望京出名的是望京馆，那么明代筑起的望京墩则让望京再次扬名。

到了清代，又有了乾隆御封望京的传说。那一年，乾隆皇帝去避暑山庄度夏，经由御道路过此村，停下歇息，饮茶之时回头一眼望见东直门，随即赐名此地为望京。

到了21世纪，望京地区发展迅速，诸多跨国公司总部和研发中心纷纷落户，世界500强企业积极进驻，如加拿大北电网络中国总部及研发中心、美国摩托罗拉中国总部及研发中心、爱立信中国总部及研发中心、三星电子（中国）服务总部等。除此之外，德国宝马汽车电子研发中心、北京奔驰大厦、朗讯科技贝尔实验室等也陆续进入。望京要创造朝阳产业发展和城市运营的新亮点，打造有震撼力的国门第一形象区。

大望京村是北京著名的城中村，被北京市政府纳入了大望京村城乡一体化试点建设工程。而大望京公园是这次城乡一体化试点建设工程中的重要主城部分。公园将建成为一座区域

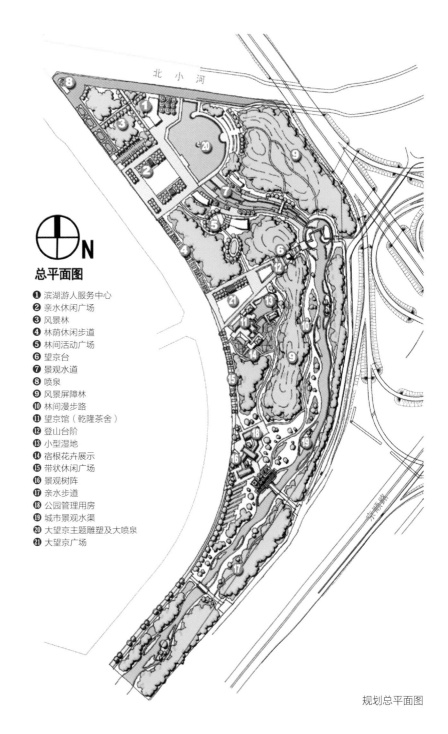

北 小 河

总平面图

❶ 滨湖游人服务中心
❷ 亲水休闲广场
❸ 风景林
❹ 林荫休闲步道
❺ 林间活动广场
❻ 望京台
❼ 景观水道
❽ 喷泉
❾ 风景屏障林
❿ 林间漫步路
⓫ 望京馆（乾隆茶舍）
⓬ 登山台阶
⓭ 小型湿地
⓮ 宿根花卉展示
⓯ 带状休闲广场
⓰ 景观树阵
⓱ 亲水步道
⓲ 公园管理用房
⓳ 城市景观水渠
⓴ 大望京主题雕塑及大喷泉
㉑ 大望京广场

规划总平面图

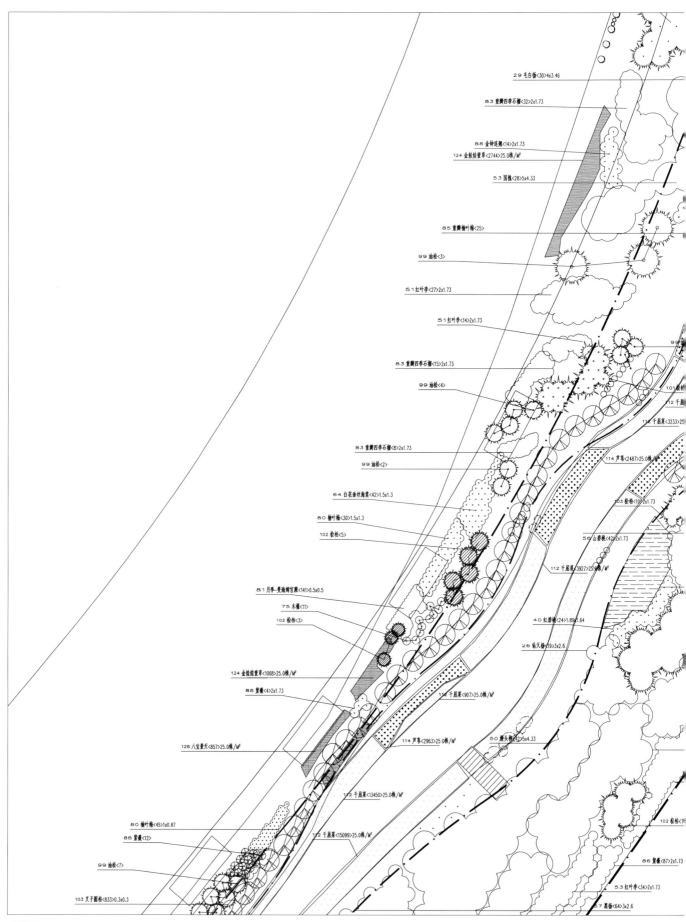

29 毛白杨<30>4x3.46

83 重瓣四季石榴<32>2x1.73

88 金钟连翘<14>2x1.73
124 金娃娃萱草<2744>25.0株/M²

53 圆柏<28>5x4.33

85 重瓣榆叶梅<25>

99 油松<3>

51 红叶李<27>2x1.73

51 红叶李<14>2x1.73

83 重瓣四季石榴<15>2x1.73

99 油松<4>

83 重瓣四季石榴<8>2x1.73

99 油松<2>

64 白花垂丝海棠<42>1.5x1.3

80 榆叶梅<30>1.5x1.3

102 桧柏<5>

81 月季-曼海姆宫殿<141>0.5x0.5

75 木槿<11>

102 桧柏<3>

124 金娃娃萱草<1008>25.0株/M²

86 紫薇<4>2x1.73

128 八宝景天<857>25.0株/M²

80 榆叶梅<45>1x0.87

86 紫薇<12>

99 油松<7>

103 叉子圆柏<833>0.3x0.3

114 芦苇<2963>25.0株/M²

112 千屈菜<907>25.0株/M²

112 千屈菜<13450>25.0株/M²

112 千屈菜<15099>25.0株/M²

114 芦苇<2487>25.0株/M²

103 桧柏<10>2x1.73

56 山桃桃<42>2x1.73

112 千屈菜<3927>25.0株/M²

40 红碧桃<24>1.89x1.64

26 银天梅<19>3x2.6

114 千屈菜<3233>25

114 芦苇<2487>25.0株/M²

50 碧天梅<32>5x4.33

102 桧柏<7>

86 紫薇<87>2x1.73

53 红叶李<34>2x1.73

57 碧桃<64>3x2.6

种植图一

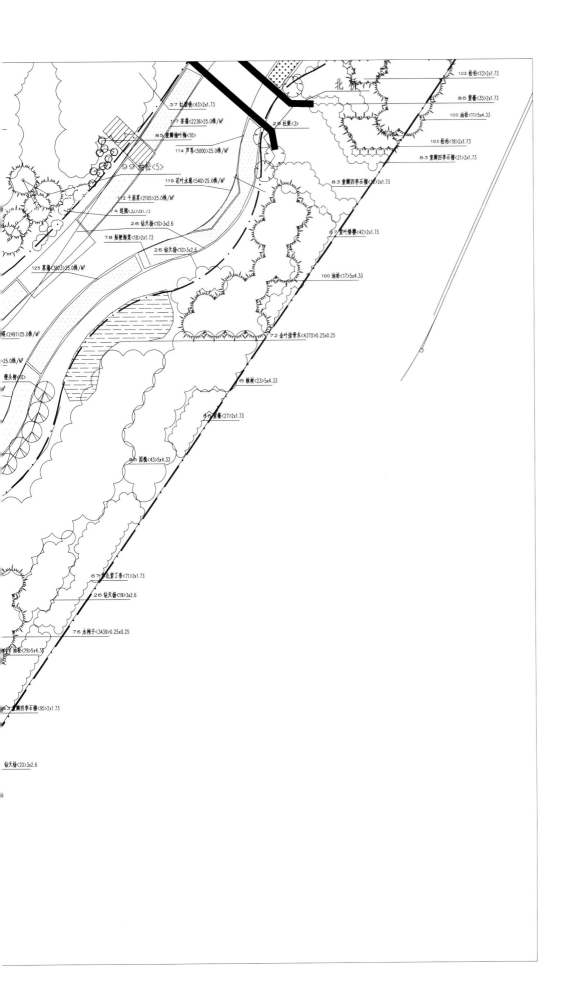

北桥

102 桧柏<13>2x1.73
86 紫薇<35>2x1.73
100 油松<1>5x4.33
103 桧柏<18>2x1.73
83 重瓣四季石榴<21>2x1.73

37 红瑞梾<43>2x1.73
117 菖蒲<2236>25.0株/M²
85 重瓣榆叶梅<10>
114 芦苇<5000>25.0株/M²
28 杜梨<3>

83 重瓣四季石榴<2>2x1.73

99 油松<5>
119 花叶水葱<540>25.0株/M²
112 千屈菜<2105>25.0株/M²
4 碧桃<32>2x1.73
26 钻天杨<10>3x2.6
78 贴梗海棠<18>2x1.73
26 钻天杨<10>3x2.6
125 菖蒲<3923>25.0株/M²

87 紫叶榛棣<42>2x1.73

100 油松<17>5x4.33

<249>25.0株/M²

72 金叶接骨木<4370>0.25x0.25

25.0株/M²

84 椿树<23>5x4.33

<1>

86 紫薇<27>2x1.73

95 国槐<43>5x4.33

87 北京丁香<71>2x1.73
26 钻天杨<19>3x2.6

76 水栒子<3439>0.25x0.25

油松<79>5x4.33

83 重瓣四季石榴<95>2x1.73

钻天杨<20>3x2.6

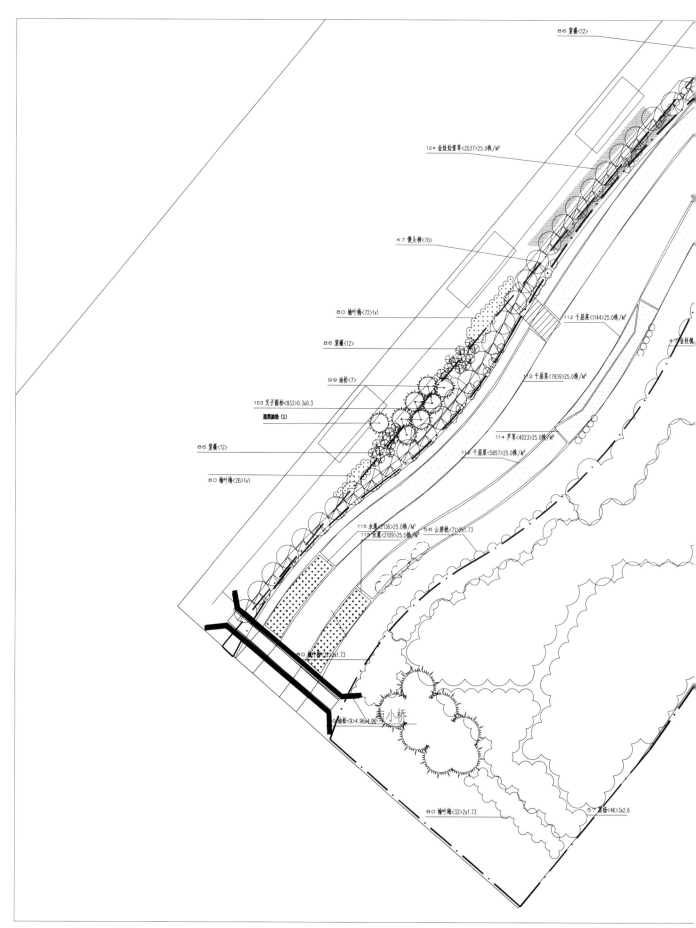

种植图二

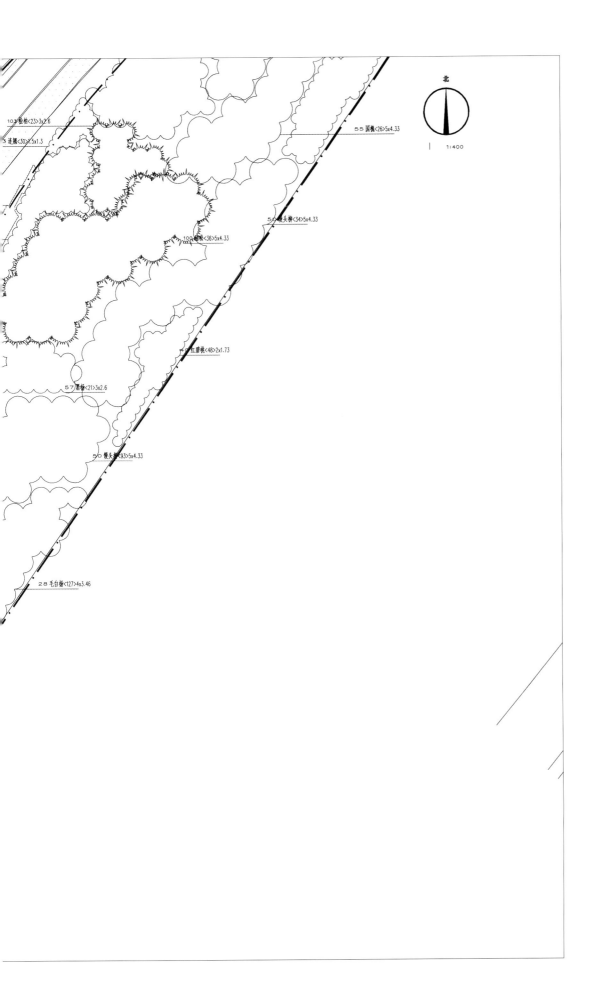

北

1:400

种植图三

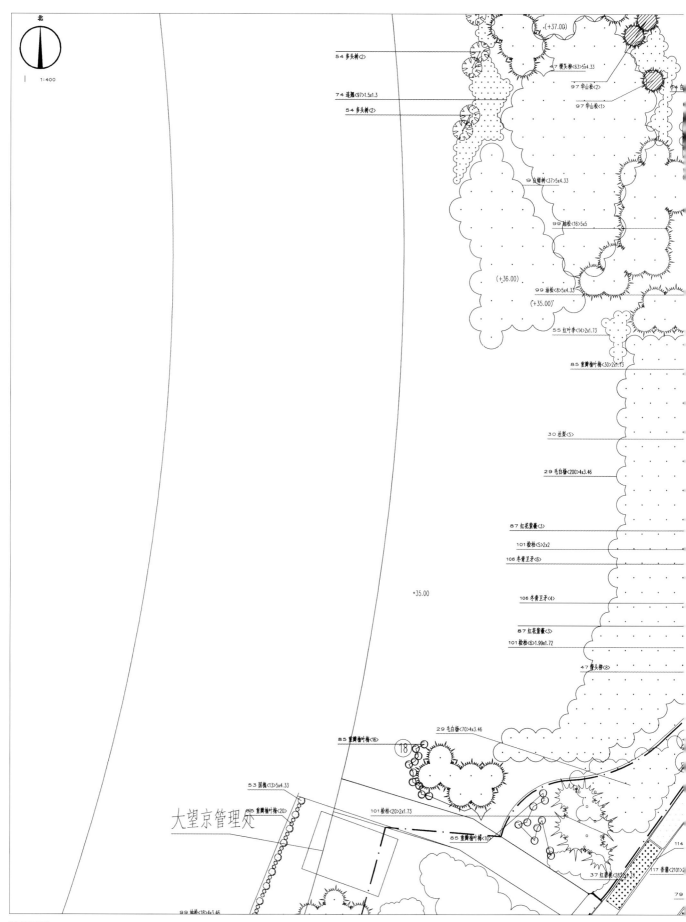

北

1:400

54 多头树〈2〉

74 连翘〈97〉1.5x1.3

54 多头树〈2〉

·(+37.00)

7 馒头柳〈63〉5x4.33

97 华山松〈2〉

97 华山松〈1〉

红瑞树〈37〉5x4.33

99 油松〈16〉5x5

(+36.00)

99 油松〈8〉5x4.33

(+35.00)

55 红叶李〈14〉2x1.73

85 重瓣榆叶梅〈30〉2x1.73

30 杜梨〈5〉

29 毛白梅〈200〉4x3.46

+35.00

87 红花蔷薇〈3〉

101 榆梅〈5〉2x2

106 冬青卫矛〈6〉

106 冬青卫矛〈4〉

87 红花蔷薇〈3〉

101 榆梅〈6〉1.99x1.72

47 馒头柳〈8〉

29 毛白梅〈70〉4x3.46

85 重瓣榆叶梅〈16〉

18

53 国槐〈13〉5x4.33

大望京管理处

85 重瓣榆叶梅〈20〉

101 榆梅〈20〉2x1.73

85 重瓣榆叶梅〈10〉

37 红瑞树〈28〉

117 香蒲〈2101〉

99 油松〈18〉4x3.46

114

79

种植图四

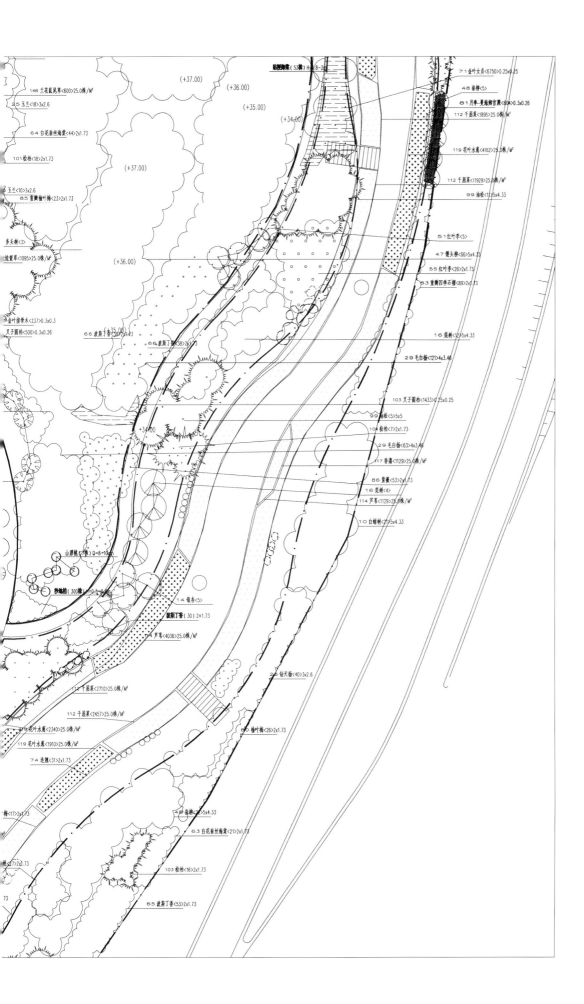

贴梗海棠（53株）H=1.8-2.0

146 兰花鼠尾草<600>25.0株/M²

25 玉兰<18>3x2.6

64 白花垂丝海棠<44>2x1.73

101 蛇柏<18>2x1.73

8 玉兰<10>3x2.6

85 重瓣榆叶梅<23>2x1.73

多头菊<3>

挂画草<1095>25.0株/M²

3金叶接骨木<237>0.3x0.3

叉子圆柏<500>0.3x0.26

66 波斯丁香<35.00>2x1.73

66 波斯丁香<38>2x1.73

山楂核<7株>Q=8-10cm

砂地柏（300株）H=0.5-0.6m

14 偃柏<5>

波斯丁香（30）2x1.73

芦苇<4036>25.0株/M²

112 千屈菜<770>25.0株/M²

112 千屈菜<2457>25.0株/M²

119 花叶水葱<2340>25.0株/M²

119 花叶水葱<1910>25.0株/M²

74 连翘<31>2x1.73

桃<27>2x1.73

103 蛇柏<16>2x1.73

65 波斯丁香<53>2x1.73

（+37.00）

（+36.00）

（+35.00）

（+34.00）

（+37.00）

（+36.00）

（+34.00）

71 金叶女贞<8750>0.25x0.25

48 垂榆<5>

81 月季-夏海姆宫殿<804>0.3x0.26

112 千屈菜<1895>25.0株/M²

119 花叶水葱<4162>25.0株/M²

112 千屈菜<11929>25.0株/M²

99 油松<11>5x4.33

51 红叶李<5>

47 馒头柳<66>5x4.33

55 红叶李<26>2x1.73

83 重瓣四季石榴<89>2x1.73

16 柔柳<12>5x4.33

29 毛白杨<121>4x3.46

103 叉子圆柏<1433>0.25x0.25

99 油松<5>5x5

104 蛇柏<7>2x1.73

29 毛白杨<63>4x3.46

117 睿草<1129>25.0株/M²

86 紫藤<53>2x1.73

16 柔柳<4>

114 芦苇<1129>25.0株/M²

10 白蜡树<7>5x4.33

26 钻天杨<40>3x2.6

99 榆叶梅<26>2x1.73

48 垂柳<5>5x4.33

63 白花垂丝海棠<21>2x1.73

性综合公园，使该地居民不仅可以享受现代生活，更能享受现代化、高质量的宜居环境。

二、设计理念和原则

（一）设计理念

设计理念为"青山绿水，蝶舞莺飞——美丽望京我的家园"。

（二）设计原则

1. 以人为本、生态优先、城乡一体、完善系统。

2. 美化城市，文化建园。

3. 发挥绿地多种功能，创建最佳人居环境，充分发挥城市园林绿化的生态、环境和休闲康乐三大功能。

（三）设计目标

1. 讲述传奇，延续文脉。

2. 打造国门科技园绿色氧吧，吸引更多世界500强企业进驻。

三、总体布局

破旧的大望京村永远消失了，但大望京村的历史要传承，这个村庄的历史传奇、奇闻轶事要永远留在每一个望京村人的心里，要能讲述给他们的后代听。因此在公园中营造了一条历史文化轴线，规划建设有望京馆、乾隆茶舍和望京台。让游人在其中能回味望京古老村落的传奇历史和文化故事。旧的房屋虽然被拆除了，但是大望京的文化历史并没有与那些房屋一起消失，而是得到了续写和传承。在公园建设过程中，大望京村的许多大树都得到了精心的保护与保留，特别是原大望京村口的那棵古槐树。许多大望京的老居民都会回来看看这棵他们儿时曾经在树荫底下玩耍的古

树，感叹城市变革的沧海桑田。

大望京公园是望京商务区的一片休闲乐土。在设计中，公园将建成为一座以商务休闲为特色的绿色氧吧，服务于望京商务区。设计扩大原河道水面，建设引水、水体净化等配套设施，形成约2万m²的中心湖区，取名"如意湖"。围绕如意湖区将建设湖滨休闲区。通过园路、园桥、挑台、廊架将绿地空间和生态水系贯通连接，形成大树环抱、绿柳成荫、花团锦簇、四季常青的绿化景观。将来写字楼里的人们可以在湖滨荷花渡的咖啡吧中畅饮长谈，满眼青荷碧波；也可以在清溪水道中看小孩子们摸鱼捞虾，处处童趣盎然；更可以爬上如意山指点满园的青山秀水，愉悦身心。

四、地形设计

充分利用园内水利施工产生的大量土方，进行地形营造，给公园构建很好的绿色环境骨架，使场地土方平衡，节省工程造价。

五、种植设计

种植设计以乡土树种为主，考虑乔木群体生态效果的同时，节点点缀新优特色苗木，并注重林下地被的应用，形成朝阳区北部一座空气清新的大氧吧。

新优苗木及林下地被近60种，共42万余株，形成层次丰富的生态环境。

六、其他特色

1. 园林与水利工程相结合，在满足水利要求的前提下，充分进行景

观营造，进行大胆尝试，形成优美宜人的滨水园林环境。充分展现了以人为本、生态优先的造园治水理念。

2. 统一规划，特别注意公园与周边规划的关系，公园轴线、高程、标志性景观都考虑到与场地周边后续规划建设内容相协调，为将来东部的望京科技园新区提供一个优美的对景。

3. 园内最大限度存蓄雨洪，蓄留地表径流，在场地内进行保留利用。

设计单位：北京市园林古建设计研究院有限公司

项目负责人：严伟

主要设计人员：

李海涛　朱泽南　王欣　汪静　王堃
季宽宇

鸟瞰图

望京台

景观廊架

林间活动广场

叠水廊桥

如意湖

13. 金源娱乐园

2010年度北京园林优秀设计二等奖

一、项目概况

金源娱乐园位于长春桥以北，昆玉河西岸。公园规划范围北起蓝靛厂路，南至老营房路，东临蓝靛厂北路，西至蓝靛厂西路，总面积12hm²，地块内现有区级文物保护单位1处——立马关帝庙（占地3600m²）和办公建筑3处（建筑占地面积5768m²）。项目建设于2008年4月，竣工于2009年7月，于2010年5月1日对外开放。

公园设计以园林绿化设计规范为原则，以创建生态节约型园林为目标，充分展现出现代、简约、自然的园林设计风格。

二、主题定位

地块西侧近邻世纪城等大型居住

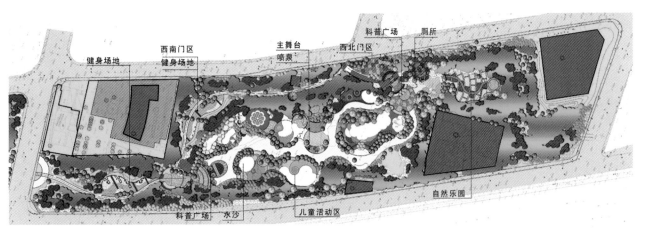

总平面图

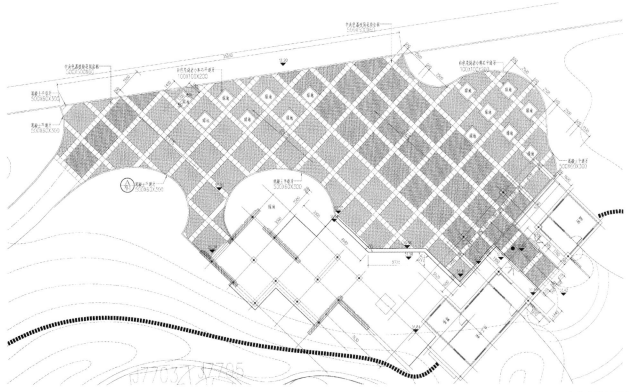

主入口平面图

社区及金源购物中心，2007年建成项目长春健身园获得社会好评，据此，以满足周边消费者需求为目的，重新定位公园的主题及风格，即以群众健身休闲为核心的城市公园，公园主题侧重儿童游乐，尤其是低年龄段的少儿。

公园以儿童户外器械活动为主，布置了16岁以下的儿童健身、游戏等户外器械84套，其中引进的42套丹麦设施为目前国内首次使用的该种儿童户外活动器械。儿童活动区的绿化种植以大乔木和整形修剪的色带为特色，用整齐划一的植物景观效果突出此区域内色彩缤纷的主题，配以点缀其间的趣味卡通座椅、垃圾筒、灯箱、棒棒糖灯等，营造出活泼、可爱的儿童游戏氛围。儿童活动区外围，以沿主路分布的群众健身设施为功能补充，全园功能完整、结构清晰、主次分明。

节点竖向图

三、布局及功能分区

项目地块被远大北路分割成南北两块，南侧面积较小，同时地块内有关帝庙和原世纪城售楼处两处建筑保留区，因此可使用面积不大且形状很不完整。设计考虑以布置相对灵活的运动场地为该地块的主要内容，穿插少量休息、停留林荫广场，解决周边群众因小区内运动场地不足所带来的困扰。

北侧地块面积大、形状完整，适合作为公园的主要核心区，故在其中央集中设计了1处占地约2hm²的儿童乐园区域，该区域相对独立，便于管理，乐园内以12岁以下儿童健身、游

休闲木平台

戏器械设施为主，点缀部分趣味、卡通形象的园林小品，是公园的主景区。乐园周围沿主路分布若干群众健身设施区，作为主景区的补充。

四、竖向设计

公园地形骨架与昆玉河生态走廊

整体风格一致，在儿童乐园核心区以地形围合形成曲折蜿蜒的谷地，使公园内空间层次变化更加丰富。

五、种植设计

公园种植风格及主要树种选择均与昆玉河生态走廊整体一致，同时考

虑到公园寓教于乐的功能，在儿童乐园周边增加部分开花、结果的花灌木品种，同时注意避免种植带刺或有毒的植物种类，以保证儿童活动的安全性。考虑到后期养护难易程度及养护成本，充分保留现状树，大量种植乡土树种，如绿量大的白蜡、立柳、栾树、华山松、雪松等，灌木以春花、夏花植物为主，如迎春、碧桃、西府海棠、黄刺玫、金银木、紫薇等，花卉以宿根花卉为主，如德国景天、大花金鸡菊、马蔺等，使游人仿佛置身于绿谷之中，倍感身心舒畅。

集散广场

服务设施

自然休闲广场

儿童戏水乐园

六、铺装及小品设计

在铺装及小品设计上，公园铺装整体格调采用朴素、稳重的灰色调，主要强调材质的变化，而在儿童乐园区则增加色彩元素，以丰富环境的活跃度，同时在儿童器械区大量采用塑胶铺地和沙坑作为安全保障；园内小品形式活泼，且色彩鲜艳，同时结合功能需要，可遮阳、可坐憩、可售卖、可观赏。

设计单位：北京创新景观园林设计有限责任公司——刘巍工作室

项目负责人：刘巍

主要设计人员：

包乳洁　仇铮　张静　张萌　许卫国

参加人员：刘述　张虎

人行步道

一、项目概况

本项目为景观改造工程，位于北京地坛公园内的牡丹园，占地 3.5hm²。现状地上物有1组亭廊和1个公共卫生间；南侧水池形式老旧，布局不美观；北部门球场利用率高；道路系统不完善，但面层铺装较好；植被茂盛，大树多，种类丰富。

二、设计理念及指导思想

中医药养生学的精髓在于通过"时间养生"和以经络连接的"脏腑养生"达到"精、气、神"的"和合"。本项目设计理念定位为：突出和谐养生主题，将文化养生、环境养生、运动养生、时间养生、五脏养生等中医养生内涵与景观营造相结合，打造集养生知识宣传、养生习操、互动体验与休闲娱乐于一体的主题公

园。指导思想是：针对大众，神形兼备，通俗易懂，知行合一。

三、总体布局及设计内容

根据设计理念，并遵照五行方位，园区整体上以"水溪和陆路"为经络联系五脏（五行）"5个特色区域"——火区（心区），木区（肝区）、水区（肾区）、土区（脾区）、金区（肺区），其间穿插时间养生、运动养生、环境养生等理念和内容。

（一）火区（心区）

从正南门进入园区，展现在眼前的是一幅"和"主题的石雕壁画，用抽象的图案表达了"精、气、神"的"和合"。如果把园区看成一个人体，道路和水溪就是人体的经络，5个景区就是人体的五个主要脏腑。火区的主要景点有致和廊、致和广场、

涌泉、火焰雕塑。按中医理论，火区位于园子的南边，整体色调以暖红为主。火区有 组长廊，名为"致和廊"，取《中庸》"致中和，天地位焉，万物育焉"之意，它是整体园区"和"理念的体现之一。

（二）木区（肝区）

按中医理论，木区位于园子的东边，以青绿色调为主。木区的主体是一组曲折的养生长廊，围合成一个草药圃，名为"悦和苑"，是养生知识宣传及室外草药展示之所。长廊展示以彩绘创作、浮雕及展板为主体，宣扬中医养生文化。这里种植了40余种适宜华北地区生长的药用植物。

（三）水区（肾区）

按中医理论，水区在整个园区的北边，道路铺设以暗黑色调为主。肾是人生命活动的根本所在，水是整个

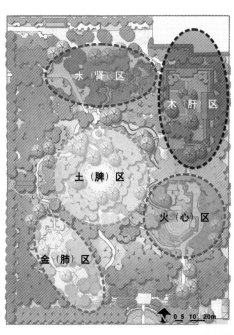

分区图

总平面

- 保留健身广场
- 山洞
- "制药"雕塑
- 瀑布、深潭
- 望和亭
- 养生广场
- "水、云、火"纹中心地雕
- "二十四节气"地雕
- "金水相生"水景
- 调息广场
- 健身步道
- 导引广场
- 健身步道
- 保留门球场
- 药房茶社
- 养生坊
- "铜人"亭
- 悦和苑入口小院
- 蜿蜒、静谧的小溪
- 涌泉
- 保留"致和廊"
- 致和广场
- 保留牡丹坡
- 南入口"和"雕塑

致和廊

长廊和草药圃

跌水和雕塑

养生园水系的发源。水区设置了山石、瀑布、深潭、跌水、小溪，营造出宁静惬意的养生环境。药王制药的雕塑位于瀑布一侧，描绘了唐代伟大的医学家孙思邈读书制药的场景。

（四）土区（脾区）

按照中医理论，土区位于整个园区的中心。脾和运动相关，所以这里设置了一个运动养生广场，作为群众运动健身的场所。"时间养生"是中医养生的重要内容之一，在土区广场周围摆放了"二十四节气"的主题地雕，并设立4个主要节气——立春、立夏、立秋、立冬的石墩，展示老百姓息息相关的不同节气的养生知识。养生广场的中心渐渐升高，在3个抬高的斜面上雕刻了黄色的"水、云、火"纹，分别代表着"精、气、神"，欲表现"和合"的精髓。

二十四节气运动养生广场

（五）金区（肺区）

由土区向西南即进入金区。按中医理论，金区位于园区的西面，以白色调为主。肺是人的呼吸器官，金区以林木为主，通过高大的侧柏林、银杏林及点缀的七叶树，营造安静的"呼吸吐纳"的养生环境。林下开辟了动、静两个小广场。一是调息广场，适于练习静功，位于金区的茂林之中，是一个相对闭合的养生空间。二是导引广场，适宜导引运动。导引是指由意念引导动作，并配合呼吸锻炼形体的运动。

四、结语

地坛中医药养生文化园的建成，凝聚了北京创新景观园林设计有限责任公司、中国中医科学院中医临床基础医学研究所、中国中医科学院药用植物研究所、北京市东城区园林局等多个单位的思想智慧。为了2010年中医药文化节的举办，从设计到竣工仅历时5个月，并且在景观改造的过程中未动一棵大树，尽量利用原有道路设施，尽可能做到节约、生态、快速。开园后，吸引了大量游人前来观赏、游憩，社会评价很好。

设计单位：北京创新景观园林设计公司
项目负责人：辛奕
主要设计人：辛奕　吴晓舟　李春

调息广场

一、项目概况

该项目位于北京市规划的10条楔形绿地之一——机场路楔形绿地的城市核心段，总规划面积11.4hm²。用地邻近二环路、机场连接线等交通干线及东直门交通枢纽，周边建筑密度高，人口稠密。

二、设计特色

公园设计的三大特色充分体现"绿色奥运、人文奥运、科技奥运"的理念。

（一）"缓坡花境"公园绿地

利用微地形分隔绿地空间，在尽可能保留现状树的前提下布置多品种、大面积的林缘花卉，营造色彩绚烂的"缓坡花境"。

（二）人性化的林荫活动空间

以环形游步道系统串联不同尺度的林荫活动空间，如台阶式活动广场、杨林散步道、林荫儿童游戏场、休息绿廊等，满足老人、儿童及其他游人的不同使用需求。以植物围合内部各活动空间，形成静谧悠闲的环境氛围。

（三）生态、节能、环保技术的应用

全园采用透水园路、绿地渗井、排渗管等组成雨水收集再利用系统，局部采用太阳能照明系统，重点地段采用精准灌溉系统，打造节约型都市园林。

三、设计原则

（一）整体性原则

充分挖掘东直门区域高度发达的交通和繁华的商贸与住宅优势，使之成为未来北京城环境最美、最具活力的地区，使设计与环境融合形成一个有机的整体。

（二）生态性原则

以绿为主，完善城市绿地系统，实现楔形绿地对城市环境的调节、改善功能，发挥城市绿肺作用，降低城市热岛效应，改善空气质量，提升周围的环境质量。

（三）节约、节能原则

运用科学合理的技术手段使绿地的建设和日常维护实现节能、环保的宗旨。保留场地内现状树木，选择适宜北京生长的乡土树种；选用环保节能的材料；设计雨水收集再利用系统；选用太阳能照明系统等，建设节约型园林。

（四）以人为本原则

满足人流集散和短暂停留的需求，突出景观的人性化特性、文化特性、休闲特性，并为周围居民、过往人流营造适当的休闲、活动、健身场地。

（五）紧急避险功能

为城市突发事件提供应急避险场所。

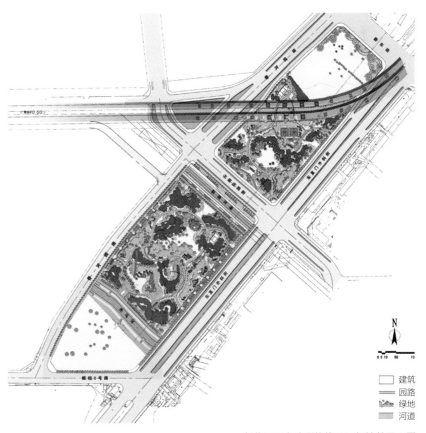

东北二环高速联络线公园绿地总平面图

缓坡花径

四、设计特色及内容

（一）动静分区，脱离都市喧嚣的公园绿地

绿地西侧的步行道作为快速步行交通空间，栽植两排高大的落叶乔木，形成舒适的步行绿廊。步行道内侧设系列小型铺装场地，供人们短暂停留休憩，方便使用。以微地形及浓密的植物围合内部空间，使公园与城市道路相对分离，内部形成静谧悠闲的环境氛围。绿地内设环形游步道系统，创建不同尺度的林下活动空间，满足老人、儿童及不同游人的使用需求。

（二）疏密有致的植物空间

植物空间布局外密内疏，周边以规整种植的行道树及乔灌混植树丛形成绿地的背景与屏障，留出适当的透景线，丰富城市道路景观；绿地内部形成疏林、草坪、景观树丛的布局形式，形成层次丰富、植物季相分明的效果，同时相对开阔疏朗的植物空间有利于形成良好的通风廊道。

（三）落实奥运三大理念

本次绿化设计引入精准灌溉系统，以达到节能减排目的。此外，该工程广场及道路采用透水材料，使雨水充分下渗，同时在广场及较宽道路的周边以及绿地低洼处，设置雨水渗井，并以渗水盲管连通，形成雨水回收系统。此过程既补充了地下水源，又可以为灌溉提供部分水源。

林缘花径

迷园花径

五、工程内容

本期工程主要包括绿化工程、庭院工程、建筑工程、电气工程、给排水工程及雨水收集工程等。

设计单位：北京市园林古建设计研究院有限公司

主要设计人员：

主持人：张新宇

园林专业：

杨乐　刘晶　程铭　马会岭　杨燕徽

建筑专业：张爱华

结构专业：陈小玲

设备专业：付松涛

电气专业：杨春明

石阶花径

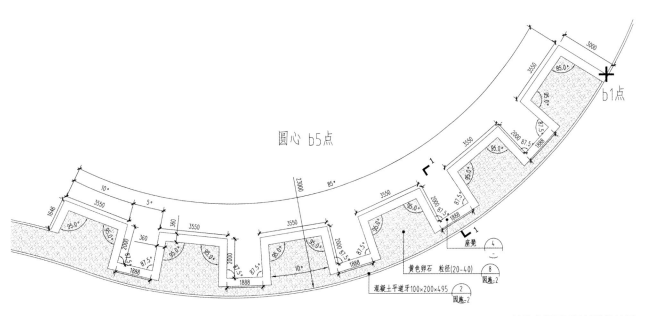

林荫广场平面及铺装做法图

石阶花径节点平面图

16. 北京经济技术开发区 19 号街区

2010 年度北京园林优秀设计二等奖

一、项目概况

项目位于北京经济技术开发区中心公建区的核心地带，设计范围为荣华中路、科慧大道、天华南街3条主干道围合成的五边形绿地，面积约18.2万m²，是开发区重点绿化、美化地段。绿地三面紧临居住用地，两面为办公用地，南侧正对开发区的行政中心——北京经济技术开发区管理委员会。开发区环境质量监测子站位于绿地中，因此对绿地的净化功能要求更加严格。

19号街区绿地于2009年5月开园，正式起名为"博大公园"。

二、设计依据

1.《亦庄新城规划》（2005年—2020年）

2.《北京经济技术开发区"十一五"发展规划》（2005年—2020年）

3.《北京经济技术开发区中心公建区控制性详细规划》

三、设计定位和设计理念

此绿地定位是服务于周边社区居民和商务、行政办公人员，集游憩休闲、商务交流展示、企业文化、健身娱乐与科普于一身的综合型绿地。

此绿地的设计理念是生态优先，展示环保节约、高科技新材料，环境舒适、避灾减灾，人性化、多功能。

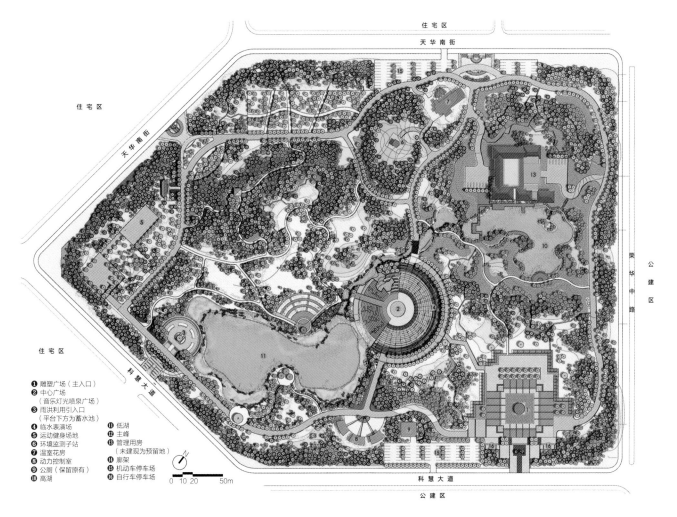

① 雕塑广场（主入口）
② 中心广场（音乐灯光喷泉广场）
③ 雨洪利用引入口（平台下方为蓄水池）
④ 临水表演场
⑤ 运动健身场地
⑥ 环境监测子站
⑦ 温室花房
⑧ 动力控制室
⑨ 公厕（保留原有）
⑩ 高湖
⑪ 低湖
⑫ 主峰
⑬ 管理用房（未建现为预留地）
⑭ 廊架
⑮ 机动车停车场
⑯ 自行车停车场

0 10 20 50m

19号街区平面图

四、设计实践成果

（一）地形、水体和游览空间

用地内部有大面积低洼地，因此项目要求园林设计与市政给排水系统结合，引入雨洪利用措施，将周边用地中的雨水引入绿地，并作为景观水体补给水源。由此，山水设计布局和地形、水位标高及土方都经过了精确计算，既满足雨洪利用技术要求，又符合园林景观观赏性，创造优美怡人的环境。

根据雨洪利用进水口位置和标高，设计了低湖、高湖两个集中水面，以溪流跌水贯通，水源从低湖引入，经循环系统提升入高湖后再回流到低湖，水流所经之处有幽静的港湾、迷人的花溪、欢腾的瀑布、恬静的荷塘。营造多姿多彩水景的同时也完成了水体的曝气过程，水生植物带令游人赏心悦目的同时也兼顾了对水体的净化。潺潺流动的溪水跌落跳跃，使景观空间充满活力，游人或沿溪看花或倚桥观流水，心情变得安宁。

地形三面起伏，缓缓地环绕着水体，最高点相对高度为6.5m，朝向行政中心的一面地势开阔平坦，全园基本通过地表和主路一侧的生态草沟将雨水引入湖体。高低起伏的地形围合出几个既相对独立又彼此关联的景观空间，承担着不同游览功能且各具景观魅力。

（二）道路和场地

公园内部道路分三个层次，主路宽4.5m（通行消防车），环绕公园一周，联系各个功能区。次路宽2m，深入到各个功能区内部，平坦路段兼作健身跑道。富有趣味的三级小路将游人带到树林深处、湖边溪畔，和自然亲密接触。

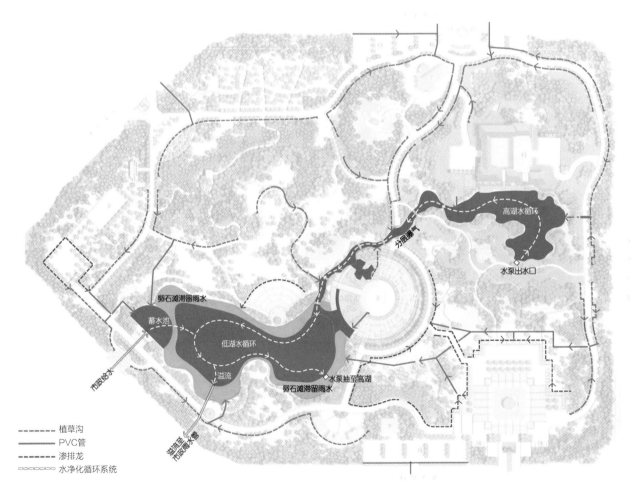

雨洪利用原理图

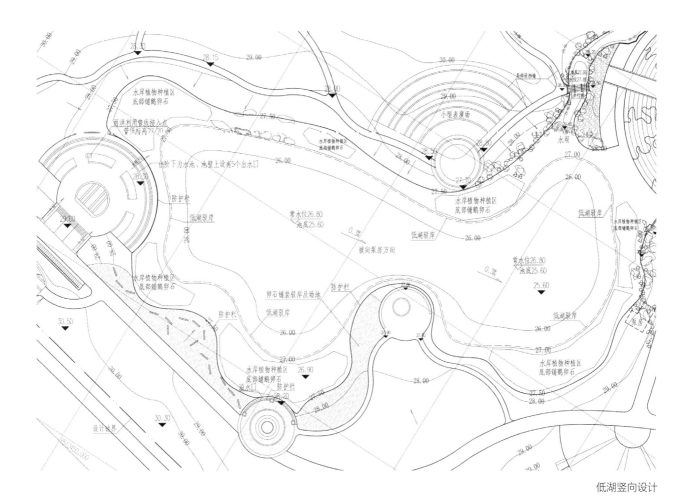

低湖竖向设计

低湖景观

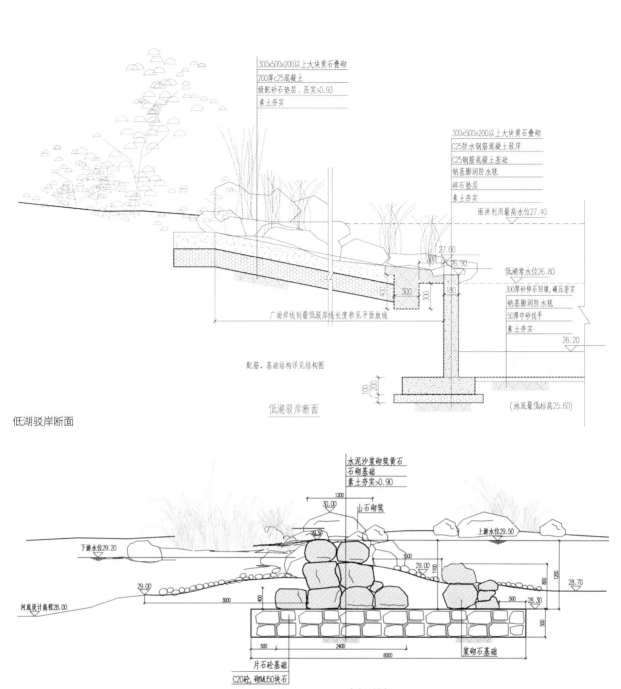

300×500×200以上大块黄石叠砌
200厚c25混凝土
级配砂石垫层，压实≥0.93
素土夯实

300×500×200以上大块黄石叠砌
C25防水钢筋混凝土驳岸
C25钢筋混凝土基础
钠基膨润防水毯
碎石垫层
素土夯实
雨洪利用最高水位27.40

27.00
300
26.90

低湖常水位26.80
300厚砂卵石回填，碾压密实
钠基膨润防水毯
50厚中砂找平
素土夯实
26.20

广场岸线到最低驳岸线长度参见平面放线

配筋、基础结构详见结构图

（池底最低标高25.60）

低湖驳岸断面

低湖驳岸断面

水泥沙浆砌筑黄石
石砌基础
素土夯实>0.90

1200
30.00
山石砌筑
29.50
下游水位29.20
1500
上游水位29.50
29.00
1100
1200
28.70
29.00
河底设计高程28.00
3000
400
500
28.30
500
浆砌石基础
500
2400
6000
片石砼基础
C20砼，砌MU50块石

水坝1横断面 1:20

水泥沙浆砌筑黄石
石砌基础
素土夯实>0.90

1200
29.10
山石砌筑
28.80
上游水位28.80
下游水位28.30
1100
28.00
28.15
28.00
27.70
河底设计高程27.50
400
550
500
2400
500
3400
片石砼基础
C20砼，砌MU50块石

水坝（跌水）断面

水坝2横断面 1:20

主要场地有中心广场、雕塑广场、临水表演场、林下运动场等。

中心广场中央设计了一组颇具气势的旱喷，以变幻的喷洒形式、灯光和音乐，成为广场的焦点。广场临水一侧半圆形大台阶延伸到水面，台阶上是潺潺的流水，广场上的水一会儿气势磅礴，一会儿又静静流淌，人与水可以如此的亲近。

雕塑广场位于主入口，面向行政办公大楼，雕塑和广场都是原有的，雕塑是开发区标志性构筑物之一。将原广场略做扩大，在雕塑周围增加了旱喷泉、银杏树阵以及常绿树背景，使广场空间更加丰富，为企业间交流提供户外空间。

（三）植物种植特色

注重植物层次配搭和色彩、季节形态特点，乔木、灌木疏密结合，空间开合变化，在林下和路缘片植多种低矮灌木和地被，花开此起彼伏，连续三季，绚丽动人。道路在竹林间、花丛中、林荫里、草地旁蜿蜒，达到不同的景观效果。

（四）新技术和新材料的运用

结合雨洪利用，主路采用了露骨料透水混凝土路面，停车场采用了高承载植草地坪。环低湖驳岸和主峰半腰修建了渗水带，利于雨水滞留下渗于土壤中，减少地表径流对土壤的冲刷，并涵养水源，供植物吸收。

地被植物大量选用2008年奥运植物新品种，丰富了植物景观，起到了对新植物品种推广科普的作用。此外还采用了喷灌系统、广播系统，全园配有背景音乐。

雕塑广场（同菁园林绿化工程公司提供）

湖畔种植

主路种植

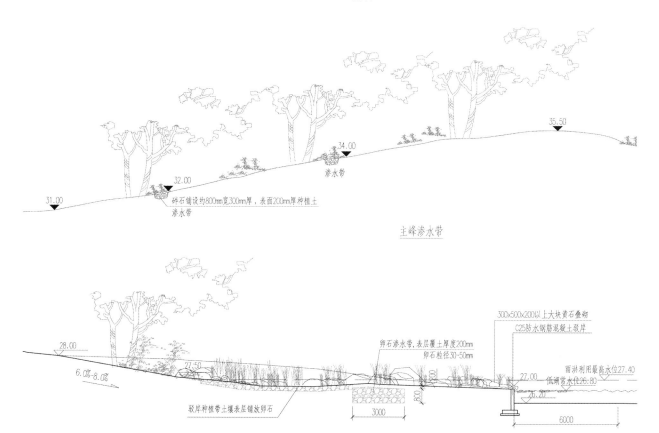

主峰渗水带

碎石铺设约800mm宽,300mm厚,表面200mm厚种植土
渗水带

主山、低湖驳岸断面

低湖驳岸、渗水带断面 (池底最低标高25.60)

300×500×200以上大块黄石叠砌
C25防水钢筋混凝土驳岸
卵石渗水带,表层覆土厚度200mm
卵石粒径30-50mm
雨洪利用最高水位27.40
低湖常水位26.80
驳岸种植带土壤表层铺放卵石

五、绿地建成后的使用效果

　　此绿地建成前,周边居民缺少近距离绿地,绿地的建设提升了开发区环境品质,解决了城市配套设施问题,实现了城市功能要求,满足了开发区人们对城市公园绿地的迫切需求,深受人们喜爱,是开发区绿化建设的重要里程碑。

设计单位:北京北林地景园林规划设计院有限责任公司
北京经济技术开发区城市规划和环境设计研究中心

项目负责人:田园　张勇
主要设计人员:

张莉　苏丽萍　姜悦　李铭　崔爱军

封朋　施瑞珊　盛大卫　朱京山

马亚培

一、项目概况

公园位于朝阳区金盏乡金盏北路以东，温榆河以南。根据新编修的城市总体规划，朝阳区将在温榆河绿色生态区培育发展东坝边缘组团、温榆河生态居住、金盏现代制造业园、机场航空服务等板块。随着近年来城市开发建设，各项配套设施逐步完善，朝阳区正成为最适宜居住的地区。优美的环境、便利的交通、高品质的社区吸引了越来越多的人在此置业。

二、设计理念

为满足别墅高端消费人群的需求及与田园风格的别墅相协调，公园设计采用自然风格式的园林，且通过效仿自然山水植被的做法，将野生动物特别是白鹭等野生鸟类引入园内，并

温榆河老河湾夏季景观

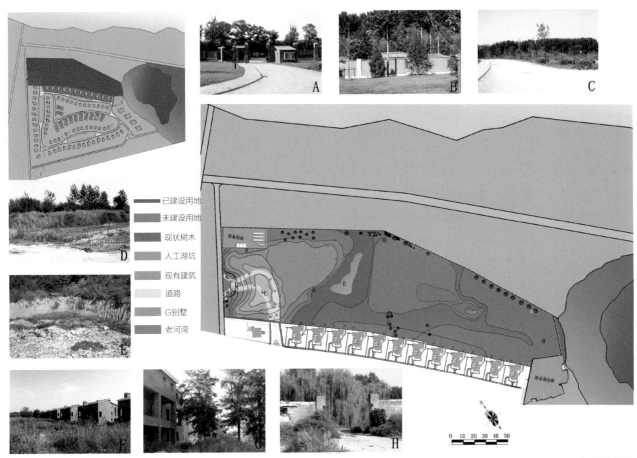

已建设用地
未建设用地
现状树木
人工湖坑
现有建筑
道路
G别墅
老河湾

场地分析图

以"栖鹭"为公园定名，使住户在自家后院就可感受到大自然气息，让人有远离都市喧嚣的感受。

（一）以生态防护为主体，树林包围休闲活动场地

外侧包围原始防护林带，临住宅一侧设置居住绿化隔离带，中间开辟适当的设置休闲健身、生态展示的场地。划分个性鲜明、功能明确的分区，通过开敞空间、半封闭空间和防护空间的合理布局，在完善的框架中巧妙设置休闲健身场地，令公园用地和生态防护之间和谐共存。

（二）营造独特的湿地景观

园区东侧紧邻老河湾湿地，北侧距温榆河在200m范围内，周边现状构成了独特的河流、湿地景观。依托这些宝贵的资源，在园区内设计一条湿地体验带，让游人亲身体验湿地乐趣。溪畔漫游径、荷塘月桥和两座观鸟亭分别引领游人走进不同的生境，寻访各式各样的有趣生物。园内的生境包括芦苇荡、睡莲池、林地、泥滩、溪流、树林和山谷。

三、场地排水

为规避原场地及地形有场地狭长、地势平坦，且地面高于已建别墅区、区域排水设施简陋、已建别墅入口与场地高差较大等劣势，设计上采用挖湖堆山、重塑地形的方式，使公园最终形成了两侧高、中间低的湖水谷地溪流效果，减少了场地狭长的局促感，满足了甲方在入口处一览众山小的要求，避免了因地势高差产生的绿地雨水倒灌别墅区建筑的问题。并使雨水汇集至中心湖及绿地中，达到雨水收集和资源利用的目的，如遇大雨，雨水可顺地势沿人造溪流向东流入老河湾，解决了场地排水问题。

四、造景手法

公园周围有温榆河老河湾和温榆河防护林，是天然的景观优势，设计上以植物虚隔相邻老河湾的一侧；用抬高地势并集合乔灌木的方法，让人忽略了邻温榆河防护林一侧高大简陋的红砖围墙，使温榆河老河湾与温榆河防护林有机地融入公园当中，扩大了公园的感知范围。

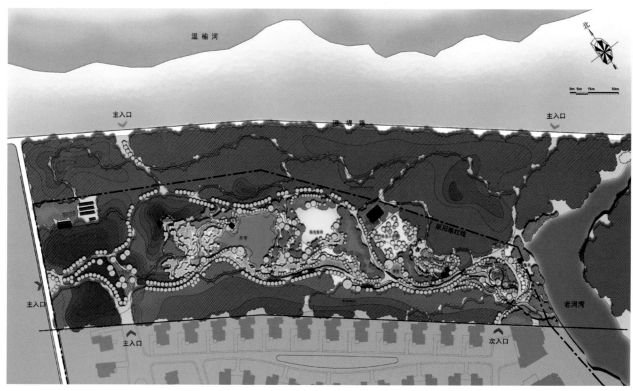

公园总平面图

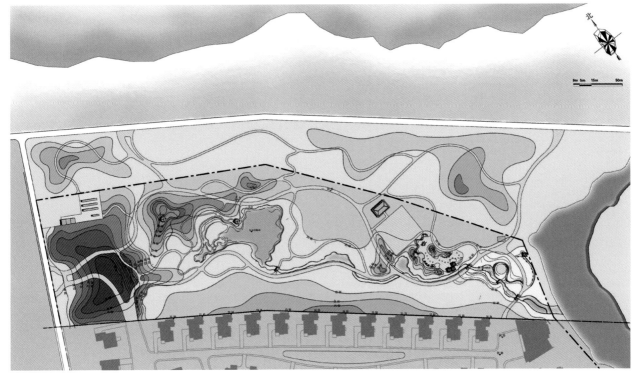

公园总竖向图

竣工后地形（从入口处拍摄）

竣工后水景

设计单位：中国城市建设研究院有限公司

项目负责人：曹炳轩

主要设计人：董音　赵瑾　韩欣　曹金清　郑剑云

18. 仰山公园

2010 年度北京园林优秀设计三等奖

一、区位分析

绿地位于北五环路与安立路的交汇处——仰山桥东北角，西临安立路，东临安立路辅路，南接北五环仰山桥，北至现状毛白杨林带；南北长约2170m，东西宽40～50m，绿化面积132921m²。

二、设计理念及原则

（一）设计理念

延续城市脉络、体现奥运精神、构建和谐空间。

（二）设计原则

1. 体现区域特征，统一采用流线形树阵种植形式，充分展示道路恢弘的景观，与周围环境相协调。

2. 突出重点景观区域，形成节奏和亮点。

3. 时代感与民族文化融合。

4. 以人为本，在形成道路景观的同时，满足游人休息活动的需求，形成和谐空间。

5. 适地适树选用乡土植物、环保材料，采取各种措施，建设节约型园林。

三、方案设计

（一）总体布局

整体布局体现北京城市园林景观特点，为"一带、四区、三段体"的形式。

1. "一带"

带状公园。以主流线形的树阵，充分展示道路景观，大气恢弘，与北京城市景观特点和地区特征相协调，突出整体绿化效果。根据人流来向情况，沿带状公园中部设置道路和休息活动场地，方便居民使用。

2. "四区"

沿公园在游人集中区域，分别设计"谊乐""迎祥""福到"3个主题活动广场，并配合休息服务设施。立交桥区是以植物景观为主体的景观。形成了从南向北的重音和节奏。

3. "三段体"

横向空间分为3个部分。西侧临安立路部分为主要道路景观，绿地前1/3～1/2为道路景观。东侧临辅路部分绿地前1/4～1/3为道路景观区。绿地中部为人行活动区，与城市道路之间有绿地分隔，相对较为安全、安定。

（二）地形竖向

整体竖向，除北部现状保留毛白杨林地外，均设有地形起伏。结合安立路的景观，高点大多在绿地1/2或后1/3处，形成地形平面上的进退变化，以及向安立路和辅路、社区的地形空间。游览道路不沿山脊线设置，而是沿地形的平面曲折布设，有竖向的高低起伏和平面的空间朝向变化。

（三）道路广场

道路广场设计按照功能需要进行。向市政"借"路，减少道路占地，提高绿化面积。

由于绿地周边为市政人行步道，且公园用地狭长，游览路不适宜多条并行。仅在绿地内部沿南北方向设1条游览道路，自然流线布设贯穿始终。沿绿地南北长向，间隔70～100m，设置1条进入绿地的横向通路。使行人或游客可"借"路于人行步道，观赏到公园内、外部的不同景观，也可方便居民就近回家，体现人性化的理念，便于绿化成果的保持和维护。

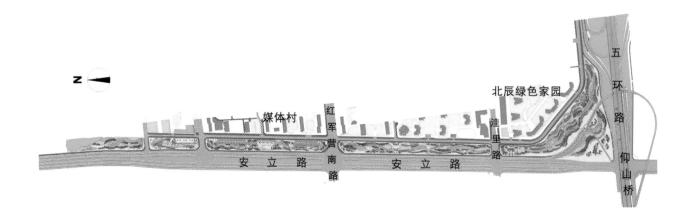

除4处重要景区外，沿线结合横向道路还设置了一系列休息活动广场，这些广场多为林荫内向开敞空间和外向半开敞空间，可设置健身设施和休息设施。周围植物配植体现自然情趣，强调亲切活泼、简洁实用。

（四）植物种植

植物种植具有三大特色，如下。

1. 总体流线形的树阵风格大气、富于动感韵律，有良好的俯瞰效果。

2. 采取复层植物种植结构，景观丰富，形成不同空间的同时具有良好的生态效益。

3. 选用新优植物和乡土植物，突出植物造景和节约环保的特点。

设计单位：北京腾远建筑设计有限公司
设计负责人：高薇
主要设计人：高薇　王静

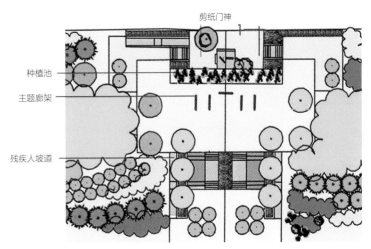

迎祥广场平面图

剖面示意图

效果图

建成图一

建成图二

19. 海棠公园

2010年度北京园林优秀设计三等奖

一、项目概况

海棠公园位于北京市东南部的朝阳区十八里店乡，地处四环路与五环路之间，交通方便，面积33.1 hm²。周边有翠城大型经济适用房小区及多个村落，是普通老百姓密集的区域。

二、现状调查分析

（一）现状植物分析

现状毛白杨、柳树林、小银杏及河南桧长势良好，现状苹果树及小桧柏长势不佳。

（二）现状场地特征分析

公园在平面上被3条村间公路分成4块绿地，在竖向上，由于高架走廊及城际铁路贯穿其中，形成了十字形的空间立体走廊的结构特征。

三、公园命名及设计原则

（一）公园名称的由来

公园用地分属于两个较为知名的村，南侧为海户屯，北侧为老君堂村。在海户屯和老君堂中各取一个字（音），将公园命名为"海棠公园"。

（二）设计原则

1. 整体体现郊野公园生态优先、与自然相协调的特色。

2. 充分保留和利用现状植物。

3. 依据场地的特点进行设计，形成公园的个性。

四、功能分区

通过十字花廊串联起各块绿地，相互统一，构成景观整体并依功能分成5个景区。

（一）入口区

公园共设两个入口，东北部为主入口区，利用现状大杨树形成的景观，设主入口广场及大门标志。次入口在大羊坊路北。

（二）中心景观区

中心景观为疏林草地围合而成的

1个中心广场，与休闲服务建筑相结合，构成公园的主景，可作为多功能活动及观赏空间。

（三）体育运动区

在公园的西北方向设健身活动区，积极开展各种适合青年人、老人的运动，提高全民身体素质。

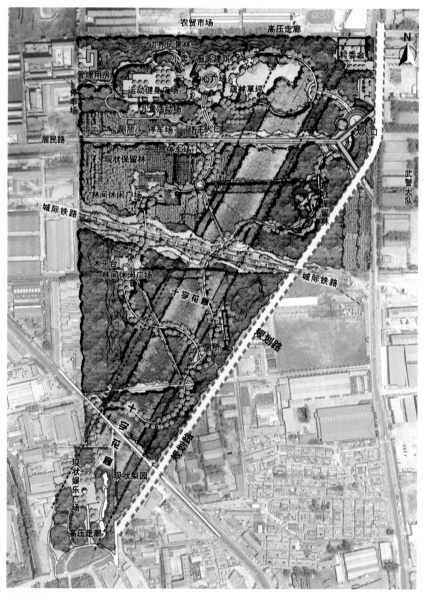

总平面图

（四）森林体验区

结合现状柳树林，开辟林间空地，设高架木栈道穿行柳林树梢之间，营造林间漫步的乐趣。

（五）儿童活动区

依托周边自然的绿色生态环境，布置新奇、有吸引力的游戏设施，启迪孩子们融入环境和集体，在大自然的怀抱中快乐成长。

五、植物景观赏区

在充分利用现状植物的基础上，结合各景观分区的使用功能，增加四季植物景观，根据树种将园区分为4个区域。

（一）十字花廊

南北向高差走廊以各色海棠为主，穿插其他花灌木，形成由春到夏的连续性动态景观。东西向城际铁路高架桥两侧以黄色系的开花灌木组成植物景观带。

（二）中心景观及体育运动区

中心景观是公园的植物重点，与公园主题相呼应，突出以海棠为主的植物景观。

在南北两端的主要活动景观区种植各类海棠，形成海棠品种（垂丝海棠、贴梗海棠、西府海棠、王族海棠、美国海棠、钻石海棠）展示园，突出公园的植物主题。

（三）森林体验区

保留现状以柳树为主的纯林特色，南侧空地补种或移植柳树，形成统一的森林景观。

（四）儿童活动区

五颜六色的观赏果树，选择配植在儿童活动区周边，既能引起儿童的兴趣，也能增加一些生活气息。

设计单位：北京创新景观园林设计公司

项目负责人：靳桂龙

主要设计人：靳桂龙　付超

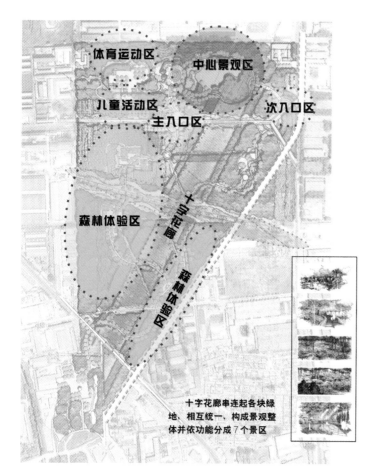

十字花廊串连起各块绿地，相互统一、构成景观整体并依功能分成7个景区

功能分区

主入口实景

中心广场廊架实景

一、项目概述

京城槐园位于东五环路平房桥以东，东苇路以西，紧邻机场第二高速，总占地73.2hm²。机场二通道将公园用地分为南北两个区域，北园区是公园的主体。

2008年10月开始施工，对原状隔离绿地进行全面提升改造。2009年5月1日正式对游人开放。

二、设计思路

公园设计以"让游人在自然山水中感受老北京的槐文化"为目标，将北京历史悠久的槐文化和老北京民俗文化相结合，着重渲染"夏木荫荫，槐花飘香"的园林景观。

具体的设计思路是，将中国传统园林构建山水空间的造园手法与生态园林的理念相结合，将乡土植物的运用与雨洪工程的水资源利用相结合，将历史人文景观的设立与老北京四合院的配套建筑形式相融合，并突出槐文化和老北京民俗文化，以满足市民对现代休闲活动的需求。

三、种植设计

种植设计充分利用现有的林木群，优化和丰富植物群落结构，以种植不同品种的槐树为植物景观特色，突出槐与槐文化，以片植、散植、对植或孤植等种植形式，配置各类乡土乔灌草植物，形成以槐树为特色的植物群落景观。

四、景区及主要景点

公园有四个景区，分别是北园区的槐文化中心区、梨花伴月休闲区、

京城槐园总平面图

NORTH

① 南入口
② 槐文化广场
③ 休闲场地
④ 雨水收集湖
⑤ 生态岛
⑥ 避雨棚
⑦ 避雨亭廊
⑧ 停车场
⑨ 梨花阵场地
⑩ 小卖冷饮店
⑪ 梨花伴月休闲场地
⑫ 管理站
⑬ 停车场
⑭ 西入口休闲场地
⑮ 西入口
⑯ 综合服务站
⑰ 厕所
⑱ 槐香小憩场地
⑲ 小卖
⑳ 花谷槐香
㉑ 避雨棚
㉒ 管理站兼小卖
㉓ 停车场
㉔ 森林舞台
㉕ 雨水收集旱河
㉖ 生态厕所
㉗ 停车场
㉘ 休闲散步道

机 场 二 通 道

定福庄路

京城槐园总平面图

北
1:100

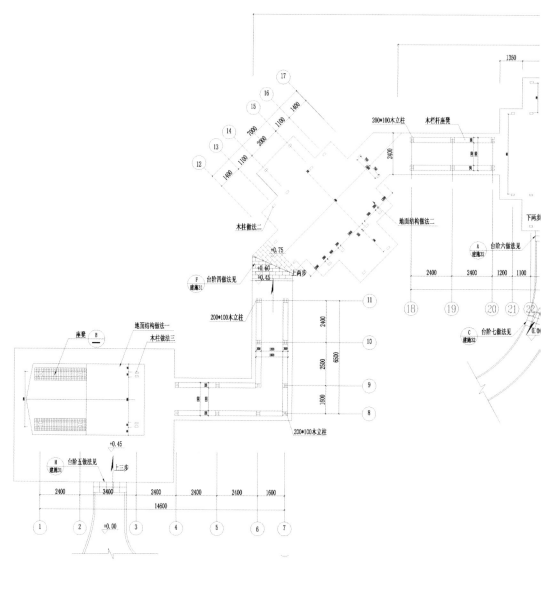

200*100木立柱　　木栏杆座凳

木柱做法二　　地面结构做法二

F 台阶四做法见
建施31

200*100木立柱

座凳 B　　地面结构做法一
　　　　木柱做法三

+0.45

H 台阶五做法见
建施31　　上三步

+0.00

200*100木立柱

A 台阶六做法见
建施32

C 台阶七做法见
建施32

A 木座凳正立面图 1:50　　木座凳侧立面图 1:50

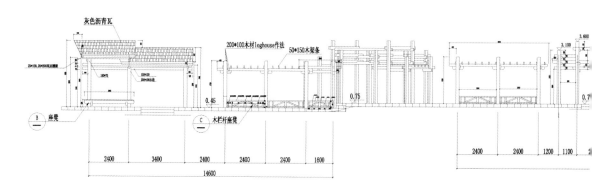

灰色沥青瓦

200*100木材loghouse作法　　50*150木架条

B 座凳

C 木栏杆座凳

2400　3400　2400　2400　2400　1600
14600

2400　2400　1200　1100

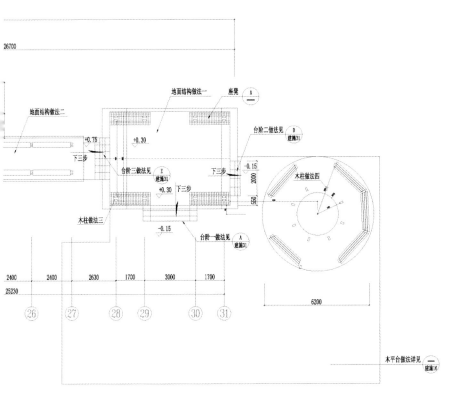

景观亭柱网布置平面图

座凳正立面图 1:50　木座凳侧立面图 1:50　木栏杆座凳正立面图 1:25

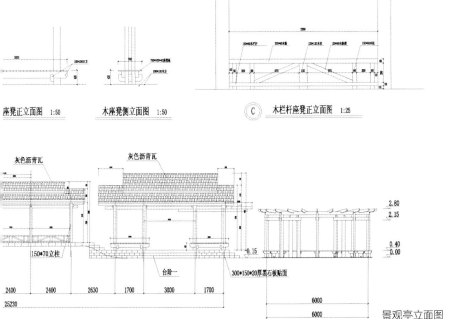

景观亭立面图

林间民俗运动区和南园区的滨水休闲区。槐文化中心区的"槐文化广场"和"湖山胜处"是公园的两个主要景点。

（一）槐文化广场

南入口门区的设计模拟宛平城之瓮城和四合院的庭院空间，圆形广场的东西两侧是"槐文化千年古韵博览墙"，北侧浮雕景墙是"老北京百年风情图"，它们围合成一个以展示槐文化和老北京民俗文化为特色的休闲空间。

南部直径39m的圆形广场，由高9m的景墙围合而成，它既是公园大门供游人集散的空间，又是欣赏槐文化壁画的休憩场所，也是具备小型演出功能的文化活动区。

"槐文化千年古韵博览墙"记载了12处京城名槐和赞美槐树的古典诗词，这里介绍从汉朝始的历代栽植的名槐古槐，有故宫御花园的"蟠龙槐"、北海公园画舫斋古柯院的"唐槐"和香山公园的"香山槐"、东岳庙的"寿槐"、密云长城脚下的汉代"槐树王"等，它们见证了北京源远流长的历史。

"老北京百年风情图"景墙长55m，位于广场北端，景墙前布置了小型演出舞台。浮雕壁画再现了在夏木浓荫的大槐树下，青砖灰瓦的建筑前，近代老北京城的历史风貌，是一幅展现老北京人当年生活场景的历史长卷。

（二）湖山胜处

"湖山胜处"景点是将现状鱼塘改造为雨水收集湖，将鱼塘外形做调整，通过挖湖堆山形成相对围合的山

湖北岸休憩亭廊

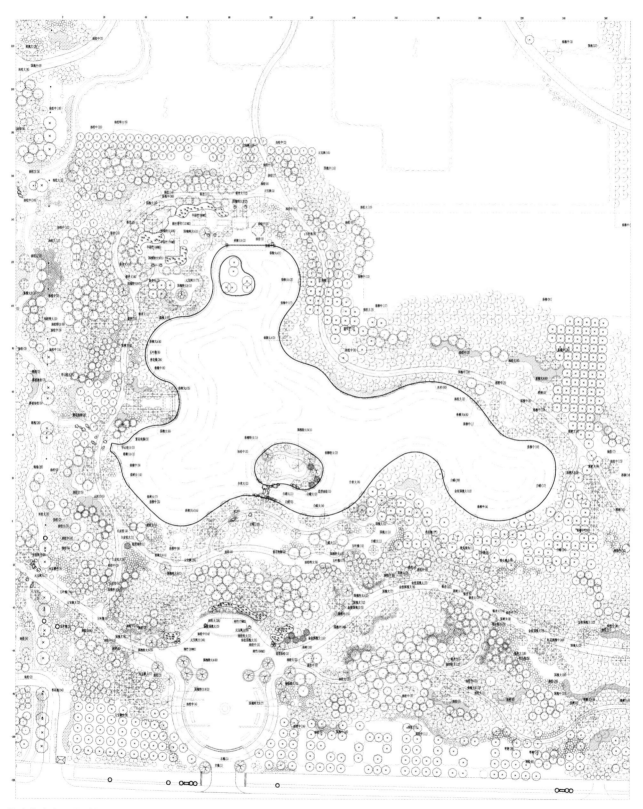

槐文化中心区平面图

主入口大门及槐文化广场

南入口广场老北京百年风情文化墙细部

老北京四合院庭园景观

水休闲空间。湖中设有以汀步相连的生态休闲岛，北岸布置1组木质亭廊和休息平台，与西岸的景观亭遥相呼应。园区内将现状排水沟改造为雨水收集旱河，形成雨水收集网络，将雨水汇聚至湖区。

种植设计结合环湖路和微地形布置有国槐、金枝国槐、龙爪槐、蝴蝶槐、刺槐、江南槐、香花槐等，搭配油松、垂柳、栾树、合欢、白蜡、元宝枫、玉兰、海棠、碧桃、黄栌及紫叶李等，形成以观赏槐树为特色的植物景观。采用草坡入水驳岸，湖畔布置有芦苇、水葱、千屈菜、菖蒲和鸢尾等水生植物，自然野趣的生态环境吸引了各类水鸟来此栖息。

设计单位：北京天下原色聚落景观艺术设计有限公司

项目负责人：张卫东

设计者：向群　蔡泓等

21. 二十四节气公园

2010年度北京园林优秀设计三等奖

二十四节气公园长约1200m，宽约25m。是一个以二十四节气为主题的沿街带状主题公园。地处天坛公园南门，南侧紧邻护城河，与南二环主路隔岸相望，地理位置十分重要。

公园以二十四节气为主题，整个公园的主体为24根汉白玉节气柱以及24个汉白玉花球。24根节气柱又分为春、夏、秋、冬4组，每组由6根代表不同节气的节气柱组成。因此，设计的主要任务就是要烘托公园的主体部分，以二十四节气柱为主体。

在景观设计中，围绕4组二十四节气柱分别设置4个主题广场。广场中央6根节气柱一字排开。根据现场情况，主题广场主要分为两个观赏面。一个是从南侧南二环方向的城市界

园内道路实景

沿河景观

公园冬季实景

面，这是一个宏观的观赏面，为远景观赏，主要看的是节气柱的气势；另一个是永内东街的临街观赏面，是一个近景的观赏面，主要是对柱体细节的观赏。

为了充分展示节气柱，主题广场南侧面向二环路一侧整个打开，以使从二环路可清晰地看到整个柱体的排列，同时在广场南侧的护城河河坡绿地上以石材制成5.5m见方的文字印章，按不同季节分别命名为"春发""夏长""秋收""冬藏"。文字

的形式以中国的印章为模板，字体为小篆。文字两侧配以时令花卉作为点缀，把二十四节气的主题向二环路做一个展示。广场两侧的河坡上为宽敞的花岗石台阶，一方面作为二十四节气柱的衬托，另一方面也把滨河路与公园紧密结合起来，扩大了公园的空间，使公园形成滨水公园。

主题广场北侧紧邻市政道路，为公园主要的人流来向。因此，在主题广场北侧留有宽敞的入口，方便游人随时进入广场体会二十四节气文化的魅力。

除作为游览性广场的主题广场外，公园全线还穿插了若干休息性小广场，以满足街头游人休息的需求。区别于主体广场的严肃，休闲小广场的形式比较活泼多变，东侧入口广场为全园游览线路的起点，它主要是配合二十四节气公园的说明牌以及二十四节气歌的碑文而设的小广场。中间结合公园原状，有的广场做成树阵广场的形式，有的广场结合原有花架形成幽静的休息空间，有的广场结合原有坐凳形成带状休息广场，满足

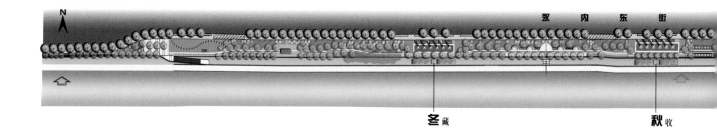

永内东街

冬藏

秋收

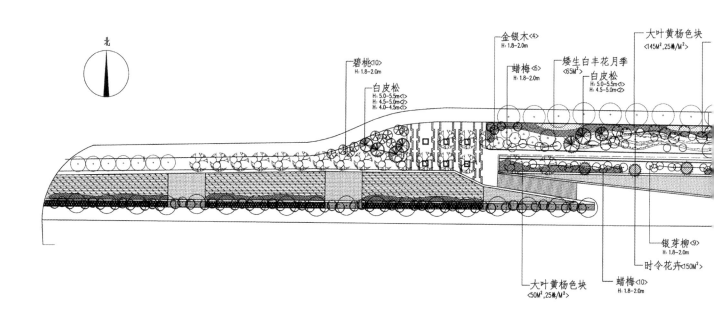

北

金银木<4>
H:1.8-2.0m

大叶黄杨色块
<145M², 25株/M²>

碧桃<10>
H:1.8-2.0m

矮生白丰花月季
<65M²>

蜡梅<5>
H:1.8-2.0m

白皮松
H:5.0-5.5m<1>
H:4.5-5.0m<2>

白皮松
H:5.0-5.5m<1>
H:4.5-5.0m<1>
H:4.0-4.5m<1>

银芽柳<9>
H:1.8-2.0m

时令花卉<150M²>

大叶黄杨色块
<50M², 25株/M²>

蜡梅<10>
H:1.8-2.0m

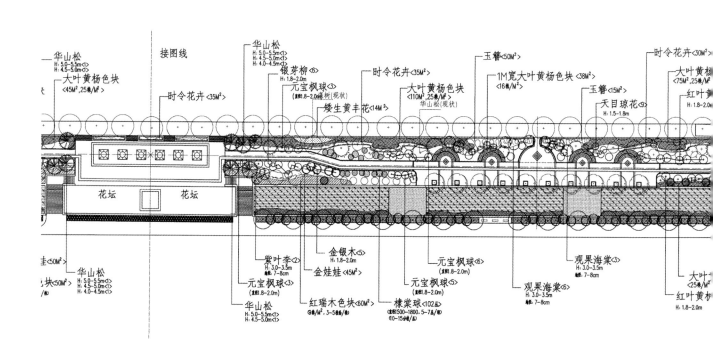

华山松
H:5.0-5.5m<1>
H:4.5-5.0m<1>

大叶黄杨色块
<45M², 25株/M²>

接图线

华山松
H:5.0-5.5m<1>
H:4.5-5.0m<1>
H:4.0-4.5m<1>

银芽柳<6>
H:1.8-2.0m

元宝枫球<3>
(直径1.8-2.0m苗木(现状))

时令花卉<35M²>

矮生黄丰花<14M²>
H:1.8-2.0m

时令花卉<35M²>

大叶黄杨色块
<110M², 25株/M²>
华山松(现状)

玉簪<50M²>

1M宽大叶黄杨色块<38M²>
<16株/M²>

玉簪<15M²>

天目琼花
H:1.5-1.8m

时令花卉<30M²>

大叶黄杨
<75M², 25株/M²>

红叶黄
H:1.8-2.0m

花坛   花坛

华山松
H:5.0-5.5m<1>
H:4.5-5.0m<1>
H:4.0-4.5m<1>

<50M²>
块<50M²>
/款)

华山松
H:5.0-5.5m<1>
H:4.5-5.0m<1>

紫叶李<2>
H:3.0-3.5m

元宝枫球<3>
(直径1.8-2.0m)

金银木<5>
H:1.8-2.0m

金娃娃<45M²>

红瑞木色块<60M²>
<3株/M², 3-5枝/株)

棣棠球<102株>
(直径1500-1800, 5-7枝/株)
(10-15分枝/株)

元宝枫球<6>
(直径1.8-2.0m)

元宝枫球<5>
H:1.8-2.0m

观果海棠<6>
H:3.0-3.5m
冠7-8cm

观果海棠<3>
H:3.0-3.5m
冠7-8cm

大叶黄
<25M²>

红叶黄杨
H:1.8-2.0m

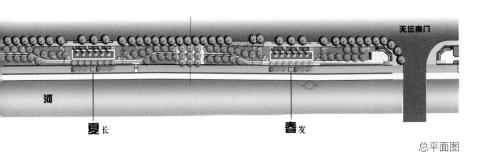

天坛南门

河

夏 长　　春 发

总平面图

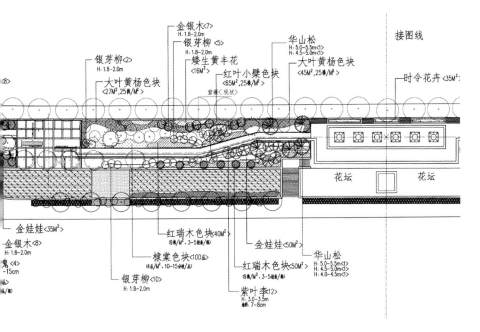

金银木 <7>
H:1.8-2.0m
银芽柳 <5>
H:1.8-2.0m
矮生黄丰花
<16M²>
红叶小檗色块
<85M²,25株/M²>
紫薇（现状）
华山松
H:5.0-5.5m<1>
大叶黄杨色块
<45M²,25株/M²>
接图线

银芽柳 <2>
H:1.8-2.0m
大叶黄杨色块
<27M²,25株/M²>

时令花卉 <35M²>

金娃娃 <35M²>
金银木 <8>
H:1.8-2.0m
鬼 <4>
-15cm

花坛　　花坛

红瑞木色块 40M²
<8株/M²,3-5株/株>
棣棠色块 <100株>
<4株/M²,10-15株/株>
银芽柳 <10>
H:1.8-2.0m

金娃娃 <50M²>
红瑞木色块 <50M²>
<8株/M²,3-5株/株>
紫叶李 <12>
H:3.0-3.5m
胸径:7-8cm

华山松
H:5.0-5.5m<1>
H:4.5-5.0m<1>
H:4.0-4.5m<1>

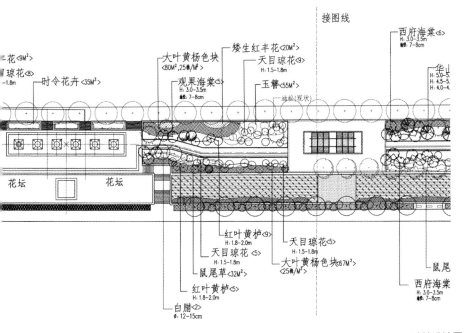

接图线

花 <9M²>
琼花 <8>
-1.8m
时令花卉 <35M²>

大叶黄杨色块
<80M²,25株/M²>
观果海棠 <5>
胸径:7-8cm

矮生红丰花 <20M²>
天目琼花 <9>
H:1.5-1.8m
玉簪 <55M²>
油松（现状）

西府海棠 <6>
H:3.0-3.5m
胸径:7-8cm
华山
H:5.
4.5-5.
4.0-4.

花坛　　花坛

红叶黄栌 <9>
H:2.0-2.0m
天目琼花 <5>
H:1.5-1.8m
鼠尾草 <32M²>
红叶黄栌 <5>
H:1.8-2.0m
白腊 <2>
φ:12-15cm

天目琼花 <5>
H:1.5-1.8m
大叶黄杨色块 6.7M²
<25株/M²>
西府海棠 <3>
H:3.0-3.5m
胸径:7-8cm

鼠尾

种植设计图

人们不同的休息需要。

　　植物配置方面，总体设计概念是使带状绿地形成一道绿色的"墙"，间断部分为4个节气柱的主题广场。这样，从南一环路沿线看，节气柱可以更加突出。而在植物配置细部方面，也是以烘托二十四节气主题为设计的主旨思想，每个主题广场两侧的植物都是根据该广场的主题节气来选择植物的，春季选择立柳、海棠、碧桃、榆叶梅、迎春、梅花、蜡梅、鸢尾等，夏季选择合欢、栾树、石榴、紫薇、萱草、玉簪、宿根福禄考等，秋季选择元宝枫、观果海棠、黄栌、八宝景天、菊类等，冬季选择华山松、白皮松、银芽柳、棣棠、红瑞木、金银木等。全线将丰花月季作为主题花卉，其花期比较长，可兼顾各个季节。巡河路边以垂柳为主，中间加入碧桃、榆叶梅等春花植物，形成桃红柳绿的沿河景观。下层种植黄杨色块以达到整齐划一的效果。护坡种植沙地柏，这样护坡四季都能有稳定的景观效果。

设计单位：北京创新景观园林设计有限责任公司——刘巍工作室
项目负责人：黄南
主要设计人员：方芳　佟彤　许卫国

公园绿地
2011年度

一等奖

二等奖

三等奖

22. 东南二环护城河城市休闲森林公园

2011年度北京园林优秀设计一等奖

一、项目背景和概况

地块位于北京市东城区（原崇文区），东起东便门桥，西至玉蜓桥，沿着东南护城河河岸周边绿地及东南二环路边与邻近居民区之间绿化隔离带，总长4763延长米，总计占地面积10万m²。

本项目的建设是对二环路绿色景观环带——"绿色城墙"建设的有力推进，有助于绿地系统结构的完善。

同时崇文区现有公园绿地分布不均，全区绿地分布不均，绿地分级分配不

整体鸟瞰图

合理，对天坛公园、龙潭公园依赖过大。因此，本项目的建设是为了进一步完善该区域绿地系统布局，缓解现有公园绿地的压力。

二、场地历史文脉

项目紧邻北京东南二环路。作为北京城最重要的道路之一，它见证了北京的城市兴衰、文化变迁和多彩生活，是北京城重要的记忆载体。而今二环路的持续飞速发展给周边环境带来层出不穷的冲击。

场地为东南二环路与临近居民楼之

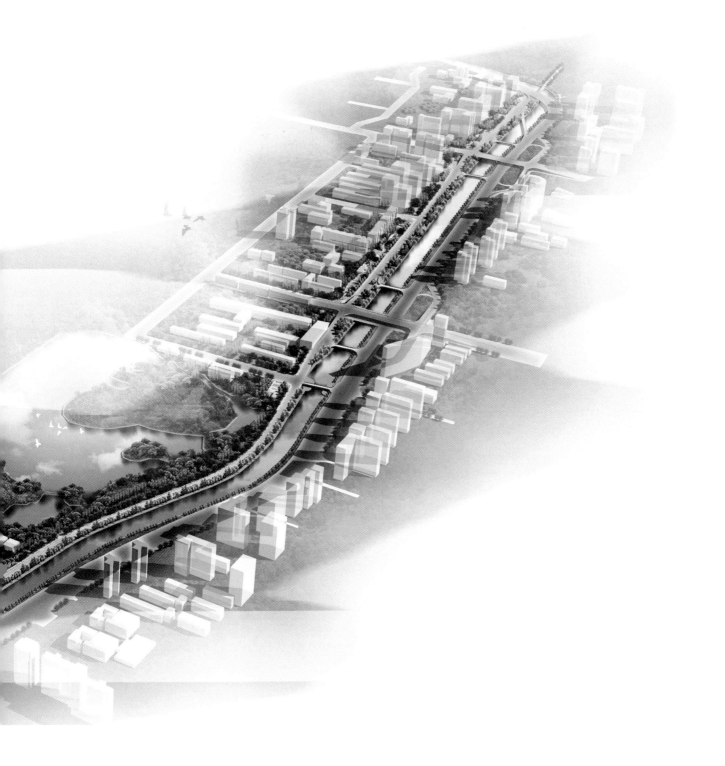

间绿化隔离带，在功能上能够缓冲二环路对周围居民日常生活的影响，并提供活动、交流、游憩的空间。在文化与精神传承上作为传统北京城与现代北京城和谐融合的见证，应秉承和发扬新中式风格的传统与现代结合的方式，深刻挖掘原有南城平民文化内涵，并将其融入现代园林之中，通过场地的引导与围合，找回附近居民对原有老街巷的认同感、亲切感、归属感。

三、设计思路和手法

整体设计思路主要分为两条主线：沿护城河河岸，其周边绿地主要特征为生态森林，以带状绿地的形式为载体；靠近居民区代征绿地的主要特征为普通南城百姓休闲文化，故以景点的形式为载体。

（一）护城河河岸周边绿地

东线和南线的护城河整体较为连续，以统一的绿色理念贯穿始终，注重植物的搭配，体现季相变化，并以临水景观变化为特色命名景点。

1. 东护城河段——广渠晴虹

利用郁郁葱葱的植物景观打造东护城河岸景观亮点，穿插四季盛放的开花植物，使护城河岸如同一条彩虹带融通北京城景观。

2. 左安门桥段——秋水长天

此处栽植大量的秋色叶植物，秋季为该处的植物景观主要特色。

3. 消防中队段——樱棠流霞

结合此处现状桃树茂密的特色，布置大量春季开花观赏灌木，形成一道春景靓丽的风景线。

4. 玉蜓桥畔段——玉蜓夕照

以玉蜓桥观赏夕阳为主要景观特

华城国际廊架

南护城河廊架

色，植物种植以低矮品种为主，营造一个开敞、视线开阔的景观环境。

（二）居民区附近代征绿地

因此东线与南线市政路内侧约20~30m宽度范围为基底，整个场地为细长条形隔离带，若干进入小区的道路将其划分成几个大小不一的地块，公园的整体感与实际场地的零碎性成了设计遇到的首要问题。在设计中，参考收放有序的老街巷的布局，追求一种点与线相互衔接呼应的构成模式。通过一条弧形园路串联整个场地，在相邻的地块两侧设置相呼应的出入口，体现场地的整体性。同时，根据原有建筑院落形式，每个地块将打造一个内向型中心场地。并依照现状实际标高，提升或下沉中心场地，增强中心院落的凝聚力。提炼崇文传统民俗元素精髓，将文化内涵赋予景观实体，并以统一的风格呈现，使分布相对凌散的地块形成整体。

（三）主要表现形式

1. 京城仁和段——春和景明

此处为整体景观设计起始。一年之计在于春，此处以春景为主要设计重点，结合植物种植与小品设计，展现欣欣向荣、万物复苏的景色。

2. 丽水湾畔段——鱼沼秋乐

以老北京养金鱼传统与天坛神乐署中和韶乐为基本元素，抽象化融入景观设计中，体现老北京传统风貌。

3. 华城公寓段——御匠遗风

以老北京著名御匠的杰出名作为主要设计灵感，在景观设计中糅合样式雷烫样技艺过程中展现的元素，展现京城特有的风韵。

4. 左安西里段——左安环翠

左安门现存为京城一处古建门房，栽植繁茂浓密的植物。古朴的古建映衬青翠欲滴的植物，体现了历史与现代的融合。

5. 消防中队段——城南迭艺

对于老北京城所特有的民俗技艺，如京绣、戏曲盔头、梅花桩等，将其特有的元素与细节化繁为简，融入景观设计当中，并使这些古老的元素具有现代感。

四、竖向地形规划

因紧邻居民区一侧的场地整体为细长形，最宽的地方仅为30m，且紧邻东南二环路。因此抬高靠近二环路一侧的绿地，结合乔灌草丰富的种植搭配形式，如高起的城墙一般隔离外界不良因素对内在场地的干扰与影响。园路蜿蜒其中，漫步时全然感受不到车水马龙的二环路就近在咫尺。

东侧护坡因水利防洪要求，不可改变其原有坡度。为改变坡面过陡导致的景观过于单一，设计在坡面增设了弧形挡墙，不仅给种植高大乔木提供了可能，同时起伏的景墙与植物相搭配，改善了护坡的立面景观效果。南侧护坡因新建道路往北侧偏移，故重新对现状护坡进行减少倾斜角度的拉坡处理，将缓缓的护坡打造成一个可游、可观、可赏的立体景观空间，增加了绿地活动场地，丰富了单调的立面护坡景观效果。

五、元素材质展示

当场地的整体形式已经确定，为了表达不同背景的传统文化，在细部装饰上运用一些提炼过的传统元素。细部元素装饰是刻画与提升园林景观形象的一个重要方式，它使看似简单的场地或小品产生丰富多变的效果，同时反映不同传统文化内涵。南城曾经是商铺、客栈、戏园子、古玩字画交易最集中、最高端的片区。挖掘多姿多彩的南城平民文化中的精华部分，如民俗技艺、著名御匠的杰出名作等，对这些元素进行提炼、浓缩、简化，并用现代的方式，如灰色透水砖路面、白墙、红色纹样钢板等表达一些传统的元素，融入小品、铺装、构筑物设计中，体现传统与现代的完美融合，构筑成本场地特有的文化风景线。

设计单位：北京北林地景园林规划设计院有限责任公司
项目负责人：张璐
主要设计者：
吴婷婷　张志鹏程　项飞　石丽平
马亚培

总平面图

丽水湾畔段景墙

玉蜓桥畔段景墙

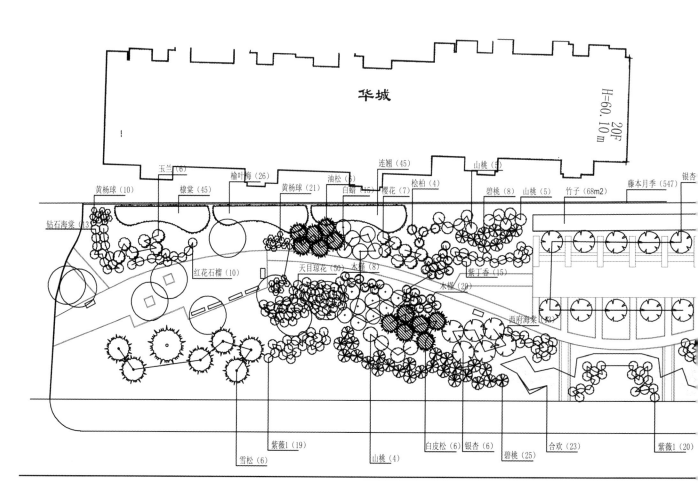

华城国际段种植图

东护城河段边坡 　　　　　　　　　　　　　　　　　　南护城河段边坡

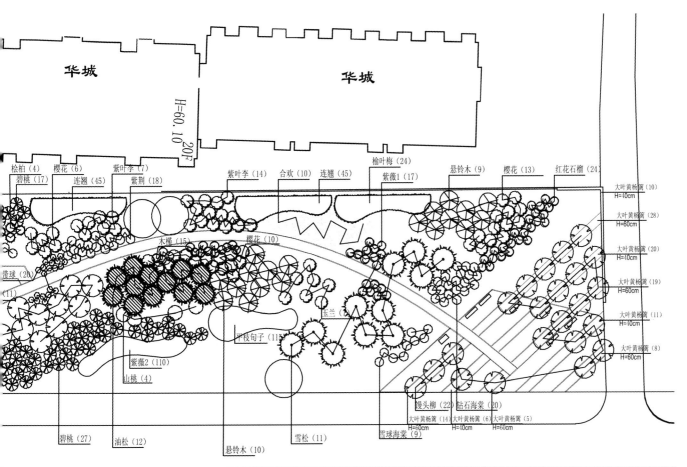

注：最南侧的2株白蜡，3株紫叶李，1株银杏为场内移植，其余苗木均为新植苗木。

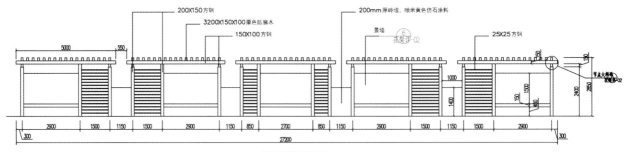

200X150方钢
3200X150X100栗色防腐木
150X100方钢
200mm厚砖墙, 喷米黄色仿石涂料
景墙
25X25方钢

华城花架正立面图

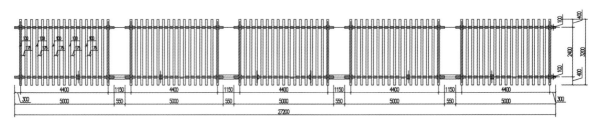

华城花架顶平面图

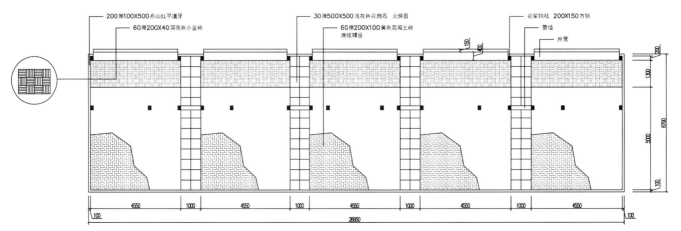

200厚100X500燕山红平道牙
60厚200X40深灰色小金砖
30厚500X500浅灰色花岗石 火烧面
60厚200X100黄色混凝土砖 席纹铺设
花架钢柱 200X150方钢
景墙
座凳

华城花架平面及铺地平面图

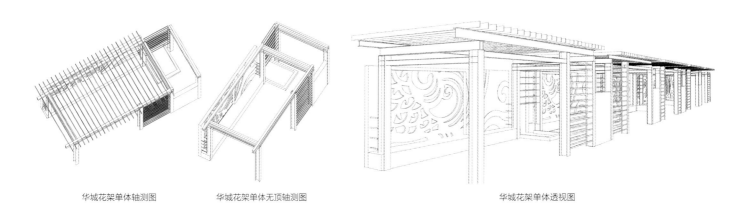

华城花架单体轴测图　　华城花架单体无顶轴测图　　华城花架单体透视图

华城国际段花架施工图

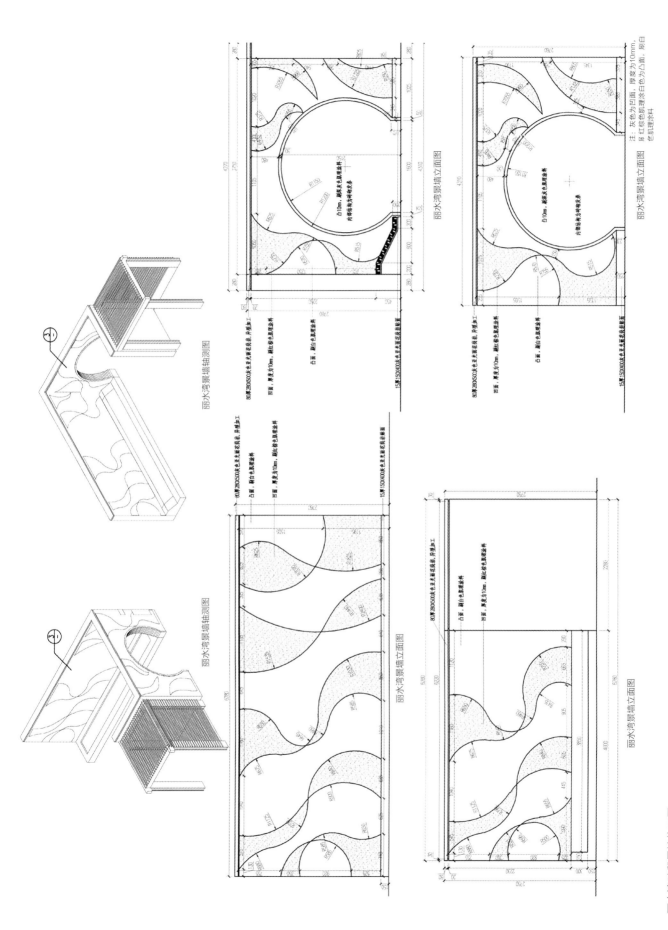

丽水湾景墙轴测图

丽水湾景墙轴测图

丽水湾景墙立面图

丽水湾景墙立面图

丽水湾景墙立面图

丽水湾景墙立面图

丽水湾畔段景墙施工图

注：灰色为凹面，厚度为10mm，
局部红棕色肌理层涂刷白色为凸面，阳白
色肌理层涂料。

23. 大兴新城滨河森林公园南区——念坛公园

2011年度北京园林优秀设计一等奖

一、项目概况

大兴新城滨河森林公园工程是市、区两级政府的重点工程，是2010年北京市为改善人居环境，建设世界城市所重点投资建设的11处新城滨河森林公园之一。大兴新城滨河森林公园由北区清源公园、小龙河绿地、南区念坛公园3部分组成，念坛公园是大兴新城滨河森林公园的南区部分，地处大兴新城核心区，地块完整，面积为2460亩。项目东侧紧邻地铁4号线新源大街义和庄站，北侧为总部基地，南侧紧邻黄良路，辐射大兴生物医药基地，地理位置十分重要。公园设计整合了原念坛水库的大部分地块，最大限度地保留了库区、湖心岛以及部分堤坝，以其核心的区位，广阔的水面，丰富的山形水系，变化多样的堤、岛、湖泊等景观类型而成为大兴新城核心地区一处宝贵的绿肺。

二、设计理念

公园的设计是对传统理想山水园林格局的回应，以中国传统山水园林典范——颐和园昆明湖为研究对象，从有关资料中寻找出传统园林山水格局的理想模式——湖荡聚砂格。

利用园址为水库的有利条件，保留主湖区、湖心岛等景观要素，通过挖湖堆山的地形改造手段，营造出具有缓坡、丘陵、草地、湖泊、岛屿、密林等富有野趣的自然山水园林空间，形成大小多个湖区蜿蜒相通，水系层层环绕，山外有山、堤外套堤、里湖外湖环环相通的"山环水抱，星罗棋布"的山水格局。既是从景观多样性出发的设计布局，又考虑人性化需求，满足游人的山水空间游览体验。

三、公园格局体系

公园的最适景观格局是能够实现规划设计目标的空间体系，这一空间体系应能充分反映公园的特殊性质，满足生态与功能双方面的需求，达到二者的平衡。

在这样的前提要求下，按照"开发强度"进行分区，在念坛公园建立"高密度开发区—中密度开发区—缓冲区—核心区"的景观格局。通过穿插各个区域的交通、游览道路系统，进行生态功能和实用功能的组织与分隔。

0　　200　　400　　600

公园总平面图

公园湖面实景

四、设计特色

1. 公园的设计全面利用现有的水库、湖心岛、堤防等，塑造呈现堤岛格局的山形水系，创造丰富多样的景观类型，从而为植物多样性创造条件。

2. 园内利用"排渗管+集水渗井"结合的技术手段，建立针对全园低洼地的雨水收集系统，用于湖体补水、绿地浇灌以及冲洗用生活用水等，从而达到生态、环保、节约的目的。

3. 公园拥有完整的自行车环形系统，并成为北京地区第一个拥有完整自行车环湖游线的综合城市公园，其自行车游览系统将融入北京的绿道体系建设，从而实现低碳出行的无缝接驳。自行车道与主干路分隔设置，以确保游人安全并便于管理维护。

4. 公园敷设了覆盖全园区的自来水管网，并在人流量较大的门区、场地及主要景点处设多处末端式直饮水终端，同时对饮水终端的造型予以改进，便于残疾人与儿童使用。

5. 全园沿红线范围设置金属围栏与红外线周界防范的安防组合设备，并于各门区均设置2台带有入园人流瞬时流量统计功能的监控设备，目前观测量显示最高日游人量达8万人次；各桥头与码头也均设有监控探头，在实现桥头节点实时监控的同时，兼顾水上游线的安全巡视功能。

6. 根据生物、物理、化学等水质净化原理，运用综合的技术手段将污水处理厂排放的再生水，深度处理后应用于城市公园大型湖体高品质景观用水，确保缺水型城市大型公园湖体景观环境用水水源充足、水质稳定、生态友好、环境优美，保证再生水湖体景观、生态与功能的和谐统一，为城市公园再生水景观水体的水质净化难题提出了一套新的综合解决方案。

7. 模拟生命健康保障系统，并将其运用到缺水型城市公园大型湖体景观水质保障系统设计之中，通过设置泵站（心脏）、人工湿地（肾脏）、曝气推流（肺脏）、超磁分离水净化系统（肝脏）、循环管线（血管）、湖体原位生态净化系统（淋巴）等，集成组合为再生水湖体的生命保障系统，维护水质，防治水华，生态持续。

8. 对现有人工湖体生态系统技术进行集成与优化。对人工湖体物质循环链、能量循环链、食物链等生态链条进行研究，将湿地技术、生态滨湖岸坡技术、浮床陆生植物技术、曝气推流技术、水生动植物培养技术等

措施优化后，集成运用到人工湖体生态系统的构建与完善中。

9. 将超磁分离水体净化技术首次创新运用到大型人工湖体的水质净化系统中。超磁分离水体净化技术是污水物化处理的一项新工艺技术，与传统的化学法、生物法以及普通电磁体磁分离不同，它具有处理效果好、停留时间短、运行费用低、占地面积小等优点，在景观湖体水质改善中具有极大的技术优势。

五、景点设计

1. 同乐广场。是以公园标志性雕塑为中心的主要集散广场，周边设有植物图案地坪、雾喷、光纤地灯等多处园林艺术小品。

2. 东堤春晓。仿西湖景点"苏堤春晓"而建，旨在营造一处北国江南春景。

3. 念坛烟雨。是视线开阔的阶梯式观景平台，是观赏喷泉、水幕电

公园东门入口

影及湖景的最佳位置，广场下为各类餐饮建筑，服务设施齐备。

4. 双仪花洲。取《易经》中两仪生生相息之语意为主题，以太极阴阳图案为场地设计原型，种植各类水生及滨水植物，形成一片优美的五彩花洲。

5. 墨迹留香。以清代大兴籍书法家翁方纲的书法艺术为文化载体，为市民提供一处滨水活动广场。

6. 五谷丰登。是北入口标志性景观，以传统五谷"稻、黍、稷、麦、菽"为主题的雕塑柱象征社会安定和谐、经济繁荣。

7. 幽州台歌。以古幽州台为文化载体，塑造一处山石文化景点，上有函远亭为游人提供登高望远之所，是全园的制高点。

8. 西溪情影。大面积梯田状湿地景观和几处点缀的大柳树使游客犹如置身于西溪湿地，再现了"西溪且留下"的唯美画面。游客可凭堤远眺、芦苇丛漫步，也可进行湿地植物科普活动。

9. 南翔凤舞。呼应南方为神鸟朱雀属火的古代传说，选取色彩红艳的名贵景石——南阳玉石作为南门主景。上有天然纹理，犹如凤凰图腾，寓意北京南部的经济犹如凤凰展翅高飞。

10. 林海寻幽。大面积的生态植物群落可以为鸟类、爬行类动物提供生活栖息的场所，也是游客林中漫步、观鸟的绝佳场地。该区包括鸿雁岛、玫瑰园、香草园等多个特色园。

设计单位：北京市园林古建设计研究院有限公司
主要设计人员：

杨乐　白寅　龚武　孟祥川　刘杏服
李科　付松涛　李方颖

公园北门入口——五谷丰登

儿童活动区

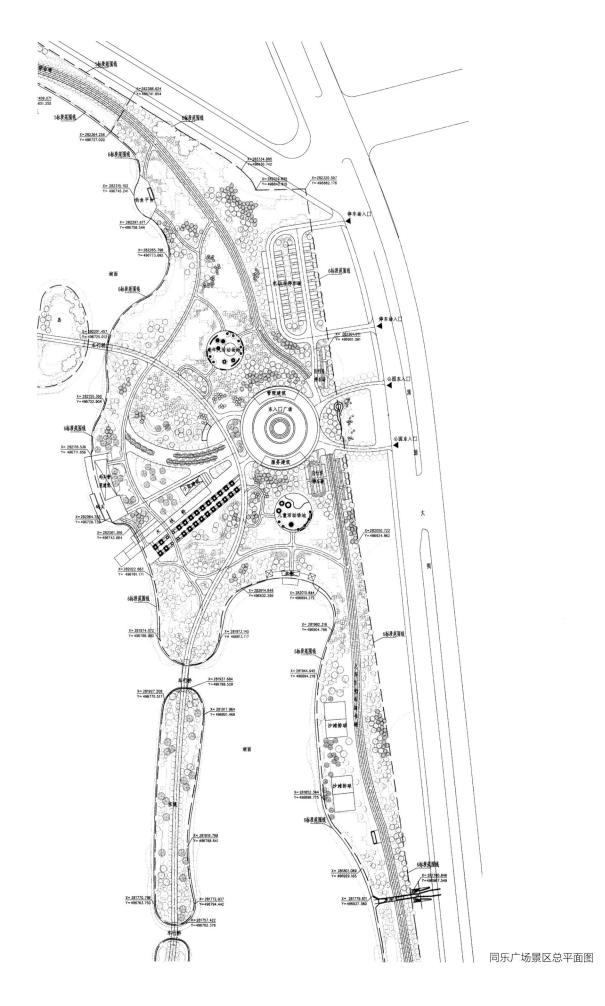

同乐广场景区总平面图

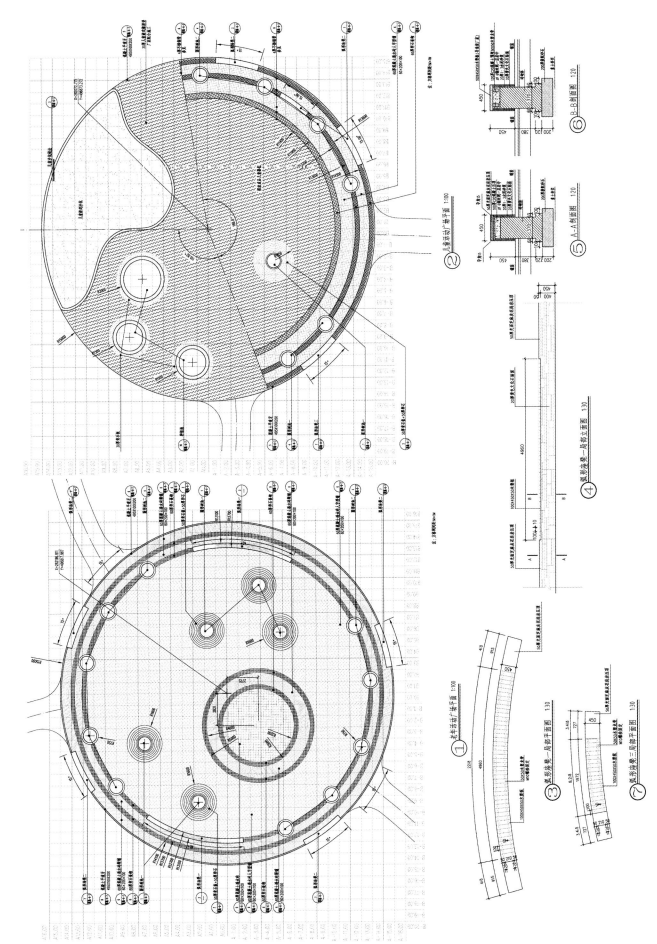

同乐广场景区主广场平面及做法

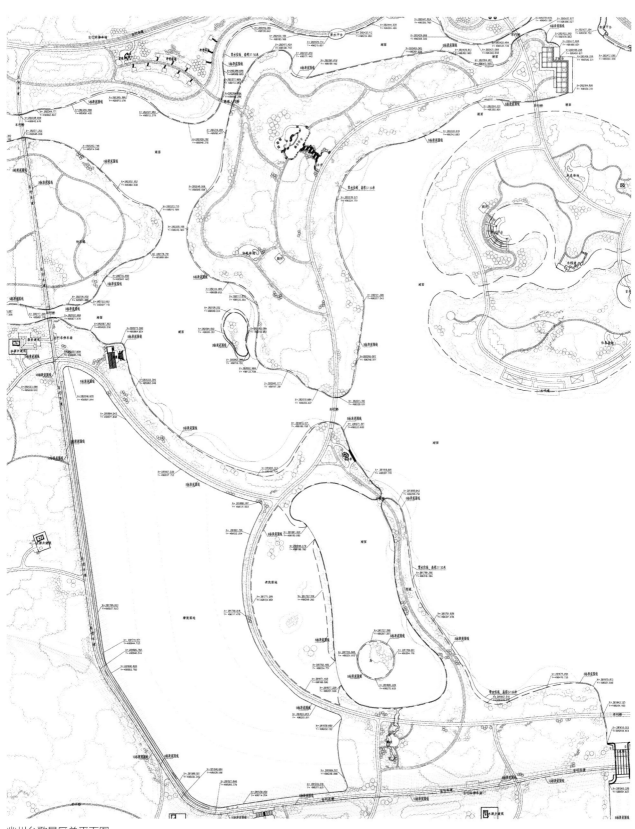

幽州台歌景区总平面图

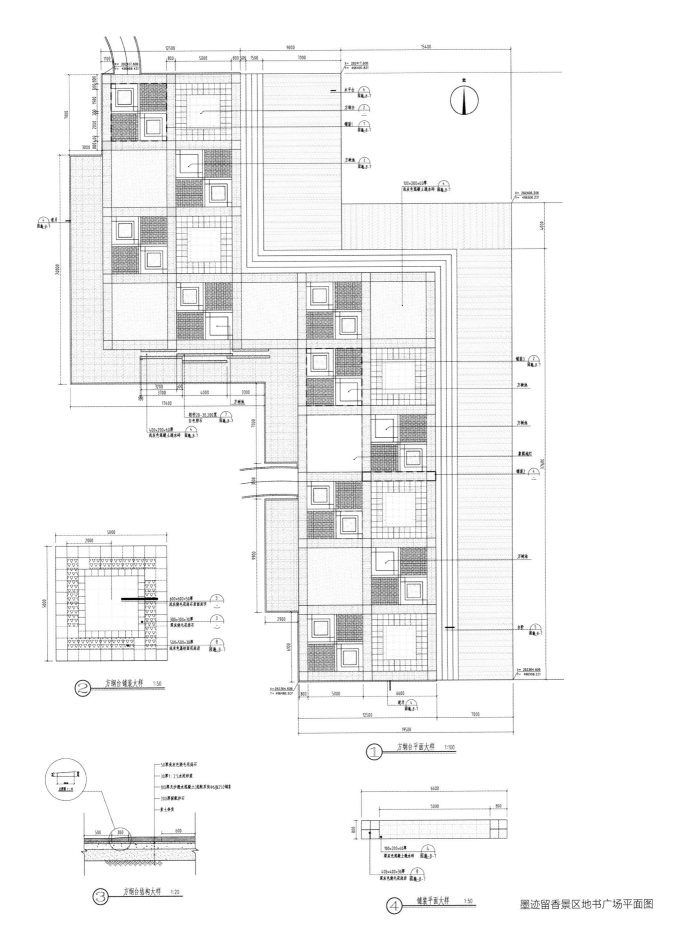

方绷台铺装大样 1:50

方绷台平面大样 1:100

方绷台结构大样 1:20

铺装平面大样 1:50

墨迹留香景区地书广场平面图

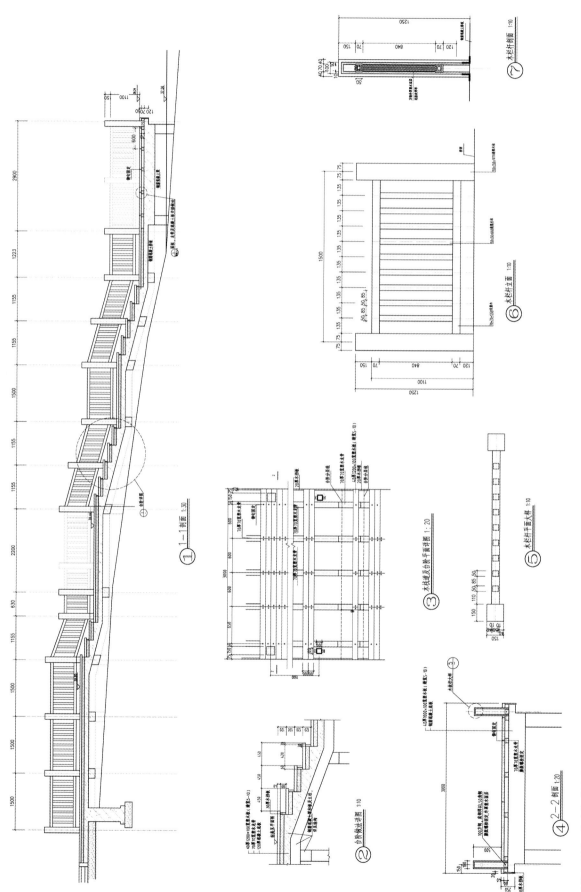

五合丰登景区亲水栈道做法详图

一、项目概况

南海子公园位于大兴区东北部，小庄以西，总体规划面积7.8km²，是该区域提升生态环境的核心和城市"绿肺"，其中一期西区面积约1km²，建成后对京城南部区域的发展影响巨大。

历史上南海子水草丰美，林木葱郁，属于皇家宫苑，是辽、金、元、明、清五代封建帝王游猎之所，经常举行盛大的阅兵活动，与西北郊的"三山五园"遥相辉映。

随着时代变迁，上述自然环境已发生根本性改变，绝大部分景象不复存在，同时作为北京市的垃圾填埋场，土壤和地下水遭到严重污染，如何在现有条件下，尽可能修复生境并局部再现历史景观，是本项目所面临的重大挑战。

二、建设内容及特色

本项目将公园定位于"服务首都，面向全国，将公园建设成为具规模、重特色、富内涵、成景观、多功能、可持续的大型公园"，重点突出以下特征。

1. 文脉传承

以京南第一公园的地位再续南城文化传统。

2. 自然特色

以自然元素为中心，创造山林成荫、花草遍地、雁鹿齐欢的自然景观效果。

3. 湿地特色

通过重塑区域性水系统，再现当年的湖沼风光。

4. 生态节能

以新理念、新技术为依托，创造生态、低碳技术的示范性公园。

综上所述，最终确立的总体方案，将公园以不同的特点和功能，划分为若干区域，形成"三宫相座、五

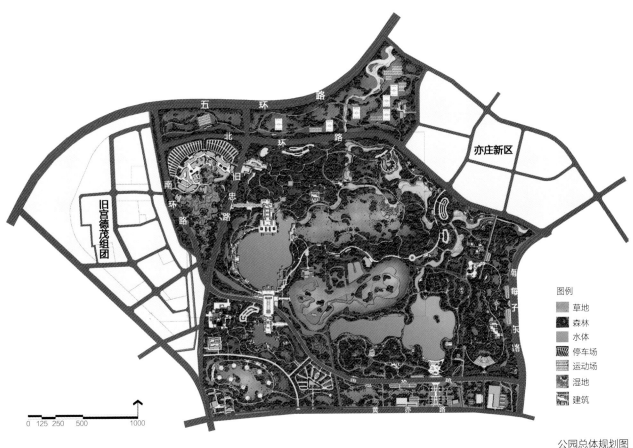

图例
草地
森林
水体
停车场
运动场
湿地
建筑

公园总体规划图

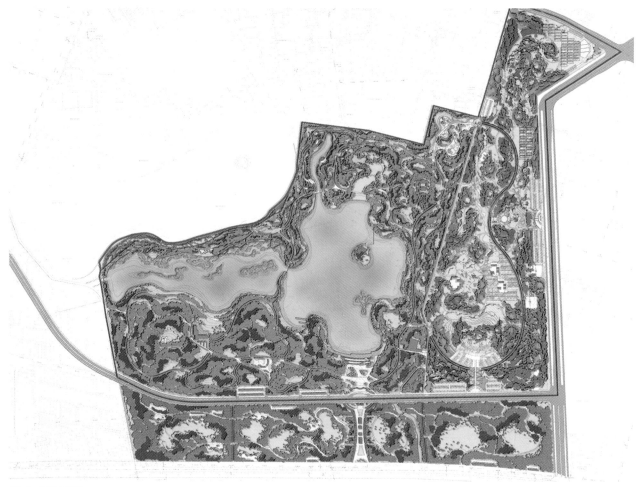

公园一期平面图

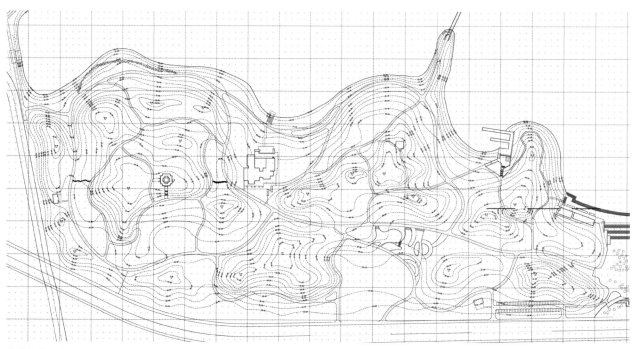

山体竖向设计图

海相连、两带八苑"的景观体系，其中一期着手进行了"秋风苑""海子苑"的建设，并与"麋鹿苑"进行了恰当的衔接。

三、设计技术及创新要点

（一）公园建设与垃圾的再生处理与利用

1. 本项目是北京已建成公园中处理垃圾量最大的公园

本项目区域近二十年来为北京市南部垃圾填埋场，由于缺乏管理，场地内建筑、生活垃圾混杂，平均厚度15m，无任何可利用的现状树木和可种植区域，因此对近300万m³的垃圾进行了再生利用。

2. 整个工程无一方垃圾外运，区内垃圾全部无害化处理并再利用

设计中，对挖出的建筑垃圾进行破碎、筛分、分层碾压处理后，形成公园山体的基底；对挖出的生活垃圾进行筛分后，使可降解的腐殖质部分与种植土结合，改善了园

区土壤条件；不可降解的部分，在公园疏林草地区地下打包填埋并铺设沼气排管。彻底改变了过去脏乱的环境局面。

（二）园林建设与城市防洪工程的结合

1. 合理布局水体节约建设成本

为保证北京市南部凉水河流域及天津上游水系的防洪安全，公园一期应实现水利规划的100万方的滞洪库容。在设计中，经过对园区的详细勘察，选择了以建筑垃圾为主要填埋物的区域进行开挖，形成滞洪区，节约了工程投资。

2. 设计了丰富的水岸形式

公园引入城市再生水，形成景观水面，在水体设计中采用了增加水生植物栽植区、加大局部水深以促进水体垂直循环、设置喷泉、太阳能曝气设施等措施，使园林景观与水

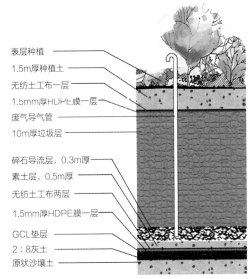

表层种植
1.5m厚种植土
无纺土工布一层
1.5mm厚HDPE膜一层
废气导气管
10m厚垃圾层

碎石导流层，0.3m厚
素土层，0.5m厚
无纺土工布两层
1.5mm厚HDPE膜一层
GCL垫层
2:8灰土
原状沙壤土

垃圾处理示意图

利工程有机结合，保证园区水质，节约运行成本。

（三）公园建设与区域生态恢复、珍稀物种保护的结合

本项目总体规划中包含麋鹿苑，作为我国特有珍稀物种麋鹿的回归引种示范区，麋鹿苑长期以来面临着周边垃圾填埋场等环境污染的威胁。公园设计采用了近自然的群落化种植形式，以斑块状林缘混交为主，以生物

坡塘雁影实景（北林地景提供）

栖息地需求出发设置了湿地、林带等自然缓冲区。公园建成后区域内鸟类数量、种类明显增加。公园在麋鹿苑一侧设置了观鹿台，改善了麋鹿苑的参观环境。

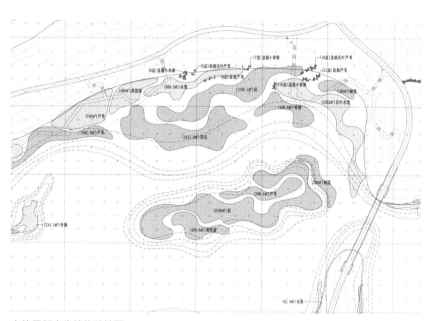

水体局部水生植物种植图

（四）公园建设与再生能源利用的结合

公园设计中，管理、办公建筑均采用覆土建筑形式，综合利用了地热能、太阳能等再生能源，做到了建筑自身能量交换的平衡。园区内经营服务性建筑全部使用可再生木材建造。

（五）现代公园建设与传统园林文化的结合

公园在景观构筑物上完全按古建制式设计建造，在种植设计中再现历史上燕京十景"南囿秋风"的风貌。对彩叶、秋色叶植物进行了专项规划设计，并引种成功了国王枫、金叶接骨木等新优彩叶品种，形成了特色景观。

设计单位：北京北林地景园林规划设计院有限责任公司

项目负责人：叶丹

主要设计人员：

赵峰　钟继涛　应欣　安画宇　杨雪阳

杨玉　王秋旸　石丽平　马亚培

参加设计人员：

魏荣　张菲　王艳君　孙舟飞　任尧

张冬　刘框拯

观鹿台实景

公园主入口实景

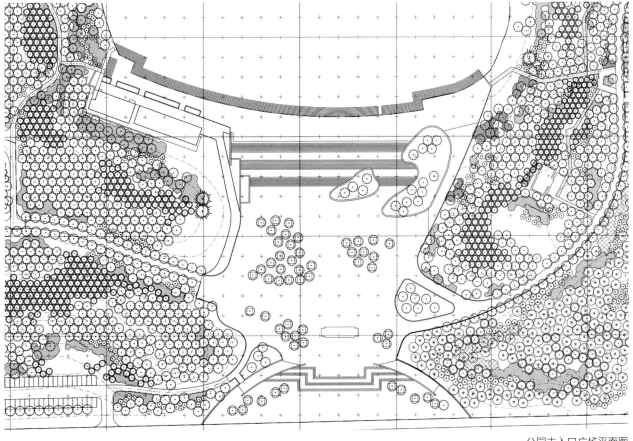

公园主入口广场平面图

25. 通州新城滨河森林公园北区

2011年度北京园林优秀设计二等奖

一、项目概况

通州新城滨河森林公园北区位于温榆河畔，是温榆河绿色生态景观廊道的一部分，东西两岸总长共计约4km，面积约40hm²。

二、设计理念

本项目是融"自然之美与现代商务"为一体的滨水公园

1. "以水为魂、以林为体、林水相依"，通过滨水公园所建立起来的开放空间体系，使商务园内部绿地形成一个综合的绿色网络系统，促进和提升整个区域的价值。

2. 充分挖掘自然、历史及人文资源，恢复、保护和提升环境生态和人文景观，突出自身特色，保持场地内可利用的现状地貌和植物，使环境生态及地区文脉得到延续和可持续发展。

3. 适度建设休闲设施，为本区域的企业和民众提供天然绿色氧吧、赏心悦目的休闲环境及活动场所，使之成为展示园区工作和生活的舞台。

三、功能分区

结合现状的地貌特征、现状植物，依据园区内建筑用地规划的不同性质，结合周边地块的功能，园区由南到北依次为：

（一）文化娱乐园

该区域是京杭大运河的连接点，也是滨河公园的入口公园，故既应体现文化的延续性，还要兼顾园区的文化内涵和企业形象。主要布置临水观景平台、挑台和休息座椅。

（二）湿地生态园

利用现状洼地改造，通过多样的植物与景观结合，形成"水清、岸绿、花香、鸟语"的湿地生态环境，人们或行或驻，在丰茂的自然环境中愉悦身心，亲近自然。

（三）休闲健身园

该区域周边是大片的商务办公居住用地，提供并吸引人们在太阳光与绿树间接触自然，保留大量现状林，对林间空地进行改造，加入木栈道、木平台和林间活动区，提供林中休息、聊天、阳光浴等各种大小不同的空间，满足室外活动的需求。

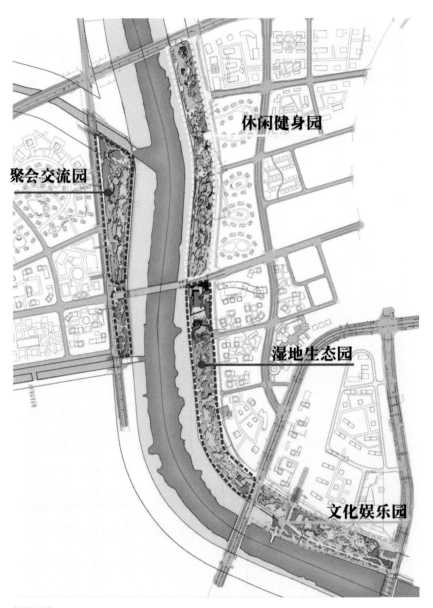

总平面图

围绕现状树的临水木平台

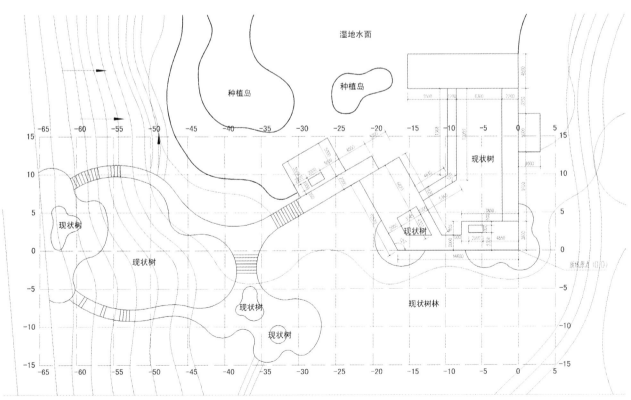

围绕现状大树的木平台详图

现状林中的木栈道

简约风格的临水平台

毛石风格观赏草大台阶详图

湿地生态园种植设计图局部

（四）交流集会园

此段绿地最宽，且西侧地段规划为金融商务用地。此处设计一处较大的活动空间，园区的企业可用于举办活动并进行交流。各个大小不同的空间或藏于林中，或临于水边，或者就是林间几块看似随意布置的汀步，都是人们驻足停留、观景活动的场所。

四、生态特色

（一）植物规划

植物规划首先考虑的是整体河系规划中绿色走廊的延续，保护和建立多样化的乡土植物生境和生物栖息地，建设以现状乔木为骨架，以木本植物为主体，以生物多样性为基础，以乔灌草藤复层结构为形式的绿地。根据各滨水分段的主题公园，配以不同的特色植物，形成四季变化丰富的植物多样性走廊。

1. 文化娱乐园——春花园（春景）

这是人流进入公园的区域，故应考虑用浓烈色彩烘托气氛，在现状基础上加植春秋色叶植物和常绿树，如白蜡、银杏、油松等。

2. 湿地生态园——湿地植物、野生植物群落

在这里要体现湿地生态景观及向陆地的延续，可多种植水生植物（如芦苇、千屈菜、香蒲等）和浆果类（如西府海棠，山楂等）、蜜源植物（如波斯菊等），招引鸟类、蝴蝶等。

3. 休闲健身园——花树行云（秋景）

在现状林缘增加常绿树，如油松、桧柏、云杉；林窗、林下增加耐阴植物，如珍珠梅、金银木、苔草

等；同时结合微地形搭配种植易于管理的0.2~1.5m高的观赏草，如丽色画眉、狼尾草等。

4.交流集会园——夏花园（夏景）

植物的特色突出朴野大气和低调，成片栽植山桃和梨树等。

（二）利用现状洼地营造湿地景观

公园依据现状低洼的地势及现状水沟和鱼池的特点，整理构建了一处以生态保护科普教育、自然野趣和休闲游憩为主要内容的湿地景观，在现有低洼地的基础上，修复和扩大湿地水塘面积，人工改善和建造一个野生生物的生境，各种大小不同的水溪池塘与温榆河广阔的水景景观共同构成意境不同的水景空间。

亲水自然的湿地环境

五、景观特色

区别于普通生态公园单纯强调生态朴野风格，本项目独有的特点是周边沿线遍布现代感极强的商务园功能建筑，同时又紧邻自然的河道及植被景观，需要"自然"和"现代"两者间的高度对比、高度融合。将现代创新商务园的高效、便利、简洁的风格融入景观设计中去，体现现代与朴野并存的风格，两者相互映衬，完美结合。

设计单位：北京创新景观园林设计公司

项目负责人：付超

主要设计人：付超　张迟　郝勇翔

26. 通州运河岸线及运河文化广场

2011年度北京园林优秀设计三等奖

一、项目概况

通州北运河城市段位于北京市通州区，地处未来城市发展的中心区域。景观设计范围北起运河与温榆河交界处，南至六环路，西达滨河西路，东至滨河东路，并包括西海子公园以及滨河西路核心广场段，占地面积170hm²。

二、设计理念

易兰规划设计院首席设计师陈跃中先生带领当时的EDSA团队为此项目提供了总体规划及景观设计服务。设计团队以通州独特的历史文物、运河文化为依托；以自然与休闲融合、时空序列展开为表现形式，按照其景观形态不同，形成"岛影、塔影、楼影、树影"4种时空形态，并将地块规划成河源文化、历史人文、运河风情、运动健康、商务休闲、生态教育六大功能主题板块，创造出北京地区独一无二的大尺度滨水城市空间。区域内还设置了媒体制作、文化会展交

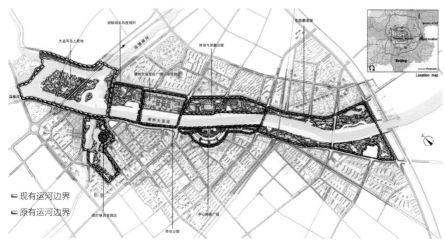

项目范围总图

运河广场水景

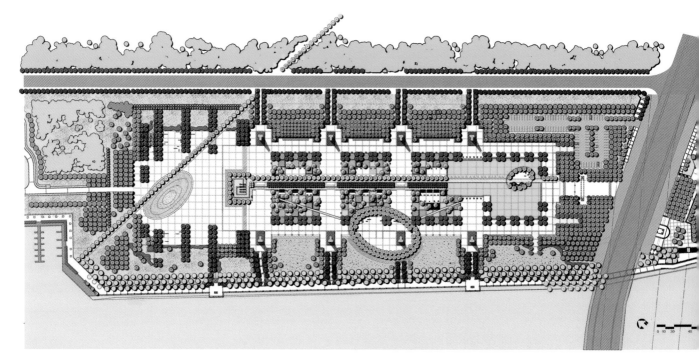

总平面图

广场景观

亲水休闲空间

广场历史步道

广场历史步道浮雕

水景景观设计

流、商务商业、办公、高档酒店、国际生态居住、休闲娱乐等多种产业形态，为北京新城的可持续发展提供了支持。

设计确立了"滨水空间的重点处理，时空序列展开的强化，开放空间与土地利用，历史文脉尊重和传承"的总体景观战略，旨在将运河改造成城市的一个重要资源，使其服务于市民；同时使运河沿岸地区成为代表城市特征的一个重要地理标志。这些目标是通过一个连续滨水开放空间体系体现出来的，滨水开放体系与充满生机的周边地区连结起来，创造了新的滨水城市空间。

设计单位：易兰规划设计院

主要设计人：

陈跃中　徐晓霖　穆二东　唐艳红等

滨河步道

灯塔景观

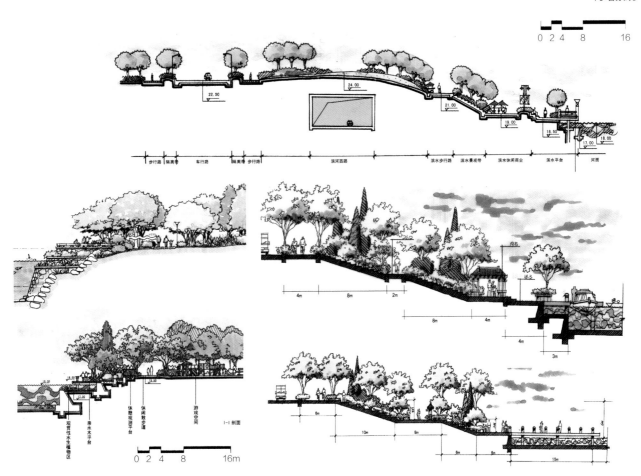

岛影剖面图

公园绿地
2013年度

一等奖

27. 北京园博园
28. 北京园博园北京园
29. 大运河森林公园
30. 南长河公园

二等奖

31. 北宫国家森林公园幽谷听泉景区
32. 五棵松绿地改造
33. 西城区营城建都滨水绿道（一期）
34. 林趣园

三等奖

35. 科丰城市休闲公园
36. 石榴庄城市休闲森林公园
37. 绿堤郊野公园
38. 常营组团绿地
39. 永定河门成湖（三家店—麻峪河段）
40. 南大荒（永定河）休闲森林公园
41. 平谷新城滨河森林公园南门乐谷公园

27. 北京园博园

2013年度北京园林优秀设计一等奖

一、项目概况

北京园博园位于北京市丰台区永定河以西地区，北至莲石西路，西至鹰山公园西墙，东临永定河新右堤，南到规划梅市口路，西南接射击场路。园区规划面积为267hm²，加上246hm²的园博湖，总面积约为颐和园的两倍。2010年1月20日，住建部正式致函北京申办成功。

二、场地分析

园区场地狭长，现状条件较为恶劣，是建筑垃圾填埋场，并伴有少量生活垃圾，场地西北是鹰山森林公园主山，山体相对高差60m左右，山上植被良好，场地东侧有规划高架京石高铁横穿用地。

场地东部、北部为永定河主河道，已常年无水，河道干涸，生态环境较差；隔河相望为南大荒公园和永定河东堤，现为苗圃地和河道绿化地；场地西部射击场路西侧地块现为首钢料场用地，规划为中关村科技园区丰台园西区用地。

三、规划理念及原则

在规划初期，确定了"文化传承、生态优先，服务民生、永续发展"的规划理念，并在此理念上确定了五大规划原则：（1）功能齐全，设施完善，满足会展需求；（2）主题突出，特色鲜明，表达展会理念；（3）文化建园，贴近百姓，体现地域文化；（4）生态环保，注重科技，提倡创新应用；（5）延展理念，拓展功能，确保展后利用。主要体现在"园林文化百科、多彩魅力体验、化腐朽为神奇、展示先进理念、展现地域文化、促进区域发展"六大规划特色中。

四、总体布局及结构

根据场地的特色以及规划的理念及原则，在规划设计总体布局上呈现"一轴，两点，三带，五区"结构。

一轴，是园林博物馆至功能性湿地区的东西向景观轴线，串联起不同展园，同时也是贯穿全园的重要快速交通流线。

两点，是位于鹰山脚下的园林博物馆和由建筑垃圾填埋坑改造的锦绣谷。

三带，是3条联系园博园和永定河的景观绿廊。

五园，是由园林博物馆和三条景观廊道划分出的五大区域，其中1个区域为功能性湿地区，其他4个为园博会展区，分别是传统展园、现代展园、创意展园、国际展园和湿地展园。

园区总平面

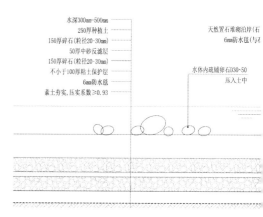

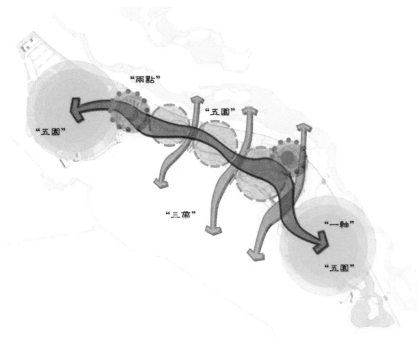

一轴两点三带五园

观，丰富了轴线的四季景观。

同时园区采用雨水回收、雨洪利用等手段实现雨水零排放，回收的雨水用于植物的灌溉和地下水位的补充，希望可以对北京雨水资源的利用起到一定的示范作用。

六、主展区公共区域规划设计

主展区的公共区域是整个园区中相当重要的一部分，这部分的设计不仅要体现六大规划特色，还要为各个企业、城市及国家展园提供良好的创作空间，更主要的是从人性化的角度出发，给游人以舒适的游览体验。

（一）园博大道（一轴）

园博大道是园区总体布局中最重要的道路，也是主轴线。场地的现状局限了只能设计东西向的轴线，为了避免常规做法的轴线的单调，学习借鉴了颐和园的轴线转向，并在此基础上解析，用现代手法处理，园博大道

五、水系规划

北京是一个极度缺水的城市，所以在园区的水系规划中未设计规模较大的景观水面，主轴边缘的公共绿地设置雨水花园。雨季时，雨水流入雨水花园，形成植物层次丰富的湿地景观，并可以进行雨水回收，旱季时雨水花园内的植物与卵石形成旱溪景

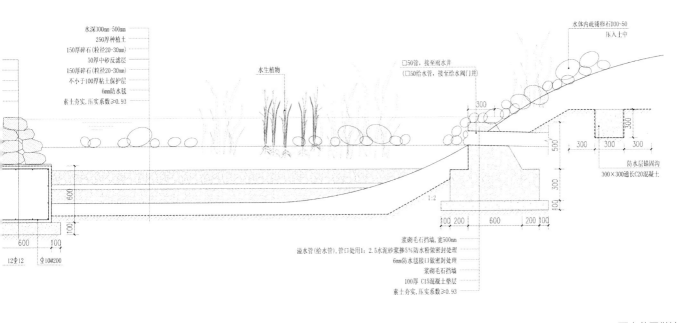

雨水花园做法

五路通塔

入口
永定塔
辐射线
道路轴线

园博大道与塔

绿岛

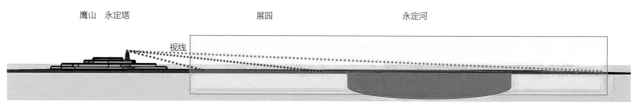

鹰山　永定塔　　　　　　　展园　　　　　　　永定河

视线

建立山水格局

不断地转向，不断地指向全园最高点永定塔，形成了"五路通塔"的平面布局，也形成了园区整体的山水格局和整体空间架构。

将园博大道视为中国传统园林中的河道，而各类展园通过"河道"合理组织架构，同时在"河道"中增加了"岛"，园林景致掩映其中。各大园林展区通过分区入口串联在园博大道上，人流汇集处（大门入口、园区入口及服务区周围）轴线局部放大，形成港湾，设林荫广场；人流迅速通过处收紧尺寸，把空间让给绿化。

轴线人车分流，用不同铺装材质区分道路功能。轴线铺装功能决定形

雨水花园

式，轴线边界一直一曲。"直"的一侧方便电瓶车通行，解决长距离展园的参观问题；"曲"则是绿地与铺装相互渗透，完成了空间上的交流与沟通，能更好地使主轴景观绿化和展园的绿化相互渗透，使人游览时能体会园林的美好意境。

轴线的铺装上线型种植冠幅较大的落叶乔木，在明确流线的同时也有遮阴的效果，增加游览时的舒适性。在电瓶车道外侧的轴线铺装上留出视线通廊，利用规则种植，使朝向塔的空间适度开敞，把永定塔借景到园中，并在空间许可的范围内设计种植灌木绿岛。轴上的树阵与服务区内的树阵相互呼应，形成引导轴上面对服务区的树阵，树阵留出适当退让的空间，并设计足够厚度的弧线种植隔离带。

绿荫主轴

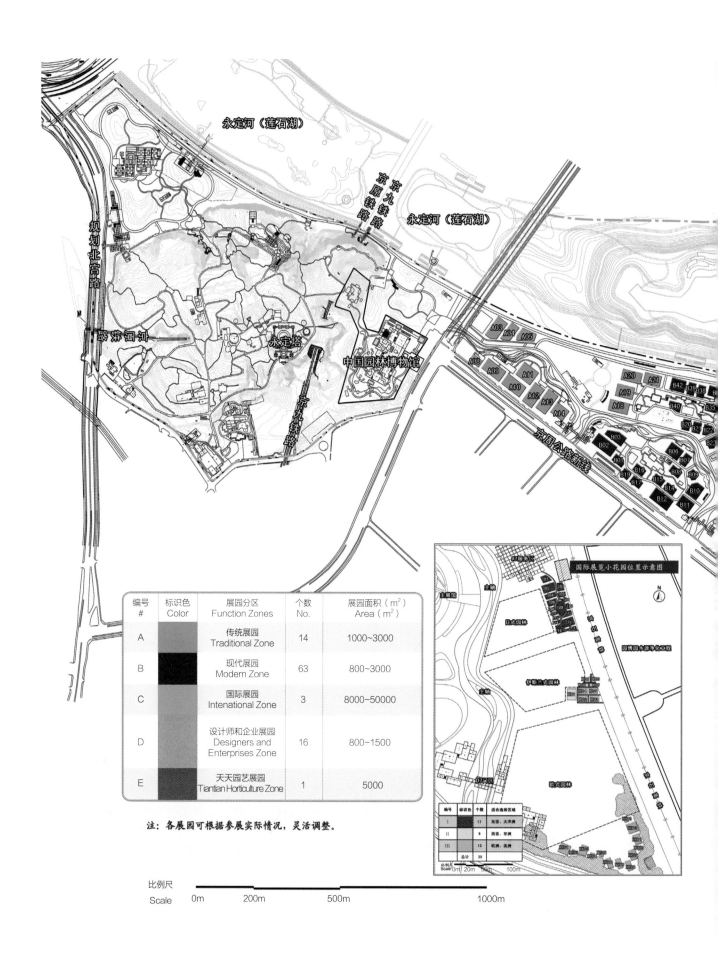

永定河（莲石湖）

京九铁路

京原铁路

永定河（莲石湖）

规划北宫路

珠珠河河

永定塔

中国园林博物馆

京九铁路

京周公路新线

A03 A04 A05
A08 A09 A11 A20 A21 A42 A38
A10 A12 A13 A19 A40
A14 A18
B03
B02 B06
B01 B07 B09
B19 B10
B17 B15 B08
B12 B11

编号 #	标识色 Color	展园分区 Function Zones	个数 No.	展园面积（m²） Area（m²）
A		传统展园 Traditional Zone	14	1000~3000
B		现代展园 Modern Zone	63	800~3000
C		国际展园 Intenational Zone	3	8000~50000
D		设计师和企业展园 Designers and Enterprises Zone	16	800~1500
E		天天园艺展园 Tiantian Horticulture Zone	1	5000

注：各展园可根据参展实际情况，灵活调整。

国际展览小花园位置示意图

主展馆 主展

日式园林

圆博园水源净化工程

伊斯兰式园林

欧式园林

编号	标识色	个数	适合选排区域
I		17	东亚、大洋洲
II		9	西亚、非洲
III		13	欧洲、美洲
	总计	39	

比例尺
Scale 0m 20m 50m 100m

比例尺
Scale 0m 200m 500m 1000m

永定河（园博湖）

锦绣谷

永定河（园博湖）

B66 B65
B74
B64 B63
B73 B72
B71
B60
B68
B69 B70

京石高铁

园博会主展馆

日式园林

伊斯兰式
园林

欧式园林

永定河（园博湖）

园博园水源净化工程

展园规划图

（二）展园分布

各展园分布是北京园博园最重要的规划，展园分区以园博馆为起点，结合总体布局，以从古到今的时间序列和由国内到国外的空间序列进行展园布置。

（三）展园间公共区域

园博园整体是条状地块，展园分布是成组团布置的。园博大道是主要交通流线时，展园组团内的道路及广场需要承担起辅助的交通流线及休憩空间的功能。

展园间公共区域设计不能喧宾夺主，在设计时仅考虑功能性，铺装材料选择透水混凝土、灰砖等。在场地允许的区域增加小广场和休憩座椅、廊架及相关服务设施，便于会时人流的集散，同时也可以举办小型的表演。展园间公共区域的功能要求它有辨识性，所以广场铺装采用辨识度较高的铺装形式，便于与各个展园区分，让游人在游览时明确自己的位置。铺装、种植、构筑物均以模数化控制分布在展园间广场，也是增加展园间广场辨识度的另一种方式。

设计单位：北京市建筑设计研究院有限公司，北京山水心源景观设计院，北京市市政设计研究总院

项目负责人：徐聪艺　端木岐

主要设计人：

张果　孙勃　王智　孙志敏　丘荣

刘伟明　李张卿　刘琦　李明媚

靳大伟　张楠　陈健

展园间廊架

展园间公共区域铺装

一、项目背景

第九届中国园博会坐落于北京市丰台区、永定河右岸的垃圾填埋场，博览会主旨为"化腐朽为神奇"。北京园为皇家园林风格，占地1.25hm²，北邻永定河，东临垃圾巨坑。

二、设计理念

1. 总结式展现皇家园林精髓，进而彰显北京园林的博大精深。

2. 注重意境与文化氛围的营造，以神驭形、形神兼备。

3. 强化植物造景，以及园林诸元素交融的整体景观，避免单一的古建形象与空间。

三、设计难点

1. 北京皇家园林众多、屡见不鲜，难出亮点。

2. 场地空旷荒凉、桥巨坑深，缺少安定温馨、留人驻足的氛围。

3. 北京园需统领周边景观，但建筑体量又不能过大。

北京园位置图

垃圾巨坑

四、基本思路

1. 方案力图做到"情理之中、意料之外"，对传统采用概括提炼联想的方法，不简单复制，不拘泥传统定式。关键把握"不怒而威"的气势、华而不俗的品味、深厚的文化内涵。

2. 总体立意为"万景之园"，从三方面予以落实：以轴线控制布局；以延展的次主题指导景观意境与细部；将轴线、主题辐射至园外过渡区。形成首尾呼应、富于诗意的系列空间。

3. 次主题参照了"十万图册"宫廷画模式，设"十万"景观，分别为万木松风、万景千园、万籁清音、万叶秋声、万泉润泽、万象昭辉、万朵云锦、万珠响玉、万树星光、万紫千红，分布于北京园及其外围过渡区。

五、地形改造

园址与垃圾坑整治统一考虑，将坑东铁路桥与"锦绣谷"视为北京新科技景观纳入借景。地形处理参照北京地理特点，形成藏风聚气的大环境。

六、布局

全园主体为3个庭院组合、融汇3类皇家园林模式，分别为幽雅的大内

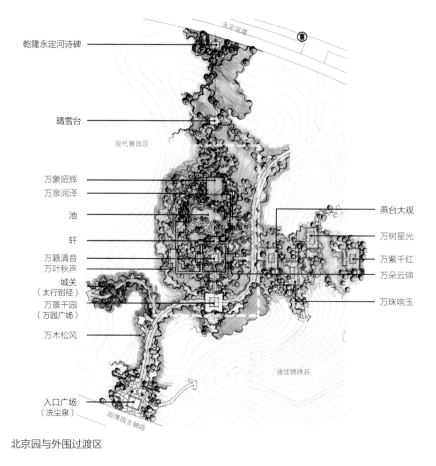

乾隆永定河诗碑 ——
晴雪台 ——

现代展园区

万象昭辉 ——
万泉润泽 ——
池 ——
轩 ——
万籁清音 ——
万叶秋声 ——
城关
（太行别径）——
万景千园
（万园广场）——
万木松风 ——

入口广场
（洗尘泉）——

燕台大观
万树星光
万紫千红
万朵云锦
万珠响玉

通往锦绣谷

园博园主轴路

北京园与外围过渡区

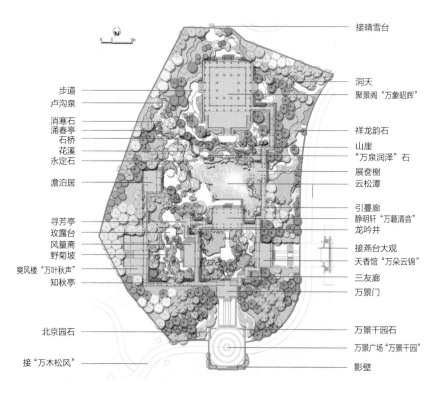

步道 ——
卢沟泉 ——
消寒石 ——
涌春亭 ——
石桥 ——
花溪 ——
永定石 ——
澹泊居 ——

寻芳亭 ——
玫露台 ——
风篁斋 ——
野菊坡 ——
爽风楼"万叶秋声" ——
知秋亭 ——

北京园石 ——

接"万木松风" ——

接晴雪台

洞天
聚景阁"万象昭辉"

祥龙韵石
山崖
"万泉润泽"石
展衮榭
云松潭

引蔓廊
静明轩"万籁清音"
龙吟井

接燕台大观
天香馆"万朵云锦"
三友廊
万景门

万景千园石
万景广场"万景千园"
影壁

北京园总平面图

宫廷园、含蓄的皇家山地园、豪迈的城郊山水园，庭院沿南北、东西两轴线排布。

园区首先是正门前广场"万景千园"，富有礼仪性，采用圜丘纹样铺装，刻写自春秋战国以来北京出现的著名风景园林1434个，均有据可查。

经万景门进入第一院落"万籁清音"，汲取乾隆花园精髓，以湖石、松竹、白牡丹调控合院建筑的彰显与退隐，四面景观不同。院角辟出两小庭——"三友廊""龙吟井"，增加景深。

二进院为皇家山地园模式，主景建筑依陡坡，为"外一层内二层"的山楼形式，强化山石蹬道景观，遍种秋色花树，景名"万叶秋声"。院墙设皇家镜门，扩大空间，篱笆竹门则是依据宫廷绘画的再创造。

第三进院为皇家山水园模式，园景融入背景山林，林下溪流涌入，源头为涌泉16个，刻写各区县名泉，汇聚院中为潭，景名"万泉润泽"，以纪念北京母亲河与水脉。

院中正面主景为巨石陡崖、苍松高阁，展现出富丽磅礴的气势。制高点聚景阁，尽收园外锦绣谷、永定河、鹰山大美景观，为全园景观高潮，景名"万象昭辉"。

园外过渡区景观，向东，通过东西横轴与锦绣谷4处跌落台地联系，分别是燕台大观、万珠响玉、万树星光、万紫千红，水源由北京园流出，一路随台叠落至谷底；向北，经南北纵轴透过晴雪台、御诗碑与永定河相联系；向南，正门广场经万木松风曲径与会场主路相

北京园实景鸟瞰

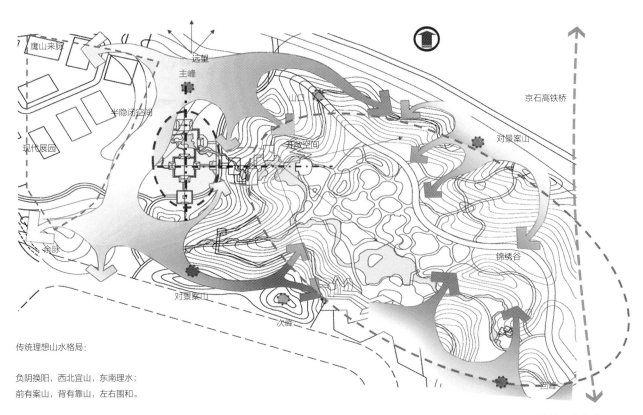

鹰山来脉

远望

主峰

半隐闭空间

现代展园

余脉

对景案山

次峰

回峰

山口

开敞空间

京石高铁桥

对景案山

锦绣谷

传统理想山水格局：

负阴换阳，西北宜山，东南理水；
前有案山，背有靠山，左右围和。

北京园与巨坑锦绣谷的地形设计

万景千园——正门礼仪入口

宫廷园——万籁清音

山地园——万叶秋声

皇家山水园——万象昭辉

通，使北京园自然而然成为周边的标志性景观。

七、各园林要素

园林建筑集合了亭台楼阁等10余种皇家形式，以高低错落的院落东立面、结合主景建筑，成为锦绣谷的聚焦主景，以群体轮廓统领环境。"聚景阁"是对圆明园"茹古涵今"阁的提炼，全园古建彩画运用了两种皇家制式。

花木种植注重对各类建筑隐与显的控制。以传统山水画指导乔木、以花鸟画指导地被花卉的选择与种植。

山石与乔木地被紧密结合，苍古效果显著。用山石质地表达不同立意，如太湖石体现幽雅，房山石展示粗狂气势。

八、意境与文学表达

设计将文学表达作为一个独立系列来创作。在境界上体现儒家自强不息的入世精神，风格上体现俯视天下的恢弘气势，形制上继承皇家规制，类型上有园记图说碑、匾额、楹联、书条石、石刻、印章多种形式。

九、新技术运用

1. 管理运用二维码、水土测试仪与互联网技术进行监控，提供花木、古建彩画、奇石等相关信息。

2. 引入新优花卉品种与种植方式，强化园林意境。

聚景阁落日

聚景阁夜景

3．永定石上镌刻经纬坐标以供GPS定位，可在世界范围查寻北京园的信息。

4．广泛运用雾喷、灯光，增加景观的丰富性。

十、本园特点

1．从形神两方面对皇家园林进行了充分表现，特别是展示了皇家园林大气、精致的特点。

2．各景观元素相互呼应，与场地浑然一体，仿若生长于此的老园。

3．以意造景，文化表达恰到好处。

4．与外围环境融为一体，成为统领地标式景观。

5．采取新技术新观念，尤其是新品花卉与特型乔木运用。

设计单位：北京山水心源景观设计院有限公司

北京华宇星园林古建设计所

项目负责人：夏成钢

主要设计人员：

张鹏　黄圆　高莹莹　王峰　张玉晓

肖辉　李迪

参加人员：

王曦萌　赵战国　蒋国强　马思齐

温艳青　姜光雷　赵春艳　张桂梅

侯文翰　赵敢闯

山石与花卉地被

祥龙韵石

细部体现皇家规制

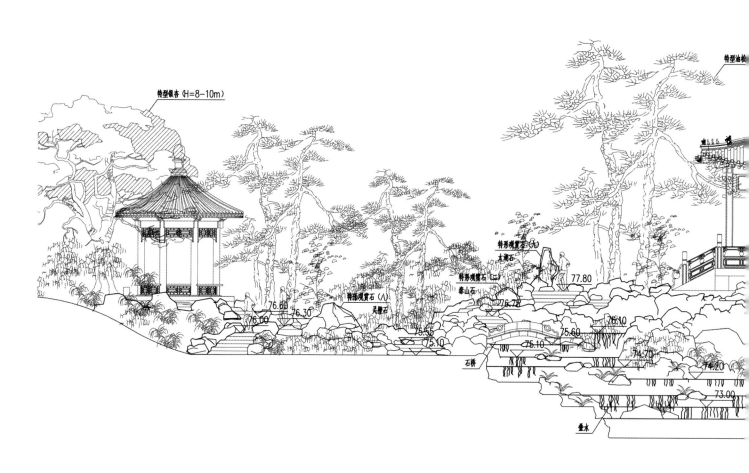

特型油松

特型银杏 (H=8-10m)

特型观赏石 (九)
太湖石

特型观赏石 (二)
泰山石

特型观赏石 (八)
灵璧石

石桥

叠水

76.60
76.30
76.00
77.80
76.72
76.10
75.60
75.56
75.10
75.10
74.70
74.20
73.00

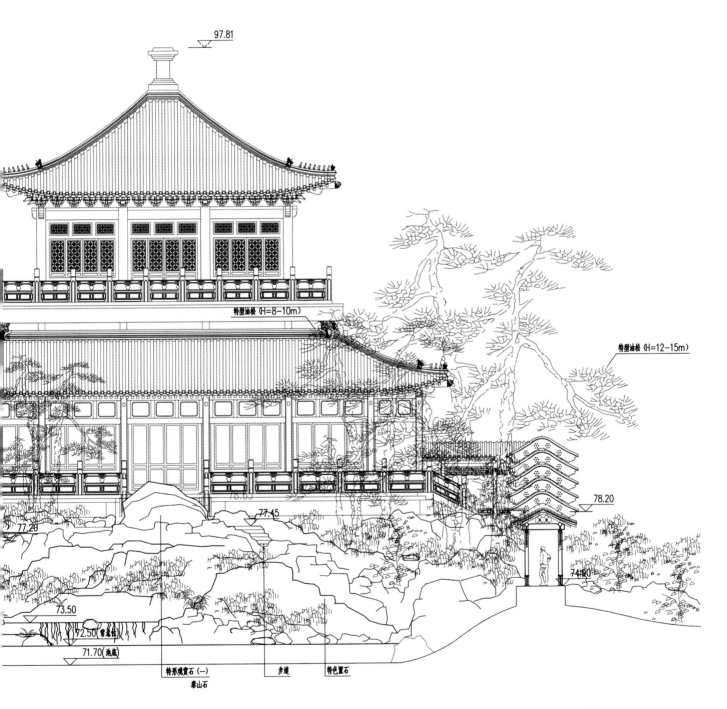

97.81

特型油松 (H=8-10m)

特型油松 (H=12-15m)

78.20

77.45

77.20

74.90

73.50

72.50（常水位）

71.70（池底）

特形观赏石（一）　　步道　　特色置石

泰山石

（施工图）景观剖面图

29. 大运河森林公园

2013年度北京园林优秀设计一等奖

一、项目概况

大运河森林公园位于北京通州新城北运河两侧,北起六环路潞阳桥、南至武窑桥,处于河道新筑大堤之间,河道全长约8.6km,规划总面积9507.6亩,其中水面2288.2亩、绿化面积7219.4亩。

根据北京市总体规划,在"两轴、两带、多中心"的城市空间结构中,两个发展带上将建设11个新城,并依托城市水系建设11个万亩滨河森林公园,形成环绕京城的绿色项链,最终形成外围新城滨河森林公园、城乡结合部郊野公园和中心城区休闲公园的三级体系,构成完整的北京生态格局。大运河森林公园是北京市东部发展带、通州现代国际新城建设启动的标志,也是11个公园中首个获得批复、开工并完工的示范工程。

二、设计思路与特色

公园以"整治河道,还清碧水;万亩林海,改变生态;运河景观,传承文脉;休闲旅游,造福后代"为建设目标。把握"整体的原则、特色的原则、历史的原则、综合利用的原则、尊重现场条件的原则",结合城市生态修复、市民旅游观光的需要而建设。以北运河为中心,实现"以绿为体、以水为魂、林水相依"的规划远景。规划的目的是要将上游城市景观与下游生态的田原风光自然衔接,形成运河游览旅游带,实现"1+1>2"综合效益最大化。

景观定位为,远观整体,气势宏大,大水面、大树林、大景观;近看美景,舒适宜人,有园、有景、有花、有趣。

景观特色为,运河平阔如镜——水,平林层层如浪——树,绿杨花树如画——景,皇木沉船如烟——古。

基本构架为,一河、两岸、六大景区、十八景点。

三、创新要点

在规划上,充分利用并整合河流及两侧的河滩地、荒滩地、现有林地等土地资源,将简单的堤路绿化提升为万亩滨河森林公园,为区域发展赢得先机。

打造北国田原植物大景观,成规模种植,更大限度发挥植物生态效益。根据不同洪水位,选择相宜的乡土树种。针对现状片林、果林、大树提出不同的改造提升方案,同时合理利用旧城改造的遗留大树,营造出丛林活力、枣红若涂、桃花源、柳荫广场、银枫秋实码头等特色景区和节点。特别是在把控好大中小各种尺度景观生态林改造修复和新植,强调生物物种多样性、提高科技含量,如复层种植、创造群落景观和混交林,模拟湿地生境,拓展大面积野生花卉地被应用等多方面进行了积极有益的努力和尝试。

应用新优环保技术,如生态护岸、生态小品、透水铺装等。

两堤堤路设计的自行车道,为后期建设沿河绿道奠定了很好的基础。

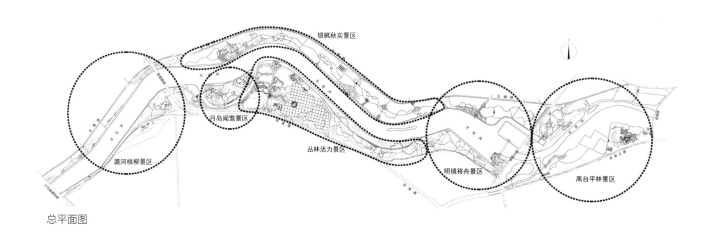

总平面图

关注人性化设计，创造性地将左堤观光自行车道上下行都安排在近河一侧，骑行中不仅可以穿林赏花，更能亲水观河。

景观小品追求自然生态和古韵，并增强趣味性和参与性。

坚持现场服务5年，把施工看成是设计再创造的过程。

四、景观构架

1. 一河。沿河建5个码头，形成水上游览线。

2. 两岸。堤路是交通、安全的路，更是景观、导游的路。堤路10km长，有起伏、变化和景致，是一条穿林、赏花、色叶绚丽的路，与运河景观互借、互动，同时改变树种单一的现状。

3. 六大景区依次为潞河桃柳、月岛闻莺、丛林活力、银枫秋实、明镜移舟、高台平林景区。

4. 十八景点有桃柳映岸、榆桥春色、茶棚话夕、皇木古渡、长虹花雨、月岛画境、湿地蛙声、半山人家、银枫秋实、枫林茗香、大棚囤贮、风行芦荡、丛林欢歌、双锦天成、明镜移舟、平林烟树、枣红若涂、高台浩渺。

堤路

从明镜移景区看运河全景

月岛远眺

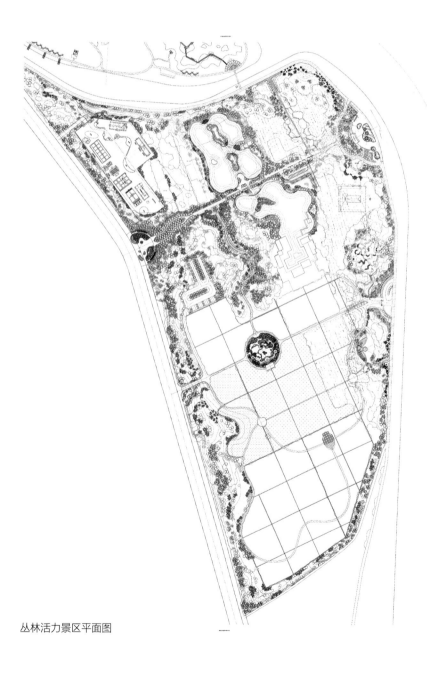

丛林活力景区平面图

五、绿化种植规划

1. 六大植物景观烘托大运河的恢宏气势，创造北国田原大景观。

2. 适地适树。防洪大堤——50年一遇洪水位以上，选择耐旱树种。滨水绿化——滩地为主，20至50年一遇洪水位之间，选择深根、耐水湿的乡土树种。

3. 注重季相变化。

4. 现状片林林缘增加常绿、彩叶树和花灌木改造林相，林中开辟林窗，增加野营地、露天剧场、丛林迷宫等不同尺度的特色空间。

对现状果林进行改造、提升，如通过"发现桃源"、"探寻桃源""小憩桃源""采摘桃源"再现陶渊明《桃花源记》。种植碧桃、菊花桃、红叶桃、朱砂碧桃等多品种烘托桃花主题。

现状大树保留利用，营造景观节点。

5. 提高物种多样性，提高科技含量。（1）复层种植，重要节点创造群落景观和混交林。（2）大面积野花组合地被的应用，不仅保证了建设初期的美观，还大大节约了人力物力。分为沿路、滨水、疏林草地、新植林

下、现状林下几种类型。（3）模拟自然界的动物生境。月岛上生态招鸟林根据不同鸟类栖息树种的垂直分布设计，选择鸟类喜欢的核果、浆果、梨果、球果等植物。湿地是滨水公园的亮点。风行芦荡是右岸1km长的河流湿地。引入河水分隔出若干湿地岛，展示北京常见水生植物群落。设计蝴蝶、蜻蜓、昆虫和青蛙等湿地动物所喜爱的小溪、洼地、草地等生境。局部设置木栈道，不打扰候鸟、水禽的栖息。

六、景观设施

突出生态、低碳、舒适，材料选择碳化木、木板瓦或仿真茅草。基础多用天然毛石，少钢筋混凝土。

尽量使用环保生态的新技术、新做法。例如鱼池用天然黏土防渗，月岛护岸将石笼外挂荆条拍子，活体柳桩护岸，采用透水砖和局部彩色透水混凝土，采用生态袋防止陡坡水土流失等。

少量的文化小品起到画龙点睛的作用。如《潞河督运图》、开漕节景墙、密符扇广场。

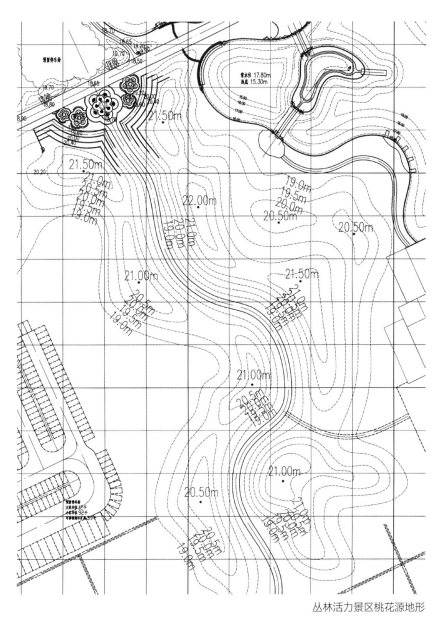

丛林活力景区桃花源地形

丛林活力景区的柳荫广场

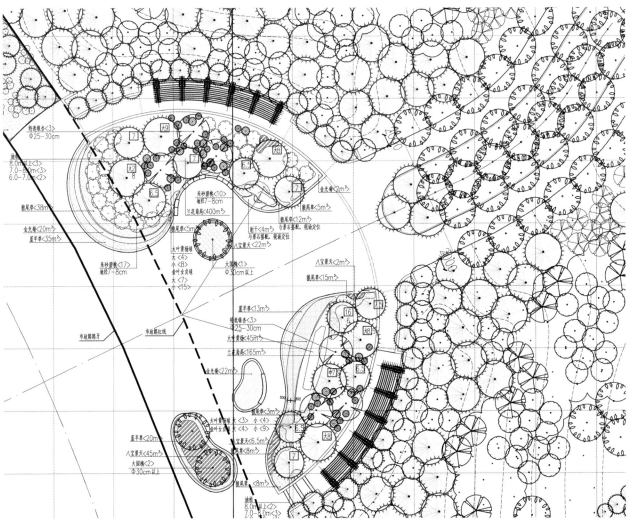

入口种植图

位于丛林活力景区的公园主入口

野花组合地被

月岛闻莺景区种植图

丛林活力景区的风行芦荡湿地景观

设计单位：北京创新景观园林设计公司

项目负责人：陈雷

主要设计人：

陈雷　吴田田　刘植梅　张坡　赵静

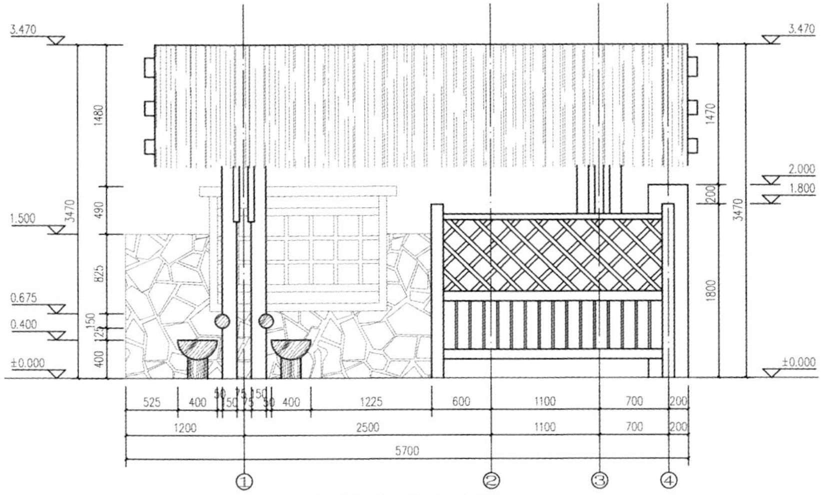

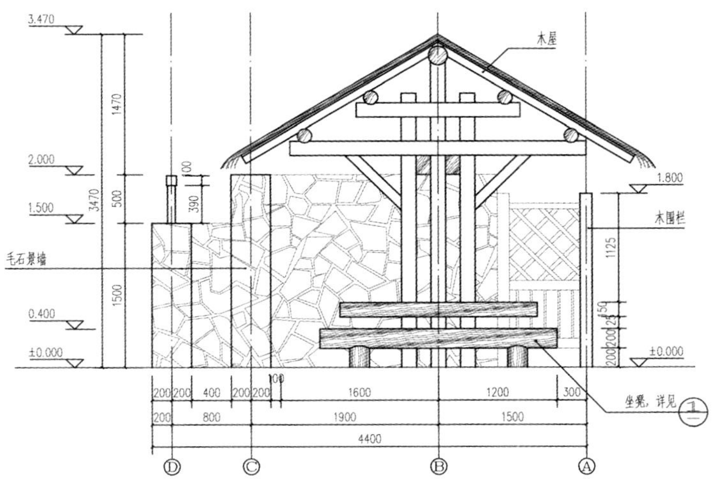

木屋D-A轴景观立面图 1:30

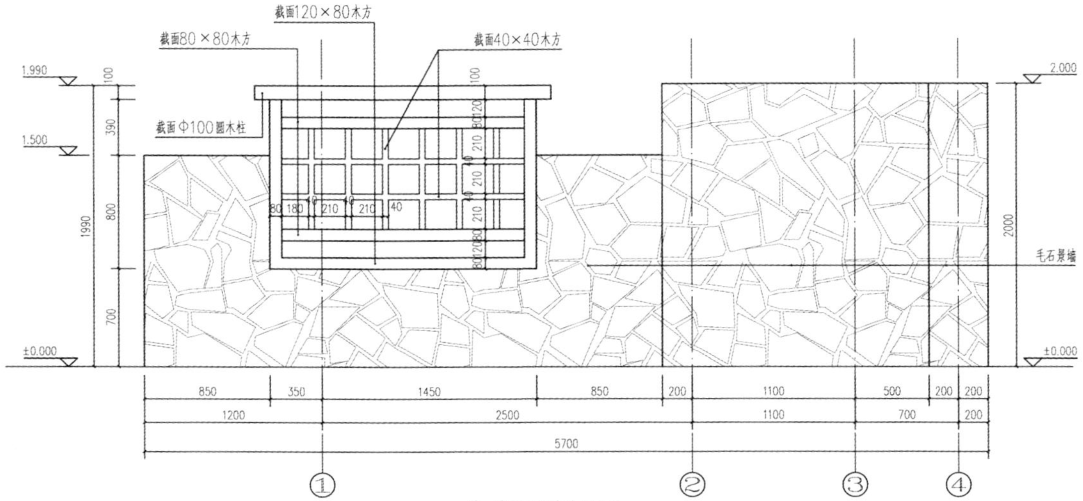

木屋景观平面图 1:50

木屋①~④轴景观立面图 1:30

①~④轴景墙立面图 1:20

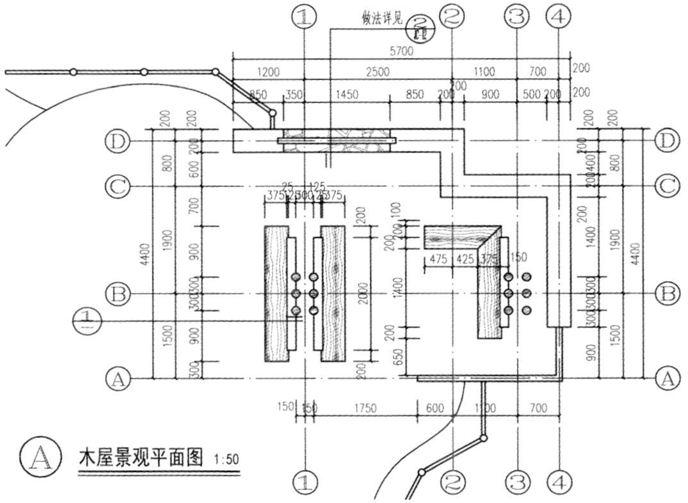

丛林活力景区丛林迷宫木屋

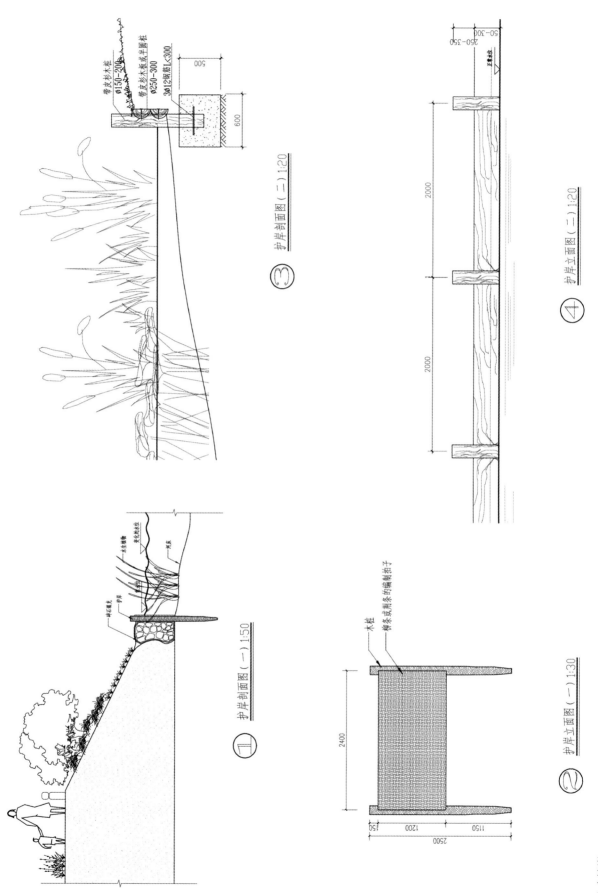

带皮杉木桩
Ø150~200

带皮杉木板或半圆桩
Ø250~300
3Ø12碗筋L<300

500

600

③ 护岸剖面图（二）1:20

250~350

50~300

正木桩

2000

2000

④ 护岸立面图（二）1:20

变化水位
水生植物
河床

碎石垫土
护岸

① 护岸剖面图（一）1:50

木桩

柳条或荆条的编制扣子

2400

150 1200 1150

2500

② 护岸立面图（一）1:30

生态护岸

一、项目概况

南长河公园位于海淀区车道沟北，东起紫竹桥，西至长春桥昆玉河边，全长约1500m，涉及南长河南、北两岸绿地，总面积约17hm²。公园于2012年正式开工，经过多个部门不懈努力，2013年5月对市民开放。公园为开放性滨河带状绿地，改造前以疏林草地为主，植物种类单一，缺乏层次。绿地建成时间已久，活动场地面积不足，基础设施陈旧，已不能满足居民日常休闲健身要求。改造前，绿地与河水被巡河路生硬地分隔成两部分，空间形式呆板单一，两岸缺少借景，水景资源没有得到利用。

南长河公园北入口

二、"一河两带"布局与"长河三部曲"

南长河公园景观改造本着"以绿为本，以史为脉，以水为先，滨河两岸景观空间一体化"的理念，通过对两岸立地条件的梳理和改善，并结合南长河地域文化特点，在两岸绿地内分设曲苑听香、柳岸春荫、水音深处、故道花语、别院笙歌、春堤信步等十余处景点，形成了南岸"人文走廊"、北岸"健康走廊"的"一河两带"空间格局。并由西北向东南，顺水流方向依次展现出"历史长河""生命长河""文化长河"的"长河三部曲"。

三、景观特色

在设计及实施过程中，以总设计理念为核心，勇于打破传统设计手法，探索材料的多样化应用，取得了

一体化设计打通与麦钟桥的景观透视线

理想的景观效果，形成了南长河公园独特的景观风貌，也为今后的设计提供了新思路与参考样板。

（一）滨河两岸景观空间一体化设计

布局上将河道两侧绿地整体考虑，打破传统巡河路模式，将河道景观与大绿地景观相互渗透，组织贯连南北的步行交通，形成大环路。梳理沿岸植物，组织空间布局，形成跨河"之"字形视线沟通，构建一条沿河道依次展开的水景走廊，使河道景观

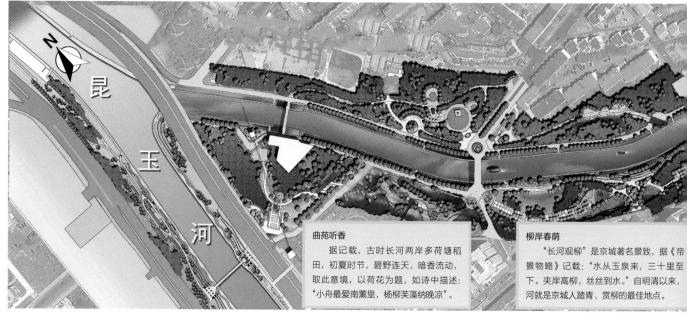

曲苑听香

据记载，古时长河两岸多荷塘稻田，初夏时节，碧野连天，暗香流动，取此意境，以荷花为题，如诗中描述："小舟最爱南薰里，杨柳芙藻纳晚凉"。

柳岸春荫

"长河观柳"是京城著名景致，据《帝景物略》记载："水从玉泉来，三十里至下。夹岸高柳，丝丝到水。"自明清以来，河就是京城人踏青、赏柳的最佳地点。

南长河公园总平面图

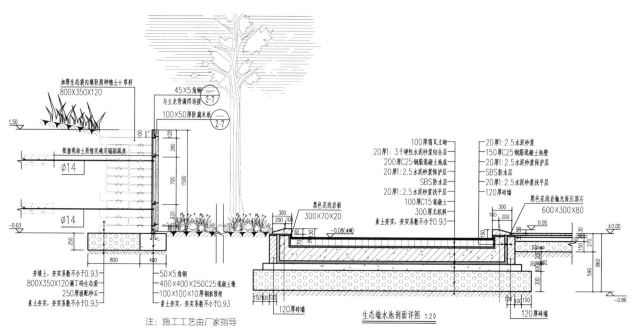

生态挡土墙剖面图

注：施工工艺由厂家指导

生态墙水池剖面详图 1:20

资源得到充分利用。

（二）生态化处理方式

在南长河项目中，生态理念贯穿全园，并尝试以新手法加以生态化处理为突破口，其中以生态挡土墙、边沟渗排水系统最为代表性。

1. 生态挡土墙

尝试采用用于河道护坡工程的生态袋为挡土墙形式，将传统的钢筋混凝土、砖砌挡墙改为兼具挡土功能及垂直绿化效果的生态挡土墙。在生态挡土墙植物选择上，经过几番尝试，

筛选出抗性强、管理养护粗放且便于生态袋栽植的宿根花卉品种。自2012年栽植以来，经历了几轮越冬考验，为北京地区垂直绿化提供了新思路。

2. 边沟渗排水系统

将传统的雨水箅子排水形式改为

春堤信步

据《日下旧闻考》记载，自麦庄桥始至玉泉山止，古有十里长堤，名曰"西堤"，湖在堤南，稻田在堤北，自明朝开始，就有在堤上"观西湖景"之说。

青深处

明代《长安客话》描述："水所聚曰淀，高粱北十里，平地有泉。泂泺洒四出，涨泪草木□，潴为小溪，凡数十里……"故俗语道，"高□上源，清泉无下尾"，以此形容长河流域泉源□之状，也正是看重这一优质水源。自元代开□引水入京城之后，长河一直是各朝代北京城□要水源。

故道花语

自明清两代，逐渐形成了每年清明时节，都人到长河一带踏青赏花的民俗。据《帝京景物略》记载："岁清明，桃柳当候，岸草遍矣。都人踏青，舆者，骑者，步者，游人以万计……"正如诗中描述："看场压处掉卿卢，走马跳丸何事无。那得丹青寻好手，清明别写上河图。"

别院笙歌

长河自清代成为御用水道之后，吸引了一些达官贵人和文人墨客在其两岸建造别院及私家花园，平日里赏花赋诗、饮酒作乐，由此给长河添加了新的文化色彩，众多的诗词歌赋应运而生，"香风十里帝京阿，吹向春郊声态多。呖呖莺犹生短笛，飞飞蝶似试轻罗。天垂柳色云情绿，水入花光藻影酡。到处酒茵围藉草，正愁车马乱笙歌"。

沿道路两侧设置的具有雨水渗排功能的卵石边沟。生态化的处理方式既有效解决了实际问题，又减少了不必要的硬质景观出现，使园内整体氛围更加自然亲切。

（三）含蓄的文化展示形式

南长河两岸也曾有着丰富的地域文化，且历史悠久，但现代化城市建设却使其变得鲜为人知。在对南长河地域文化的展示中，以种植景观打造为主，突出整体环境氛围的营造，对南长河独特的景观风貌进行再现与优化。以潜移默化的形式，使游人在欣赏景色的同时，了解南长河的历史，感受南长河的文化魅力。

（四）充分利用现状资源

作为改造项目，以现状条件为基础进行设计，对现状成型苗木进行保留避让，并巧妙利用现状独有的观赏性树木，以树木为中心，组织空间，充分发挥其优势，力求对现状资源做到最大程度的发挥和运用。

生态挡土墙植物开花效果

四、结语

经过一年的紧张建设，南长河公园以崭新的面貌展现在市民面前。新建成的南长河公园共建成大小景点十余处，公园植被覆盖率大大增加，种植品种更为丰富，设施更加完善。合理的道路交通组织、舒适的群众活动场地、全新的健身设施为市民出行及游园健身提供了方便。游人或驻足于绿荫下，或闲坐于廊架内，赏杨柳夹岸、杏桃争艳之美景，品长河文化之余韵。昔日的南长河，正以崭新的面貌焕发着时代的光彩。

柳岸春荫景点"生命之树"水景雕塑

建于现状树之中的"水音深处"景点

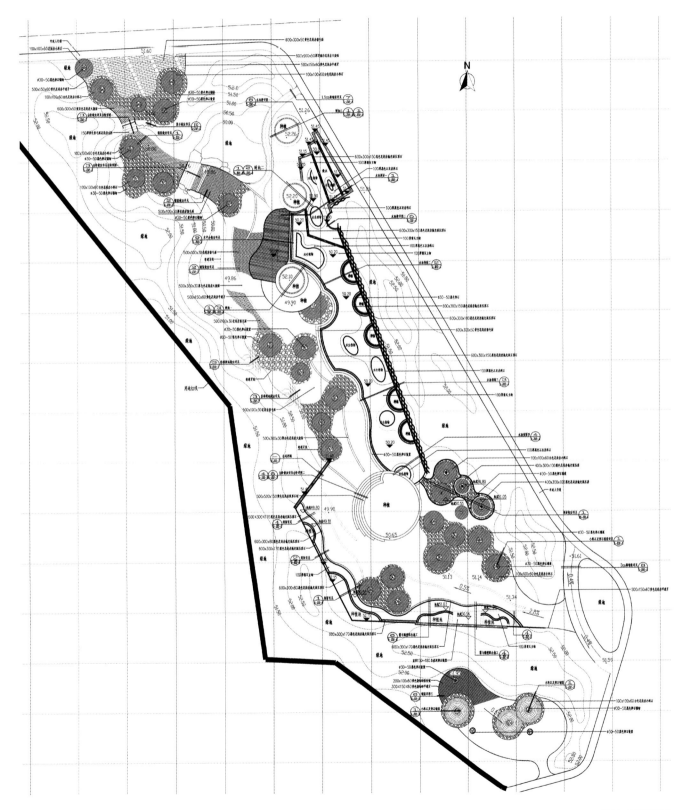

曲苑听香平面图

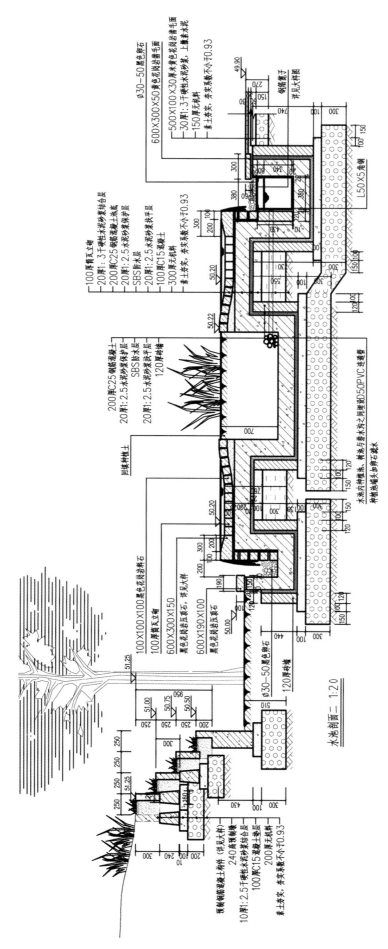

水池剖面二 1:2.0

水池剖面图

故道花语种植图

故道花语早春景观

设计单位：北京创新景观园林设计有限

责任公司——刘巍工作室

项目负责人：刘巍

主要设计人：

包乳洁　武娅巍　许卫国　赵恺　王丹

31. 北宫国家森林公园幽谷听泉景区

2013年度北京园林优秀设计二等奖

一、项目概况

北京北宫国家森林公园位于北京市丰台区西北部山区，距北京市中心20km，是丘陵型自然风景区。北宫因帝王憩地而得名。公园始建于2002年10月，2005年12月被国家林业局正式批准为国家级森林公园。公园总面积9.145km²，由东部、西部和中部三大景区和北宫山庄、茗盛楼两组近10000m²的配套设施组成。园内有12处亭、廊、阁、塔等人文景观，以及芳泽溪、小江南、枫林路、桦林沟等15处景点。绿化美化面积3000亩，优质树种21种、3.6万株，野生花卉30余种5万余平方米，园内植物种类达到253种，形成了首都西部生态建设中的亮点。

公园于2002年10月开始建设，2005年12月被批准为国家级森林公园，2007年4月28日正式对外开放，2008年4月被批准为4A级旅游景区。

本项目位于北宫森林公园东部，东门以南的山谷中，占地约8.7hm²，公园于2009年开始对本地块进行设计改造，于2011年竣工，2012年底开始对游人开放。

原地块地貌特征为东、北、西三面环山的山坳，地势北高南低，为原山体排洪沟。地块内山体土壤瘠薄，多岩石，植物以侧柏、洋槐、荆条等品种为主，长势差且品种单一。

二、设计思路

在现有山沟以内拟建3处溢流坝，将雨水截流，形成高度不同的三

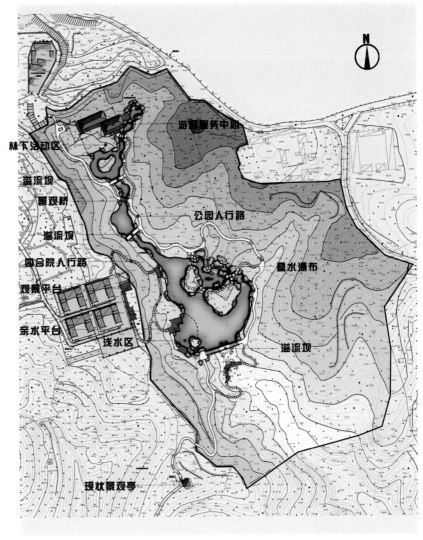

幽谷听泉景区总平面图

层水潭，水潭以最低一层面积最大，约可形成5000m²的湖面，为增加湖面的纵深感，需对湖东北侧山脚进行改造，水潭从上流依山势由溢流坝分层叠落，形成山谷溪涧的景观。在最上层水潭北侧有台地约1500m²，拟建一处公园游客服务中心，建筑占地约450m²，可利用台地做错层建筑，规模应在800m²左右，建筑可考虑木屋，与公园主题吻合，也与周边建筑协调。

景区内道路由北端公园主路引

入，经游客服务中心后顺山谷而下，穿过主景区及最低层溢水坝后上山，与景区东南方向山顶观景亭连接，使景区交通系统与公园连通。四合院接待区漫步道自成系统，内部成环，不与游客道路连接。

三、景观设计要点

根据景区周边条件、现状地形特征及植被状况，设计重点确定为以下两项。

公园绿地　177

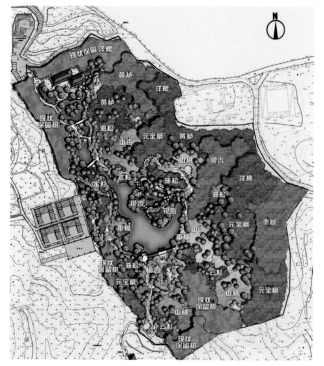

种植平面彩图（春）

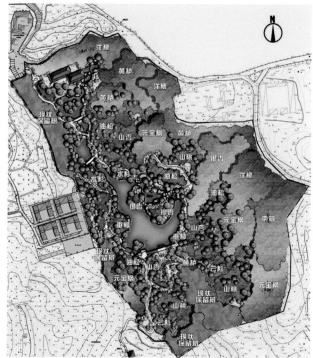

种植平面彩图（秋）

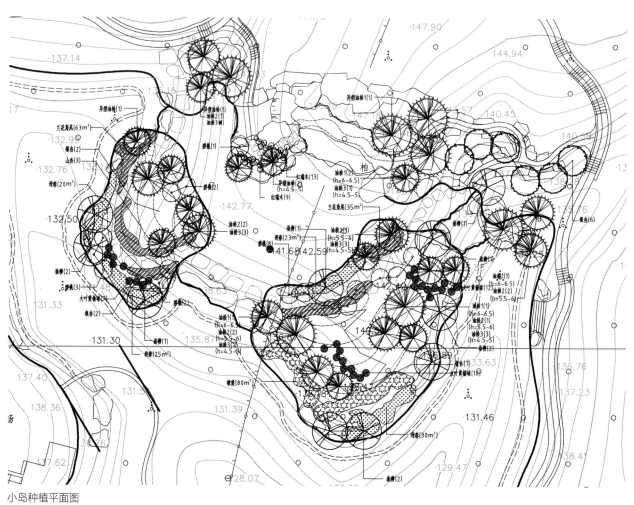

小岛种植平面图

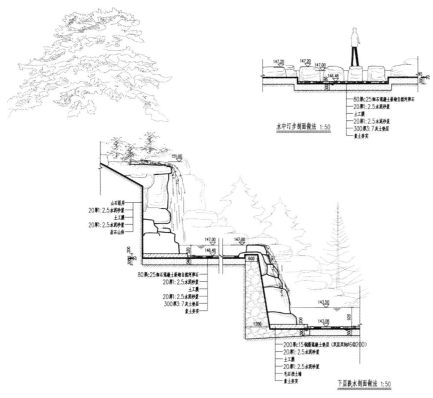

水中汀步剖面做法 1:50

80厚c25细石混凝土嵌砌自然河卵石
土工膜
20厚1:2.5水泥砂浆
300厚3:7灰土垫层
素土夯实

山石驳岸
20厚1:2.5水泥砂浆
土工膜
20厚1:2.5水泥砂浆
毛石山体

80厚c25细石混凝土嵌砌自然河卵石
20厚1:2.5水泥砂浆
土工膜
20厚1:2.5水泥砂浆
300厚3:7灰土垫层
素土夯实

200厚C15钢筋混凝土垫层(双层双向Φ6@200)
20厚1:2.5水泥砂浆
土工膜
20厚1:2.5水泥砂浆
毛石挡土墙
素土夯实

下层跌水剖面做法 1:50

湖岸剖面一

（一）整体植被改造

现状山坡植被过于单一且景观效果不好，需将现有侧柏、火炬树、白蜡、黄栌、荆条等进行清理，将规格较大、树形好的苗木或做原地保留或移植到设计后指定位置，对景区植物景观重新设计，增加景观树种，如油松、云杉、华山松、元宝枫、银杏、黄栌、栾树、山杏、山桃、樱花、迎春等，在溢水区域内点缀垂柳、立柳、水杉、银杏、碧桃、海棠、紫叶李、玉兰等观赏型植物，突出景区春、秋两季植物景观特色，强调常绿与落叶的整体搭配，并可在游览路线上栽植部分观赏性强的果树，如山楂、柿树等，增加游览情趣。

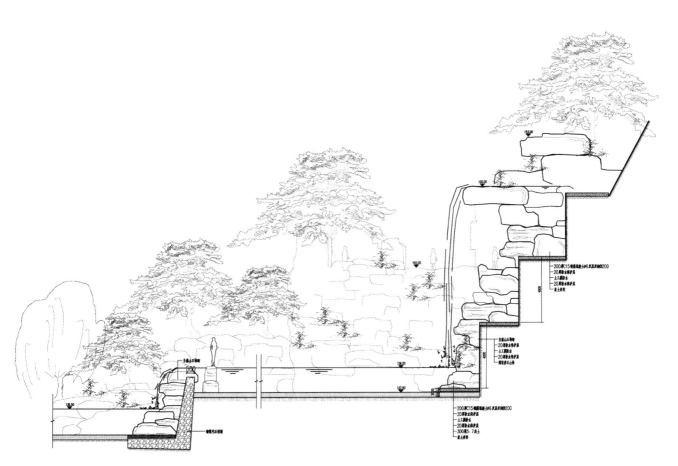

200厚C15钢筋混凝土垫层Φ6双层双向@200
20厚防水砂浆层
土工膜防水
20厚防水砂浆层
素土夯实

自然山石驳岸
20厚防水砂浆层
土工膜防水
20厚防水砂浆层
碎石垫层毛石山体

200厚C15钢筋混凝土垫层Φ6双层双向@200
20厚防水砂浆层
土工膜防水
20厚防水砂浆层
300厚3:7灰土
素土夯实

毛石挡土墙

上层跌水剖面做法 1:50

湖岸剖面二

（二）主湖东北角瀑布叠水

主湖现状的清水区形状窄长，宽阔感欠佳，拟将其东北侧山脚加以改造，形成两座湖心岛，增加湖面宽阔感，但根据现场情况，东北山脚坡度很陡，开挖工程大，并且山体断面挡土非常困难，也影响景观，故在此利用开挖后断壁做一组叠水瀑布，既解决了挡土问题，同时形成景区主景和四合院接待区的对景，一举两得。预留瀑布叠水宽度50m，主瀑布水口宽度约为6~8m，落差8~10m，下层叠水分3个方向跌入主湖，落差约2~3m，在瀑布前仍留有两个湖心岛，岛上种植油松、银杏、碧桃等增加层次，烘托主景瀑布。

设计单位：北京创新景观园林设计有限责任公司——刘巍工作室

项目负责人：张萌

主要设计人员：刘巍　仇铮　张静

参加人员：许卫国　佟彤　峦永泰

部分照片来自网络

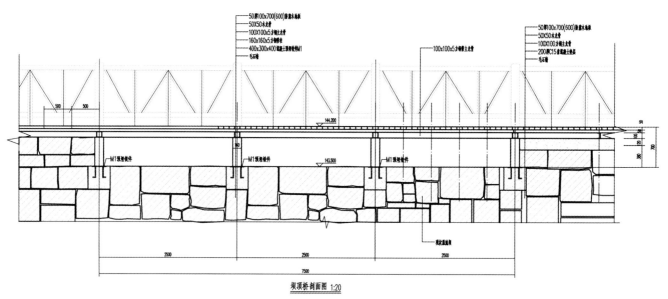

坝顶桥剖面图

湖面与廊桥

图片来源：http://bbs.fengniao.com/forum/10313292.html

溢流坝栈桥

沿山体陡坎增加的悬挑栈道

湖水从山里流出

32. 五棵松绿地改造

2013年度北京园林优秀设计二等奖

一、项目概况

五棵松绿地位于文化体育中心外侧，紧邻复兴路及西四环中路，呈"L"形分布；绿地建成于2008年，主要功能是有效解决场馆赛后疏散人流、满足周边人群休憩活动等需求，同时通过植物景观发挥绿地生态效益，形成完整连续的道路景观效果。

随着周边商业综合体、居住区的建成，道路交通等基础设施日趋完善，现有绿地已经不能满足周边人群的使用需求，故对玉渊潭南路南北两侧现状绿地进行改造，改造总面积26730m^2。

二、现状分析

改造绿地与四环及玉渊潭南路、五棵松北路交界处存在较大高差，但绿地内部整体地势平坦，并有大量落叶乔木，沿四环路一侧多花灌木及常绿树，种植层次鲜明，有较好的植物景观。

场地内缺少园路及活动休憩场地，南北两端已建成绿地完全分开，绿地缺乏整体性及连贯性。

三、目标及定位

明确服务对象，增加服务功能，完善道路系统，丰富景观层次，打造"环境优美、功能完善的综合性绿地

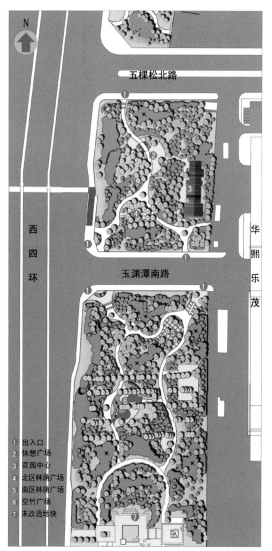

① 出入口
② 休憩广场
③ 花园中心
④ 北区林荫广场
⑤ 南区林荫广场
⑥ 空竹广场
⑦ 未改造地块

总平面图

南区林荫广场

休憩广场特色座椅

空竹广场全景 空竹广场主题墙

景观";更好地服务周边人群,展现地区优势。

四、改造手法

1. 尊重现状环境。设计中尽量保留及利用现状树木,并对过于紧密、影响生长的树木进行移植。

2. 连接南北地块,统一风格,形成整体。

3. 注重空间的营造。通过微地形和植物,营造丰富而有序的空间层次。

4. 高环境品质与低维护成本的统一。在设计时不但考虑设计的实现效果,注重采用生态环保材料,更要考虑后期管理维护的简便性。

五、具体设计

(一)出入口

考虑场地东侧商业、居住区及周边公共交通站点位置,设置方便穿行的出入口及交通,通过台阶与花池解决场地与外侧道路的高差,同时结合精细的植物配植,形成具有提示性的入口景观。

(二)林荫广场

该场地分布于出入口附近,主要起到方便人群就近停留、休息及交通疏散的作用。通过植物、座椅、铺装等景观元素创造丰富多变的景观空间。

(三)空竹广场

该场地位于南侧绿地中段,设计时充分考虑原有空竹活动需求,铺设地垫,设置廊架、座椅、空竹主题的雕刻小品等,为人们提供舒适、安全的活动、休憩空间。

(四)休憩广场

该场地位于北侧绿地中段,通过特色景墙、种植池的设置打造北侧绿地和活动广场。

六、种植设计

保留原有四环路沿线植物,与四环整体绿化景观相呼应,充分利用现状乔木,增加耐阴灌木及地被,形成乔灌草复层种植,增加绿量,丰富层次,营造自然、生态、舒适的绿化氛围。

设计单位:北京市海淀园林工程设计所

项目负责人:黄锦钊

设计人员:黄锦钊 杨海见 袁晓珍

33. 西城区营城建都滨水绿道（一期）

2013年度北京园林优秀设计二等奖

一、项目概况

营城建都滨水绿道位于北京市西城区，北起木樨地，南至永定门桥，全长9.3km，包括永定河引水渠和西护城河两条城市水系。2012年一期工程（木樨地桥—白纸坊桥段）率先启动，全长4km，总规划面积14万㎡，是北京市规划的10条城市滨水绿道中最先启动建设的一条。

二、项目现状分析

1. 空间小。内城区城市绿地资源匮乏。

2. 涉及广。本项目以景观为主导统筹规划，涉及市政、河湖、桥梁、环卫、文物等多个部门。

3. 战线长。全长4km，沿护城河两岸呈带状分布，施工难度大。

4. 文化深。沿线分布了丰富的历史、文化、人文点。北京3000多年的建城史及600多年的建都史在这条线上得以展现。

5. 时间短。半年多时间，从施工图绘制，到土建施工，到反季节种植，为保质保量地按时完工，项目组和各专业施工人员要承受很大压力。

6. 内容多。现代园林景观要求在植物造景为主的前提下，对交通、慢行系统、景观小品、配套服务、桥体绿化和历史文化进行综合规划。

三、项目文化背景

本项目沿河流经北京建城、建都肇始之地，周边更有白云观、天宁寺、先农坛等众多历史古迹及陶然亭等人文景观。怎样更好地将文化和景观相结合，最大限度地发挥滨水绿道生态、文化、社会、审美等多功能的可持续发展，是这次的设计目标。

四、景观构架：一河、两路、十景

通过沿河10个连续景观节点的分布，形成"景不断线，绿不断链"的滨河绿道新景观。

五、一期主要景观亮点介绍

（一）入口景观

木樨地桥位于长安街西延长线，作为整个项目的起始位置，以半开的铜制大门来表现"推开历史之门，寻根北京"，门上雕刻了整个项目沿线的历史文化人文景点。

（二）"木樨渔趣"景观节点

此景点地处木樨地地区，沿河柳树成荫，旧时人们多在此垂钓、踏青，"木樨渔趣"由此而来。设计风格定位自然、野趣，结合现代景观元素，打造闹中取静的景观意境。

（三）白云叠翠景观节点

此景点地处白云观地区，作为北段唯一一处滨水的城市街边游园，充分利用现状条件，将水资源引入园中，利用高差营造错层叠水景观，从而达到"园借水秀、水借园灵"的景观效果。

入口景观

"木樨渔趣"景观节点

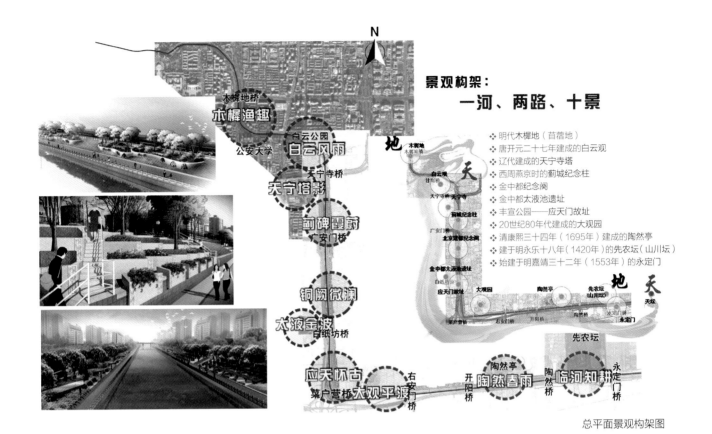

景观构架：

一河、两路、十景

❖ 明代木樨地（苜蓿地）
❖ 唐开元二十七年建成的白云观
❖ 辽代建成的天宁寺塔
❖ 西周燕京时的蓟城纪念柱
❖ 金中都纪念阙
❖ 金中都太液池遗址
❖ 丰宣公园——应天门故址
❖ 20世纪80年代建成的大观园
❖ 清康熙三十四年（1695年）建成的陶然亭
❖ 建于明永乐十八年（1420年）的先农坛（山川坛）
❖ 始建于明嘉靖三十二年（1553年）的永定门

总平面景观构架图

（四）蓟碑霞蔚景观节点

新西城的西南地区是北京城的肇始之地，北京地区的建城之史，1995年宣武区政府为纪念北京建城3040年，在今广安门立交桥东北一侧的滨河绿地上建起了"蓟城纪念柱"，以象征此地区历史久远。此次改造深度挖掘其文化内涵，以"蓟城纪念柱"为主景，同时将"北京湾"的概念引入其中，从地理位置上进一步向世人展示北京从一个边疆重镇到城市形成的历史必然性。河对岸增建亲水平台，两岸相望，西岸蓟城柱，东岸人怀古。

（五）铜阙微澜景观节点

此处为金中都大安殿遗址所在，2003年为纪念金中都建都850周年，原宣武区在此立"北京建都纪念

白云叠翠景观节点

蓟碑霞蔚景观节点

铜阙微澜景观节点

阙"，侯仁之先生撰文记北京建都之始，刊石于金中都大安殿故址前。为了更好地烘托"建都"这个历史文化主题，此处南北以纪念阙为中心，强调轴线感，利用高差设置错层种植池，采用开敞大台阶打开透景视线，营造氛围。

六、沿浅河道护坡的打造

用轻质混凝土预制板分3层营造花台效果，创造种植条件。建成后的种植台增加了几千棵乔木，提高了内城区滨水绿地的生态效率。

利用护坡空间，挑空设置观景平台，创造休闲空间。一期全线共设置了观景挑台19组，总面积约4000m²。

七、结语

此次改造我们在传统的中国园林造景手法寻求一些突破，融入一些时尚、精致的现代造景手法，以创新的

沿线护坡花台实景

现代景观元素语言来表现中国园林与历史文化内涵，使都市空间中宝贵的绿色空间资源完成了更多的含义，希望在快节奏、高速发展的城市内，为人们提供一处停下来思考的空间，营造一种"置身于城市中，又远离城市"的氛围。

设计单位：北京创新景观园林设计有限责任公司——刘巍工作室

项目负责人：方芳

主要设计人员：

方芳　赵恺　刘雅楠　庞学花　栾永泰

刘晶晶　许卫国

照片来源："蓟碑霞蔚景观节点""铜阙微澜景观节点"及"亲水平台夜景"照片由西城园林局提供

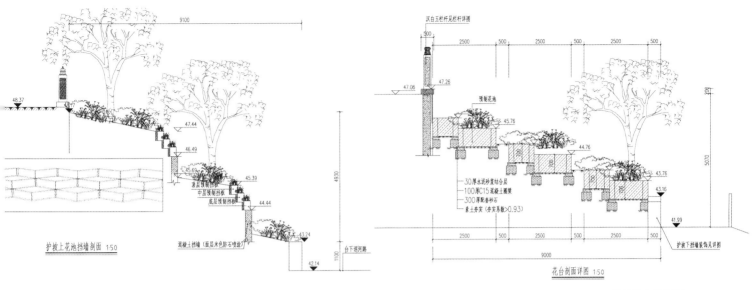

护坡上花池挡墙剖面 1:50

混凝土挡墙(面层米色防石喷涂)

顶层预制挡板
中层预制挡板
底层预制挡板

汉台玉栏杆见栏杆详图

预制花池

30厚水泥砂浆结合层
100厚C15混凝土垫层
300厚级配砂石
素土夯实(夯实系数>0.93)

护坡下挡墙装饰见详图

花台剖面详图 1:50

护坡花台施工图

亲水平台夜景

34. 林趣园

2013年度北京园林优秀设计二等奖

一、项目概况

场地位于京沈高速公路与郎辛庄路交口，南侧为万科青青家园，西侧为郎辛庄路，东侧有一加油站。场地整体呈长条状，基本无高差。总面积约2.78hm²。

公园开建前青青家园社区周边还没有供居民使用的公共绿地，青青家园小区内绿地已无法满足小区内居民生活需求。公园建成后将能够服务500m半径内12万居民。

二、设计理念

场地内为规则生长长势良好的林带，十分规整，项目设计原则是不大规模移动现有树木，并努力使其形成特色。在现状树较为疏朗的林窗，布置活动场地，使其与场地内现有乔木紧密结合，尽可能对现有条件加以利用。

该绿地定位为社区综合性公园，主要服务于周边居民。运用传统造园注重空间变化的内涵本质，注重"步移景异""峰回路转"等空间围合与渗透结合的设计手法，串联各种体验空间，既实用又具现代感。由于现有林带的存在，明显的线性走向存在于场地中。整个公园的设计都考虑参照树木的走向，形成若干带状的空间，通过地面铺装、小品等手段，强化纵向线条感。

三、设计方法

（一）总平面布局

场地简单分为两大区块，距离居民区较近的一侧，现状林以旱柳为主，施工过程中为保证树木成活率，进行疏冠处理，因而场地较为开敞，作为休闲活动区，有较大的场地可供居民进行体育锻炼等活动。距离居民区较远一侧，现状林以杨树为主，长势良好，有明显的遮阴效果，可作为宁静体验区，设置较有趣味的景点供人细细品味。全园共设六趣，分别为茶趣、声趣、影趣、林趣、萌趣、鸟趣。

（二）各节点设计

1. 茶趣——入口广场

规划建筑为茶室。作为园林式生态服务建筑，使自然与人文有机结合。入口广场主要突出林趣园的主题，将园林与森林景观紧密结合，通过地面上东西方向的铺装，石条形的座椅、挡墙，强调人工景观与自然景

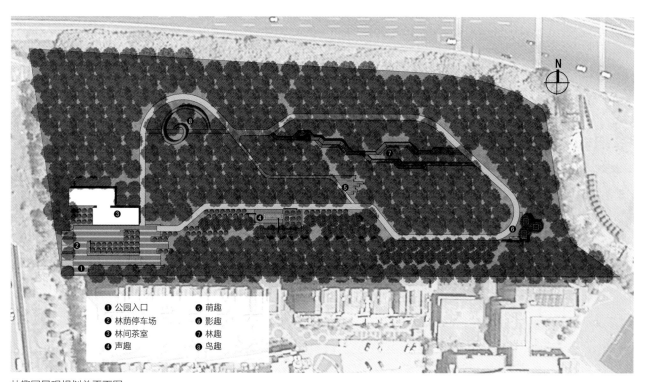

● 公园入口	● 萌趣
● 林荫停车场	● 影趣
● 林间茶室	● 林趣
● 声趣	● 鸟趣

林趣园景观规划总平面图

演变过程

设计细节

鸟趣栈道

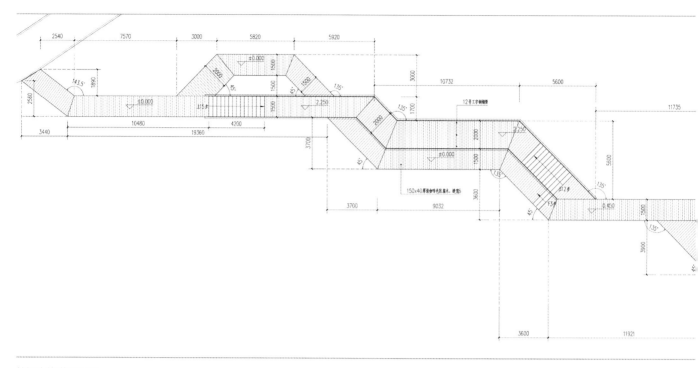

林间木栈道平面图

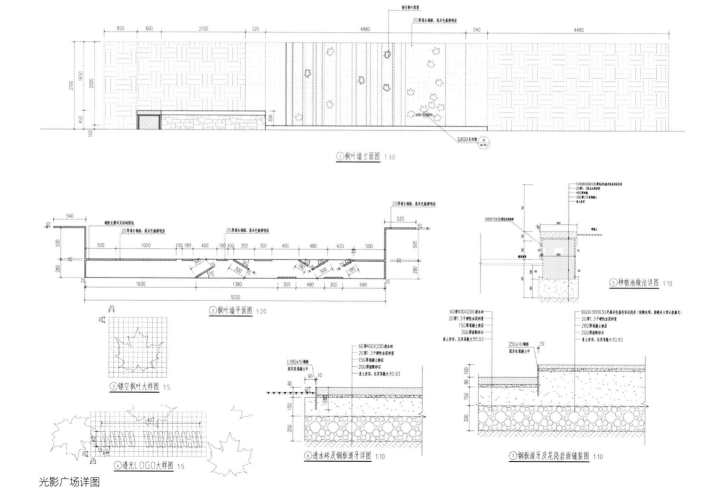

① 枫叶墙立面图 1:30

② 枫叶墙平面图 1:20

⑤ 种植池做法详图 1:10

③ 镂空枫叶大样图 1:5

④ 透光LOGO大样图 1:5

⑥ 透水砖及钢板道牙详图 1:10

⑦ 钢板道牙及花岗岩面铺装图 1:10

光影广场详图

1:100

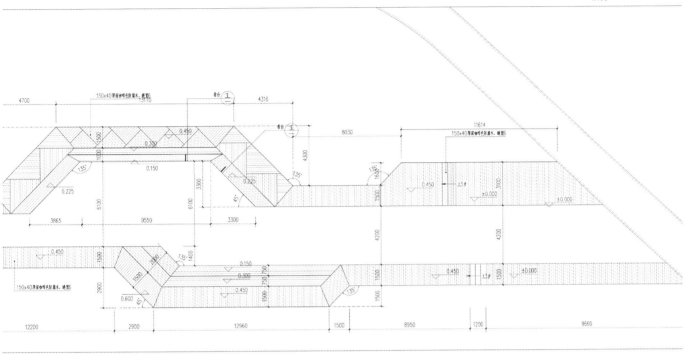

观的融合与延续，通过石笼景墙，强调整个公园朴野的风格。

2. 声趣——景墙广场

场地整修过程中所修剪掉的树木，截断做成墙体，做到最大限度的生态节约。景墙上的门借用了中国古典园林造景手法中的框景、漏景手法，引人进入场地内，并引导人的视线。种植池中种植狼尾草，场地中铺设级配砂石，有风吹起或游人踩在砂石之上，都会沙沙作响，可聆听自然的声音，体验自然的呼吸。

3. 影趣——光影广场

种植常绿植物，围合形成半封闭的空间，利用雕刻有叶状花纹的镂空钢板形成光影效果。一天之内，随着太阳东升西落，投射在平滑花岗石地面上的影子也会不停地变化。而在一年之内，随着太阳入射角的变化，影子也会发生微妙改变。场地中央种植元宝枫，通过植物自身四季的变换与光影角度的变化来实现季节的交替。在夏季秋季，太阳入射角小，所形成的地面投影也小，但树木枝叶茂密，游人以赏叶为趣。而冬春季节，树叶落尽，太阳入射角加大，所形成的地面叶影变大、变清晰，从而将赏叶为趣转化为赏叶影为趣。这也是人工景观与自然景观的巧妙呼应与结合。

4. 林趣——林间木栈道

在长势完好的毛白杨林间，利用高低错落的木栈道来让人在林中穿梭，高而亲近树木枝叶，低而亲近地被花草，野趣十足。在钢筋水泥铸成的都市中，这样质朴原始的一小片丛林，使人们可在其间寻得久违的丛林野趣。

林间栈道

5. 萌趣——石笋广场

场地由6条铺装分隔条等分，分隔条向场地内延伸隆起，形成坐凳，继而在场地的一侧，立起对应的6根石笋。石笋高低错落，从任何角度观赏都形成完好的构成关系。石笋周边种植狼尾草，石笋表面经过斧劈处理，与草呼应，更显质朴风格。石笋犹如从地面生长而出，通过与现状树的搭配，寓意植物萌发生长的过程。

6. 鸟趣——螺旋形栈道

在生长完好的毛白杨间，架设弧形的栈道，一侧为螺旋台阶，一侧为平缓坡道，二者在中间汇合，形成空中观景平台，登上平台可俯瞰全园，与其他几个景点形成对景关系。踏上盘旋的栈道，聆听鸟鸣，体会鸟类在林中栖息的意境。栈道采用1∶0.618的黄金比例，以达到与自然的完美结合。

（三）种植

主要以现有林带为主，保留长势良好的现有杨树、旱柳等，在场地边缘补植常绿树，起到围合遮挡作用。林下种植花草带，使环境更亲近人，林窗小空间周边补植色叶树以增加各季节不同的观赏效果。

设计单位：北京市园林古建设计研究院有限公司

项目负责人：严伟

主要设计人员：

赵波涛　黄通　王欣　夏文文　孙娇

萌趣石笋

光影广场

春花烂漫

一、项目概况

科丰城市休闲公园位于北京市丰台区总部基地核心区入口处，国美商都东北侧，南四环科丰桥以南。公园依托于原有代征绿地建设规划，面积约4万m²，呈"U"形带状绿地。地块东西长约600m，中部被南北向市政路分割。临四环一侧绿地南北宽63m，两侧南北向绿地宽度约20m。

二、问题及难点

城市休闲公园设计是"定额设计"的模式，投资规模普遍在300元/m²以内，且要求公园绿化率≥90%。另外，公园地处丰台总部基地核心区入口，使得设计必须满足高端商务需求。由此，如何有效平衡有限资金投入、高绿地率要求、市民活动需求、高端商务氛围四者之间的矛盾冲突，成为本项目的设计难点和重点。

三、设计理念

经过现场勘察，以及对周边环境和已建成绿地分析，确定该项目的四点设计理念为：打造四环良好观赏界面，彰显总部基地入口风貌、营造高档商务文化氛围，解决周边居民使用需求，凸显"闹市中的森林，森林中的商务区"的概念。

四、策略和创新

1. 新植乔灌木与微地相形结合，林缘后退留出前景草地，保持与周边四环沿线景观的协调统一。保留乔木与新栽乔灌木共同形成复层的绿色屏障，一方面为沿四环界面打造良好的景观带；另一方面有效地阻隔了噪声、粉尘等污染，改善了游憩环境。

2. 整合原有道路，重构道路系统和景观序列，根据保留大树位置加以延展和串绕。利用道路串联特色，设计林下休息场地，以步移景异的原则组织游线，实现多方位的交互体验。

3. 解决"新"与"旧"的矛盾，营造具有场地记忆的、高辨识度的景观。以往对现状苗木通常以简单保留、与新配植苗木混交为主要模式，大大降低了所保留乔木的景观价值。本项目的创新之处在于将所保留的大乔木作为设计的出发点和主体，结合这些现状大树建设广场、座椅等设施和小品，以此形成以这些大乔木为主体的景观节点。充分利用了其树龄和树形的优势，将其景观价值和生态价值最有效地发挥出来。

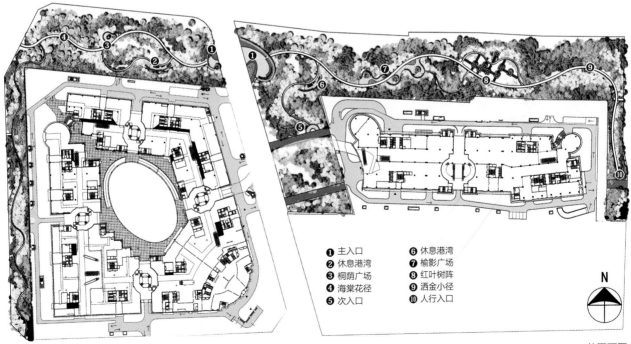

① 主入口　⑥ 休息港湾
② 休息港湾　⑦ 榆影广场
③ 桐荫广场　⑧ 红叶树阵
④ 海棠花径　⑨ 洒金小径
⑤ 次入口　⑩ 人行入口

N

总平面图

公园东侧南四环辅路

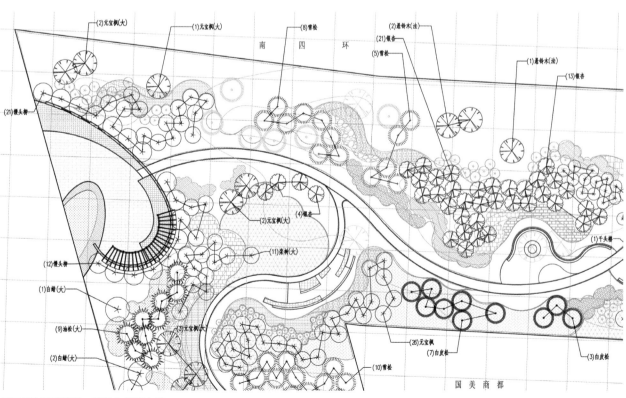

公园核心区种植图，黄色为保留大树

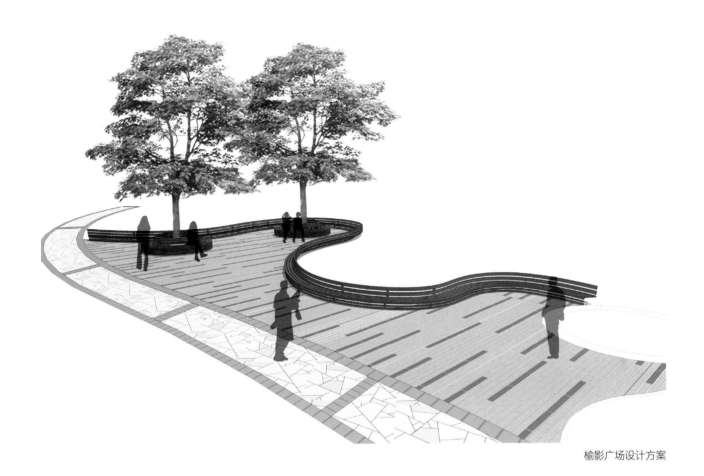

榆影广场设计方案

4. 以追求极致工艺代替以往繁复昂贵的材料堆砌。秉持"变大为小，舍量求精"的设计原则。以必要的功能性设施，如座椅、园路、铺装作为载体，对每一个材料单元进行精雕细刻，避免天然整石的大量使用，选取小尺寸节约型材料。加大工艺在投资中的比例，通过对材料的弧形切割、倒角等工艺方面的推敲来体现设计品质。

设计单位：北京北林地景园林规划设计院有限责任公司

项目负责人：吴敬涛

主要设计人员：

许健宇　吴敬涛　封朋　王蕾　韩雪

石丽平　刘框拯

公园内的榆影广场

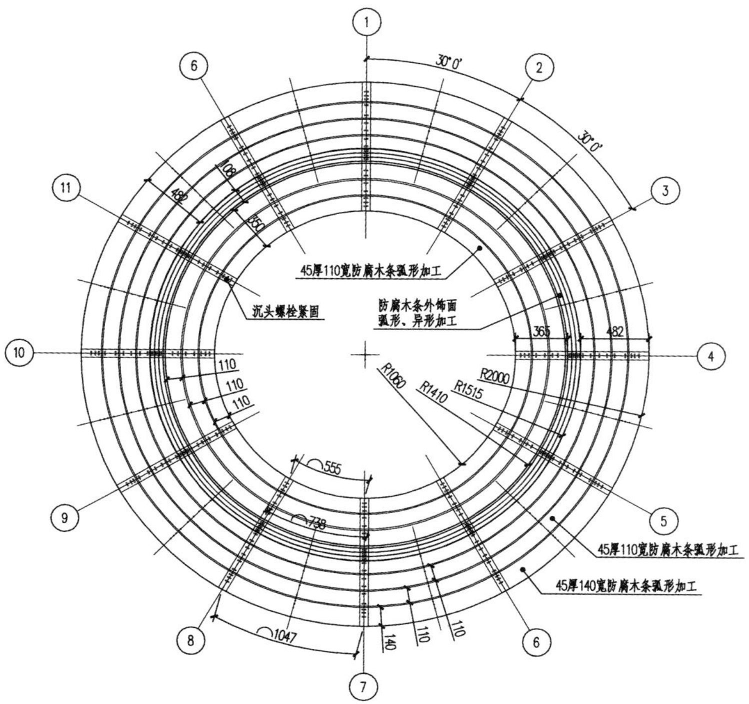
30°0'
45厚110宽防腐木条弧形加工
沉头螺栓紧固
防腐木条外饰面
弧形、异形加工
R1060
R1410
R1515
R2000
365
482
110
555
738
1047
140
45厚110宽防腐木条弧形加工
45厚140宽防腐木条弧形加工

⑩ 防腐木树池座凳平面 1:20

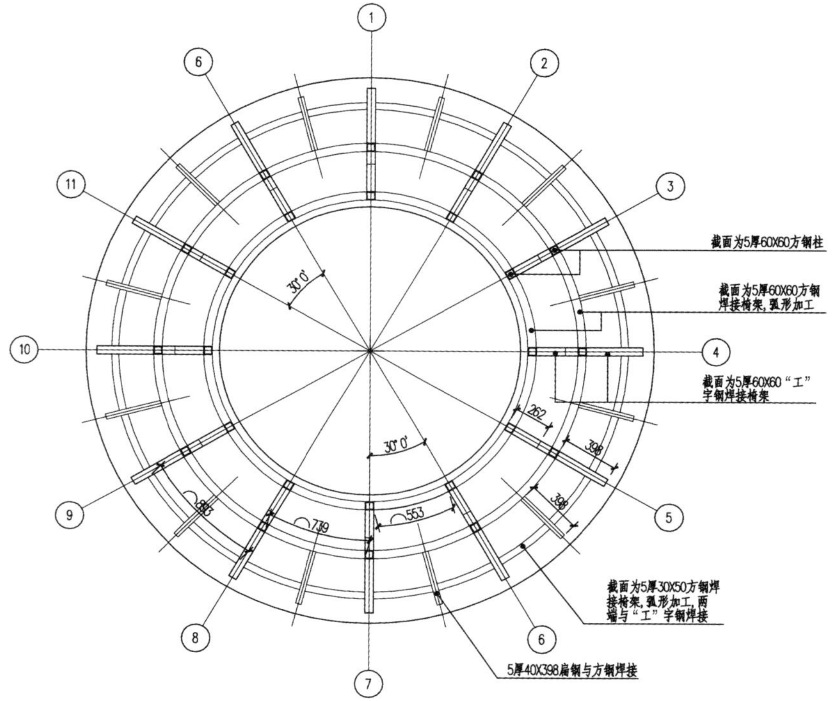
截面为5厚60X60方钢柱
截面为5厚60X60方钢
焊接椅架，弧形加工
截面为5厚60X60"工"
字钢焊接椅架
30°0'
262
398
553
739
截面为5厚30X50方钢焊
接椅架，弧形加工，两
端与"工"字钢焊接
5厚40X398扁钢与方钢焊接

⑩ 防腐木树池座凳钢架平面 1:20

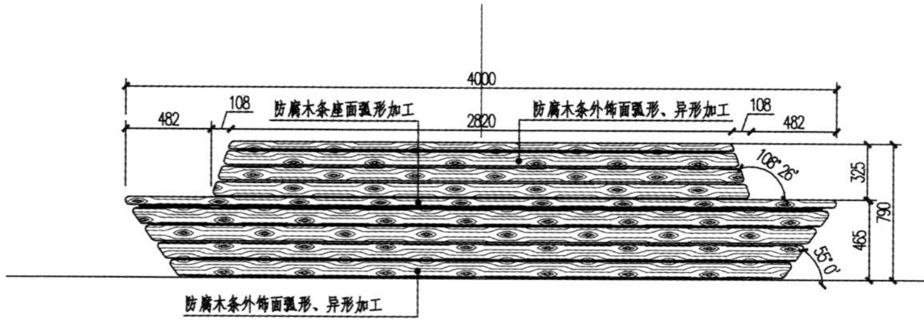
4000
482
108
防腐木条座面弧形加工
2820
防腐木条外饰面弧形、异形加工
108°26'
55°0'
325
465
790
防腐木条外饰面弧形、异形加工

⑩ 防腐木树池座凳立面 1:20

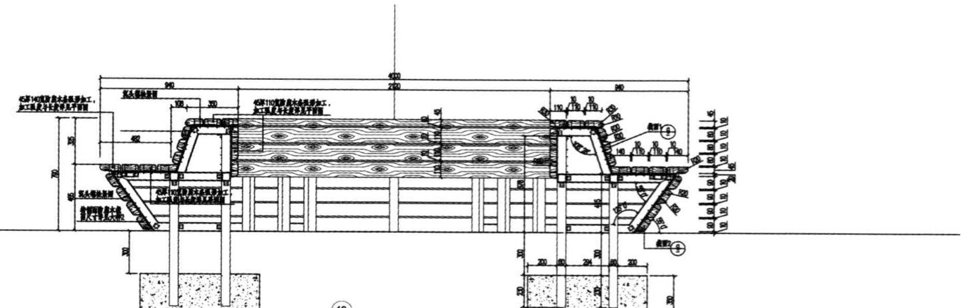

⑩ 防腐木树池座凳剖面图1 1:10

榆荫广场特色围树椅做法

一、项目背景

丰台区石榴庄城市休闲森林公园位于南四环大红门桥东北部，凉水河以北，世华水岸小区以南，东西呈带状走向，总用地面积为7.1hm²。地处规模庞大的居住区边缘，毗邻城市重要水系，公园功能定位于服务日常休闲活动与美化河岸景观。

二、景观格局

公园被光彩路与榴乡桥截为三段，形成"一园三段"的区域布局。东西向沿堤顶路延伸1.2km，平均宽度60m，每一段的道路系统借堤顶路呈环状，层级关系明确，一级路2.4m，二级路1.5m，将各个节点串连在一起。自西向东有7个景观节点，平均间隔60m，节点之间互不干扰，空间形态大小各异、开合有致，形成多个面向凉水河的滨水开放空间。节点之间被浓密的植物以及起伏的地形包裹，形成"穿行于森林又偶见开阔地"的景观效果。

三、设计特色

（一）尊重现状条件，变患为利

榴乡桥以西50m范围是被建设单位钦点的公园门区，一座未被拆除的现状建筑为门区设计带来很多限定条件。高度6m并且位置居中的现状建筑，既然无法回避，只好加以利用，通过对其进行结构加固和立面改造，配合两面高低错落的景墙，打造一组具有控制性作用的主体景观。门区广场与周边植物均围绕其组织，实现了较好的门区效果。

（二）从地域特色中挖掘设计元素

对于一个人文记忆寡淡的地块，除了尊重场地现状条件外，还提炼了"石榴"作为装饰符号加以利用。"柳岸滴翠"节点的景墙运用了雕刻的"石榴"图案，门区等节点也将石榴树枝丫的剪影做成钢板画，丰富景墙立面。

四、植物种植设计

公园以高大的原生乡土树种为基调，与起伏的地形一起搭建公园的骨架。整体上，乔木种植突出春秋两季特色，早春观玉兰、山桃、樱花的繁花似锦，秋季赏银杏、杂种鹅掌楸的黄叶飘摇；地被植物选择兰花鼠尾草、地被菊、天人菊、狼尾草等突出夏秋景观。

每一节点有各自的特色树种，"海棠雅筑"节点外围隆起的地形上以油松和杂种鹅掌楸为背景种植了西府海棠、红宝石海棠等栽植效果好的海棠品种；"柳岸滴翠"节点，顾名思义是与河岸边种植的垂柳相呼应，突出垂柳浓密飘逸的效果；"春意盈门"节点种植大片的碧桃、樱

花香槐古　　　竹径通幽（现状改造）　　　海棠雅筑　　　柳岸滴翠　　　春意盈门(主入口)　　　榴光溢彩　　　连波秋色

公园总平面图

主入口广场

花、山桃、迎春等春花植物，渲染出一幅"春意绚烂迎宾客"的早春景色；"花香槐古""竹径通幽""榴光溢彩""连波秋色"几处节点通过国槐、早园竹、石榴、山楂等植物特色点题。

设计单位：北京北林地景园林规划设计院有限责任公司

项目负责人：张媛源

主要设计人：

张媛源　姜悦　冯炜炜　封朋

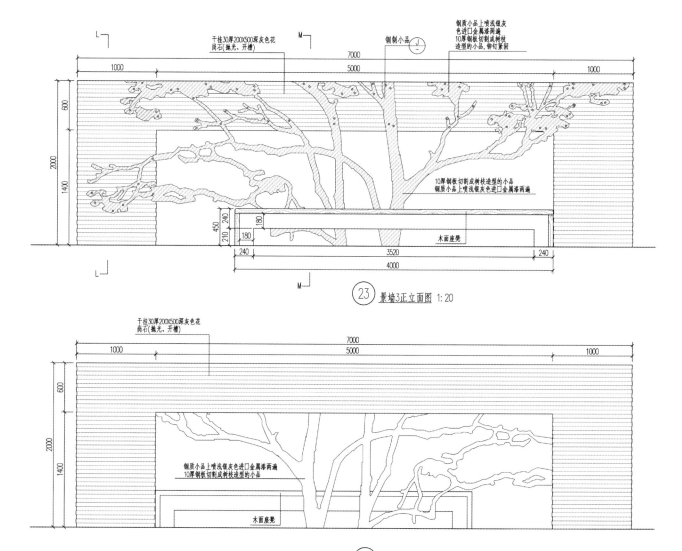

柳岸滴翠景墙立面大样

海棠雅筑节点初秋景观

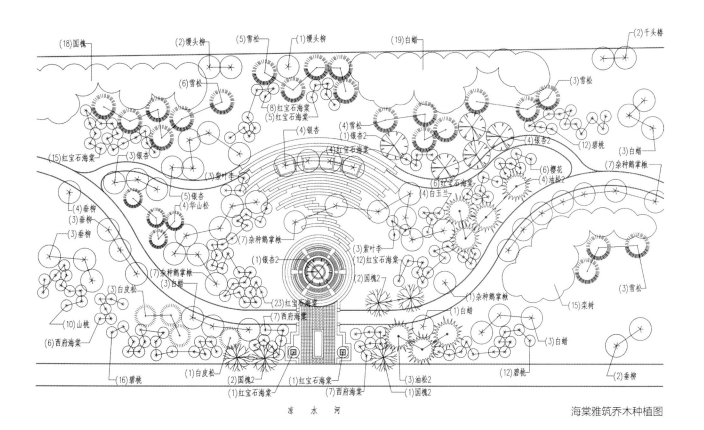

海棠雅筑乔木种植图

37. 绿堤郊野公园

2013年度北京园林优秀设计三等奖

一、项目概况

公园地处北京丰台区宛平地区中南部，北至京石高速，南到原老庄子乡政府，东临五环路，西接永定河河床，总面积约105hm²。场地呈狭长形，南北长近3300m，东西最宽处550m。项目区北侧有卢沟桥、中国人民抗日战争纪念馆、抗战雕塑园，南侧有世界公园、大葆台西汉墓，是北京市西南方的门户，具有优越的自然地理位置和边界顺畅的交通条件。

二、建设原则

（一）以林为体，以野为魂

结合林地特点，创造出富有郊野气息的景观环境。

（二）以实际造景需要出发

最大限度地保护现状景观，合理利用现状园地的植被以及各种节能材料，创造具有地域特色的景观。

（三）以人为本的多层次服务功能

既能满足周边居民的日常活动需要，又能实现假日城区市民郊野公园游玩的功能需求。

（四）坚持生态优先、自然协调的原则

1. 按照适地适树、丰富生物多样性的要求，以乡土树种为主，优化林木结构。

2. 坚持生物多样性原则，丰富植物品种，建设乔、灌、地被的复层立体结构，增加林木垂直郁闭度，充分发挥植物的生态效益。

3. 注重植物的空间配置和季相变化，突出自然景观和生态功能，营造树种丰富、结构合理、自然协调、稳定健康的植物群落。

（五）节约建设，注重实效

按照建设资源节约型、环境友好型的要求，广泛应用节水、节能的新技术和新材料，提高投工、投劳、投资的使用效率，充分发挥资源效益。栽植品种的选择应便于养护管理及日常运营，尽量减少人力、物力、财力的投入，厉行节约，构建节能、环保型公园。

1. 沙生药物园
2. 公园北主入口
3. 永定河文化廊道
4. 沙雕广场
5. 公园管理处
6. 沙生植物展示园
7. 坡向垂直绿化展示园
8. 沙生采摘园
9. 沙生植物展览馆
10. 坡向垂直绿化展示园
11. 中共中央直属机关世纪林
12. 滨河休息空间
13. 中央国家机关世纪林
14. 沙地绿洲
15. 驻京部队世纪林
16. 曲径通幽
17. 左堤路浮雕景观
18. 管理处
19. 共和国部长纪念林
20. 金融奥运ün
21. 中日友谊林
22. 和平门
23. 和平门入口广场
24. 老年活动广场
25. 公园停车场
26. 青少年体能训练基地
27. 植物迷宫
28. 蓄水池
29. 蓄水池管理用房
30. 公园南入口

绿堤郊野公园总平面图

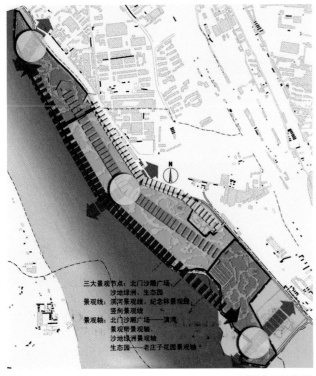

三大景观节点：北门沙雕广场、
沙地绿洲、生态园
景观线：滨河景观线、纪念林景观线、
竖向景观线
景观轴：北门沙雕广场——滨湾
景观带景观轴、
沙地绿洲景观轴、
生态园——老庄子花园景观轴

景观布局结构图

一 沙地植物区　21.40hm²
二 纪念林区　　58.23hm²
三 休闲区　　　25.37hm²

功能分区图

三、总体布局

根据园内的地形特点和现状景物，将公园分成3个不同的功能区，即输水管以北的沙生植物区（21.4hm²），中部的纪念林区（58.23hm²）和东入口以南的休闲娱乐区（25.37hm²）。主要景区布置如下。

（一）沙生植物区

根据现场条件及地理位置，结合沙壤土的现状，设计以沙地植物展示为主要目的的景点，配置沙地柏、柽柳、沙棘、沙枣、紫花醉鱼木等沙生植物，结合彩叶和花卉植物，形成拥有独特景观效果的沙生植物景区。并对每一种沙地植物立牌进行简单描述，以便于游人理解。

（二）纪念林区

纪念林区包括了现有各单位纪念林的改造和准备新建林区的预留林地。每一片纪念林在原有植物的基础上，新种植一至两种花灌木作为其标识，例如山桃、丁香、连翘、木槿等较为耐旱的植物，利用植物的季相变化和色彩变化，增加游览乐趣。

（三）休闲健身区

根据不同人群的需要，设计不同的活动空间。

1. 老年活动区

设计简洁明快，植物色彩倾向静谧低调的冷色系，多设置座椅，为老人提供一个安静的休息环境。

2. 健身广场

通过拓展设施以及体能训练设施的设置，为游人提供强身健体的活动场所。

3. 儿童广场

在沙地上设置娱乐设施，能在孩子玩耍时起到很好的保护作用。

4. 球场

增加足球场和篮球场，丰富年轻人的休闲健身活动。

5. 蓄水生态园

利用蓄水池的水面，营造一个在旱地里难得的亲水空间，增加公园的野趣情调。

设计单位：中外园林建设有限公司

项目负责人：孟欣

主要设计人员：孟欣　李长缨

主要参与人员：张宇　张雷　谢卫丽

公园入口景石

公园花架及告示牌

一、项目概况

本项目位于常营居住组团区域，分布于各个居住区之间，南侧为朝阳北路，北侧为高尔夫用地和循环经济产业园。2010年中共中央总书记、国家主席、中央军委主席胡锦涛在北京市考察民生工作，曾前往本项目建设区考察。本项目公园绿地的建设，能有效改善该区域的生态环境，缓解热岛效应，降低PM2.5值，满足市民休闲、游憩、交流等活动需求，是民生建设重点组成部分。该工程总面积为81453m²，分为三部分。

1. 若干临街绿化带

具体项目为，住总1748m²，金隅3703m²，富力2137m²，北辰12713m²。绿化带宽度为5~15m不等。现状场地较为平整。

2. 保利公园地块

该地块面积为51293m²，现状较为平坦，地块西侧有3排现状杨树。

3. 城开公园地块

该地块面积为10000m²，现状较为平坦，无现状树，西侧有配电柜1个。

二、设计思路

设计方案主要考虑与周边居住区紧密结合，利用现有自然条件，为居民提供休闲活动空间，并营造整个区域绿色生态、亲切自然的氛围。采用简洁、明快、质朴的设计手法，以生态、自然的建设材料，打造低投入，

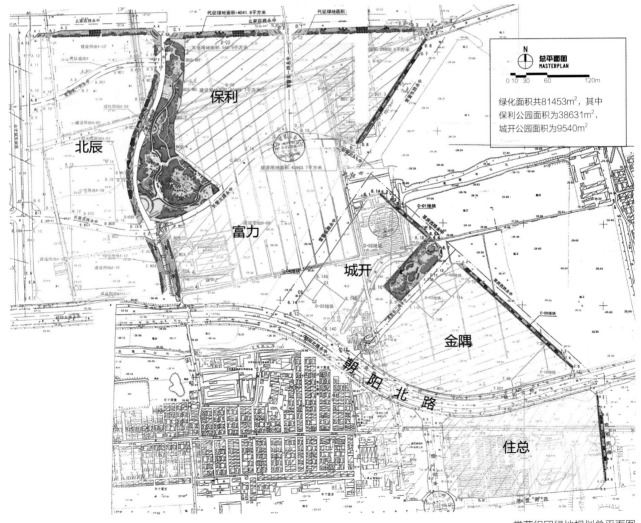

常营组团绿地规划总平面图

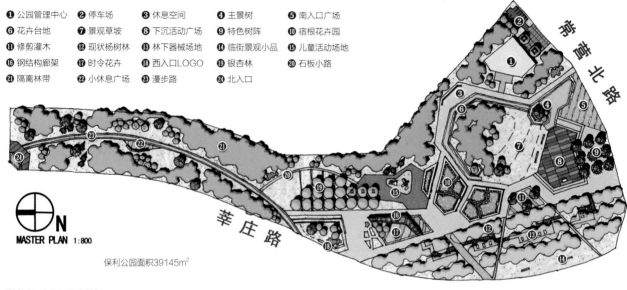

① 公园管理中心　② 停车场　③ 休息空间　④ 主景树　⑤ 南入口广场
⑥ 花卉台地　⑦ 景观草坡　⑧ 下沉活动广场　⑨ 特色树阵　⑩ 宿根花卉园
⑪ 修剪灌木　⑫ 现状杨树林　⑬ 林下器械场地　⑭ 临街景观小品　⑮ 儿童活动场地
⑯ 钢结构廊架　⑰ 时令花卉　⑱ 西入口LOGO　⑲ 银杏林　⑳ 石板小路
㉑ 隔离林带　㉒ 小休息广场　㉓ 漫步路　㉔ 北入口

MASTER PLAN 1:800

保利公园面积39145m²

常营保利公园规划总平面图

MASTER PLAN 1:500

① 公园管理房　② 景观树阵　③ 儿童活动场地　④ 隔离林带　⑤ 景观草坡
⑥ 休息小空间　⑦ 景观绿岛　⑧ 毛石挡墙　⑨ 条形座椅　⑩ 宿根花带
⑪ 林间漫步路　⑫ 条石看台　⑬ 观赏草区　⑭ 条形座椅　⑮ 入口LOGO墙

城开公园面积9540m²

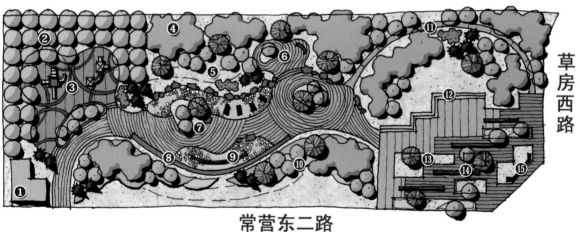

常营城开公园规划总平面图

高生态、景观使用效益的公园绿地景观。

　　种植方面，临街绿化带采用乔灌木搭配与宿根花卉相结合的手法。组团式种植，立面变化起伏有韵律感。大量采用开花观果植物，每个组团周围用不同的搭配手法增加观赏效果。

三、具体设计

（一）道路空间设计

　　以落叶大乔木为背景，前边成组种植常绿树，形成节奏，再配以落叶乔木组团、小乔木组团、花灌木组团，形成生态的、富有层次的道路绿色景观廊道，服务民生，滞尘降噪，丰富道路景观。

（二）保利公园地块

　　场地承载的主要功能定位为市民

常营保利公园儿童活动广场 常营保利公园绿地景观

娱乐休闲的绿色场所。总体空间布局定位上，着重打造层次丰富的绿色空间。

结合场地北侧狭长，南侧呈扇形、较为开阔的特点，南侧重点以主题广场树阵林荫休息空间为内容，营造舒适的空间氛围，借地形设计多层次的休闲景观空间，靠林荫树阵，用台阶挡墙形成围合，可成为市民举行小型活动的"露天剧场"空间。

北侧则以植物的层次搭配、健身休闲儿童活动为主题设置景点。种植结合现状树，以彩叶树形成多色彩多层次的植物组团景观。儿童活动场地，以彩色塑胶地面拼图、有趣的儿童活动器械以及涂鸦有活泼生动卡通形象的水泥管，形成富有趣味性的亲

子活动区。西侧结合现状杨树，营造林下活动空间，并为儿童活动区提供家长休息的区域。

（三）城开公园地块

总体空间布局定位上，着重打造层次丰富的绿色空间，场地内设置成人活动区、儿童活动区、林荫休闲区和密植隔离区。能够满足周边居民基本的娱乐需求。场地北侧靠近居住小区，设计以地形、种植形成的绿色屏蔽，将居住区与外部空间进行绿色分隔，提升居住品质。景观设计手法现代自然，与周边建筑风格呼应，形成和谐的景观空间。

公园建设完成即日便成为周边数万居民的休憩活动场地，极大地改善了周边市民的生活环境，获得了使用

者的一致赞扬，落实了一件改善民生的实事。在设计上，公园利用地形的塑造，不同植物的季相变化、群落搭配，扩大了公园的使用面积，增加了园林景观空间的层次，为节约型园林景观营造和推动园林功能紧密结合居住区服务积累了一定经验，获得了业界的好评。

设计单位：北京市园林古建设计研究院有限公司
项目负责人：严伟
主要设计人员：

朱泽南　黄通　郝小强　李海涛

赵波涛　杨斐　耿晓甫　李想　孙娇

邵娜　张雪　杨春明

39. 永定河门成湖（三家店—麻峪河段）

2013年度北京园林优秀设计三等奖

一、项目概况

永定河绿色生态走廊自上而下形成溪流—湖泊—湿地连通的健康河流生态系统，为两岸五区创造优美的生态水环境。

门城湖段是三家店—麻峪河段（桩号：16+640~11+440），全长共5.4km。用地北部是三家店水库和自然山林。南部接连石湖；西部是门城新城，沿河主要是居住用地和少量商业金融用地；东部是石景山区规划的西部生态休闲旅游区。

二、"以水带绿，以绿养水"的设计理念

传统的滨河景观带多在河道堤岸外侧，注重城市美化和休闲功能，而内侧更注重防洪防汛等水利功能，一般来讲景观与水利专业的界限明显而互不干扰。本次永定河的生态修复提出了"以水带绿，以绿养水"的新理念，应用了基于干涸条件下的再生水补渗及生物为主的河床、滩地、堤防的生态修复新技术，营造"丰水多蓄，水少多绿，湖泊与湿地交替"的城市湿地型河流生态景观。景观工程师和水利工程师在这个项目上突破了传统的界限，达到了专业和效果上的融合。

三、方案设计手法

（一）绿化层次按洪水线竖向布置

堤顶路两侧为百年一遇洪水线，基本上不影响行洪，因此大型乔木集中在这个区域内，合理密植生态防

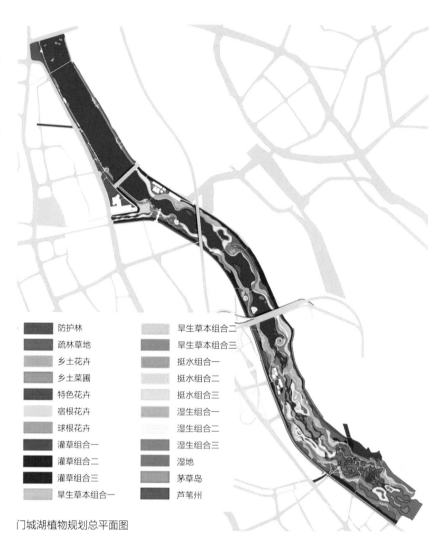

图例：
- 防护林
- 疏林草地
- 乡土花卉
- 乡土菜圃
- 特色花卉
- 宿根花卉
- 球根花卉
- 灌草组合一
- 灌草组合二
- 灌草组合三
- 旱生草本组合一
- 旱生草本组合二
- 旱生草本组合三
- 挺水组合一
- 挺水组合二
- 挺水组合三
- 湿生组合一
- 湿生组合二
- 湿生组合三
- 湿地
- 茅草岛
- 芦苇州

门城湖植物规划总平面图

护林，形成河道外侧的连续植物景观。隔离城市噪声，保证内部景观的幽静。

堤坡上10年一遇洪水线上以疏林草地和灌草组合为主。

滩地上3年一遇洪水线上以各种模仿自然的旱生地被草花组合为主，3年一遇洪水线下则是各种湿生地被草花组合以及湿生植物。

常水位线下的浅水湾中则是各种水生植物。

这样就初步建立起以安全的行洪功能为基础，突出河道自然野趣之美的河道生态种植系统。

（二）绿化形式以大面积、大色块的大植物景观为主

作为一个大规模的河道绿化项目，在绿化的手法和形式上都不能等同于普通的城市公园。传统的植物配置手法显然满足不了河道开阔简洁、大气磅礴的景观要求。因此设计中，采用植物成片种植的形式，分区分

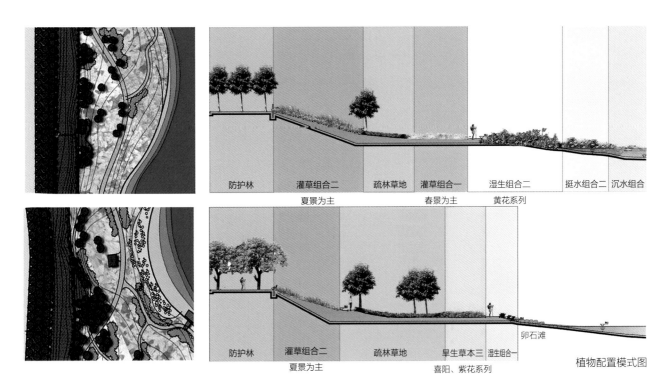

防护林	灌草组合二	疏林草地	灌草组合一	湿生组合二	挺水组合二	沉水组合

夏景为主　　　　　　　　　春景为主　　　黄花系列

防护林	灌草组合二	疏林草地	旱生草本三	湿生组合一

卵石滩

夏景为主　　　　　　喜阳、紫花系列

植物配置模式图

俯瞰门城湖溪流景观

块，集中在几百甚至几千平方米的范围内展示某一种植物景观。

（三）植物品种按照乡土化、自然化、多样化配置

植物品种以乡土植物为主，采用有效的植物搭配和组合方式，强化乡土植物的景观效果。以乡土植物为主利于建立稳定的生态景观，减少后期的养护和维护成本。

乔木以杨树和柳树为主，乔木品种相对比较统一，而中下层植被，特别是地被植物较为丰富，目的是形成整体较为统一的植物景观。河道内以不同的疏林草地、灌草组合、旱生草本组合、湿生草本组合、水生植物组合等突出河道的自然野趣。

下层地被组合采用一二年生和宿根搭配、不同的花期搭配、单一品种与辅助品种搭配，充分模拟自然的草本植物群落。正是"你方唱罢我登场"，四季的烂漫尽在此地，令游人流连于自然的野趣中而忘返。

水生植物是水面空间的重要组成部分，其茎、叶、花、果实都有观赏价值，一方面是陆上绿化的延伸，另一方面也可以打破水面的宁静，为水面增添情趣。这也是河道生态设计的重点，主要布置在常水位下的浅水湾中，根据在水中生长的深浅不同而选择相应的挺水植物、浮水植物、沉水植物，如千屈菜、芦苇、水葱、水生鸢尾、菖蒲，等等。

丰富的驳岸植物景观

自然野趣的河道景观

四、结语

传统意义上的水利工程在人们的印象中多是钢筋和水泥的结合体，这个过程耗费了大量的能源和材料。而当水利工程师与景观工程师一起，则会打破专业的壁垒和界限，携手合作，用较为经济的途径在保证安全行洪的基础上，创造一个生态、绿色的大河道景观，恢复河道本来的自然风貌。

设计单位：北京市园林古建设计研究院有限公司

项目负责人：郭泉林

主要设计人员：王晨　程铭

一、项目概况

南大荒（永定河）休闲森林公园位于北京园博园西北角，永定河北岸，紧邻京原路，是永定河"五园一带"绿色发展带上首个建成的开放式公园。公园总面积121hm²，于2013年4月28日对市民开放投入使用。公园以服务周边居民百姓为建设目的，同时也为第九届园林博览会辐射区提供必要的后勤保障。

二、设计要点

公园以城市公园标准建设，服务设施和基础设施齐全。公园通过主入口广场镇水牛、十八蹬景墙、文化广场卷轴花架与北京城水系地雕等，将永定河流域的隽永文化和百姓喜闻乐见的传说故事融入其中，歌颂赞美了劳动人民的勤劳以及治水的智慧结晶；园内一条首钢集团废弃的钢渣铁轨在修缮之后改建为公园特色的观光火车游览道，与公园主入口木屋钟楼和沿线的水岸景观共同组成了本公园的滨河精品景观风景线。

三、功能分区

（一）主门区

位于公园最西端，紧邻京原路，是公园的重要出入口。

（二）滨河风景区

紧邻莲石湖和园博湖北岸，视线通透且亲水性极好。该区以永定河历史文化为主线，设置观光火车游线，为游客提供优良、舒适宜人的人文景观环境。

（三）生态休闲区

位于公园东部，与园博园遥相呼应，是整个园区的核心景区。主要景点有永定河纪念碑、永定河文化广场。

（四）森林氧吧区

位于京原铁路以北，靠近莲石西路和周边居住区。该区树种以北京地区乡土树种为主，林下设置多元化的健身休闲场地，提供健身休闲场地和户外活动设施，为游人提供便利。

（五）田园休闲区

位于京原铁路和规划古城南路之间，地势较高。该区种植上通过景观林、微地形与自然曲折的环路构成自然田园的野趣氛围。

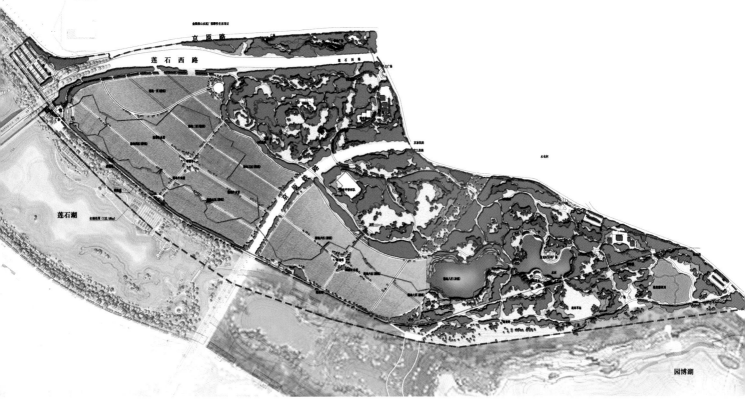

平面图

四、交通组织规划

（一）园路

全园道路分为三级。一级道路宽5m，包括主环路、滨河步道和重要节点之间的通道，以保证管理养护和消防的功能；二级道路宽3m，在主环路的基础上向外辐射，连接次重点景点，确保游园道路系统的完整性；三级道路宽1.5m，全面覆盖园区，保证各个景点的可达性。

（二）出入口

主门区、滨河风景区、森林氧吧区各设置一个出入口。

（三）停车场

除森林氧吧区出入口外，其他两个出入口都配套设置了生态停车场地。其中京原路北侧停车场可作为园博园辅助停车场使用。

鸟瞰效果图

五、植物景观规划

公园在种植设计上采用大面积的"野花地被组合+高大乡土乔木"的形式。

（一）园林化种植

营造彩叶植物群落、观花植物群落、疏林草地群落，形成园林化混交林。

（二）密林化种植

植物配置以乡土树种为主，增加常绿乔木种植量，调整林冠线。

（三）田园化种植

以林下草花地被为主，突出春夏景观，体现田园野趣。

设计单位：北京市园林古建设计研究院有限公司

项目负责人：毛子强

主要设计人员：王玮琳　潘子亮

参加人员：

沈成涛　王路阳　王晓　柴春红　孔阳　崔凌霞

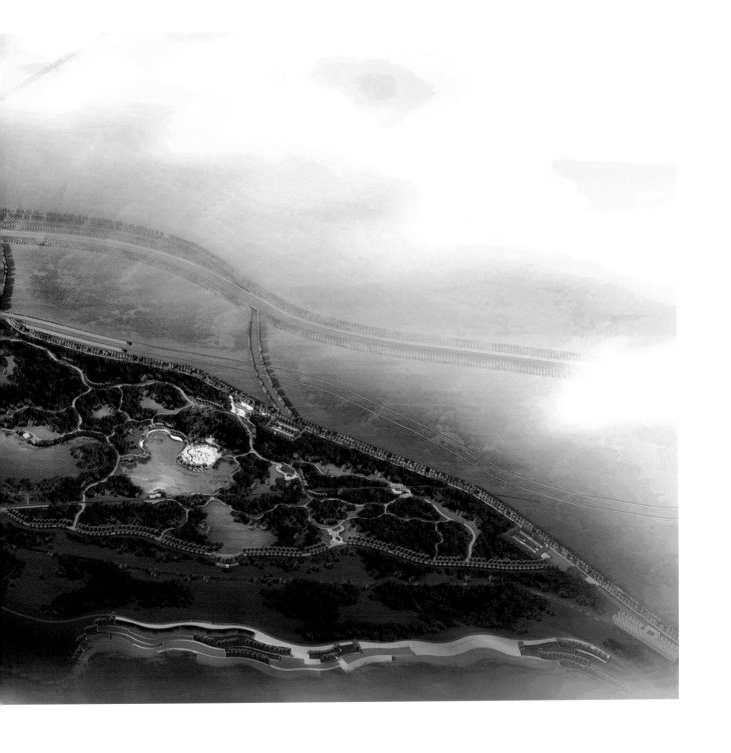

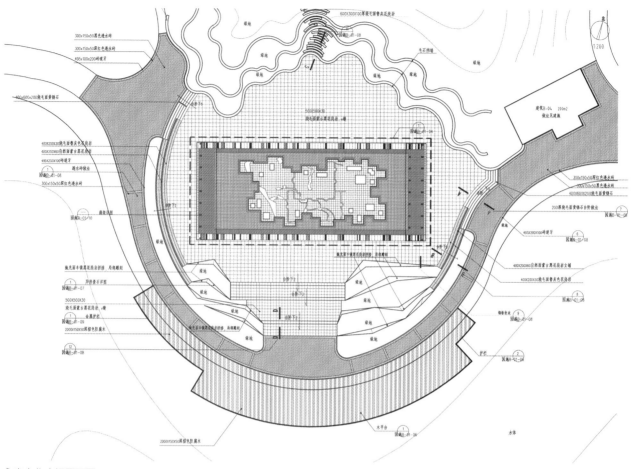

永定文化广场平面图

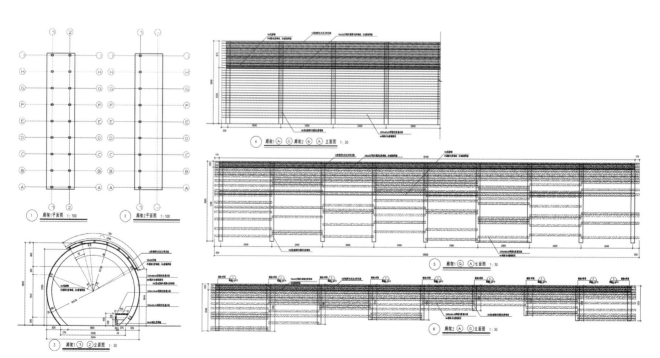

永定文化广场廊架详图

公园主入口

观光火车沿线

41. 平谷新城滨河森林公园南门乐谷公园

2013年度北京园林优秀设计三等奖

一、项目概况

该项目位于北京市平谷区新城南端，隶属于平谷新城滨河森林公园的一个节点，沟河自东向西横穿公园，总占地70.5hm²，其中水体面积22hm²。

二、景观特色

（一）地形—骨架

现状场地滨临河道，地势低洼平坦，缺乏私密感及空间变化。设计时充分尊重原始地貌，通过挖湖推山、依势造景，层层递进，构建移步异景的效果，同时解决高差、排水及平衡土方等问题。

多变的地形构成公园的骨架。道路、广场穿梭其中，让游览时视线时抑时扬，空间时高时低，感官丰富多彩。地形之间相互借鉴，在每个视线开放处，前山为框，后山为景，自然地融为一体。

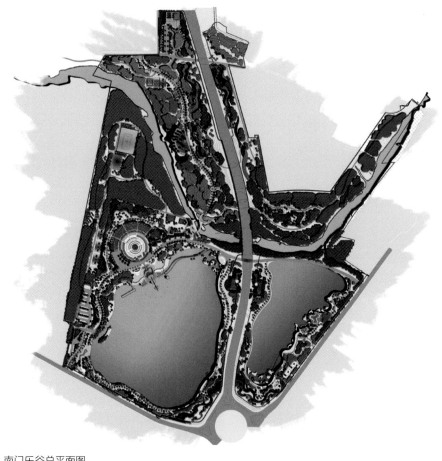

南门乐谷总平面图

地形骨架

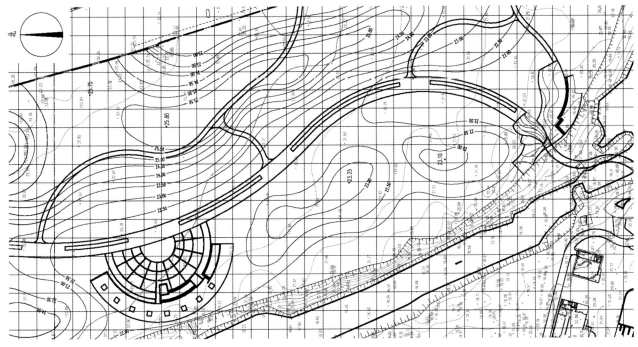

东侧局部竖向设计图

最终在原有自然生态水系的基础上，营造出丰富的园林艺术地貌，创造出优美、细腻、极富层次感及立体感的园林景观，使公园更富于活力。

（二）文化—音乐

结合平谷的音乐特色，将音乐元素或抽象或具象地融入景观设计之中，形成不同特色的音乐空间，让游览、学习融为一体，同时凸显平谷的"中国乐谷"地位。

（三）高山—流水

结合平谷特色打造的音乐广场为音乐季提供了最佳场地。草坡看台的形式，即舒缓了广场过大造成的焦灼感，又丰富了广场的色彩，让硬朗的线条得以柔化，丰富感官效果。最高点设计琴台，并将古琴和著名古琴曲"高山流水"乐谱以地雕的形式融于景观之中，普及音乐知识。

（四）彩虹—乐章

彩虹桥的"S"造型，巧妙地避让了现状大树，并与蜿蜒的道路相协调，桥头广场用不同颜色透水砖铺成五彩波浪，好似流动的彩虹，更似澎湃的乐章。岸边大树随风摇曳，和彩虹桥的柔美线条相映成辉。

（五）生态—环保

园区内选用的大树以适应平谷地区的乡土树种为主，充分结合现状大树造景，力求形成近自然的植物群落，逐步完善系统的稳定性，增强植物的生态功能。

场地的设计最大限度地利用现状植被，使游人在天然的森林氧吧中体味娱乐、休闲、锻炼的乐趣。

园区内的铺装、建筑及公园配套设施设计都以低碳节能为前提，选用生态环保的材料。道路做法均为级配砂石基础，透水砖面层，使雨水能够回灌地下。浇灌系统采用中水为主，并结合雨水收集的方式，以达到节水的最大化。照明灯具以节能灯为主，分时分段控制，用最少的电量达到最佳效果。

三、成果

改善了场地的生态环境，恢复了河道原始风貌。再现林水环绕，河湖两畔树木郁郁葱葱，人行走其间，碧波荡漾，东堤春晓、西堤倩影的灵动环境。

提高了城市绿化覆盖率，完善了城市的绿地系统。这个北京市最大的新城滨河森林公园将被打造成"生态绿谷""城市绿肺"，形成平谷新城"青山环抱、森林环绕"的生态格局。

音乐广场（一）

音乐广场（二）

设计单位：北京市园林古建设计研究院有限公司

项目负责人：朱志红

主要设计人员：朱志红　黄静　黎思源

彩虹桥

公园绿地
2014年度

一等奖

42. 中国园林博物馆室外展区
43. 翠湖国家城市湿地公园（一期）
44. 金中都公园
45. 雁栖湖生态发展示范区

二等奖

46. 玉渊潭公园鱼跃泉鸣及湿地山水园
47. 海淀区三山五园绿道
48. 雁栖湖公园改造
49. 望和公园北园
50. 北极寺公园

三等奖

51. 青龙湖龙桑文化园
52. 中关村公园
53. 密云新城滨河森林公园（二期西段二、四、六标段）
54. 旺角休闲运动公园
55. 颐和园西门内绿地改造
56. 褐石代征绿地
57. 西土城公园改造

42. 中国园林博物馆室外展区

2014 年度北京园林优秀设计一等奖

中国园林博物馆位于北京市丰台区，2013年中国国际园林博览会园区内，鹰山东麓。总建筑面积49950m²，建筑高度24m（主屋顶屋脊32m），地上二层、地下一层，是中国第一座以园林为主题的国家级博物馆。

园林博物馆室外景观包括馆前区及室外展园，项目规模67739m²，其中绿地面积21336m²，水景面积5700m²，铺装面积10850m²，山石量4116t，土方52993m³。

一、背景

（一）馆区大环境山水构架

借山于西，聚水于南，三面围合，一轴渐变。

（二）主馆建筑简况

1. 院落

院落式博物馆内部的室内展园及景观空间，穿插于建筑整体之间，组成园林意境十足的展览空间。

2. 轴线

轴线是中国传统建筑的精髓，博物馆运用轴线手法控制建筑总体布局，形散而神不散。

主轴线由门区贯通主馆大厅，延伸到室外山脚，发散于自然山林。景观呈现从城市到自然、从现代到传统的过渡，将主馆建筑与室外环境融为一体。自东向西形成5个文化主题，分别是紫气东来、山水之路、移天缩地、诗意仙居、山水静明。

3. 色彩

提取皇家、私家园林中的经典色彩，运用现代材料呈现。屋顶的金色更体现北京的地域性特征。

4. 天际线

博物馆屋顶是对传统建筑屋顶曲线的一种抽象，利用现代材料、现代构造，创造出适合展览空间的屋顶形式。

（三）室外展园

室外展区从景观、展示内容两方面与博物馆主体紧密联系，依据场地环境确定园林的类型和布局。以"折子戏"形式重新组合传统园林类型，兼顾园区的整体绿色氛围，与博物馆主建筑相融合。

室外展园以北方园林风格为主，选取3组不同园林类型的代表，分别为北方山地园——染霞山房、北方宅园——半亩一章（半亩轩榭）、北方水景园——塔影别苑。

二、北方水景园林——塔影别苑

（一）特点与思路

馆南场地狭小，兼顾展示与陪衬主馆。采用借景，以水为镜，扩大空间，建设一处北方水景园林。

（二）场地分析

场地北侧为主馆建筑，西靠鹰山，南侧、东侧为开阔平地；北侧为主馆建筑，利用其作为背景。

1. 本园集中运用不同的传统水景造园技巧及布局，以谐趣园、画舫斋为蓝本。

院落

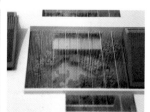

轴线

2. 表现北方水景园林基本特征，水溪、湖沼宛转相连，而不失豪放大气。

3. 结合相地、立意、立基，展示造园全流程。

4. 借景鹰山及永定塔，最大限度扩大空间感。

5. 设置北方风格的石舫等水景建筑，与展馆服务功能相结合。

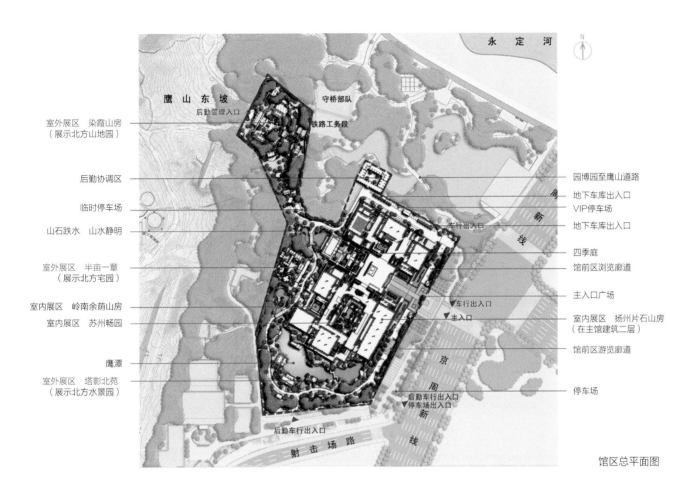

馆区总平面图

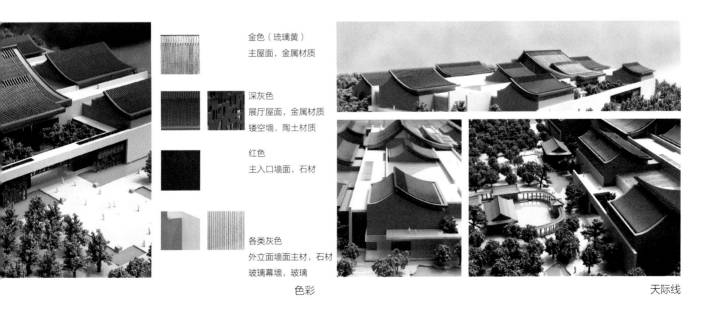

色彩

天际线

主入口实景

（三）体现的造园思想

1. 借景

以柳丛屏蔽围墙，以纯静水面收纳峰塔倒影。

2. 江湖地

设计岸滩，以芦荻过渡，但同时留出充足的借景水面。

（四）具体景观

1. 五大夫松

模拟泰山名松模式，展示中国风

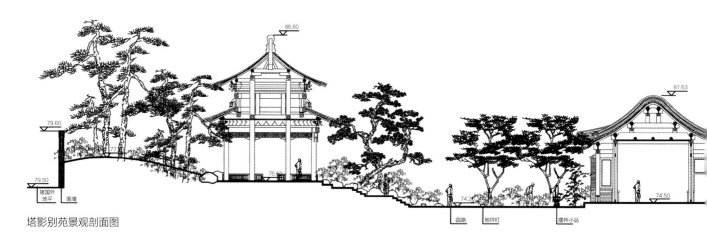

塔影别苑景观剖面图

塔影别苑实景

景园林的"比德"思想。

2. 柳堤

以点代面，短堤植柳，体现中国园林风景传统。

3. 碧澜桥（水门）

取名自圆明园坦坦荡荡。

4. 夏木芳菲（水杉林）

沿岸种植水杉、合欢、紫薇、锦带等具有夏景特色的苗木花卉。

5. 春雨堂（主厅）

意仿北海水景建筑"春雨林堂"。

6. 澄爽榭（侧厅）

意仿颐和园谐趣园"澄爽斋"。

7. 镜影亭

意仿颐和园谐趣园"引镜亭"。

8. 福寿南山（双环亭）

是北方经典景观建筑，寓意福寿。南侧种植油松、桃、牡丹，烘托

多福增寿之义。

9. 一家春坡

取名自传统楹联"桃李杏春风一家"，种植春景特色的各色桃、李、杏、樱花。

10. 鸣玉溪桥

意仿圆明园长春仙馆。

11. 水榭石舫

意仿北大未名湖石舫。

12. 三友小径

取名自传统楹联"松竹梅岁寒三友"，集中展示具有中国传统文化象征的松、竹、梅。

13. 涵虚罨秀牌楼

意仿颐和园东宫门同名建筑。

三、北方宅园——半亩一章（半亩轩榭）

（一）特点与思路

选北方私家园林代表、京城著名宅园半亩园局部仿建，故名"一章"。

（二）半亩园简况

原址位于北京内城弓弦胡同（今黄米胡同），始建于清康熙年间，1984年被全部拆除。原面积2000~3000m²

（三）特色

1. 建筑空间与水体、山石相互渗透，小中见大。

2. 园中叠石假山誉为京城之冠，为造园家李渔所作。

3. 利用屋顶平台借景园外，拓展视野。

4. 园居生活丰富，文人汇聚，体现出传统园林的文化功能，具有浓郁的北方气息。

（四）文献资料

1. 图纸。麟庆《鸿雪因缘图记》《北京私家园林志》以及现代私人收藏的测绘图纸。

2. 文字。《鸿雪因缘图记》《天咫偶闻》等。

3. 各类老照片。

4. 原园中小品遗存。抱鼓石一对及部分构件。

（五）复原设计

1. 复原设计截取园中最具特色的云荫堂庭院，面积约1200m²。

2. 栽种原址园林植物。

（六）具体景观点

1. 云荫堂（主厅）。

2. 玲珑池馆。

3. 先月榭。

4. 退思斋。

5. 留客处。

6. 近光阁。

四、景观过渡区

连接塔影别苑、半亩一章与染霞山房。

1. 寒碧松云（半亩园南山石叠水）

坡地之上种植白桦，叠水周边配以特型探水松。

2. 丁香谷

半亩园东侧与主馆西侧建筑形成夹谷，其间遍植各品种丁香。

3. 转翠桥

取名自长春园如园。

4. 山水静明（四季庭前山石叠水）

以香山璎珞岩为蓝本，结合太湖石叠水，以白皮松为特色种植。

五、北方山地园——染霞山房

（一）特点与思路

选址为鹰山东坡，背山面河，但狭长条状，绿色厚度不足。结合鹰山东坡地形、地貌、植物情况，建设一处山地园林。

（二）场地分析

三坡一缓。场地东、南、北为坡地，西为缓坡平地，东为视野开阔的主馆区。原植被以秋色林为主，有元宝枫等，已初成景观；其次为油松树丛，缺少高大型。场地有部分裸岩。

（三）展示的园林要素

本园集中运用不同的传统山地造园技巧及思想，突出重点。山地景观基本特征为"旷奥"——开旷与幽深。以避暑山庄山地园——山近轩、碧静堂等为蓝本。

半亩一章实景

景观过渡区实景

（四）具体景观点

1. 幽鸣谷

山道景观以北京特有景观石材"小青子"铺成地面，陡壁以"黄石"展示园林山石，以浆果类灌木呼应两旁，配以点景树，形成谷道。

2. 染霞山房（主厅）

建筑东坡向阳一面，栽植各种色叶乔灌木，搭配常绿树，形成层林尽染的种植效果。"染霞"二意为东望晨霞、秋叶如霞。

3. 宁静轩

建筑结合山体现状林木，环境内敛含蓄。名称取自乾隆诗。

4. 吟红斋

以色叶秋叶树为主，丰富山林视觉效果。名称取自避暑山庄"吟红榭"。

5. 筛月台

景观平台中植有一株特型油松，夜晚月光透过松枝洒在台上，如筛月一般。名称取自泰山。

6. 山门

仿自颐和园谐趣园知鱼桥牌坊。

设计单位：北京山水心源景观设计院有限公司

项目负责人：夏成钢

主要设计人员：

张鹏　黄圆　高莹莹　张玉晓　梁磊

王曦萌

参加人员：

马信可　张婷　马思齐　温艳青

姜光雷　赵春艳

43. 翠湖国家城市湿地公园（一期）

2014年度北京园林优秀设计一等奖

一、项目概况

翠湖国家城市湿地公园位于海淀区上庄水库北侧，范围北至翠湖北路，东达纳兰性德故居，西到稻香湖东路，南临上庄水库，总面积157.6hm²，是住房城乡建设部批复的首批10个国家城市湿地公园之一，也是海淀北部地区生态环境建设的标志性工程，其建设对北京市生态环境的改善具有十分重要的标志性意义，是体现北京"山水林田湖"自然风貌的典型生态景观工程。

公园建成后成为巨大的氧源和碳汇资源库，湿地的净化作用也极大地改善了周边水体的水环境状况，扩大了以湿地鸟类为主的动物栖息地，截至目前，经过近十年不断的建设、管理与养护，公园内已观测记录到野生鸟类16目38科178种。

二、设计要求与理念

建设部印发的《城市湿地公园规划设计导则（试行）》规定："城市湿地公园规划设计应遵循系统保护、合理利用与协调建设相结合的原则。在系统保护城市湿地生态系统的完整性和发挥环境效益的同时，合理利用城市湿地具有的各种资源，充分发挥其经济效益、社会效益，以及在美化城市环境中的作用。"所以湿地公园是一个对科学性要求较高的公园类型，其功能侧重于改善生态环境、科学观察和科普教育等。

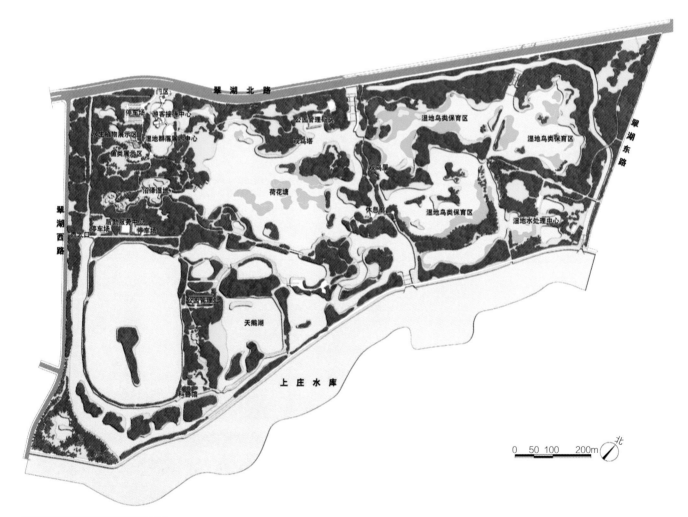

翠湖国家城市湿地公园总平面图

翠湖国家城市湿地公园开放区入口

本项目的设计是一次以生态保护为核心，以科普教育为特点，以低碳、环保材料应用为手段的设计理念的具体落实。

三、公园结构

为强化湿地公园的独特景观属性，设计上对现有水体进行连通，疏浚并增加部分水面，形成湖泊、溪涧、港汊、坑塘、滩涂相结合的湿地水域体系，该空间的形成，不但能够为多种生物提供生存空间，而且有利于组织雨水收集、洪水疏导，形成良好的自然环境。公园湿地水域面积近90hm^2，占公园总体面积的60%。

湿地公园属于资源保护型公园，其结构不同于一般城市公园的通常布局方式，应严格区分保护区域与活动区域，避免游人活动对保护区域产生

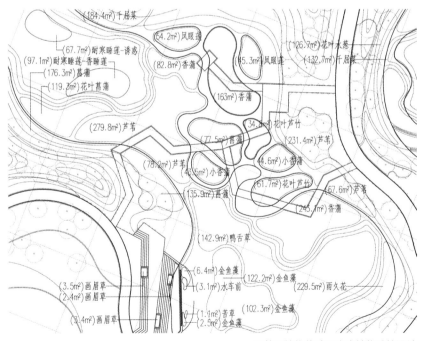

开放区植物体验区水生植物种植设计

过度干扰与影响，使保护区域起到其应有的作用。设计分为：（1）"重点保护区"，是湿地公园的核心，游

人不得进入，此区域以建立良好的生物栖息地为建设目的；（2）"湿地展示区"，是一般游人限制进入的区

开放区青少年科普活动

开放区主湖区景观

开放区观鱼广场与生态浮岛

域，主要通过水上交通与其他区域联系，此区域在建立栖息地环境的基础上，增加科研的属性；（3）"游览活动区"，是面向普通游人开放的区域，是进行科普教育和休闲活动的主要场所。

四、技术特色

翠湖国家城市湿地公园为北京首个国家城市湿地公园，与一般水景公园的区别在于其更加强调湿地的生态特性和对湿地功能的保护和展示。全园设计创新要点主要体现在以下几个方面。

1. 科学划分保护区域与活动区域

湿地公园属于资源保护型公园，其结构不同于一般城市公园的通常布局方式，应严格区分保护区域与活动区域，避免游人活动对保护区域产生过度干扰与影响。本项目将公园划分为重点保护区、湿地展示区和湿地游览区，几个区域根据各自功能需求在设计形式上各有侧重，开放区域与保护区之间通过展示区过渡，减少游人对敏感湿地生物的干扰。

2. 以北京地区典型的自然湿地模拟为立足点，营造北京湿地群落

该项目以自然湿地原生态为特色，种植以北京地域性乡土树种为主体，形成由乔木、灌木、地被、草木到挺水、浮水、沉水植物所组成的植物体系，从而形成丰富而有特色的植物空间。植物品种与群落构成都是在参照北京及周边自然湿地的研究成果的基础上构建的。

3. 结合湿地动物习性营造不同湿地生境区域

该项目通过对湖泊、溪涧、港汊、坑塘、滩涂、浅水区域及水岸交界线的精心布局，为湿地动物构建了丰富、多样的栖息、繁殖、觅食等生境区域。

考虑到鸟类是湿地生物科普宣传中的亮点，建设丰富的鸟类栖息地环境是设计的重点之一。湿地鸟类以群居为主，并有很强的领域空间感。规划设计充分遵循湿地鸟类栖息的自然规律，营造不同类型的自然生境，以此来吸引不同种类的鸟群（游禽、涉禽、路禽、鸣禽、攀禽），并引导它们在各自的栖息环境里觅食、筑巢和栖息、繁衍，也便于观鸟、科普教育等生态游览活动的开展。针对鱼类、两栖动物、爬行动物和昆虫也分别设计了符合其生活习性的生境空间，从而最大限度地体现了湿地公园的生物多样性。

翠湖国家城市湿地公园的设计达到了保护生物多样性的目的。截至目前，经过近10年不断的建设、管理与养护，公园内动植物资源获得极大丰富。其中，原生、栽植湿地高等植物371种，隶属于90科264属；野生鸟类16目38科178种；鱼类4目9科20种；两栖动物1目5科7种；爬行动物3目5科8种。真正成为自然的空间、多物种的天堂、人们学习知识的场所。

4. 结合湿地净化技术，保障公园水质

该项目充分结合无动力式生物净化槽、水面推流器、水生植物栽植、

展示区内野生鸟类

生态护岸、生态浮岛、浅水氧气泵、生物载体等多种湿地净化技术和手段确保公园水质。不仅如此，公园水系与上庄水库水体的联动，对上庄水库的水质提升也起到了积极的作用。

5. 搭建自然生境中的科普宣传、教育体系

湿地展示区的设置，直观地以湿地和人类关系为切入点，宣传了保护湿地的重要性；同时，观鸟设施、科普宣传栏设施的设置为人们提供了一种对自然状态干扰最小的科普教育场所。

观鸟是在自然的环境里，在不打扰鸟类正常活动的前提下用望远镜观察鸟类，去认识并欣赏它们。主要是观察自然环境中野生鸟类的外形姿态、取食方式、迁徙特点和栖息环境等，并鉴别鸟的种类，这也是亲近自然、感知万物的一种方式。与普通公

园看山看水、观花观草的活动相比，观鸟要求更加细致，而且更加具有科学性与知识性。根据观鸟活动的要求，在观鸟设施的设计中强调了以下几方面：设置固定的观鸟点，与鸟类主要的栖息地保持一定的距离，保证鸟类活动与人群活动的分离；观鸟屋、塔的造型不宜过于夸张，体量也不宜过大；覆面材料以靠近自然的原生态材料为主；各种设施中观鸟的开口窗应尽量减少，满足基本的观察需求即可。

设计单位：北京北林地景园林规划设计院有限责任公司

项目负责人：叶丹

主要设计人员：

许天馨　麻广睿　王清兆　张璐　赵锋

杨玉　钟继涛　姜岩　马亚培　朱京山

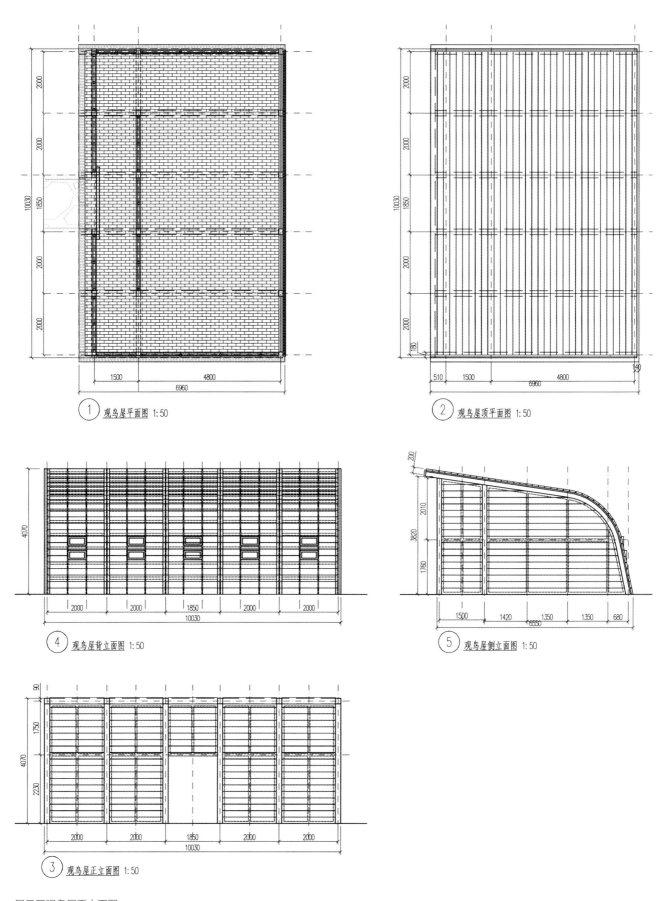

① 观鸟屋平面图 1:50

② 观鸟屋顶平面图 1:50

④ 观鸟屋背立面图 1:50

⑤ 观鸟屋侧立面图 1:50

③ 观鸟屋正立面图 1:50

展示区观鸟屋平立面图

展示区观鸟设施之一

开放区内科普宣传设施

开放区观鸟塔

翠湖国家城市湿地公园实景照片——夏

翠湖国家城市湿地公园实景照片——秋

一、项目背景

2013年9月刚建成的金中都公园，恰逢北京建城整860周年。1153年金海陵王完颜亮入京，标志着北京城有史以来第一次成为国都，开启了北京城作为政治、文化中心的先河。

但"北京城建都始于金"的这段历史常被世人所遗忘，成了建城史上的断点。究其原因，是自元大都开始，城市中心向东北迁移，这里被废弃后日渐衰败；另外，明清外城的西墙及现在的西二环路正好建在了金中都的中轴线上，使原来的都城肌理荡然无存，在金内城范围里，仅在广安门外存有一处金代鱼藻池遗址，也被开发商围起来20余年，成了烂尾的别墅项目。

2013年，借北京市第一条营城建都滨水绿道建设的契机，提出将原来的丰宜公园改造提升为以金中都建城历史为特色的公园，设立北京市唯一的金中都建城史记博物馆，公园更名为"金中都公园"，以唤起被尘封的这段记忆。

二、主题定位

作为整个营城建都滨水绿道的核心景区，公园之所以被命名为"金中都公园"，是因为它位置的特殊性和文化的唯一性。公园现状场地的位置就在当年金中都中轴线上的南城门宣阳门和应天门之间，是最适合反映及体现金中都建城历史的场所。北京现在已有反映元明清建城史的公园，而唯独没有体现金中都建城历史的文化

1153年，金主完颜亮将国都迁至燕京，改名"中都"。据考证，中都城的宫城中轴线位于今广安门外滨河公园一带。北京建都之始，发端于此。

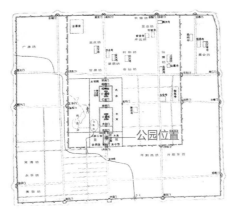

项目区位

公园改造前鸟瞰图

公园改造后鸟瞰图

改造前后对比照

公园，公园的命名和建设将弥补这一缺失，使北京城形成完整反映建都历史的公园体系。

三、项目概况

公园位于西二环菜户营桥东北角，20世纪90年代由于建设周期短、资金有限，忽视了从蓟城开始"就是北京建城、建都之始的地方"这一场地特色，仅在拆迁了所有的工厂、棚户区后，还绿于民，大部分地区覆土种草。由于功能不合理，无法封闭管理，社会车辆穿行，基础设施陈旧，土层薄，植物品种单调、长势弱，急需改造。该区位的优势是交通便利，有稳定的服务人群和活动内容。改造中，对公园受欢迎的集中活动广场和成型的大树都进行了保留。

四、设计特点

金中都公园占地面积约5hm²。

公园以金代建筑风格为特色，采用简洁的设计手法，形成大气疏朗的空间结构。充分利用原有地势和植被，因高就低，形成多个自然有序、开合变化的绿色空间，营造出古朴、优美的生态环境。由北到南设置宣阳驿站、主入口广场、金人游牧、营城建都、城台掠影5处节点，体现室外博物馆的设计构思。

入口景观以阙门的形式呈现，与北侧西护沿线的纪念柱、纪念阙形成协调统一的标志式景观系列，同时将主入口的景墙与金代遗存的铜坐龙、石虎、文臣像的展示相结合，配以斗栱、莲花座、喷泉，整体形成展示金代文化的室外博物馆氛围。

沿线的连绵绿色山谷中设置游人可参与互动的金人游牧和都城营建场景的艺术小品，使流动的人群与文化空间场景相互叠加，犹如展开的历史画卷，表达出了立体生动的整体景观效果。

在中心广场，以金中都南城门的宣阳门、千步廊、护城河的空间布局

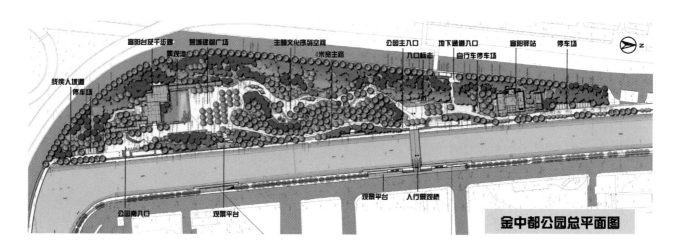

规划总平面图

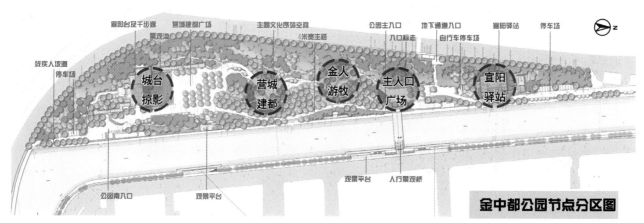

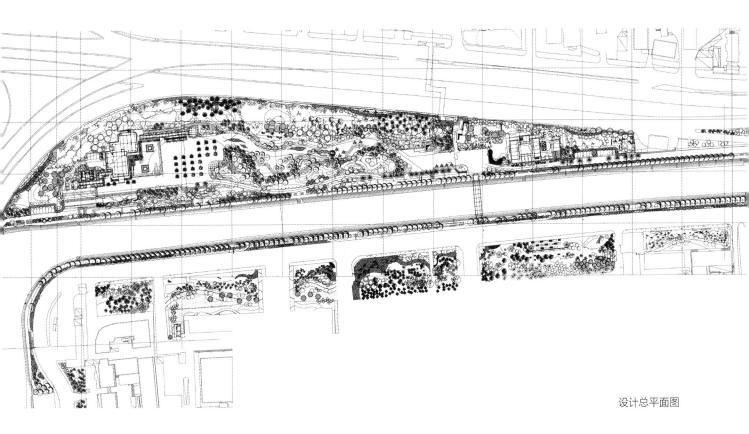

设计总平面图

主入口广场

金人游牧小品

营城建都广场

城台掠影广场

中心广场

建成夜景

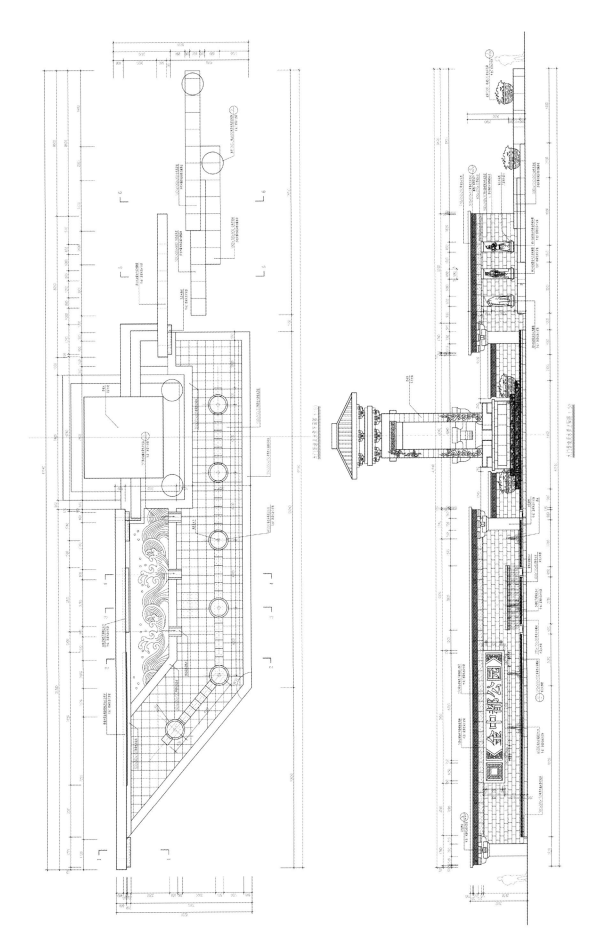

大门景墙详图

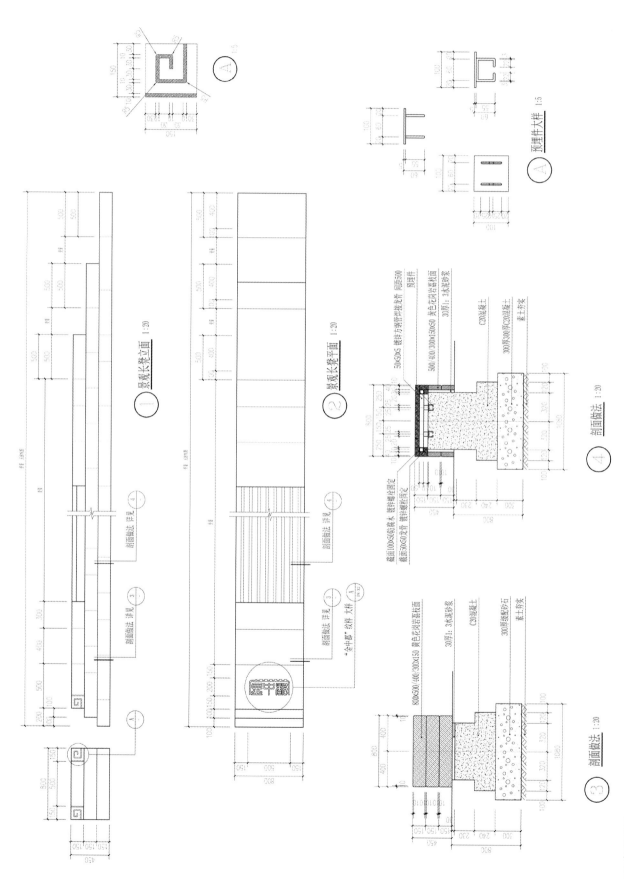

景观长凳立面 1:20

景观长凳平面 1:20

剖面做法 1:20

剖面做法 1:20

预埋件大样 1:5

景观长凳详图

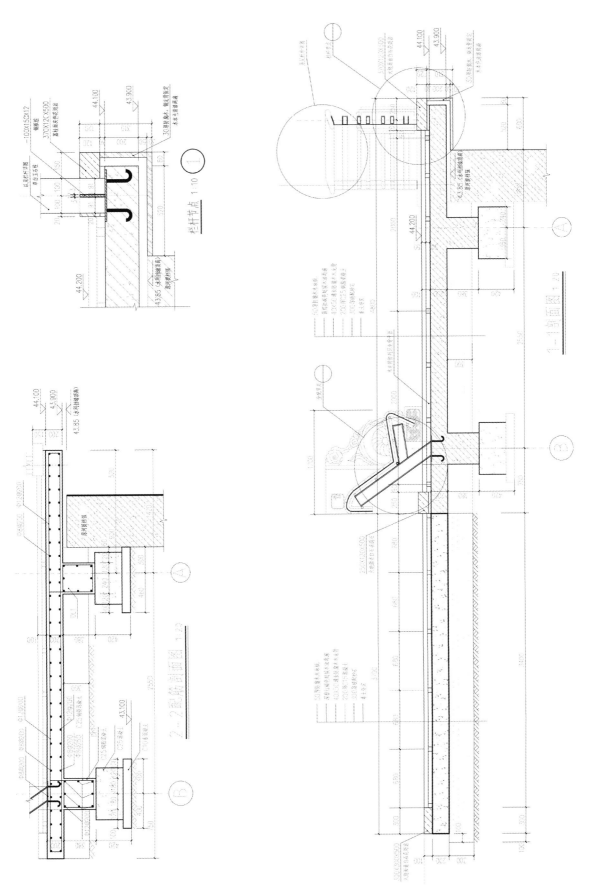

观景平台详图

绿色花谷

和造型特点为构思来源，简化概括、重新组合复原后，形成高台式主体景观，内设金中都展览馆，结合遮阴避雨的休息长廊、寓意护城河的喷水池，斑驳粗犷、散点的石块，衬托出城台的古朴沧桑，不仅浓缩出中都城的古韵雄风，还可登高远眺，体会古今交汇，感受时代变迁。

五、建成效果

著名历史地理学家朱祖希先生评价说"金中都公园即改变了原丰宣公园纯休闲的功能，使之成为一处难得的文化公园，而且弥补了金中都文化在北京地面上展示不足的缺憾"。公园的改造提升，在社会上也引起了对这块京城发源地和这段久远深厚历史的广泛关注，使金鱼藻池的恢复重新提到日程上来，对未来在整个区域建设金中都文化遗址游览区的设想起到了推动作用。

设计单位：北京创新景观园林设计公司
项目负责人：李战修
主要设计人：
李战修　张迟　梁毅　张东　韩磊
郝永翔

一、项目背景

2014年APEC会议在中国北京举行，这是我国自2008年以来，向世界展示实现中华民族伟大复兴的又一个重要舞台，在这里弘扬民族精神、彰显中国力量。

2014 APEC·雁栖湖国际会都景观建设，秉承中国园林"虽由人作，宛自天开"的造园精髓，以前沿的生态设计理念为指导，以自然山水、乡土风韵为景观特色，整合利用雁栖湖及周边山水景观资源、巧于因借、精于布局，打造融合于大山大水之间"望山、瞰水、忆乡愁"的生态人文景观。与中外友人共同分享"天人合一"的山水园林盛宴，让世人赞叹自然界的神奇馈赠，同时也领略到中国园林艺术的博大精深。

二、项目概况

根据《北京城市总体规划》，市委、市政府经过审慎选择，于2010年4月决定在文化底蕴丰厚、生态环境优越、区位优势明显和旅游资源丰富的怀柔红螺山市级旅游度假区东区的雁栖湖地区建设雁栖湖生态发展示范区项目，并将其列入市级重大项目，引进绿色通道审批机制加快推进。该项目的实施，对强化首都"为国际交往服务"功能，加快推进首都经济发展方式转变，实现北京建设世界城市战略目标，进一步疏解首都交通压力、调整城市功能布局、推进经济结构合理调整、落实"三个北京"建设等方面，都具有十

分重大的战略意义。

雁栖湖生态发展示范区项目建设，是北京建设中国特色世界城市的重要组成部分。项目完成后，雁栖湖生态发展示范区将成为具有中国文化特色、国际一流水平的会议会展区和生态发展示范区，具备接待G20首脑会议等大型国际会议和开展大型高端商务会展活动的综合性国际会都。

示范区规划范围东起怀丰公路，西至怀柔区雁栖镇镇界及下辛庄、柏崖厂村界，北起雁栖镇柏崖厂村界及中科院用地北边界，南至京通铁路。示范区规划总用地2097.97hm²，其中林地990.21hm²、公共绿地及防护用地543.52hm²、水域249.69hm²、可开发建设用地280.66hm²、道路广场用地33.89hm²。景观绿化工程项目涉及用地面积共计1533.73hm²。

三、设计理念

秉承中国园林"虽由人作，宛自天开"的造园精髓，整合雁栖湖的山水景观资源，以自然山水、乡土风韵为景观特色，发挥本土生态、文化生态的指导思想，打造融合于大山大水之间"望山、瞰水、忆乡愁"的人文生态景观。简洁概括为"山水雁栖"。

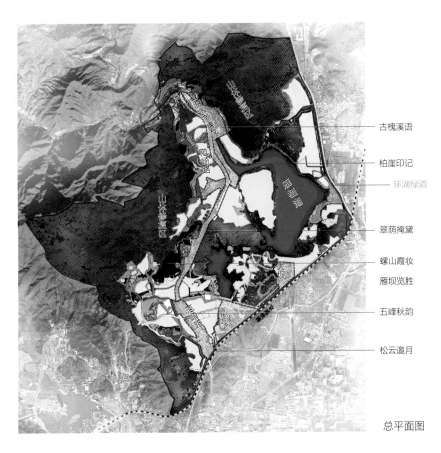

总平面图

迎宾大道实景效果

四、结构布局

雁栖湖生态发展示范区项目总体景观构架概括为"一带、一环、八景",让城市融入大自然,让居民望得见山、看得见水、记得住乡愁;既融入现代元素,又保护和弘扬了传统文化,延续了城市的历史文脉。

(一)"一带"

即西、北部生态山林修复工程,保护原有山林,重点对雁栖湖西侧、北侧山体视线节点进行景观提升和生态修复,建设面积54.4hm²。

(二)"一环八景"

"一环"指雁栖湖西路、雁栖湖南路、雁栖湖北路沿线及雁栖湖东岸环雁栖湖的绿化景观工程,建设面积293.6hm²。自示范区高架出口沿线,整体营造穿山越林的效果,构成了环雁栖湖重要景观环线。串起各个节点的景观,还原雁栖湖原始生态环境,展示地域文化,造就山水相依、绿林环绕的极美景色。打造8个重要景观节点,即"雁栖八景"。

1. 松云邀月——设计、建造者以苍松迎宾为出发点,通过精心配置,将造型各异的油松组合成颇具韵味的松峰、松谷,与蓝天白云交相辉映,形成一幅壮丽的画面,保留的一潭池水倒映天上的月亮,寓意欢迎五湖四海宾客。

2. 五峰秋韵——意在营造深秋色叶、果实累累、花朵飘香的"林海"景观。于景观带端头设节点,由奇峰异石造景,打造富有雕塑意味的精致山石景观。进而穿越茂林花境,体味穿越感。

3. 翠荫掩黛——营造了道路穿越树林的效果,林木疏密相间,透过树干间隙,看到盛开的花木和水墨画卷。

4. 古槐溪语——以场地内原村庄遗留的痕迹为特色,结合柏崖厂桥头的古槐、雁栖河及借抬头可见的长城,着重突出场地具有的古槐和溪流的特色,形成具有野趣的叠台水系景观。将自然山水与人文古迹融汇于一体,使游人如同走入一幅飘逸、动感的写意山水画。

5. 柏崖印记——正如黄恩彤《古槐歌》中写到的"里中俱少黄发翁,谁为此木详甲子",古槐记录着一段村落记忆。景观设计围绕古槐,布置下沉的空间和景观廊架,让游人在此对着古槐,静静感悟历史变迁和岁月的流逝。

6. 雁栖畅观——位于东岸公园的主入口,将主入口、景观雕塑、滨水广场串连成一条通向湖面的景观轴线。坐东朝西,畅观湖面,可将远山近水一览无遗,如画春山、微澜不惊尽收眼底。

7. 雁坝览胜——此景点取《富春山居图》画意,将现状背景山脉、沟壑水渠纳入整体环境设计之中,创造一处坝顶远观天然如画,坝底近赏乐活自然的郊野游憩休闲乐园。

8. 螺山霞妆——红螺山怪石嶙峋,草木葱茏,俨然一幅天然植物园之景。通过改善山体植被的植物季相变化,更加突出春秋两季的植物景观色彩。特别是秋霜到处,霞妆映山,层林尽染。

五、生态措施

植草格栅，位于范崎路分车带内地势较低洼处，与市政雨水涵相连，有着收集雨水、引导排水的功能，植草格栅的运用可以减缓水流速度、防止水土流失。

集水旱溪景观，位于"松云邀月"景点内，可将雨水引导入景点南端的池塘内，可以有效组织"松云邀月"景点内部排水。

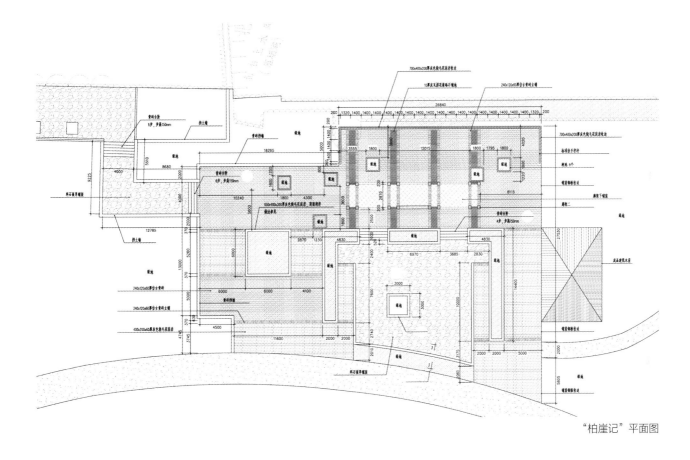

"柏崖记"平面图

翠荫掩黛

黄石崖

五峰秋韵

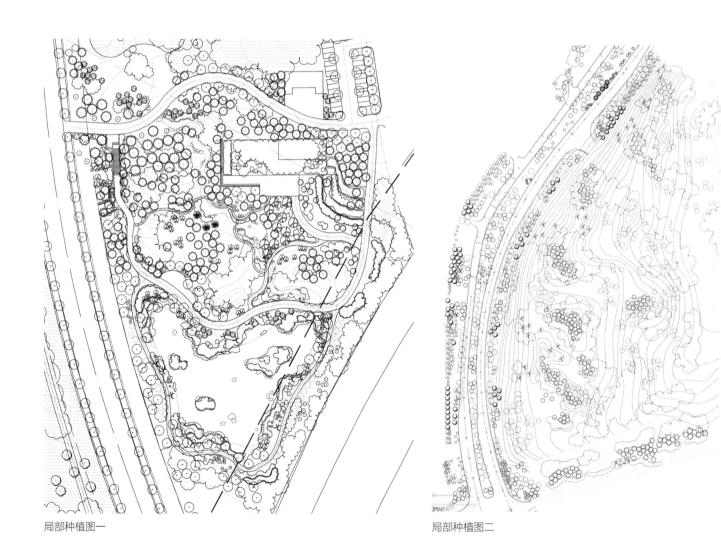

局部种植图一

局部种植图二

雁坝揽胜湿地实景效果

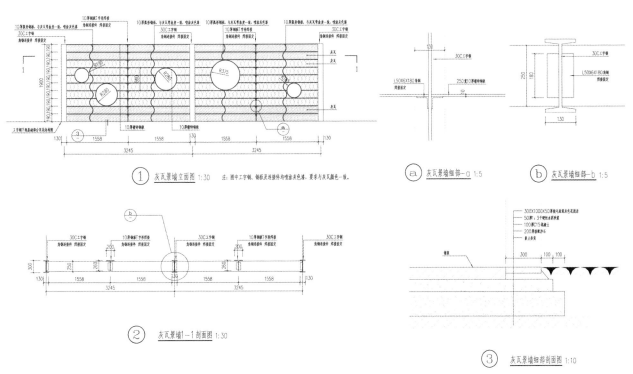

① 灰瓦景墙立面图 1:30　注：图中工字钢、钢板及连接件均喷涂灰色漆，要求与灰瓦颜色一致。

ⓐ 灰瓦景墙细部-a 1:5

ⓑ 灰瓦景墙细部-b 1:5

② 灰瓦景墙1—1剖面图 1:30

③ 灰瓦景墙细部剖面图 1:10

记忆花圃景墙详图

植草隔栅

生态旱溪

就地取材的挡土墙

山体生态修复实景

范崎路湖区段实景

六、社会反响

项目自启动以来，就受到了中央及市区领导的高度重视。2014年APEC会议开幕之际，它正式向世界各国首脑及社会大众揭开了神秘的面纱。届时，与会的中央领导和各国首脑对雁栖湖生态发展示范区的景观环境给予了高度的赞赏。同时，园林业内专家和参与报道的电视媒体、报纸媒体、网络媒体等也对此次设计给予了一致的好评。

会议结束后，雁栖湖生态发展示范区已向社会大众开放。每逢周末或节假日，这里的游客便络绎不绝，

核心入口

乡野气息的雁栖河

已然成为了百姓喜爱的京郊游览区之一。

　　这里的自然生态环境优美如画，这里的人文气质古朴耐人寻味。人们也有理由相信，在北京建设"世界城市"的进程中，雁栖湖生态发展示范区必将成为新的地标性人文生态景观。

设计单位：北京市园林古建设计研究院有限公司

项目负责人：朱志红

主要设计人：

李松梅　郭泉林　李林　王晨　李海涛

张颖　刘杏服　李科　程铭　郭祥

岳玉芬　崔佳颖　刘晶

参加人员：

李芳颖　傅松涛　穆西联　马力安

张铮

一、项目概况

项目位于北京市玉渊潭公园东北部,由两部分组成,湿地山水园景区和鱼跃泉鸣景区,总占地面积53247m²,其中水面面积约7000m²。

玉渊潭公园是北京市核心区内水域面积最大的公园,位于交通便利的海淀区,总占地面积约136.69hm²,其中水面约61hm²,多年来形成了以樱花为特色植物景观的公园。目前公园主要景区由西部樱花园、东北部景区、南部的中山岛、东面的留春园等组成。这里水阔山长,得天独厚的环境和近代较少的大规模建设历史,成就了山上杨槐林立、水岸垂柳依依、湖边水草茂盛的自然野趣风格。

项目把13hm²的东北部景区规划成北门区、春之山、樱花漫园、同春园和湿地山水园5个功能区。湿地山水园位于景区的东段,利用原有鱼塘改造而成,湿地山水园西半部工程由2010年初开始第一阶段设计,自2010年中开始施工,由于地铁占地及受资金限制,分为多期设计施工,直至2014年中期施工基本完成,历时4年左右。

二、设计理念

设计过程中充分利用和保留现状树木、地形以及部分构筑物,并在此基础上进行改造和提升。

1. 营造京味新园林的文化意境,利用多层次的植物及园林小品塑造空间的开合变化,体现舒朗、大气、静雅的园林意境。

2. 传统园林建筑题材的现代

总平面图

溪流汀步

湖边平台

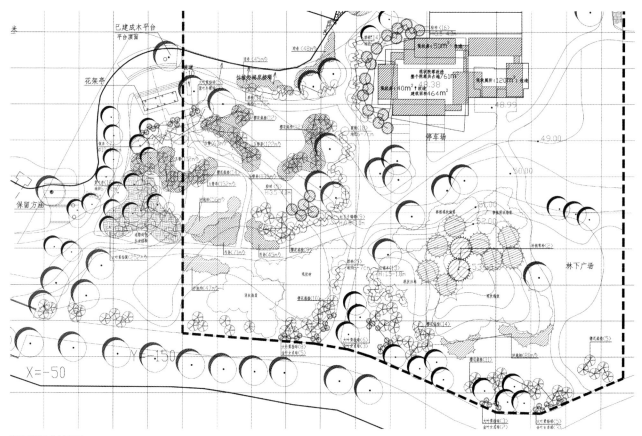

落英洗春种植图

化，为现代园林的功能服务，同时又体现深厚的文化内涵。

3. 突出植物造景及其生态效益。

4. 用有限的资金创造适宜的园林景观，不奢靡，不浮华。

三、主要景点介绍

（一）落樱洗春

以起伏的微地形环抱赏樱草坪和柳荫广场，同时与东湖北岸的主路形成空间分隔，增加花园的进深感。种植樱花、碧桃、海棠等春景植物，春天时漫天的花瓣飘落，故名"落樱洗春"。

（二）不系舟

不系舟语出《庄子·列御寇》："饱食而遨游，泛若不系之舟，虚而遨游者也。"意指不拴缆绳之船，逍

逍遥不系舟

遥自在，令人神往。

不系舟是湿地山水园点睛之笔的园林建筑，提升了公园的文化品位和景观价值。从整个东北部景区来看，

不系舟正处于东端的底景位置，一物成景，同时立于舟上，引水湖景清切，树木葱郁，远眺中央电视塔，可构成生动山水画面。

不系舟在小湖东端，是一处精致且有深厚文化内涵的小景。船体大小为10m长，3.5m宽，尺度适合湖面的大小。舟体离岸，用山石汀步相连，总图上稍倾斜临近的岸边一定角度，仿佛箭已上弦，船已满载，有时刻准备出发的动势。其创意为船尾登船，船头观景更无阻碍，蓄势待发之意明确。

船身青石，通体高雅而洒脱，其身姿倒映水中，更显得纤丽而雅洁。立于船头，西望湖景，北看水源，景深悠悠，怡然自得。

（三）琴弹夜奏

利用现有渠道，理水叠石，好似水源无尽而来，湖石峰壁，绿草滋长，一峰突兀，周围保留的现状大树浓荫，伴着潺潺的流水，树下茶室上陈弦琴，古书茶盏，"瑶琴一曲来熏风"。

（四）鱼跃泉鸣景区

是樱花东园的核心景区。由于历史上玉渊潭曾是皇上垂钓的地方，故把垂钓赏鱼文化作为切入点，设计鱼跃鸢飞、泉水顺溪而流的幽深意境，水中放养锦鲤等观赏垂钓鱼种，岸边山石错落，垂柳依依，草地上春花怒放，竹石相应。

本景区结合现状西高东低的特点，使水面形成4处跌水瀑布，水面

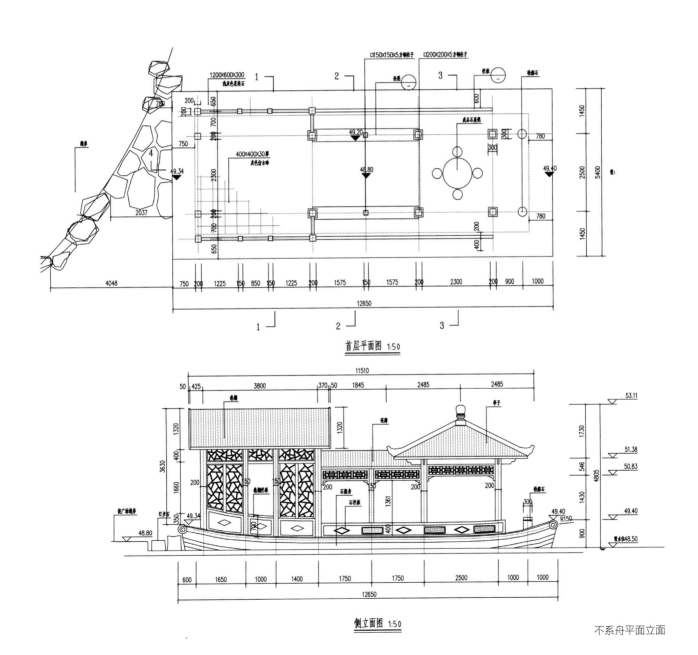

首层平面图 1:50

侧立面图 1:50

不系舟平面立面

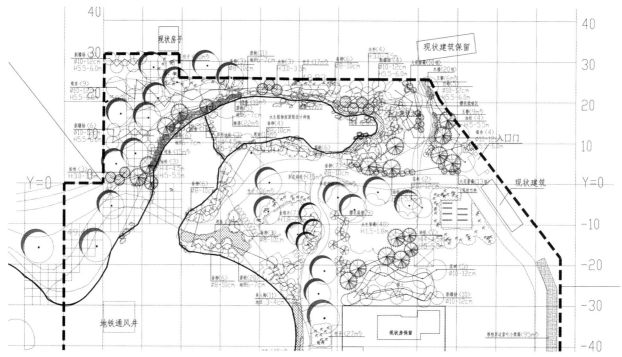

琴弹夜奏种植图

有开有合，水生植物错落搭配，山石有密有舒，地形有高有低，并运用中国传统园林的设计手法，以水面为中心，设计各色植株，做到步移景异。以雪松担任中轴线旁的主角，配以常绿的油松、桧柏等，和春天盛开的樱花、碧桃、海棠、丁香等相映成趣，盛夏有荷花怒放，秋色有金枝国槐、银杏等点缀，四季皆有景。

四、作为城市湿地的作用

　　项目为北京市打造城市核心区内的第一个城市湿地公园，对于疏解北京市区非核心功能起到示范作用。玉渊潭东北部城市湿地公园是依照《北京湿地公园规划设计导则》进行规划设计的，通过对湿地公园所在地的自然、社会和经济条件的综合考察，确定该湿地公园的范围、规模和性质，科学规划功能分区，合理利用湿地资源，明确保护与恢复措施，设置必备的科普宣教设施，科学指导湿地公园的建设管理，最大限度地发挥湿地在生态和环境改善、科普教育与休闲娱乐等方面的作用，以实现湿地保护和利用的和谐统一。

设计单位：北京创新景观园林设计公司
项目负责人：张雪梅
主要设计人：张雪梅　侯晓丽　赵静

意境山水

一、项目概况

三山五园绿道是北京市建成的首个市级绿道，东起清华人学西门，西至西山森林公园东门，北到万泉河支线河道南侧巡河道，南至长春健身园。设计总长度36.09km，建设面积为62.8hm²。本项目自2012年10月开始进行设计，2014年3月竣工并交付使用。

三山五园地区是指北京西郊清代皇家园林历史文化保护区，是我国现存皇家园林的精华，如今已经成为我国高端人才的聚集地、世界知名文化旅游目的地，是中国文化面向世界的重要窗口。三山五园绿道规划设计范围覆盖了26km²，附近可与地铁10号线、4号线连接，与香山观光轻轨多处接驳。

三山五园绿道堪称是串连历史名园、景点最多的绿道，串连了香山公园、北京植物园、颐和园、圆明园、西山森林公园等大型历史名园和海淀公园、玉东公园、北坞公园、丹青圃公园等郊野休闲公园，以及清华大学、北京大学等高等学府，以及众多休闲娱乐设施和农业观光等绿色产业。

二、设计思路和理念

三山五园绿道设计理念依托千年京城皇家园林资源，将历史文化融入日常生活，形成"联珠海淀，更现菁华"的风貌。用绿道唤醒潜在的风景，所经之处古迹名胜、历史名园如画卷徐徐展开，释放活力，使绿色空间再焕生机。

绿道以现有道路、公园、河道为依托，形成具有自然和文化特色的城市绿道网的雏形，为居民提供健康的休闲方式，促进区域旅游发展和资源利用，提升土地价值。建设为全市人民服务，具有市级示范作用的绿色廊道和慢行系统，来连接开放空间与绿地系统、学校、商业及社区设施等。

三、绿道路线结构

按照绿道的整体走势和布局，形成一线、三环、四延伸的结构：

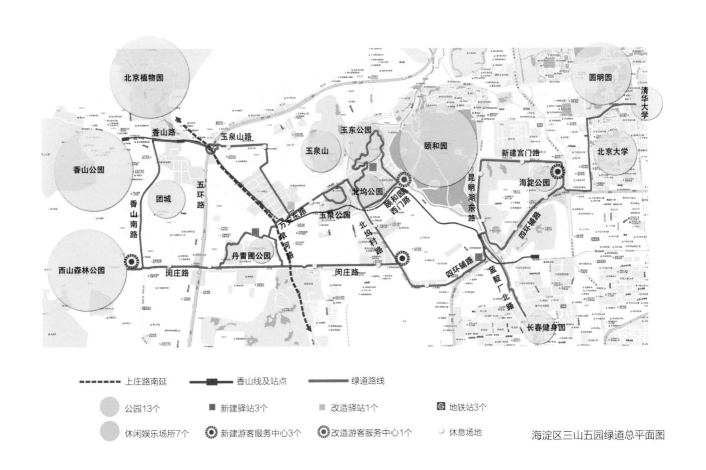

海淀区三山五园绿道总平面图

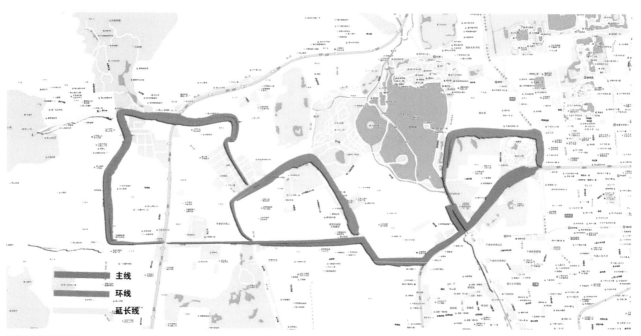

绿道路线结构图

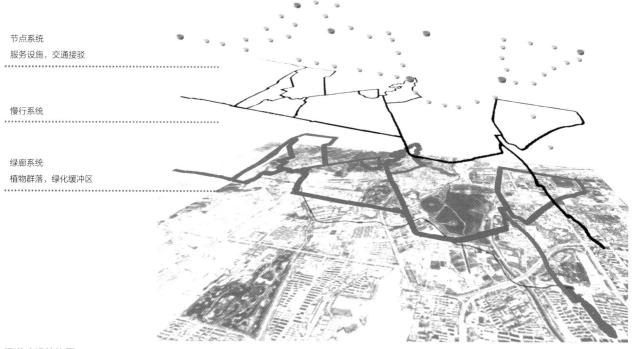

节点系统
服务设施，交通接驳

慢行系统

绿廊系统
植物群落，绿化缓冲区

绿道建设结构图

（一）一线

绿道内沿四环辅路、北坞村路至闵庄路形成连贯的由东向西的轴线。

（二）三环

一环为环海淀公园和六郎庄，二环为环玉东郊野公园和丹青圃公园，三环为环香山采集基地及西山东麓，各环分别与一线连通，形成完成的体系。

（三）四延伸

延伸线分别延伸至香山东口、西山森林公园、清华西门以及沿昆玉河至长春健身园，拓展了绿道的建设影响和功能延展。

四、绿道建设结构

三山五园绿道结构主要包含绿廊系统、慢行系统、结点系统3部分。

绿廊系统为绿道植物群落的营造

和绿化缓冲区的建设；慢行系统为绿道道路主体，面层采用故宫红彩色沥青，方便骑行、步行使用；结点系统包含服务设施点、交通接驳点、临时休息点。

五、设计创新要点

1. 发扬北京皇家园林文化特色，创造性地提出"三山五园"主题，奠定绿道的文化底蕴。

对北京西郊沿西山到万泉河一带皇家园林及文物等资源进行研究、探索，通过实地考察和资料整理，将绿道名称定为"海淀区三山五园绿道"，利用绿道的方式提升了三山五园区域的知名度和利用率。

2. 排除困难、认真分析，创造性地整合、协调多个部门和委办局，形成贯通、连续，同时满足观景和健身需求的综合绿地系统。

由于绿道长度较长，建设涉及范围较大，周边环境复杂，用地类型多样，因此在设计过程中与水利、交通、市区两级规划、国土等部门合作交流，探索式地解决多项问题，结合项目所在地的实际情况，制定出一系列与绿道通行、与市政道路结合、与水利设施交融的设计原则和方法。

3. 利用绿道所经环境的不同，在不同路段设置相应的绿道景观、活动设施和接驳方式，为居民提供多样的健康休闲方式。同时合理设置绿道走向，减少对现有绿地的干扰，充分利用好现状乔灌木等植被。

在林地条件较好、植被数量较多的区域，设置为林地休闲运动的主题；途经颐和园段，设置为历史名园引导主题；串连公园段，设置为公园体验主题；串连香山采集基地段，设置为田园乐采主题；昆玉河沿岸的步行绿道，以临水景观为主，设置为沿河体验主题。

4. 将"海绵城市"、低影响开发等新技术理念用于绿道实践过程，探索科学的规划设计形式。绿道沿线绿地中充分考虑周边排水雨水利用的形式，沿线利用地形设计了低洼型绿地、生物滞留区、植草沟和自然石路面。

5. 安装了28套有害生物远程实时监控设备，对虫害实现按品种、按地段的远程监测、警报，提高病虫害防治效率。与北京市园林科学院合作开展自然状态下的生物防治、新品种栽植、防尘减噪等实地科学实验。

海淀区三山五园绿道成为北京绿道建设的示范段和探索先锋，作为北京市最早建成的市级绿道，建立了一套完整的设计建设方法，成为北京绿道建设的范本。

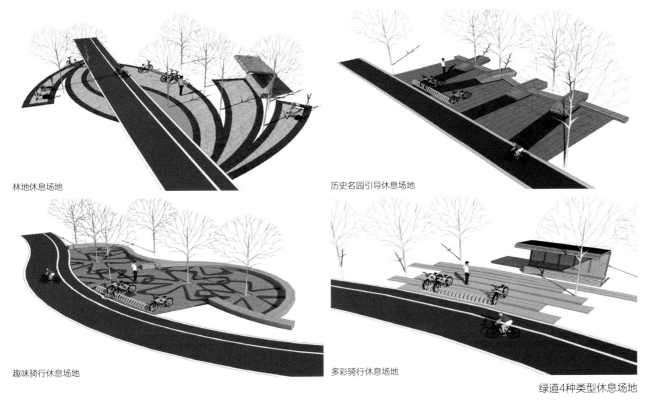

林地休息场地

历史名园引导休息场地

趣味骑行休息场地

多彩骑行休息场地

绿道4种类型休息场地

海淀公园游客中心实景

北坞村路游客中心实景

绿道沿线呼应香山风貌，以多种彩叶植物搭配

绿道沿线设置不同形式的休息场地

绿道沿线设置多处透景线，借景三山五园景观

设计单位：北京北林地景园林规划设计院有限责任公司

项目负责人：张璐

主要设计人员：麻广睿　赵睿　项飞　王斌　李凌波

48. 雁栖湖公园改造

2014 年度北京园林优秀设计二等奖

一、项目概况

位于雁栖湖东岸的雁栖湖公园是为保障北京召开APEC会议而进行的环境整治系列工程之一。改造前公园内游乐设施过多、设备老化、游乐项目无法满足当前使用需求等问题日益突出，亟须借此机遇升级改造。本次改造总面积19.83hm²，包括南部山体段和北部堤坝段两部分。

二、设计理念及特色

园内现状高差大、地形复杂，本次改造以形成多层次丰富的滨水景观空间为特色；以完善公园基础设施，提升游客游园舒适性为主要目的。在该项目改造中，既要为游客游览、观景、休憩创造绿色的林荫环境，还需兼顾公园管理方对已有游乐设施项目进行经营的复合需求。

（一）满足复合型绿地的空间需求

1. 梳理活动空间

本次改造中，重新梳理出活动、休憩、游赏等空间序列，拆除攀岩、射击等设置不合理、阻碍观赏湖景视线的娱乐项目，同时保留诸如游艇、海盗船等经营项目。

2. 还原林下空间

拆除的部分游乐场多还原成绿化空间或者林下铺装空间。提升公园的绿化效果，从单纯增加绿化面积着手，转向增加游人能够使用的林荫看台、绿荫阶梯、林荫滨水栈道、林荫登山道等绿色空间，提升林荫活动空间的数量与质量。

3. 无障碍改造

改造建设中特别设置了无障碍游览路线，以串联公园的主要景区、景点。其他重要的服务设施或场所如停车场、主广场、观景平台、主要服务建筑均作了无障碍设计或改造，以满足公园升级为国家5A级旅游景区的要求。

（二）因借自然山水

雁栖湖公园的水景、山景是其独具特色之处，保留其特有的山景、水景观赏点成为公园改造中着重考虑的因素。通过观景平台的设置，打通透视线，借景山水，形成山水景观画面和景观内涵，引发对自然山水的共鸣。

沿驳岸铺设的亲水栈道

湖滨观景平台

木栈道边的流水景墙

湖岸边的玉兰水庭

阶梯式观景台阶

林荫剧场

1. 借景湖滨

通过打造步行湖滨岸线，设置亲水步道系统，串联游船码头、观景平台、木栈道等设施，不仅解决了湖滨立体游览的问题，也最大限度地保留了从公园水岸观赏湖景和远眺西部山景的视线或视点。

2. 借景山林

在北部山林地段，保留原有山顶景亭，修缮后重新彩绘，并在活动广场周边布置花架、树池、座椅等休息设施，同时改造登山的小径，新增护栏及木质扶手，将其变成登山木栈道。通过与周边环境呼应，塑造"望得见山、看得见水、记忆得起乡愁"的山水及人文景观。

3. 人性化的场地设计

对原有场地进行改造，为游客提供功能多样的活动场地，注重对场地舒适性的提升。

（三）亲人尺度

为给游客以亲切宜人的感受，避免了大而空的场地。如主入口码头旁的疏林小游园，原是登山缆车所在地，改造后，林荫下设蜿蜒曲折的园路、休息座椅和可供游客支帐篷的野餐平台，成为可游可憩的宜人小空间。

1. 利用现状地形

创造具有高差的趣味性场地和景观，林荫大台阶保留了原有的观景平台，是远眺雁栖湖和远山的观赏点。平台与滨湖园路之间山坡则以各层阶梯式挡墙分隔，台地栽植草坪及花卉，营造简洁、舒朗的氛围。林荫剧场则利用原有的地形，形成半围合的活动场所，既可供游客演出、交谈，也是休息、观赏雁栖湖山水美景的观景点。

2. 材料多样化

园内设多种活动广场，创造多种空间体验。主入口广场采用花岗石铺装，给人以简洁、大气的感受。儿童活动场采用彩色塑胶地面，色彩丰富、艳丽，符合儿童天真活泼的性格，而且可以避免儿童在玩耍过程中受伤。亲水栈道和林荫剧场均采用木质铺装，给人以亲近自然的景观感受。

设计单位：北京市园林古建设计研究院有限公司
项目负责人：杨乐
主要设计人员：
龚武　张东伟　孟祥川　刘晶　白寅
徐莉　孙琳　陈小玲　赵辉　穆希廉

五彩缤纷的游戏场配色

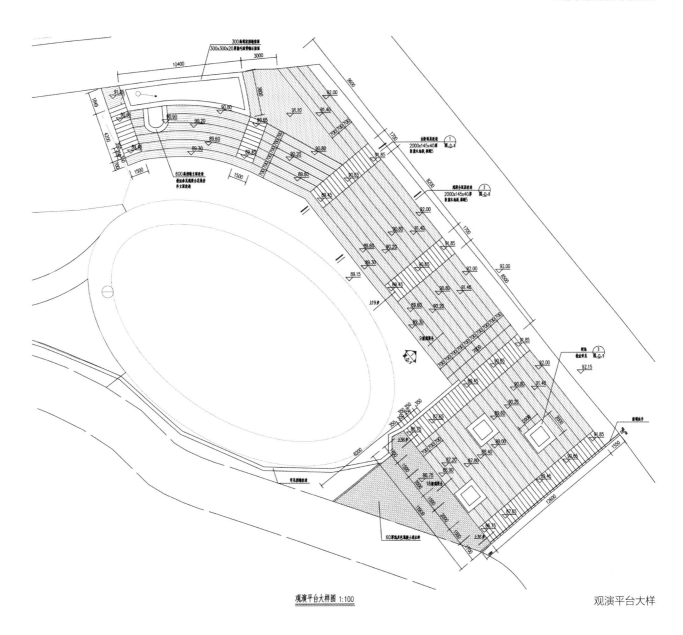

观演平台大样图 1:100

观演平台大样

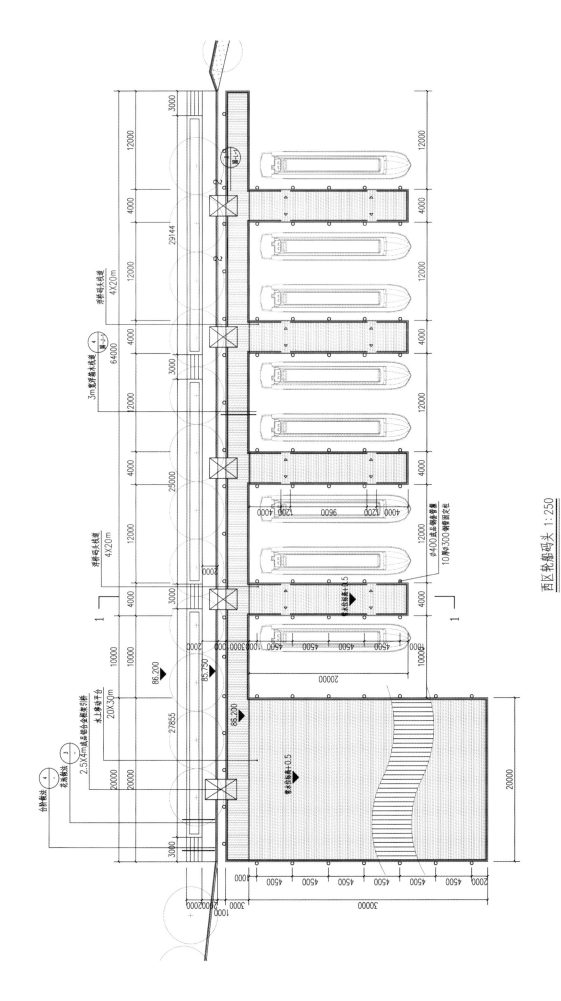

西区轮船码头 1:250

西区码头平面图

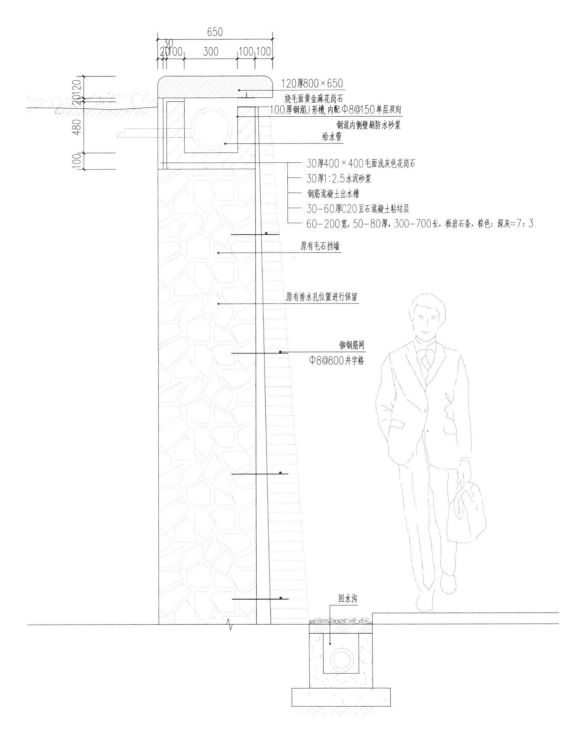

650

30
20100 300 100100

120厚800×650
烧毛面黄金麻花岗石
100厚钢混U形槽,内配Φ8@150单层双向
钢混内侧壁刷防水砂浆
给水管

30厚400×400毛面浅灰色花岗石
30厚1:2.5水泥砂浆
钢筋混凝土出水槽
30-60厚C20豆石混凝土粘结层
60-200宽,50-80厚,300-700长,板岩石条,棕色:深灰=7:3

原有毛石挡墙

原有排水孔位置进行保留

铆钢筋网
Φ8@800井字格

回水沟

水景景墙做法图 1:15

流水景墙做法图

49. 望和公园北园

2014年度北京园林优秀设计二等奖

一、项目概况

望和公园北园位于北京市朝阳区望京西北侧，规划用地东至河荫西路，西至京承高速，南至湖光中街，北至北小河，东西约长180m，南北约长630m，规划总面积16.1hm²，其中水面9832m²，陆地面积151244m²。

二、项目区位背景

按照初期望京的城市规划功能划分，以北小河为界，由南北两大部分组成。北小河南侧统称为"望京新城"，是以核心区公共设施为中心、以居住为主的综合区，这也是狭义上

"望京"的由来。北小河北侧为"望京科技产业园区"，后来形成东湖街道的主体。发展到今天，望京大致可分为4个各有侧重、各具特色的区块，即"东商西住，南教北科"。

三、设计理念和原则

望和公园北园西至京承高速，北至北小河，东至河荫西路，南至湖光中街。该地块有南湖西里、花家地西里等居住区，周边辐射范围内用地性质以居住区、绿地和教育用地为主。因此本项目将结合青少年、儿童等使用人群，综合地块位置和周边关系，

定位为城市休闲公园。针对周边居民，安排针对不同年龄段不同需求的精细化内容，有针对儿童活动的数字认知园、儿童游戏区，有针对老年人活动的摄影花园、健康步道，有针对其他人群活动的亲水步道、柳岸长堤景观节点，等等。

其建设意义如下：

1. 提升APEC会议主要通行道路（北四环和京承高速）的绿化景观，完善北京东北部楔形绿带。

2. 通过与周边原有公园连接，形成"望京绿道公园环"，完善望京区域的公园绿地格局，形成望京地区

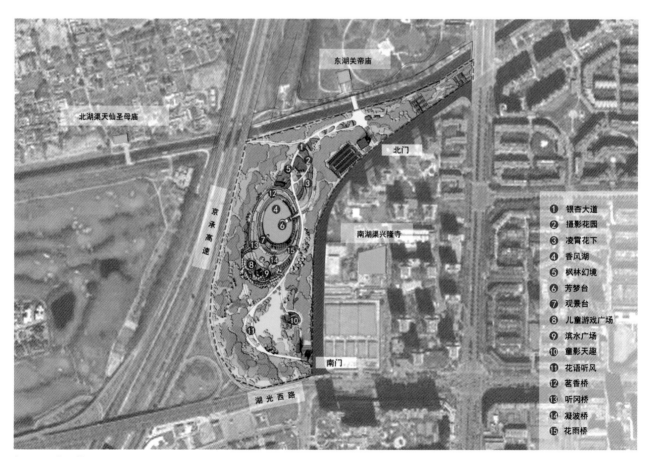

① 银杏大道
② 摄影花园
③ 凌霄花下
④ 香风湖
⑤ 枫林幻境
⑥ 芳梦台
⑦ 观景台
⑧ 儿童游戏广场
⑨ 滨水广场
⑩ 童影天趣
⑪ 花语听风
⑫ 茗香桥
⑬ 听风桥
⑭ 凝波桥
⑮ 花雨桥

望和公园北园总平面图

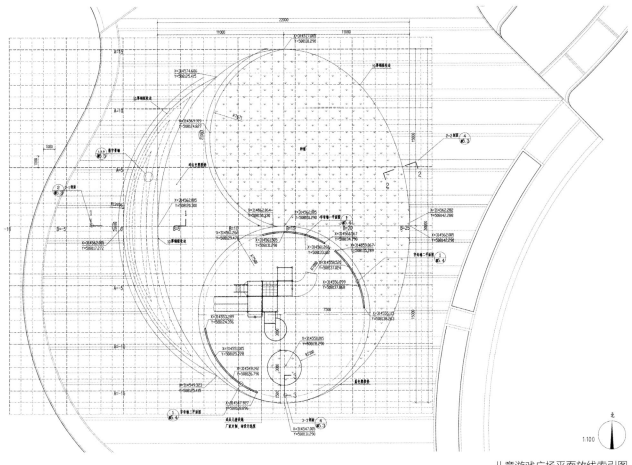

儿童游戏广场平面放线索引图

1:100

的公园慢行系统。

3. 打造最贴近市民服务的城市休闲公园。

四、设计依据和要求

1.《北京城市总体规划（2004～2020）》。

2.《北京市绿地系统规划》（2002-2020）。

3.《北京市绿化条例》。

4.《城市绿化规划建设指标的规定》。

5.《城市绿地设计规范》GB50420-2007。

6.《北京市公园条例》。

7.《公园设计规范》CJJ 48-92。

8.《北京市园林绿化局"十二五"时期发展规划》。

9.《朝阳区"十二五"时期园林绿化发展规划》。

2014年7月25日，北京市发展和改革委员会批准了望和公园项目的实施方案。公园的建设将改善区域生态环境，服务APEC景观会议需求，为市民提供良好的休闲活动空间。

五、景观设计要点

公园总体规划分为"三区两环"。"三区"由南向北分布，分别为数字花园区、香风湖景区、园艺摄影景区。"两环"是市民健身步道，分别为位于数字花园区的健身步道和

位于香风湖景区的柳岸长堤。

1. 数字花园区以公园南区圆形大草坪为中心，环绕着300m长的胶垫健身步道。包括林荫广场、数字花园、雨水花园3个景区，形成了用于健身、休憩的景观组团。

2. 香风湖景区位于公园中心区域，沿湖有约320m长的柳岸长堤，有芳梦台、香风湖、滨水广场和儿童游戏景区，打造了多个特点鲜明的集中场地，为不同年龄的市民提供游赏和活动场地。

3. 园艺摄影景区南起香风湖，北至公园北门，包括摄影花园、银杏大道、枫林幻境和凌霄花下4个景观节点。在此景观组团中，每个花园更

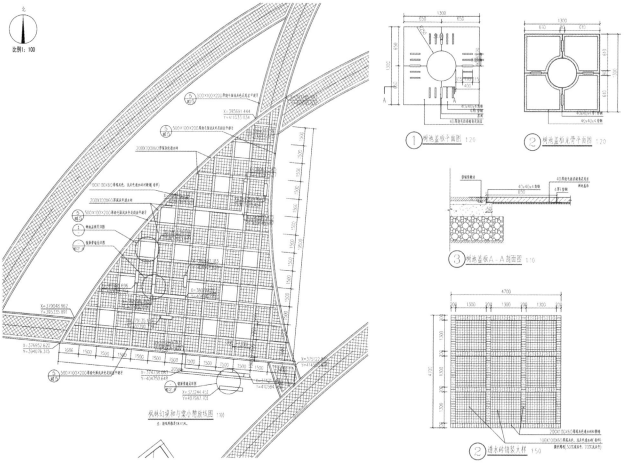

枫林幻镜广场详图

注重设计特色的植物配置组团，强调种植区道路场地的交错互动，形成多个不同的体验空间，展现自然靓丽的多种景观色彩。

六、雨水收集与利用设计

（一）雨水收集与利用设计原则

1. 生态性原则

建立以生态途径为主的水管理系统，与公园生态系统相融合。

2. 经济性原则

采用投资小、维护费用低、便于管理，对场地状况应对灵活的水收集系统。

3. 美观性原则

因地制宜，注重雨水收集利用系统的外观与整体景观的协调，美观与实用兼备。

（二）水收集与利用设施

1. 陶粒滞水区。

2. 渗水井。

3. 表流湿地和湖。

4. 透水铺装。

七、种植设计

保留现状树木，移栽部分现状树，补种相应数量的苗木，局部节点做重点栽植。在塑造公园整体植物群落和空间场地的同时，通过本地区常见树种和宿根花卉的运用，结合景观特点进行配植，形成具有明显特色的植物景观。

种植设计时考虑秋色叶的植物效果，多选择秋色叶树种，形成彩叶林带，营建"高大密厚"的绿色屏障，突出道路两侧的秋季景观效果。具体通过"管添补增"四大措施，补齐缺损树木，遮挡不良景观、增加彩叶组团，点亮道路景观效果。

设计单位：北京市园林古建设计研究院有限公司

项目负责人：严伟

主要设计人员：

孙娇　王欣研　张璐　赵波涛　王贤

耿晓甫　王欣　王长爱　杨斐　张霁

汪静　郝小强　邵娜　李想　曹悦

刘一婕　肖守庆　殷际松　王堃

季宽宇　狄杰

芳梦台　　　　　　　　　　　　　　　　　　　　香风湖

香风湖

香风湖步道

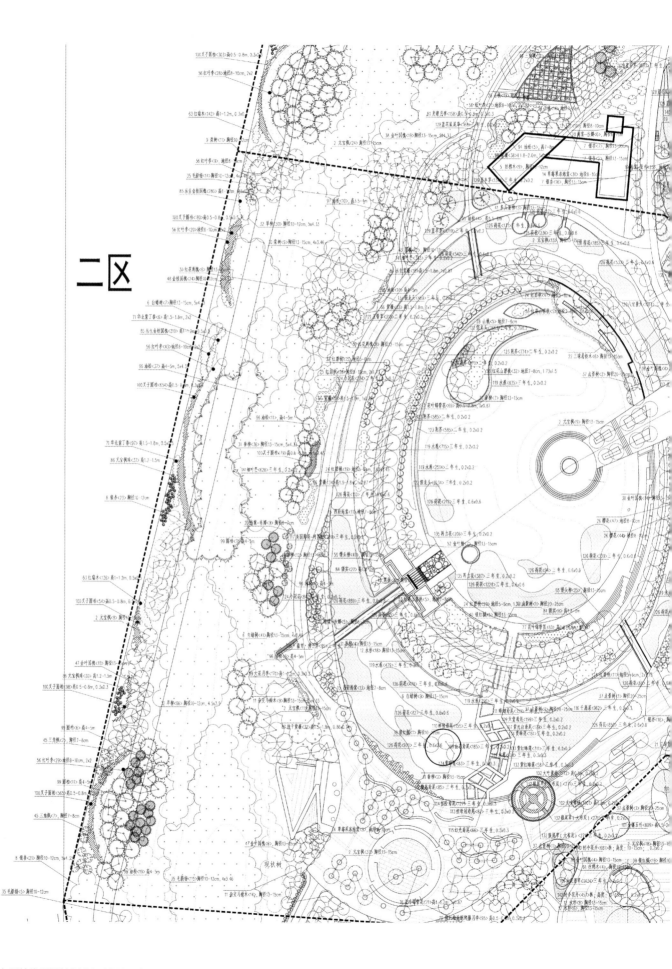

二区

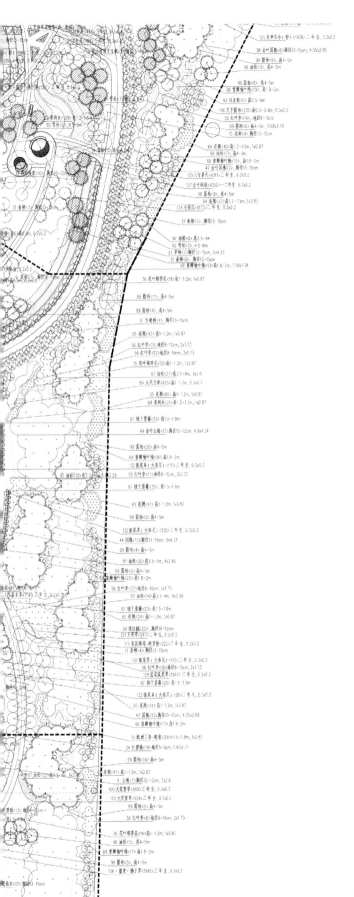

二区种植设计图

三区一

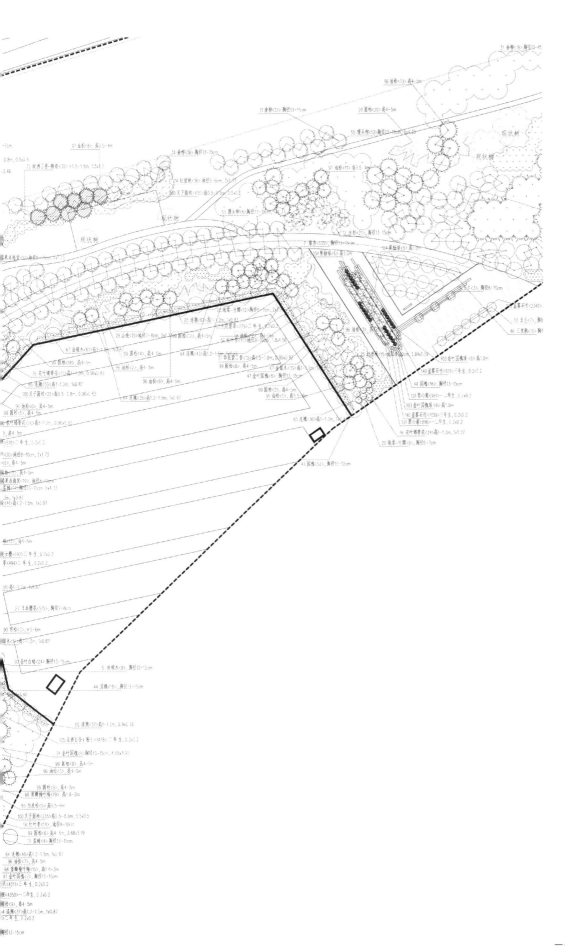

三区种植设计图

50. 北极寺公园

2014 年度北京园林优秀设计二等奖

一、项目背景

北极寺公园位于海淀区京藏高速与四环路西南角，呈楔形，东西短，南北长，占地约4.7hm²，用地内包含1hm²建设预留地，在此次设计中暂时按照绿地考虑。设计前是一片种满小树，但又没人管理、长满杂草的荒凉绿地。2007年海淀区市政服务中心和中国农业大学园林生态与种植设计学研究室共同完成了《城市绿岛及其评价指标的研究报告》，因此海淀区园林局希望将这块绿地做成一个具有生态效益的城市绿岛。

二、现状分析

现状的东边和北侧为快速路，南侧为商务酒店，西侧紧邻居住区；平时有少量的周边居民来遛狗、遛鸟、林下锻炼；现场地面上有现状树，大部分是刚刚栽植2年的干径6~7cm的树木，还有一些为干径20cm以上的大树，可以保留利用，场地北侧临近四环路的是专为奥运种植的树木，配置及生长都良好，设计保留作为街景绿化。现状土层主要为建筑渣土，需移除更换。

三、设计原则

北极寺绿地设计，以绿岛建设为理念，整体以植物造景为主，打造合理的配置模式，将生态之自然态与园林之人工结合起来，创造满足生态理念，又适宜人游憩的园林空间，为种植设计提供成功范例，成为展示基地。体现节约型园林的特征，结合

北极寺总平面图

"碳汇"理念，营造结构合理、景观多样的植物岛。

景观多样性以多样的空间体验及多样的种植形式得以体现。园区采用微地形组织空间，形成山岗、山谷、阴坡、阳坡、洼地、缓坡等多种空间，为植物多样性提供环境前提。

以北京地区的乡土树种为背景，精细种植最新引进的适宜北京城市环境的新优植物的园艺种为前景，形成城市

公园景观，同时实现了低成本养护与精细型养护相结合的后期养护方式。

选用多元化的植物材料，通过不同的搭配手法，创造多层次、景观多样的园林景观，园内植物约有200种（品种），是城市中的微型植物园。

绿地分7个景区，分别为木兰花语、竹岛芳舟、芝水荷香、树影碎金、长松映雪、秋实撷香、藤萝蒔光。

园内两处小型广场，设置曲线形

木质廊架；休息设施沿道路而设置，为弧线形木质长坐凳、弧线形石质花池坐凳，其自然性曲线旨在体现与自然的有机结合。铺装采用砂石路、小豆石路面，形成朴野的景致。

园内设置雨水回收系统，雨水通过道路两侧的雨水收集管道进入池中，园中设两个雨水收集池，分布在园区中部和南部，丰水期能形成自然的小型水体景观，枯水期时池底卵石可作为景观的补充。中部雨水收集池设置小品"雨水莲花"，作为雨量监控的标尺，收集到雨水时，"莲花"开放，无水时则花瓣闭合。园内灌溉使用智能灌溉，是精细化养护的范例。

四、设计特色

1. 整体以植物造景为主，搭配、配置多样的植物种植模式。

2. 应用北京的乡土树种及成熟的新品种，采取新的种植方式。

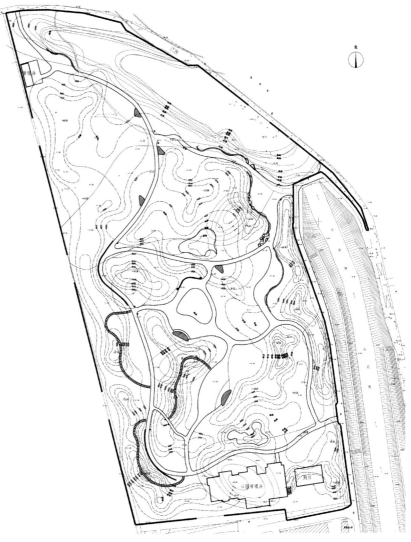

北极寺公园竖向图

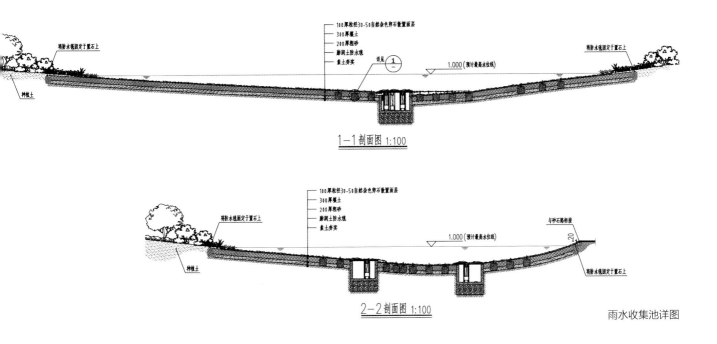

1-1 剖面图 1:100

2-2 剖面图 1:100

雨水收集池详图

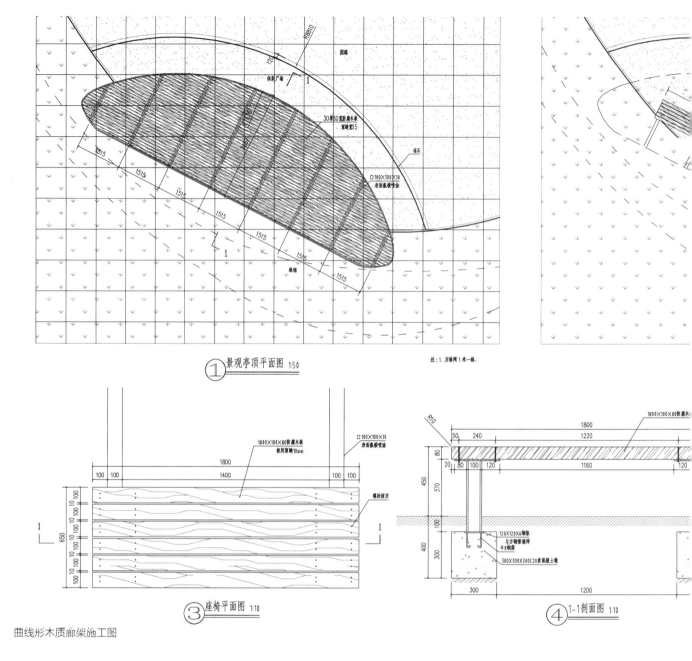

注:1. 方格网1米一格.

① 景观亭顶平面图 1:50

③ 座椅平面图 1:10

④ 1-1剖面图 1:10

曲线彤木质廊架施工图

乡土树种的粗放管理与城市内精细化的局部草坪形成对比,建立适合城市的生态景观

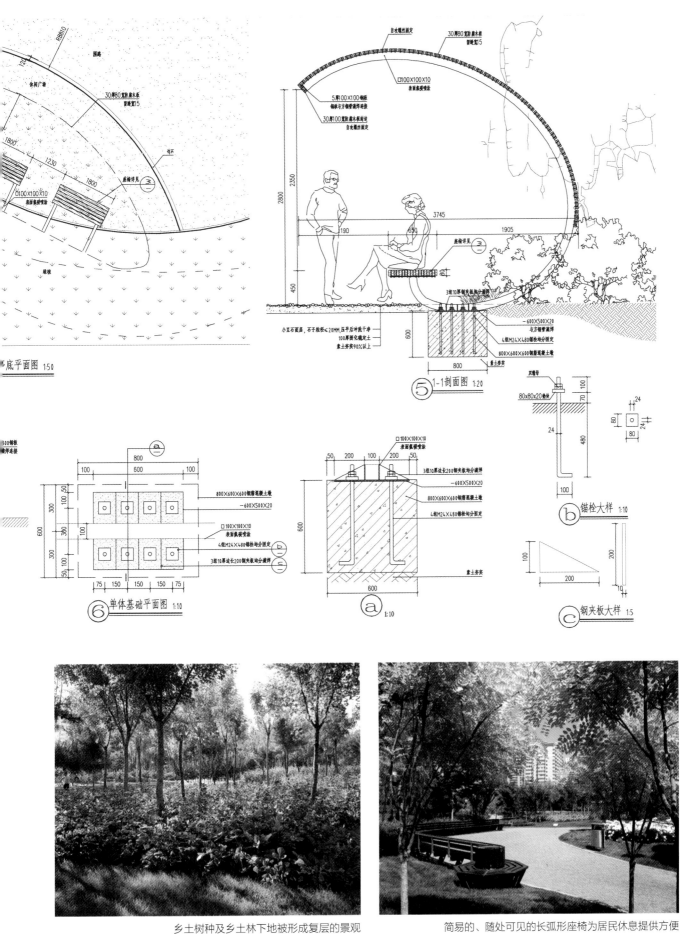

底平面图 1:50

⑤ 1-1剖面图 1:20

ⓑ 锚栓大样 1:10

⑥ 单体基础平面图 1:10

ⓐ 1:10

ⓒ 钢夹板大样 1:5

乡土树种及乡土林下地被形成复层的景观

简易的、随处可见的长弧形座椅为居民休息提供方便

朴野小豆石路面

3．在功能上以游赏为主，减少大面积集中活动场地，以小面积的点状绿地与游赏路线相串连。

4．营造节约型园林、生态园林。

设计单位：北京山水心源景观设计院有限公司

项目负责人：李昕

主要设计人：李昕　丘荣　辛蕊

参与设计人：白野芳　温燕青　姜光雷等

一、项目概况

根据2014年《房山区平原造林总体规划》，拟在青龙湖镇上万村建设3004亩景观生态林，通过与主管单位沟通协商，并根据相关上位规划及用地现状条件，确定了本项目将以桑树为基调树种建设景观生态林，定名为"青龙湖龙桑文化园"。

二、设计目标与定位

本项目依托于平原造林与区域生态环境建设，本着生态优先、自然和谐、兼顾景观、突出特色的原则规模种桑，构建结构合理、稳定健康、景观丰富的景观生态林。本项目在发挥桑林综合抗性强、绿量大、品种丰富的生态优势的同时，充分挖掘桑的文化特质，兼具展示传统农桑文化、桑蚕文化的科普教育功能，提升周边居民居住环境质量，并促进周边农民就业增收，是综合了生态、社会效益的特色游憩型生态桑林。

三、种植规划

在距离村镇、主要道路较远的地区，多采用规则式种植，建设以生态为主导的景观生态林。选用以桑树为主的生态效果好的造林树种，兼用食源和蜜源树种，增加生物多样性。同时增加色叶树，丰富景观生态林的季相变化。在村镇及道路周边等人员易于到达的区域，建设以景观为主导的景观生态林。将块状混交和自然组团相结合，做到三季有花、四季常青、

青龙湖龙桑文化园总平面图

环境优美，满足城乡居民的休闲需求。

四、景观分区

根据对现状条件的综合分析，将建设区域划分为5个景观区。

（一）桑田百态景观区（核心区）

作为本项目建设的核心与全园的门户，集中栽植各品种的桑树，辅以其他观赏效果较好的植物，突出桑林特色。

（二）桑梓乡园景观区

利用桑树、梓树、国槐、山杏、山桃等乡土植物营造质朴的乡村自然景观。

（三）桑林硕果景观区

选取春可观花、秋可观叶观果的造林树种，展现景观生态林的春华秋实。

（四）桑落丹霞景观区

满足景观生态林生态功能的同时，利用红黄色系的秋色叶树种营造金秋美景。

（五）桑荫还碧景观区

利用饲料桑等抗性强的植物对浅山区的矿坑及周边进行生态修复。

五、特色桑林景观

龙桑文化园核心区集中栽植各类品种桑树约935亩，形成独具特色的桑林景观。同时辅以其他景观效果好的造林树种，形成了层次、季相变化丰富的景观生态林。核心区栽植了300多个桑树品种，包括很多近年来新研发的桑树品种，使龙桑文化园成为北京桑品种最全的特色桑专类园。

项目竣工以来，龙桑文化园每年都吸引众多周边居民前去游赏、采摘，充分发挥了桑林的生态价值、社会价值与经济价值，是北京平原造林工程设计的典范。

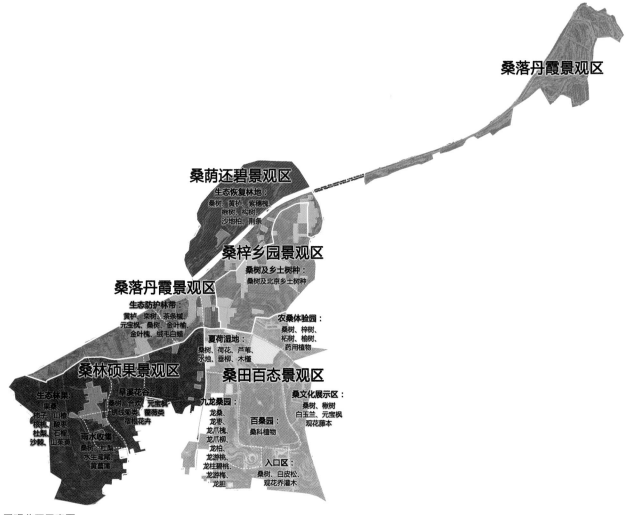

景观分区示意图

核心区新品种桑园

主入口桑林大道

设计单位：北京景观园林设计有限公司

项目负责人：余传琴　白桦琳

主要设计人员：徐璐璐　马凯　李硕　安可

52. 中关村公园

2014 年度北京园林优秀设计三等奖

一、项目概况

中关村公园位于北京市海淀区唐家岭，北邻航天城，南接中关村软件园，东临京新高速，地理位置优越。中关村公园是海淀区平原地区造林工程的重点建设项目，规划面积287.8hm²。自2012年全市平原地区造林工程开始以来，连续3年分期建设，其中一期工程建成面积63.3hm²，二期工程建成面积45hm²，三期工程建设面积50hm²。

二、设计理念与方法

在北京市百万亩平原造林总体要求和公园建设投资限定的前提下，中关村公园以"生态、自然、绿色科技"为规划设计主题，秉承"低维护、近自然、少管理、节约型"设计理念，以"森林基底、林窗斑块、自然步道"构建全园结构，通过地带性植物优选和复层植物群落设计建立近自然林生态系统。公园保留并传承了地域历史文化，融入了自然休闲、运动健身、科普教育等功能，成为北京"百万亩造林"中的新园林，实现了城市绿肺营造和建设节约型园林的目标。

三、创新与特色

（一）设计定位不同于其他城市公园，强调公园的生态性

与一般公园不同，中关村公园的定位为"近自然城市森林公园"，通过地带性植物优选和模拟群落，稳定、自然野趣的复层植物群落，建立近自然林生态系统。公园重点突出地被植物的选择与组合，采用"近自然地被混播模式"，品种选择以宿根花卉为主，兼顾春、夏、秋三季，既能充分覆盖地面，降低雨水径流，也能延长花期，丰富公园植物景观。

中关村公园规划总平面图

风雨廊

芦花秋荡节点

花映金秋节点

（二）提出公园雨水蓄积理念并实施成功，有示范效果

设计以提高雨水天然入渗能力为宗旨，注重与植物、绿地、水体等自然景观相结合。做到汛期公园雨水不外排，雨水在公园内自身蓄积消纳，不进入城市管网，减轻雨洪对城市基础设施的压力。强调雨水的资源性，收集的雨水首先用于回补地下水，多余的雨水可在短期内蓄积于雨水花园，形成湿地景观，丰富公园的景观类型。

（三）通过总体地形设计、分区径流组织、透水材料应用、蓄水湿地等系统的技术措施实现了全园雨洪管控

根据验算及实施情况设计全园竖向，确定合理的坡度、坡长，既有效减小地表径流对土壤的冲刷，又能延缓雨水在地表的停留时间，最大限度地滋润土壤。通过科学分区组织汇水，保证一定的分区汇水面积，营造雨水花园—旱溪—蓄水湿地的分级集水的雨水收集序列，延长暴雨径流汇集时间，减小径流量。全园的道路及广场铺装全部采用透水材料，在较大雨量来临时，可确保路面干燥，避免地表局部积水，雨水通过面层渗透到地下，还原地下水。

（四）公园建设过程注重废弃物的利用，节约成效显著

公园内所有渣土不外运，全部深埋堆筑地形，增加土壤透气性，有利于雨水下渗及植物生长。建设过程中充分利用旧村拆迁遗留的旧砖、瓦片及枯树，作为景观小品的设计元素，节约成效显著。

设计单位：中国城市规划设计研究院
项目负责人：韩炳越　吴雯
主要设计人员：
牛铜钢　郝硕　马浩然　郭榕榕
参加人员：
刘华　张亚楠　高倩倩　蒋莹　舒斌龙
部分照片由北京市海淀区园林绿化局提供

水木临风节点鸟瞰

53. 密云新城滨河森林公园（二期西段二、四、六标段）

2014年度北京园林优秀设计三等奖

一、项目概况

该项目位于北京市密云县潮白河南岸，总面积为49.6hm²，为密云滨河森林公园二期的二、四、六标段。场址设计前现状均为卵石滩，其特点为在滩地上造林，现场地质条件根本无法满足植物生长所需。因此可以说，该项目是针对潮白河故道荒芜卵石滩地进行的低造价的生态修复结合环境设计的实践。

二、设计理念

"建设集地质改造、林地建设、生态修复等多重目的为一体的节约型林地"是项目的设计理念，力求以较低的成本，快速、有效地在生态、景观等不同层面取得良好的修复成果，并对该水源涵养区的生态环境起到积极有效的保护与促进作用。

三、方案设计要点

（一）较短时间内实现稳定的环境体系

在短时期内迅速、有效地形成良性循环、稳定的自然生态环境体系，为该水源涵养区创造积极、稳定的环境体系。

（二）因地制宜，尊重原有地形地貌

利用滩地本身自然高差组织排水，同时针对局部区域内原有低洼地形成集雨坑，大面积区域均随坡就势，现场配合施工进行竖向梳理。

（三）构建结构合理、功能健全并相对稳定的节约型复层植物群落

公园的绿化覆盖率达70%以上，在较短时间内为该区域内的自然良性演替提供了积极的植被条件。同时在设计中有意增加了大量的节水耐旱植物，如醉鱼草、蜀葵、马蔺、胶东卫矛、地锦等。这些节水耐旱植

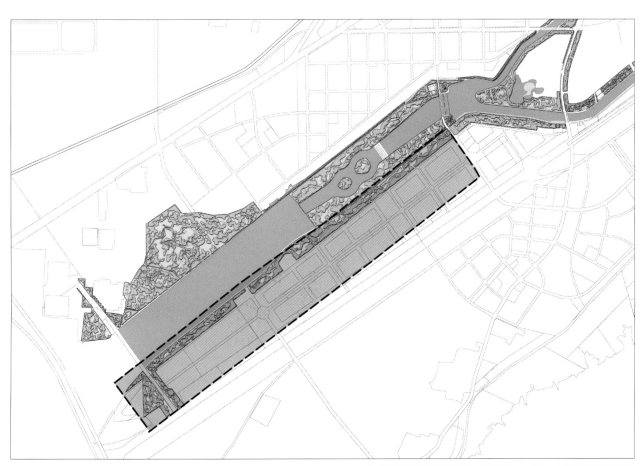

密云新城滨河森林公园（二期西段二、四、六标段）总平面图

合理搭配的植物自然群落

物在180~250mm降水量水平下，每年灌水1~3次即可满足其正常生长发育要求。

大量的固氮植物、菌根植物也在项目中得到大量应用，以达到基质改良的目的，例如豆科蝶形花亚科的刺槐、紫穗槐。其根系发达、根部有根瘤，可以固定空气中的氮气，能够有效改良土壤，并且具有极强的适应性，抗旱耐瘠，造价低廉且生长迅速。

（四）强调材料的循环利用

强调就地取材，尽量将沙坑内部的卵石材料应用于道路垫层与面层、树池挡墙、渗沟铺设之中，有效地降低建设成本，场址内材料得以充分利用的同时，也容易实现朴实自然的设计风格。

（五）开展适当、适量的游人活动

开辟少量的区域作为市民的休闲娱乐空间。而在生态环境极为脆弱的区域，通过有意识的设计减少相应的游人活动。

四、结语

综上所述，本设计为针对潮白河故道荒芜卵石滩地进行的一次生态修复结合环境设计的实践。通过长期的现场勘查及施工现场配合、进行适当合理的地形修整、通过节水耐旱植物的应用、植物群落的合理搭配，最终以较低的成本，快速、有效地在生态、景观等不同层面取得了较好的修复成果，同时对低投入而切实有效的生态修复问题进行了积极的探索。

设计单位：北京北林地景园林规划设计院有限责任公司

项目负责人：李学伟

主要设计人员：

叶丹　钟继涛　杨雪阳　施乃嘉

参加人员：

石丽平　马亚培　朱京山　刘框拯

张冬　樊宸　王秋旸　高宏宇

公园朴野、自然的外貌

简洁的园路体系

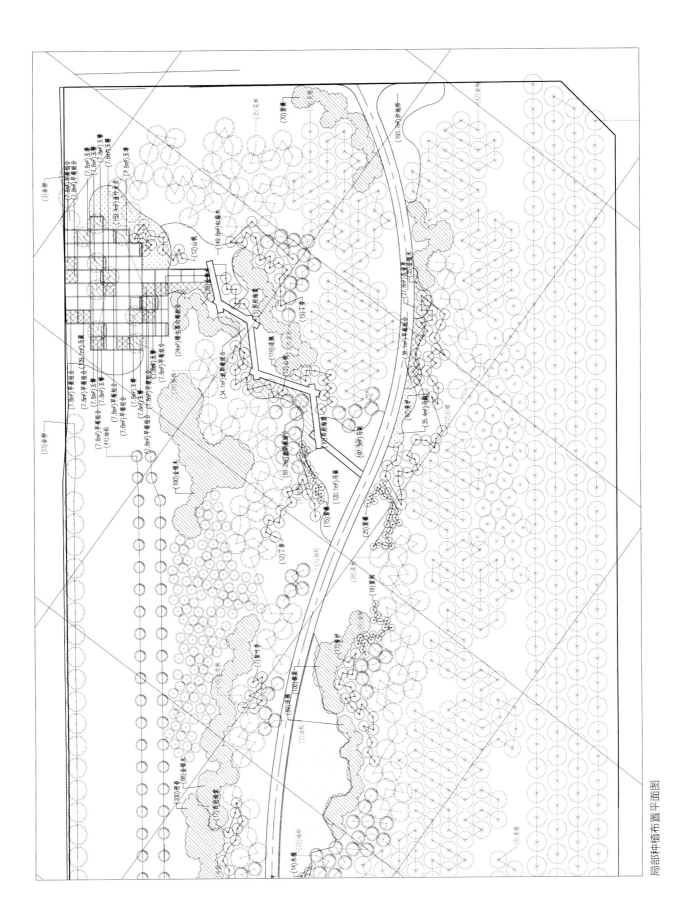

局部种植布置平面图

54. 旺角休闲运动公园

2014年度北京园林优秀设计三等奖

一、项目概况

本项目位于朝阳区双桥朝阳旺角小区北侧，北临通惠河，南邻旺角居住区，为带状绿地，宽约33m，长约415m。设计面积约1.3hm²。

公园设计定位以休闲运动为特色，整合原有运动设施，保留场地记忆，集中考虑改善周边居民的生活与休闲环境，优化地区生态环境。实践证明公园定位准确，功能布局合理。

在公园具体设计上，因地制宜，对现状加以整理。充分利用园内原有高差进行地形营造，给公园构建了很好的绿色环境骨架，平衡场地土方，节省工程造价。在植物的设计上力求层次丰富、风格简洁。突出植物造景，以绿为主，绿地内以大乔木树林为主，充分展现了以人为本、生态优先的造园理念。在建设的过程中应用了许多先进的园林科技成果，使用新造景材料。尊重可持续发展的理念，创造条件使其成为一个能源节约型公园。

二、设计原则

1. 以人为本，体现社会性、实用性。

2. 因地制宜，从现状出发。

3. 生态性与景观效果相结合。

三、设计要点

（一）贯穿全园的弧形塑胶跑道

设计采用弧形塑胶跑道串起两个分散的地块，为游人提供了跑步健走的理想场所。另一条折线形园路穿于林中，与弧形跑道形成环路，其间穿插若干小型活动场地。

（二）无处不在的运动空间

场地在未改造前就有乒乓球及篮球场地，设计从现状出发，合理规划更为合理、系统的运动设施。园中设置健身设施、篮球场、乒乓球场地，并增加儿童活动场地等。场地设置考虑结合日照分析，尽量将活动场地设于日照丰富的区域，满足冬季日照时长。

（三）丰富的植被种植

公园建设丰富了通惠河沿岸绿带景观，使整个地区内绿化环境更趋完善。体现了植物多样性，以乔木为主，乔、灌、花、草结合，速生与慢生、常绿与落叶植物合理搭配，倡导对抗旱、耐寒的宿根、野

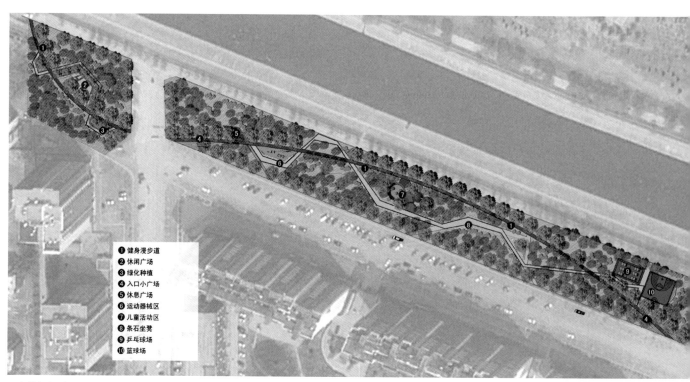

❶ 健身漫步道
❷ 休闲广场
❸ 绿化种植
❹ 入口小广场
❺ 休息广场
❻ 运动器械区
❼ 儿童活动区
❽ 条石坐凳
❾ 乒乓球场
❿ 篮球场

旺角休闲运动公园规划总平面图

健身步道

休憩空间

健身空间

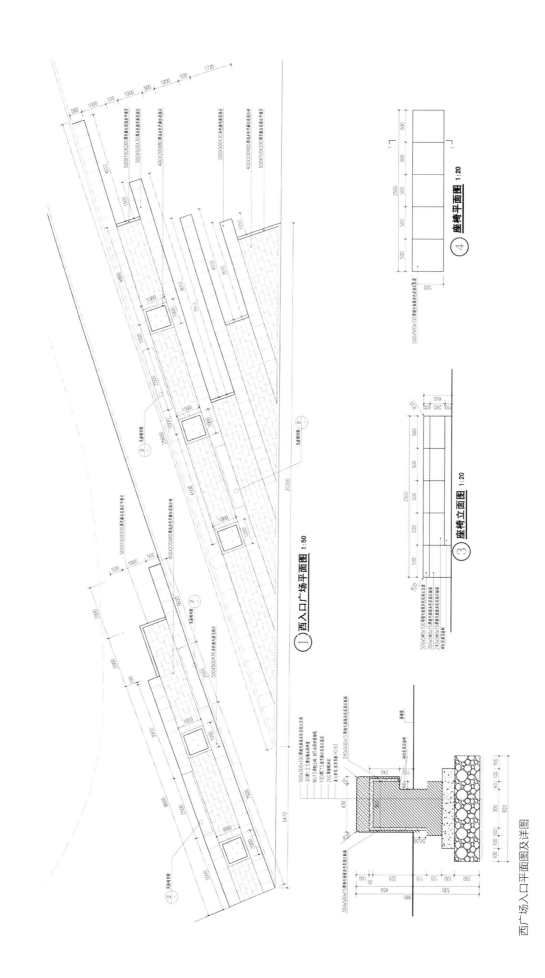

① 西入口广场平面图 1:50

③ 座椅立面图 1:20

④ 座椅平面图 1:20

西广场入口平面图及详图

儿童活动区 休闲空间

生植物进行广泛应用。种植方面采用乡土树种的同时，也注重利用新优树种、地被苗木营造公园的优美景观。

四、完成效果

公园建设时充分考虑场地的应用功能，增设运动休闲设施，增强了场地的参与性。根据日照分析，合理设置运动场地位置，结合大乔木种植，形成了冬季日照充沛、夏季阴凉的舒适休闲环境。

园区内建设有儿童活动场、户外运动场、运动器械、交流空间等场地，给周边市民提供了户外健身娱乐的场所。本项目还建设有醒目的健康步道，步道周边绿树成荫，为市民慢跑散步创造了良好条件。

设计单位：北京市园林古建设计研究院有限公司

项目负责人：严伟

主要设计人员：赵波涛　王欣　汪静

55. 颐和园西门内绿地改造

2014 年度北京园林优秀设计三等奖

一、项目概况

本项目占地23200m²，所处位置十分重要，位于颐和园西门内京密引水渠桥东，是西门门区与其东部游览区的过渡地带，现状环境杂乱。随着2015年地铁西郊线的开通，西门区将迎来巨大的客流压力，本地块的建设改造迫在眉睫。

颐和园是人类宝贵的历史文化遗产，加上本地块用地紧凑、所处位置敏感，因而设计具有很大的挑战性。

项目在继承与发展传统皇家园林文化方面做了有益的努力与创新。

二、现状分析

（一）本地块周边景观视线极佳，向东可远观西堤，向南可望畅观堂，向西北可远眺玉泉山、西山，向北可见团城湖及治镜阁遗址（现湖岸已加装南水北调围栏）。

（二）本区曾作为疗养院、苗圃使用，现场留有房基地，树木良莠不齐，整体处于杂乱状态。

1. 原有道路铺装破损严重，地势总体平坦，局部低洼不平，现状遗留有建筑物基础、渣土和建筑垃圾。

2. 现状植物分布杂乱，规格不一；林木郁闭度高，林下裸土，缺耐荫地被；乔木长势总体较好，部分可就地移植，少部分长势弱、树形差，应疏减。种植有待细心梳理，精心搭配。

3. 配套设施不完善，如喷灌系统老旧、休息场地和设施缺乏等。

三、设计思想

（一）功能

具有集散疏导、休闲观光的功能，供游人短暂休憩、附近居民休闲活动使用。

（二）定位

为西门内缓冲绿地，是衔接西门门区与东部游览区的过渡地带，风格自然、质朴，兼具传统皇家园林与西郊田园农桑水乡风貌。

（三）设计理念

传颐和古韵，展西门新姿；观自然景致，迎四海嘉宾。景观上与颐和园全园风貌和园外周边环境相融合，文化上体现出深厚的历史积淀，生态上要减少破坏，低耗、高效。

四、改造原则及措施

1. 因地制宜，突出植物造景，营造历史名园的风格和意境。

2. 基本保留原有地貌，局部堆微地形与起伏的西山背景相呼应。

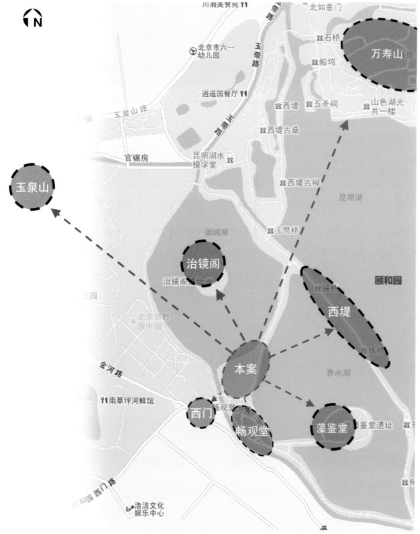

项目周边视线分析

3. 尊重历史、尊重自然，不擅做人工构筑物。

4. 以人为本，舒适便捷，在保留原主路路基的基础上合理组织路网，道路系统无障碍。

5. 大力采用节水、集水、节能环保措施材料等。

五、重点景观

设计充分发挥现状大树难得的优势，对特别有观赏价值的，创造主题、组织游线，运用借景、障景和对景等造园手法，设计了丹枫迎宾、云蔚冬青、曲径听松、柳荫春晓、槐香揽胜等主题景点，设置的空间尺度适宜，巧妙地使不大的过渡地带能从容应对门区集散容量。

在道路铺装设计上，延续颐和园的铺装风格，如青石、花岗石等。同时局部铺装有所创新，如林下园路从生态角度采用了木栈道，还有经典的卵石镶花海棠铺地，在其

图例：

现状落叶片林　　　新植落叶树
现状落叶树　　　　新植落叶片林
现状常绿片林　　　新植灌木成片
现状常绿树　　　　新植灌木1
现状重点落叶树　　新植灌木2
现状重点常绿树　　新植灌木3
管理用房　　　　　新植灌木4
新植常绿片林　　　野生地被
新植常绿树

团城湖

养水湖

京密引水渠

京引西南门石桥

西门

主要景点：
❶ 主入口对景
❷ 丹枫迎宾
❸ 云蔚冬青
❹ 杨林绿谷
❺ 柳荫春晓
❻ 曲径听松
❼ 槐香揽胜
❽ 碧柳风荷
❾ 东入口
❿ 南汀步路口

N

0 10 20   50m

总平面图

槐香揽胜景点改造前

槐香揽胜景点改造后

柳荫春晓景点改造前

柳荫春晓景点改造后

云蔚冬青景点改造前

云蔚冬青景点改造后

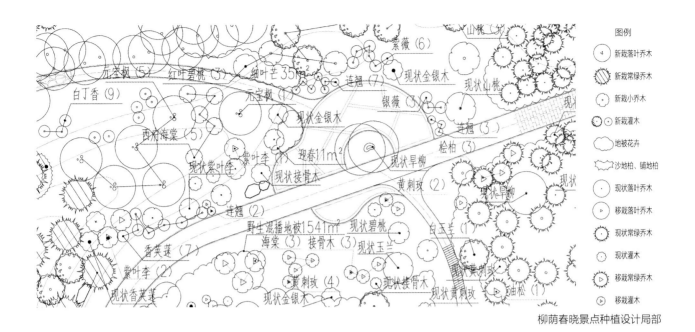

图例

新栽落叶乔木
新栽常绿乔木
新栽小乔木
新栽灌木
地被花卉
沙地柏、铺地柏
现状落叶乔木
移栽落叶乔木
现状常绿乔木
现状灌木
移栽常绿乔木
移栽灌木

山桃
紫薇 (6)
元宝枫 (5)　红叶碧桃 (3)　细叶芒 35m²　连翘 (7)　现状金银木　现状山桃
白丁香 (9)　元宝枫 (1)　现状金银木　银薇 (3)　连翘 (3)　现
西府海棠 (5)　桧柏 (3)
现状紫叶李　紫叶李　迎春11m²　现状旱柳　现状旱柳
现状接骨木　黄刺玫 (2)
连翘 (2)　野生混播地被1541m²　现状碧桃
香英莲 (7)　海棠 (3)　接骨木 (3)　现状玉兰　现状
紫叶李　黄刺玫 (4)　现状接骨木　现状黄刺玫
现状香英莲　现状金银木　现状接骨木　现状黄刺玫　油松 (1)

柳荫春晓景点种植设计局部

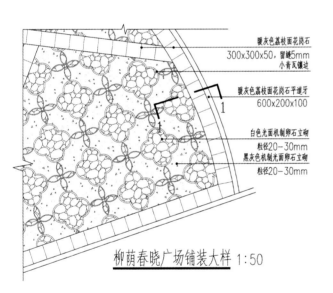

暖灰色荔枝面花岗石
300x300x50，留缝5mm
小青瓦镶边

暖灰色荔枝面花岗石平道牙
600x200x100

白色光面机制卵石立砌
粒径20-30mm
黑灰色机制光面卵石立砌
粒径20-30mm

柳荫春晓广场铺装大样 1:50

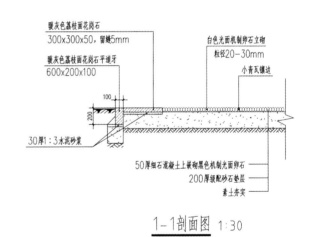

暖灰色荔枝面花岗石
300x300x50，留缝5mm

暖灰色荔枝面花岗石平道牙
600x200x100

白色光面机制卵石立砌
粒径20-30mm

小青瓦镶边

30厚1:3水泥砂浆

50厚细石混凝土上嵌砌黑色机制光面卵石
200厚级配砂石垫层
素土夯实

1-1剖面图 1:30

铺装节点详图

 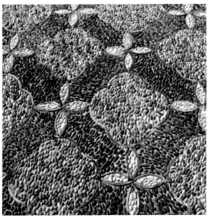

柳荫春晓景点铺装实景

上配合柳枝投下的光影，用花岗岩条石装饰，仿佛透出当年西郊阡陌纵横的田园风光，宫苑特色和郊野风光有机融合。

设计单位：北京市园林古建设计研究院有限公司

项目负责人：王显红

主要设计人员：

王显红　狄洁　郭玮　朱凯元　张璇

56. 褐石代征绿地

2014年度北京园林优秀设计三等奖

一、项目概况

褐石代征绿地位于圆明园东、褐石小区东侧，轻轨13号线西侧，北抵五环箭亭桥，南至圆明园汇水渠巡河路，整体绿化面积7.9hm²。

二、现状情况

代征地西侧为褐石园小区、体大颐清园等居住小区。虽地处圆明园外围，但周边居民缺少可自由进入的大面积休闲绿地。

代征地原为临时屯苗用地，周边设施破旧，与圆明园、清华大学周边的人文环境极不协调。代征地内为现状土山，高差较大。设计启动前，地块内所屯苗木已经全部移出。

三、设计原则

整体设计在现状基础上，以绿化种植为主体，修整地形、完善交通、增加设施，并在设计中融入一定的文化理念。形成为周边居民服务、同时具有一定文化内涵的休闲公园。代征地的设计原则如下。

（一）生态性原则

绿地以生态功能为主体，以绿化种植为主。

（二）实用性原则

在现状山体的基础上，利用现状高程，因地制宜，增加相关功能设施，满足周边居民实际需要。

（三）可持续性原则

植物的运用、材料的选择、照明设施等均考虑到后期管理，做到节约能源、降低维护成本和防止人为破坏。

四、设计整体布局、主要内容和特色

公园功能和布局满足周边使用者的需求，同时兼顾景观效果。

图例：

❶ 南入口及入口台地

❷ 西南入口（临近褐石园小区）

❸ 北入口

❹ 西南入口广场

❺ 坡顶平台及仿古建筑

❻ 山间休息平台

❼ 山间台地及宿根花卉观赏区

❽ 山体北侧嵌草铺地休息区

❾ 野花组合观赏区

❿ 林间漫步道

总平面图

南侧主入口及主山体

北侧嵌草铺装及种植

主山俯瞰

挡墙台阶细部处理

山顶仿古建休憩平台

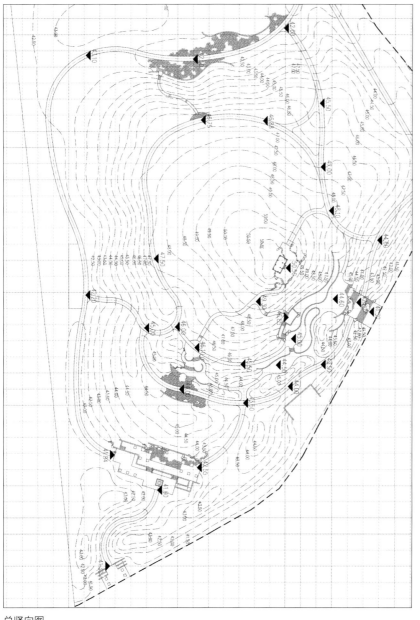

总竖向图

（一）地形高差的处理

绿地现状为土山，地势高差较大。

在竖向设计中，没有将土坡推平，而是利用现状高差，将游园路线、场地排布与地形结合，在化解高差过大带来的不利因素同时，使绿地顺利排水，营造丰富的立面空间层次，在施工中土方基本平衡。

绿地南侧为全园主入口区域及景观亮点，在这个区域内，台阶、平台结合，以挡墙与自然山石作为挡土的主要工程措施。现状土坡的最高处为全园的最高点，站在入口处，可与最高点遥遥相望。

（二）种植设计

种植与地形结合，既追求整体效果又有细节处理，突出春花和秋色叶。在关键位置，留出互看的景观透视线。苗木以乡土植物为主，乔木如小叶白蜡、国槐、栾树、立柳等；彩叶树栽植了银杏、高接金叶榆、金叶接骨木、紫叶矮樱等；小乔木和花灌木品种多样，如碧桃、山桃、玉兰、丁香等；地被植物用了一定量的观赏草、宿根花卉、野花组合和乡土地被。

（三）景点设置、小品设计融入文化内涵

绿地处于圆明园遗址公园、清华大学外围，同时处于圆明园汇水渠和万泉河的交汇处，周边人文环境得天独厚。在公园的主入口和最高点，布置小品和仿古建筑。因绿地周边水系丰沛、荷塘多，故公园内的小品以各种形态的"荷花"为主要的设计元素，出现于入口挡墙、地面铺装纹路上，给人以提示作用。

除主要部分外，靠近小区一侧，针对居民健身需求，设立健身广场，安装器械。

设计单位：北京市海淀园林工程设计所

项目负责人：马磊

设计人员：马磊　宋阳　杨海见　董兮

一、项目概况

西土城公园位于北京市海淀区，北起知春路，南至明光桥，东临西土城路，西接小月河，南北长约2000m，东西宽约60m，呈带状分布。公园占地面积约11.5hm²（含30m土城保护范围）。

二、现状问题

1. 公园原有的服务设施及环境已无法满足当前的使用需求，如园路较窄、活动场地不足、缺少相应的休息设施等问题引发游人踩踏绿地、损害树木的现象越来越多。

2. 公园内乔木长势旺盛，部分灌木及地被不适应现在的公园环境，逐渐出现植物老化、绿地斑秃等情况。

三、设计目标

以绿化种植为主，延续场地特有的自然朴素的风格，为周边居民创造一处自然生态的休闲公园。

四、设计原则

（一）生态性原则

公园建设以绿化为主，在保留原有植物的基础上，结合各类功能空间，增加开花灌木及地被植物，围合空间，营造氛围。

（二）功能性原则

根据场地的实际情况及周边居民的使用需求，设置功能空间，并安排相应的休息设施，为人们提供健身、娱乐、休憩的场地。同时全园主路及铺装广场选用透水材料，保证了雨水的下渗。

（三）文化性原则

充分尊重现有"蓟门烟树"及周边建筑的风格，园内座椅材质多选用砖、石、木等材料，力图与土城遗址风格相协调。

五、改造内容

（一）调整空间布局，完善服务功能

在对现状场地分布、使用人群、

城垣怀古景观

古城新趣景观

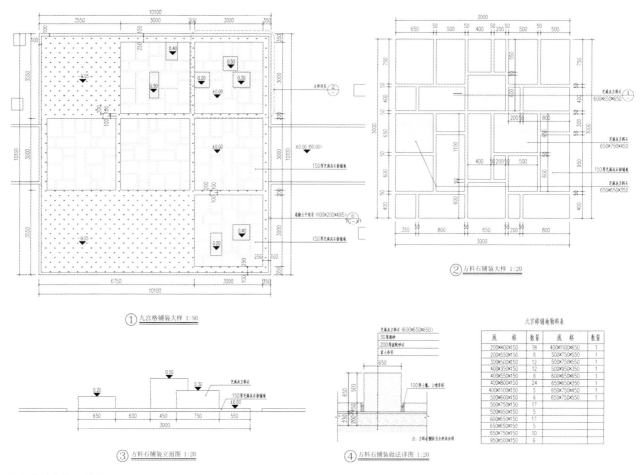

① 九宫格铺装大样 1:50

② 方料石铺装大样 1:20

③ 方料石铺装立面图 1:20

④ 方料石铺装做法详图 1:20

九宫格铺装地物料表

规格	数量	规格	数量
200×400×150	18	400×1100×650	1
200×550×150	6	500×750×550	1
300×500×150	12	500×750×450	1
400×350×150	12	500×950×450	1
400×500×150	6	600×650×650	1
400×800×150	24	650×650×350	1
400×1100×150	5	650×750×450	1
500×600×150	6	650×750×550	1
500×750×150	17		
500×950×150	5		
600×650×150	17		
650×650×150	5		
650×750×150	10		
950×500×150	6		

九宫格铺装施工详图

主路植物景观

沿河植物景观

活动内容、活动时间等方面进行分析研究后，在充分保护土城遗址的前提下，结合现状"蓟门烟树"，将公园划分为3个主要景观节点，分别是蓟门烟树、古城新趣、城垣怀古。

1. 蓟门烟树

该景点位于园区的北部，是著名的"燕京八景"之一，由于现状使用状况良好，改造中未对该区域进行大范围调整，仅对连接该区域的道路及入口进行扩宽和整理，方便游人进出。

2. 古城新趣

该景点位于三环路北侧，原有少量铺装场地及休息座椅，由于该区域周边交通便利，成为人们进行抖空竹、练拳等健身活动的集中区域。本次改造将此区域定位为以健身活动为主的场地空间，同时结合土城风貌，增加青砖景墙、条凳，地灯等设施，分隔空间，形成大小不同的场地，创造了多种活动同时进行又互不干扰的可能性。

3. 城垣怀古

该景点位于公园南端，紧邻元大都城垣遗址的题字墙。周边交通便利，是公园南部的主要活动区域。改造充分考虑现状地形与空间的关系，适当布置安静活动区，同时结合现状大树布置棋牌桌凳等设施，为居民休闲活动提供便利。

（二）整合道路系统，调整空间布局，完善服务功能

改造根据游人的行为习惯，调整公园原有道路系统，整体由一条3m宽的主路贯穿南北，在绿地较宽处设置2m宽小路，局部成环。在游人聚集区域增加铺装，完善设施。

（三）尊重现场植物，增加耐阴品种

改造中保留公园内长势良好的乔木、灌木及地被。

增加沿河一侧植物的季相变化，结合现有巡河道的垂柳增加碧桃、连翘等春花植物，形成花红柳绿的春季植物景观特色。

场地周边利用植物围合空间，同时种植玉簪等耐阴花卉，丰富景观层次。

沿道路一侧增加桧柏、金银木、天目琼花、沙地柏等植物，增加植物层次及冬季景观效果。

设计单位：北京市海淀园林工程设计所
项目负责人：马磊
设计人员：

马磊　宋阳　任艳君　袁晓珍

古城新趣景观

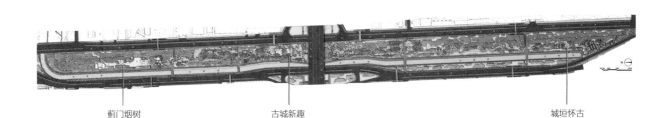

蓟门烟树　　　　　古城新趣　　　　　城垣怀古

总平面图

公园绿地
2015年度

58. 万寿公园景观改造

2015年度北京园林优秀设计一等奖

一、项目概况

万寿公园位于北京市西城区白纸坊东街，占地5.1hm²，原址为建于明代万历四十五年（1617年）的关帝庙。新中国成立后，政府多次对此地进行绿化整建，1955年曾名"万寿西宫公园"，1995年重新改造后更名为"万寿公园"，是本市第一座以老年活动为中心的主题公园，也是全国首家节能型公园和具有较完善应急避险功能的示范性公园。

公园周边以居住社区为主，公共交通方便，服务设施齐全，包括学校、医院、体育场、图书馆等，使得万寿公园处在一个得天独厚的地理位置，能够方便地服务于周边以及市区的老年人。

二、设计理念与特色

为了使公园能够更好地为老年人服务，满足老年人需求，设计的前期阶段对万寿公园的使用者进行了问卷调查。被采访的老年人大多数在公园附近居住。他们当中绝大多数与子女或老伴儿居住在一起。80%以上的老年人选择步行来公园游玩。在公园游玩的时间通常在1~2小时左右，80%以上的老年人每天至少来万寿公园散步一次。

调查发现，老年人最希望公园被赋予的主题是孝德、福寿、游乐、生态；老年人最喜欢的公园休闲活动有看书、唱歌、聊天；老年人最希望公园提供的免费服务有医疗保健咨询、应急医疗急救、小物品寄存等；公园

内大部分老年人希望公园能够提供饮用水设施，而在现今科技日益发达的年代，无线设备也成为老年人特别需要的对象。

因此公园最终的主题被确定为以"孝"文化为主题，融入"积极老龄化"的理念，创造和谐健康的老年人友好社区示范性公园。具体内容包括"寿""孝"主题文化的宣传展示、人性化的设施设计、修建一个康复型花园、策划系列主题文化活动。

三、以"孝"文化为主题，打造"百孝之园，万寿之家"

调查问卷显示，有23%的老年人希望公园被赋予德孝一类的主题，占人数最多；其次是福寿的主题，占被

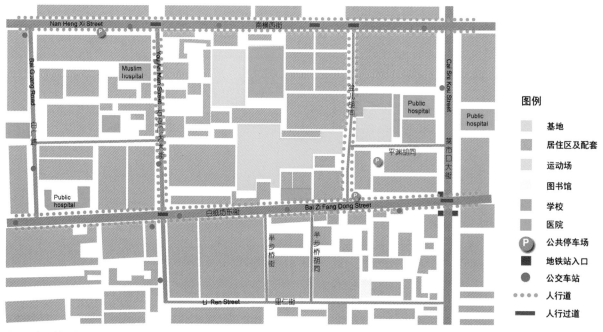

公园周边环境分析图

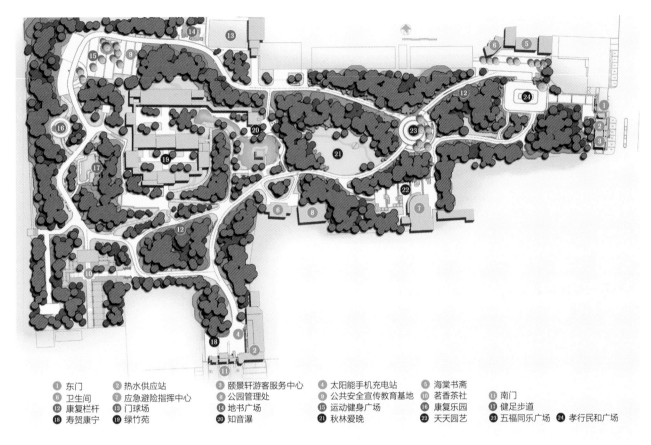

① 东门　　　　② 热水供应站　　　③ 颐景轩游客服务中心　　④ 太阳能手机充电站　　⑤ 海棠书斋
⑥ 卫生间　　　⑦ 应急避险指挥中心　⑧ 公园管理处　　　　　⑨ 公共安全宣传教育基地　⑩ 茗香茶社　　⑪ 南门
⑫ 康复栏杆　　⑬ 门球场　　　　　⑭ 地书广场　　　　　　⑮ 运动健身广场　　　　⑯ 康复乐园　　⑰ 健足步道
⑱ 寿贺康宁　　⑲ 绿竹苑　　　　　⑳ 知音瀑　　　　　　　㉑ 秋林爱晚　　　　　　㉒ 天天园艺　　㉓ 五福同乐广场　㉔ 孝行民和广场

万寿公园总平面图

调查人群的19%，这背后蕴藏着深厚的历史原因。中国的养老方式以家庭养老为主，这是几千年形成的传统模式，中国的绝大多数老年人还必须依靠家庭成员的扶助安度晚年。这种思想的基础就是传统的孝道观念。但随着城市化进程加快，传统的孝道观念开始淡化，因此宣扬传统的孝道文化，是具有非常重要的现实意义的。

设计采用"一线八景"来展现寿孝文化，并暗喻人生历程：从公园东门开始暗指人生的开始，经历懵懂的青年时期，到达孝行民和广场，了解孝的真正意义以及对现代家庭的启示，而后经历知名、花甲、古稀等人生不同阶段，最终达到寿贺康宁广

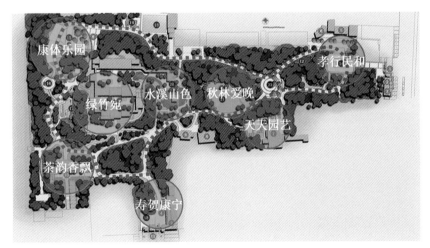

"一线八景"的景观结构

场，寓意人生经历行孝善，最终功德圆满。

1. 东门及孝行民和广场

东门是公园的主要出入口，本次

改造主要对东门的牌楼进行翻新，建立良好的公园入口形象。孝行民和广场可以为大型活动提供场地，此次设计将孝文化符号引入景观之中，广场边缘

东门改造效果图

孝行民和广场建成实景

修建景墙，石材与金属材质相间，上面刻有关于"二十四孝"的文字。在举行活动的同时，使人感受孝道文化。

2. 五福广场

此处原来是园路交叉口，位置重要但功能不突出。设计利用其位置优势，将其改造成中心广场，使公园中多了一处休闲交流的场地。广场中放置小铜人以及乌鸦反哺的雕塑，表现共享"天伦之乐"的家庭关系。设计保留现状树丝棉木，增设大树围椅。丝棉木秋季叶色变红，果实挂满枝梢，观赏价值高。树龄长，寓意益寿延绵。

五福广场建成实景一

五福广场建成实景二

五福广场建成实景三

四、人性化设施

万寿公园的人性化设施主要包括栏杆、座椅、健身设施、应急呼叫系统等。设计注重细节，考虑人体工程学数据和环境心理学，使用舒服方便，并通过人性化设施的设置鼓励老年人更多地参与到公园的活动中来。

1. 主环路

公园主环路全长约750m，采用暗红色沥青路面，颜色温暖明快，令人身心愉悦，同时可减少炫光对老年人眼睛的刺激。路面平整防滑，脚感舒适，利于老年人户外行走健身。

2. 座椅

为了提高舒适度，座椅采用温馨的木质材料。边缘进行圆弧过渡处理，所有座椅都有靠背，而且座椅尺度符合老年人身体特点。靠背高度合理且与椅面保持一定角度，可以保证舒适的坐姿。扶手上专门设计了能够摆放茶杯和手杖的细节设施，使用起来十分方便。

3. 康复栏杆

全园设置总长约400m的康复栏杆，主要布置在主环路内侧及活动广场周边。倚靠栏杆，可以减少老年人长时间站立的疲劳感；手扶栏杆行走，可以使行动缓慢的老年人走路更加方便。高度适宜的栏杆还可以辅助老年人完成压腿、扭腰等日常锻炼。通过这些方式鼓励老年人多行走、多站立、多活动、锻炼手臂和腿部肌肉、提高灵活性，从而达到辅助强身健体的目的。

4. 健身设施

依据老年人身体和生理特点，公园专门设置了老年运动康复乐园，可

主环路及沿路栏杆

人性化的座椅

健身广场

老年人在公园中使用WiFi

分别进行指关节、腕关节、肘关节、膝关节以及相关肌群的运动练习。练习方式包括步态平衡练习以及相关部分的旋转屈伸练习。老年人在和朋友共同运动时可以相互交流、互换器械，在轻松柔和、简单的运动中收获健康与快乐。

5. 全园覆盖WiFi

公园设置WiFi覆盖，使老年人在公园中可以通过手机等电子设备看新闻、刷微博，随时了解国内外发生的重要事件，并通过电子社交工具与园外的亲友随时进行互动，促进大脑活动，使老年人的沟通与交流变得更加方便快捷。

6. 太阳能充电设备

太阳能充电设备可以随时为手机、平板电脑等电子设备充电，解除老年人休闲活动时因手机断电带来的不便，同时把太阳能转化为电能，将绿色能源应用于园林景观之中，符合节能环保的理念。

7. 热水供应站

为方便广大游人，践行敬老爱老的理念，公园特在东门及南门设立两处热水供应站，全年每天从开园至闭园免费向游客供应开水。

8. 应急求助呼叫系统

公园分别在东门、南门、中心广场、西北角广场、茶室、天天园艺及

两处公共卫生间设置8个应急求助呼叫点。当遇到紧急情况需要帮助时，老年人可自己或由他人帮助呼叫值班人员前去处理。另外，公厕的每个蹲位也装有无线呼叫装置，值班室设在公厕管理房。全园呼叫值班室设在公园管理处，随时应对老年人出现的突发事件。

五、"康复花园"促进老年人身体健康

目前，美国很多的康复医疗机构已经开始通过室内室外的景观环境来帮助康复治疗。美国风景园林协会成立了一个关于康复花园的专题研究小

园艺花台

垂直花墙

组，提出了要营造结合园艺治疗和医疗手段的积极花园。近年来ALSA有多个关于康复花园的优秀设计方案出现，使设计从理论走向实践，上升到了一个更高的层次。

许多研究表明，良好的花园环境确实可以有效地减轻病人的低迷情绪、减少压力、降低血压甚至减轻疼痛。康复花园是为病人提供积极的恢复功能的花园，重点是从生理、心理和精神三方面关注人整体的健康。因此在老年人主题公园中建立一个康复花园对老年人的身心健康具有重要的意义。

因此本次改造增设了"天天园艺"广场。并具有以下景观特点。

1. 抬升的种植床

将种植床中的土壤抬高，老年人可以不用弯腰，轻松地从事园艺活动。种植床下方还为园艺活动参与者提供了腿部伸展空间，方便坐轮椅的老年人活动。

2. 芳香类植物

园中很多植物都具有怡人的芳香，直接或间接地对老年人的健康产生积极的影响。老年人也可以通过气味来感知园中不同的植物。

3. 垂直的"墙园"

用植物装扮的墙体将绿色带到人们面前，拉近了人们与自然的距离。

天天园艺景区建成实景

六、系列主题活动探索文化建园新模式

　　万寿公园积极探索，由政府主导、公园组织、周边社区参与策划管理，依据老年朋友的需求，拟举办年度主题系列活动。系列文化主题活动是万寿公园体现积极老龄化的重要途径之一，目的是让老年人朋友在活动中扮演关键的角色，从事有条件的工作或充当志愿者，继续传播他们的知识和经验，实现老年人的自身价值，使老年人成为社会资源，而不是一种社会负担。

设计单位：北京创新景观园林设计公司

项目负责人：毕小山

主要设计人：

毕小山　陈静琳　韩磊　郝勇翔

张东

茶韵飘香景区建成实景

水溪山色景区建成实景

公园中的花径

59. 昌平新城滨河森林公园（九标段）

2015 年度北京园林优秀设计二等奖

一、项目概况

昌平新城滨河森林公园九标段位于巩华城以东、沙河水库以西。九标段建设总面积88.6hm²，设计范围为东、南、北三条巡河路以内，西侧昌平地铁高架桥以东。

九标段是整个昌平新城滨河森林公园的最南端，离北京城区最近，建成后将成为北京的后花园。

二、设计理念

（一）特色定位——昌平新城的"中央公园"，北京城的"后花园"

滨河森林公园九标段位于沙河镇东部，紧临巩华城，与城市、市民生活联系紧密，是名副其实的中央公园。同时公园是北京城北段历史轴线和自然轴线的北延，距离奥林匹克森林公园仅10km，是名副其实的北京城"后花园"。

总平面图

滨水走廊

（二）设计理念——林水相依，山林野趣

公园九标段从其现状特点出发，遵照森林公园总的建设理念，自身定位为林水相依、山林野趣的森林公园，尤其突出水面效果和游人亲水感受。

三、总体布局

公园整体布局按照建设理念和现状特点，东南部依托景观湖面，为环湖慢行观赏区；东北部区域内以观赏片林为主，沿途通过乔灌草搭配不同场地设置，为植物景观游览区；西侧为密林种植区域，区内设置多条简易碎石路或土路，为森林景观体验区。

（一）环湖慢行观赏区

环湖慢行观赏区主要包括滨湖游赏环路和景观种植岛。环湖游赏干道沿线串连起公园的主要景点，包括公园主、次入口，两座景观桥，滨水走廊，大柳树广场，滨河观景平台以及若干处休闲廊架和避雨遮荫棚。这些景点均匀地分布在环线上，为游客提供休憩、赏景、亲水服务。景观种植岛位于景观湖的西侧，岛上主要体现野花地被特色，通过园路和木栈道的组织，营造自然开阔、野花烂漫的景观意境。

（二）植物景观观赏区

本区有较多的现状树，长势较好。景观设计注重利用这些现状资源，营造丰富的种植景观。区域内，同样以1条5m宽沥青路为主要的游赏环线，沿线以丰富的乔灌草种植为主，背景以高大的现状树为依托，同时注重种植季相变化和紧密得当。环路沿线设置两个休闲广场和避雨遮荫棚，满足游人休憩、避雨、遮荫的需求。

（三）森林景观体验区

森林景观体验区以茂密的乔木片林种植和野花地被为主，营造植物自然生长的环境，减少人为干预。区内的道路为碎石路或土路，不设置休闲场地和其他服务设施。森林景观体验区师法自然，形成野趣十足的森林景观。

四、交通分析

公园东、南、北三面为水利巡河路，西侧为巩华城市政路。园内交通以一条"8"字形5m沥青主环路串连各个区域，湖边和密林设有木栈道、碎石路等多条支路。

五、种植设计

（一）主环线

种植国槐、垂柳、白蜡、银杏、元宝枫、油松、白皮松等+丁香、连翘、海棠、红瑞木等+草坪、野花地被。主要为组团式的复合种植。

（二）密林

以国槐、白蜡、杨树、垂柳、柿树等为主，下层为播种的野花地被组合。

次入口

停车场

（三）休闲广场

广场中以林大荫浓的点景树（垂柳、国槐、白蜡等）为主，场地周边以片植花灌和不同乔木组团构成上层结构，兼顾通透性，下层为草坪和野花地被。

（四）林下空间

大乔木遮阴（银杏、馒头柳、国槐、白蜡等）+下层野花地被（玉簪、蓝花鼠尾草、波斯菊、萱草等），丰富植物景观。

项目负责人：毛子强
主要设计人员：

王路阳	孔阳	崔凌霞	王晓
柴春红	王冰	范思思	曲虹
沈成涛	徐瑞		

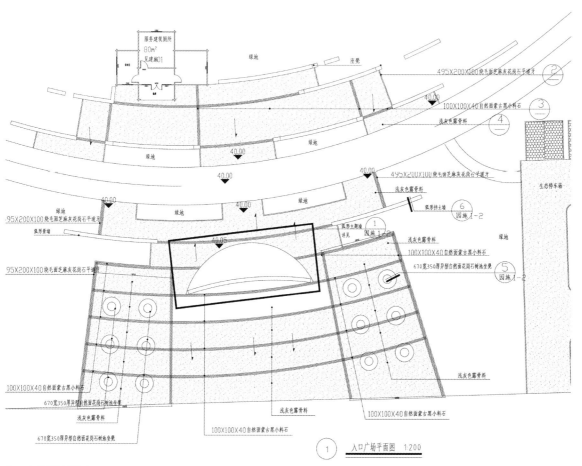

入口广场设计详图

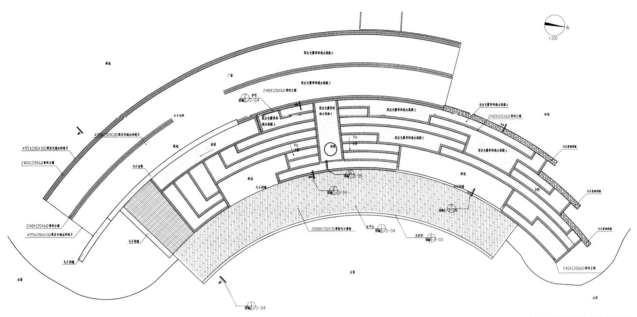

滨水观景平台设计详图

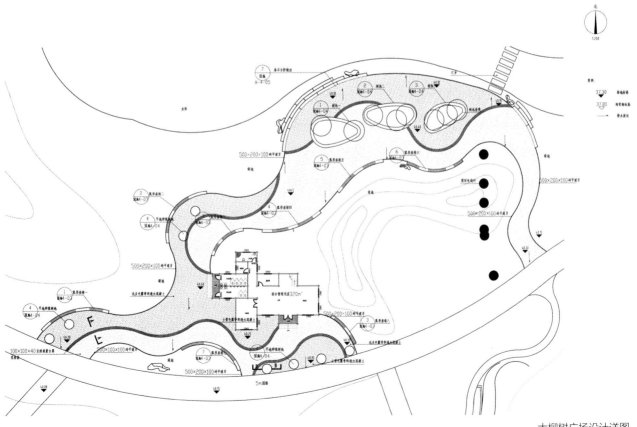

大柳树广场设计详图

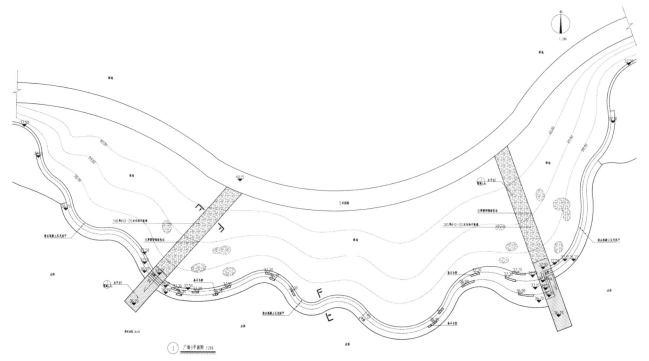

滨水走廊设计详图

滨水走廊

一、项目概况

石景山区政府南侧绿地位于北京市石景山区政府南侧，面积1.48hm²。设计范围为政达路以南，鲁谷路以北，银河东街以西，银河财智中心以东。

绿地是向大众开放的公共绿地，建成后将成为区域内重要的绿色景观。

二、设计理念

（一）设计理念——城市绿洲

在高楼林立的石景山区中心，一处近15000m²的开放绿地的存在显得尤为难得。绿地犹如在城市钢筋混凝土森林中的一片绿洲，让繁忙的人们得到精神上、身体上的放松。

（二）设计原则

在功能上以人为本，从绿地使用者的需要出发，满足四周高层建筑内人们视觉放松的需要，周围商务区工作人员、居住区内市民的游憩需要。

在形式上师法自然，以"绿"为主，强调自然丰富、因地制宜的种植设计，使绿地如同城市中的一片自然森林，发挥重要的生态效益，改善区域环境。

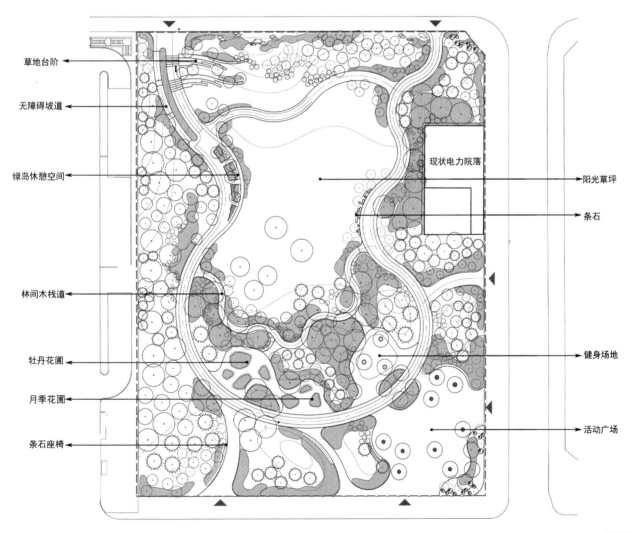

草地台阶
无障碍坡道
绿岛休憩空间
林间木栈道
牡丹花圃
月季花圃
条石座椅

现状电力院落
阳光草坪
条石
健身场地
活动广场

平面图

阳光草坪一

三、总体布局

绿地整体布局按照功能需求划分区域，最南侧1/3靠近鲁谷路的部分作为热闹活动区，设置了活动广场、健身场地及花卉园；北侧2/3部分为安静活动区，以休闲散步道和阳光草坪为主。

"七分自然，三分人工"的布局结构，为市民在闹市区提供一个自然、舒适、各得其所的绿色开放空间。

（一）热闹活动区

热闹活动区紧邻鲁谷社区，主要功能是为社区居民及附近工作人员提供一处活动、健身、散步、赏花、观景的空间。设置了活动广场、健身场地及花卉园。

活动广场位于绿地的最东南角，为面积约1000m²的铺装场地，绿地中点缀种植池，设置多处条石座椅，为市民提供一处可进行广场舞、太极拳等活动的场地。

健身场地位于活动广场的南侧，场地的边缘延续了主路的小料石铺装，中心区域使用橡胶铺装，设置健身器材，为人们提供一处健身活动的林下场地。

花卉园位于健身场地的西侧，分为牡丹花圃及月季花圃两部分，花圃收集了多品种的牡丹及月季，为市民提供一处赏花、游憩的空间。

（二）安静活动区

安静活动区紧邻区政府、银河财

阳光草坪二

智中心及北方中惠国际中心，区域以行政办公及商务用途为主。本区的功能为附近办公人员及居民提供一处休闲散步、观景的空间。

本区以种植为主，预留了一片开阔的阳光草坪，形成一处视觉放松的空间，同时提供多元化、可塑性强的一片空地，可作为临时避难场所。

在安静活动区与热闹活动区之间的过渡部分，设置一片密林分隔空间。采用多层自然式种植的大规格国槐为骨干树，林下设置休闲木栈道。在林缘，设计从由密到疏的种植过渡到阳光草坪，从政府大楼及周边高层建筑看过来，一片开阔宁静的阳光草坪尽头是层次、色彩丰富的林缘线及高低起伏的林冠线。

西北入口与阳光草坪有约2m的高差，设计两组台阶及一处无障碍坡道，台阶与草坪相接处将台阶延伸入草坪，形成舒缓的景观草阶，在解决高差的同时形成景观亮点。

四、交通分析

绿地南、北、东三面与市政道路相邻，每面设置两个入口，共6个入口，保证绿地充分的可达性。绿地内交通以一条4米宽的主路形成约300米长的环形散步路，二级路约2m宽，包括一条林下木栈道，串连绿地内的主要活动空间。

五、种植设计

绿地整体种植了46棵石景山路边因修建地铁而需移栽的大规格国槐，形成了以国槐为基调的种植，充分继承和保护了石景山区的绿化成果，也使公园能在建成之初就形成一片壮观舒适的国槐成林。

绿地的种植设计按照空间特点及功能分为5个分区。

六、竖向设计

用地整体西北高、东南低，高差达3.5m。设计为组织空间，在西北角集中解决2m的高差，同时形成草阶的景观亮点。剩余的1.5m高差以自然放坡的形式由西北向东南140m长的距离放完，形成约1%的排水坡度。为配合安静活动区及热闹活动区的空间分割需要，在过渡地段即密林区下方、木栈道两侧，设置最高1m的微地形，同时丰富林下空间及林冠线的变化。

设计单位：北京市园林古建设计研究院有限公司

项目负责人：毛子强

主要设计人员：

孔阳　崔凌霞　王路阳　王晓
范思思

草地台阶

台阶

活动广场

园路

林中栈道

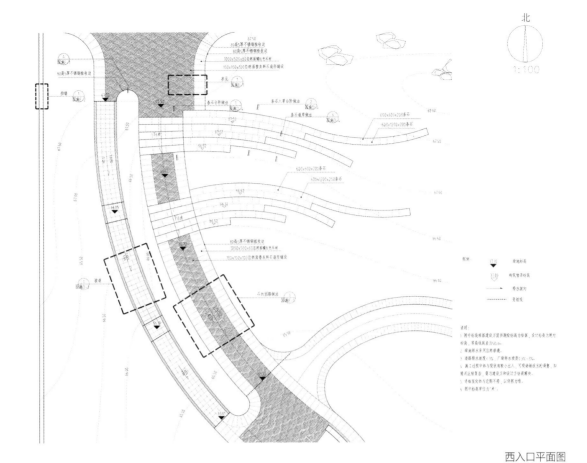

西入口平面图

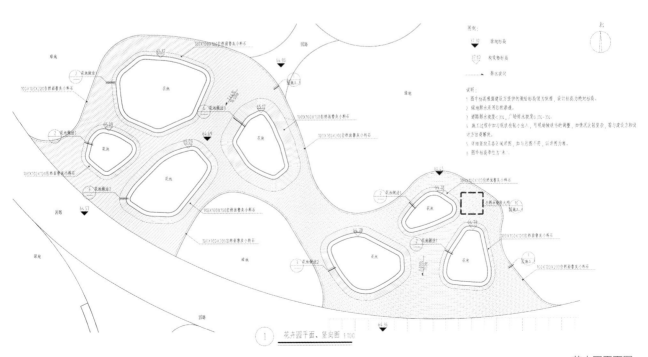

花卉园平面图

61. 明城墙遗址公园东南角绿地
2015年度北京园林优秀设计二等奖

一、项目背景

设计地块位于北京市东城区东南二环内侧，原为一破败的开关厂，总设计面积约为14125m²。该地块紧邻北京市火车站和二环路，北侧与已建成的明城墙遗址公园相接，南侧隔着火车轨道与东便门东南角楼遥相呼应，西侧是平房住宅区，东侧为二环路。

场地内西侧残存一小段明城墙的残垣断壁，借由开关厂拆迁的契机，设计重点考虑如何将这段明城墙很好地保护起来，并将北段和南段的明城墙遗址公园衔接起来，如何充分展示老北京风貌、将明城墙和老北京的历史娓娓道来，并给市民创造一个放松活动的场所，同时提升北京市的生态环境。

二、设计方法

本方案延续南北两侧景观特点——疏朗大气、自然古朴。以城墙为背景，设置园路、活动广场。保留场地内通往居民区的园路，使全园分为南、北两个场地，在功能上，北侧场地提供游览、休息的场所；南侧场地中，设计供休憩的亭廊及广场。全园划分为3个功能片区。

（一）"雉堞铺翠"区

场地内以种植绿化为主，绿地中设置简洁质朴的游园道路，园路的设置朝向角楼，强调与角楼的对应关系，起到引导游人视线的作用。小广场上带状浮雕的方式将东便门的历史记忆艺术性地表达出来。同时，园路两侧绿地中间或穿插若干雕刻着水纹

雉堞铺翠

城砖小品

漕运雕塑

的装饰石条，以抽象的方式将漕运文化融入场地之中。

（二）"角楼映秀"区

本区是整个场地内观赏角楼的最佳区域，主路考虑与角楼的视线关系，使游人在游园过程中可以看到角楼较好的景观面。园路两侧散点大乔木，结合保留的现状大树，形成林荫，与城墙形成交相呼应的效果，烘托出城墙的沧桑与质朴。角楼映秀区是通过多次踏勘找出的最适合观看角楼与城墙的区域。场地中设置休闲广场，游人处于场地中便可近观花木、远观角楼。通过种植形成视线通廊，引导游人视线至东南角楼，形成借景。

（三）"玉棠新绿"区

本区设置休闲古典亭廊，与改造之后的砖墙共同营造出老北京胡同的独特生活气息。亭廊与城墙、角楼形成对景，同时为游人提供了驻足休息的场所。现有破旧墙面采用贴面处理，用灰色仿古砖对现有墙面进行装饰，并加建种植槽，种植早园竹以加强场地的文化氛围。种植海棠、玉兰等传统庭院植物，重现老北京胡同的生活气息与氛围。

角楼映秀

玉棠新绿

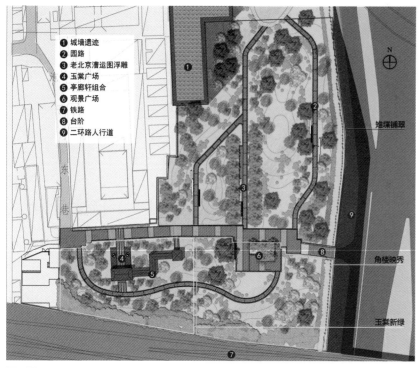

平面图

① 城墙遗迹
② 园路
③ 老北京漕运图浮雕
④ 玉棠广场
⑤ 亭廊轩组合
⑥ 观景广场
⑦ 铁路
⑧ 台阶
⑨ 二环路人行道

雄煤铺翠

角楼映秀

玉棠新绿

雨水利用示意图

三、设计特色

（一）传承历史文脉

历史上北京明城墙全长24km，始建于明永乐17年（1419年），是明清北京城的重要象征。场地内西侧残存一小段明城墙的残垣断壁，园路、小品设计与城墙古朴、自然的氛围相一致，构成整体氛围。现场原有开关厂拆迁过程中，发现了大量当年拆城墙遗留下来的城墙砖，经过收集整理，作为建设材料重新加以利用，形成独具特色的景观小品。

东便门曾是元、明、清时期的漕运码头，以漕运文化为着手点，更有助于强化这段历史记忆，见证社会的发展，是北京这座千年古都迈向国际化大都市这种历史变迁的一个缩影。设置于场地内的浮雕向观众展现了当年老北京漕运东便门段的热闹景象。场地内置的条石上，模拟水纹雕刻的肌理，在诉说着历史如长河般滚滚不息。

（二）建造海绵公园

公园通过建设渗透设施，促进雨水下渗，增加浅层土壤的含水量并涵养地下水。降低场地暴雨期间瞬间地表径流量，减轻市政排水系统的压力。并发挥雨水管理系统的生态效益，改善公园生态环境。将雨水收集利用作为场地特色，成为零排放集雨节水的"绿色海绵"。

园区建立雨水收集系统，其中包括5座雨水收集井、3座雨水过滤井。1座100方雨水收集池，铺设雨水回收管线速排笼近1000m。根据竖向分析，雨水收集池的汇水总面积为9237m²，每年可消纳雨水4000m³，回收雨水1000m³，喷灌及雨水收集每年省水1550m³，省水率约27%。

（三）增彩延绿

明城墙遗址公园通过"增彩延绿"项目延长北京的绿期，增加北京四季色彩。树种的选择上将引进新优树种与乡土树种相结合，同时充分考虑城墙景观的特色，植物品种78个，乔灌木733株，草坪地被12000m²。

种植平面图

比例1:500

设计单位：北京市园林古建设计研究院有限公司

项目负责人：严伟

主要设计人员：赵波涛　王长爱　孙娇

参加人员：邓斌　肖守庆

62. 雁栖镇范各庄"燕城古街"乡村景观
2015年度北京园林优秀设计三等奖

范各庄村属于较为典型的聚居式北方城郊乡村，位于雁栖镇政府东北面，毗邻北京雁栖经济开发区，与雁栖湖及APEC会址直线距离仅1000m。村庄占地面积约45hm²，果园占地面积8hm²。这里乡土材料丰富，有河卵石、拆违后留下的机砖、机瓦、旧木屋架，以及老牛圈拆出来的多孔砖等。弃耕后遗弃在村里的石碾、石磨盘、农具等旧物件，尤其让人欣喜。

乡村意象的定位可以概括为"拥山抱水，青青果园；水街土巷，悠悠乡村"，打造北京市首家"村里的步行街"。将主街规划为步行街，引活水入街，串联街巷与果园，流水与老街交织成景，打造一条具有北京农村民居特色的"水韵长街"，让历史悠

燕城古街游览导示图

水韵长街

久的乡村重新焕发蓬勃生机。

　　燕城古街规划为"一街、一巷、二园、八景"的景观空间格局。

　　"一街"指范各庄的主街——"水韵长街"，南北长约1000m，建成后成为一条集居住、商业、休闲、旅游为一体的具有北方农村民居特色的文化街区。

　　"流水绕老街，小桥连商铺，清池围旧宅"。沿着街道慢慢北行，一个个大小不等的水景池忽左忽右地出现，一条清渠将其串起，水清且浅，

伴着哗哗的声响。

　　"一巷"指村北水源处东西走向的"秋林巷"，长约400m，是连接"水韵长街"和"洋人街"的纽带。秋林巷通过改造现有红砖墙民居，在北墙开门，结合旧砖和河光石营建小商业门面房，并利用场地原有苗圃中的树木间隙设木屋，形成颇具乡土特色的休闲商业街巷。

　　"二园"指薰衣草园和果园，面积约10hm²，在范各庄的东北部。果园中原种有葡萄、樱桃、桃、杏、枣

等，结合新种植的马鞭草、蓝花鼠尾草和波斯菊，营造"三季有花、两季有果"的景观。

　　"八景"指水韵长街内重点打造的8个景观节点，分别是雁栖池话、迎宾走廊、南轩槐市、古井柯木、槐荫微雨、曲苑荟萃、关帝庙和香草儿童乐园。

　　范各庄的旧村改造并不是传统意义的"改造"，更大程度上是"还归乡土"。每一种来自于场地的乡土材料都承载了场地的部分记忆，承载了

水韵长街水景小品

槐荫微雨

乡土材料的运用

香草儿童乐园

老村的文化气息。设计师怀着一颗敬畏的心，希望运用乡土材料、老物件来打造范各庄村最原汁原味的北方民居特色。

在设计团队和村民的共同协作下，历经了1年的打造，范各庄村拥有了北京首条"村里步行街"，并被冠以"京北水村"的称号，现已成为北京市民休闲娱乐的新去处和京郊旅游的新名片。

设计单位：北京市园林古建设计研究院有限公司

项目负责人：戴松青

主要设计人：戴松青　陈哲　朱贤波

温榆河绿道属于北京市"三环、三翼、多廊"的市级绿道规划体系中森林公园环的一部分。温榆河起于昌平区沙河水库，在通州区五河交汇处与北运河相接，由北至南流经昌平区、顺义区、朝阳区、通州区。

通州段河流长度14.6km，绿道长度22.2km，项目面积约115hm²。

设计基于对温榆河周边情况和现状资源的分析，提出"骑行温榆河、水岸慢生活"的设计理念，秉行生态、连续、人本的规划及设计原则，

依托并串联温榆河独一无二的自然资源及人文资源，保留河流原有的自然郊野氛围，"强"疏理、"弱"设计，打造北京最美滨水骑行之路。

温榆河绿道项目于2012年冬季启动，2014年底完工。绿道选线长、现

景观总平面图

状条件复杂、投资较低等因素制约着本项目的实施，如何在这些制约因素和保证景观效果之间找到一个平衡点，是本项目设计的难点。设计借鉴相关案例，结合温榆河自身河流特色，提出以下策略。

1. 立足长远，多规合一

疏理沿河现有的水工设施、建成公园、林地、荒地、废弃地等多种复杂现状；统筹若干上位规划——温榆河水利规划、通州区平原造林规划、通州区交通规划、通州区城市发展规划、通州区土地规划等，构建温榆河的河流生态保护屏障；弥补城市休闲绿地面积不足的问题，前瞻性地预留出沿河提升发展空间，以期更大范围地发挥绿地对城市的综合服务作用。

2. 尊重现状，合理选线

河流跨度长，立地条件复杂，桥梁、市政路、土地权属等问题制约着绿道的选线。为了保证交通的连续性和安全性，通过多次现场踏勘和多次协商，最终选定了最为合理的绿道选线，针对现有林木和绿道道路时有冲突的问题，设计了宽度为2.4m的红色露骨料透水混凝土骑行道，这种透水

结合现状水闸的场地

材料可以人工摊铺，避免因大型施工机械进入而对现有林木产生损伤和破坏，最大限度地保留现有林木。

3. 主次节点，间或布置

一方面，对规划范围内的用地进行普遍的修复整理；另一方面，结合

垃圾场修复成草坡

林荫绿道

绿道中慢跑的人

现有资源，对主要节点进行合理改造和提升设计，形成滨河、林中、开敞、私密的多种空间类型的精致休息节点。

4. 保护现状，合理绿植

基于保留温榆河气势恢宏、简约大气的河流特色的理念，项目最大程度地保留河流现状，并对现状林进行有效的梳理，林下种植地被，局部节点丰富种植群落。

项目于2014年底建设完成，温榆河—北运河（通州城市段）绿道的建设丰富了北京城市绿道体系，基本实现了"骑行温榆河、水岸慢生活"的目标。

设计单位：北京北林地景园林规划设计院有限责任公司

项目负责人：孔宪琨

主要设计人：

范万玺　应欣　李军　袁欣悦

绿道中的场地 摄影：孔宪琨

64. 野鸭湖国家湿地公园湿地保护工程

2015年度北京园林优秀设计奖三等奖

一、项目概况

野鸭湖湿地自然保护区位于北京市延庆县西部,北京市与河北省交界处,距北京市区约80km,是北京地区最大的湿地。规划设计以野鸭湖湿地文化广场为核心,通过湿地展示区及科普宣教区向外界宣扬了湿地保护的重要性,展示了湿地生态系统的科普性及生态旅游的参与性。

二、设计原则与策略

项目以生态保护为根本设计原则,通过生态敏感度分析,划分不同级别的保护区,利用生态修复的手段,以灌木和草本、水生湿生植物种植为主,充分保护提升了自然湿地、动物栖息地的生态环境。

以保护湿地生态系统结构完整性、生态功能和生态过程的连续性为前提,对现存湿地实施全面保护,维护湿地生物多样性,确保优先重点保护对象得到有效保护。优先考虑珍稀水禽、湿地自然景观保护,兼顾一般水鸟、候鸟的保护,扩大珍稀种群数量,增强保护区的生态平衡能力和系统运行的稳定性,维护保护区生态多样性。

野鸭湖自然保护区独特的地形、地貌、气候、水文特点,形成了多种生态系统,在建设过程中要因地制宜,利用不同本地本底条件构建不同的生境,以满足适应不同生境的物种的需求,而且,要考虑不同生境的过渡和连续,认识湿地保护区域与周边环境的联系,深刻理解保护区特性,正确指导湿地建设。

考虑到湿地公园有适当的保护监测、科普考察、生态旅游等功能,因地制宜规划了部分配套服务设施,例如湿地科研综合楼、保护站、野生动物救助站、巡回步道、防火瞭望塔、生态厕所等。

① 木栈道
② 瞭望塔
③ 观鸟台
④ 湿地科研综合楼
⑤ 野生动物救助站
⑥ 巡回步道

野鸭湖国家湿地公园平面图

中小学生科普活动开展地

公园内标识系统完备，具有科普教育功能

保护站建筑体型为三角形，屋顶直坡到地面，削弱了屋顶与墙的概念，屋顶材质采用木和玻璃相结合的形式，使整个建筑贴近自然，融入环境中。野生动物救助中心面积213m²，采用钢混结构，外表皮采用木材质，与上边两个建筑风格配套统一，造型新颖。屋顶材料为木包钢，屋顶及屋檐下部吊顶采用波浪形木龙骨，使人视线所及的范围灵动而活泼。室内空间丰富而新颖，立面材料以落地玻璃和百页为主，光线透过百页打进室内，形成柔和的光影效果。

瞭望塔具有防火监测、湿地生态因子和湿地资源监测及实时监控无线信号接收等功能。较大的瞭望塔利用观察室设置茶室等休息空间，提供休息空间的同时还可以产生经济效益，另安装360°旋转高清监控摄像头、太阳能板等设施。

设计单位：易兰规划设计院
主要设计者：陈跃中　王秀娥　于磊等

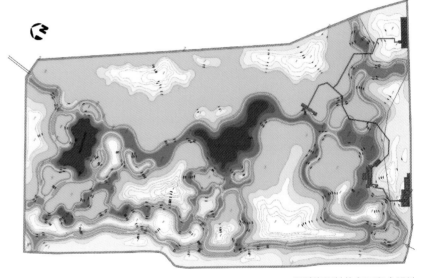

野鸭湖湿地恢复区竖向设计

野生动物救助中心

保护站

瞭望观鸟塔

一、项目概况

西二旗公租房代征绿地位于海淀区安宁庄路以北，西近京新高速、地铁13号线和京包铁路，东侧紧临西二旗公租房小区，南近悦MOMA小区。地块南北长约140m，东西长约140m，宽20～30m，呈"L"形带状分布，设计面积5540m²。

二、现状概况

由于项目西、南侧规划道路均未实施，因此从周边区域进入绿地的通达性较差。目前地块的主要使用者为公租房的承租人和东侧燕尚园的居民。

项目周边除西侧30m宽铁道防护绿地外，周边并无其他集中公共绿地。而公租房居住空间小，人口密度大，社区内亦没有适合居民活动的公共场地，因此急需建设多功能的活动空间供周边居民使用。

项目地势比较平坦，原始场地有一些多年生长的乔木，长势良好。

三、设计理念

新兴事物公租房的出现能够有效减轻低收入家庭的负担，但是在有限地块最大化利用以节约经济成本的前提下，公租房在设计时因更多地强调实用性而挤压了使用者的户外活动空间。因此，作为公租房绿地的补充，本地块在充分考虑承租者年龄区间的基础上，设计丰富的活动场地，以满足不同人群的功能需求，为公租房居民创造舒适宜人的休闲空间。

四、总体布局

设计依据人群使用需求，将地块划分为四个功能空间。

（一）健身广场

提供较为充裕的活动空间和林下休憩场地，让使用者可根据自身的需求展开休闲活动。

（二）休憩广场

场地使用丛生花灌木进行围合，同时结合观赏草种植宿根花卉，通过植物的精细配置，提升场地的观赏性。

（三）儿童乐园

提供铺设安全地垫的开敞空间和单体较小的儿童游乐小品，主要满足幼龄儿童的不同活动需求。

（四）林荫广场

结合现状植物提供舒适的林下休闲场地。

五、种植设计及主要树种

尽量保留现场大树，在此基础上增加落叶乔木、小乔木、灌木及地被花卉，力求达到层次丰富、疏密有致的效果。同时大量使用低养护成本植物，实现地块的经济性和可持续发展。采用的主要树种如下。

1. 落乔

包括馒头柳、国槐、毛白杨、西府海棠、紫叶李等。

2. 常乔

包括油松、桧柏。

3. 花灌木

包括天目琼花、金银木、醉鱼草、黄栌等。

4. 地被

包括狼尾草、须芒草、蓝羊茅、松果菊、八宝、马蔺等。

六、结语

公园建成后，成为周边居民必不可少的日常活动、交流、娱乐、休憩的场所，形成周边绿地功能上的补充。丰富有趣的儿童活动场地、舒适温馨的林下休闲广场在为公租房居民创造优美宜人的停留空间的同时，更为他们营造了"家园"的空间氛围，

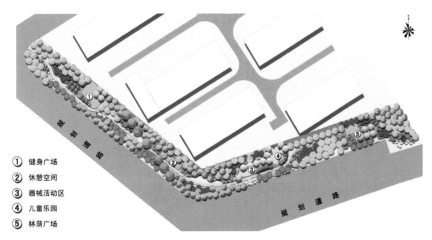

① 健身广场
② 休憩空间
③ 器械活动区
④ 儿童乐园
⑤ 林荫广场

总平面图

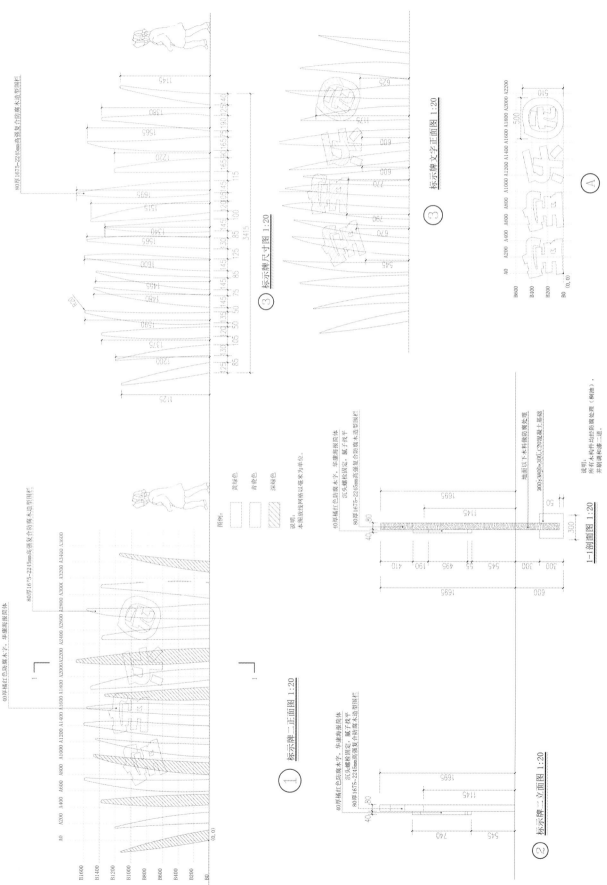

标示牌—正面图 1:20 ①

标示牌二立面图 1:20 ②

标示牌文字正面图 1:20 ③

标示牌尺寸图 1:20 ③

1—1剖面图 1:20

图例：

黄绿色
青绿色
深绿色

说明：
本图放线网格以毫米为单位。

说明：
所有木构件均经防腐处理（桐油），
并钢调漆刷漆二遍。

标示牌图

为今后公租房配套绿地的设计提供了有效的实践经验。

设计单位：北京市海淀园林工程设计所
项目负责人：任艳君
设计人员：任艳君　袁晓珍

标示牌

儿童小品

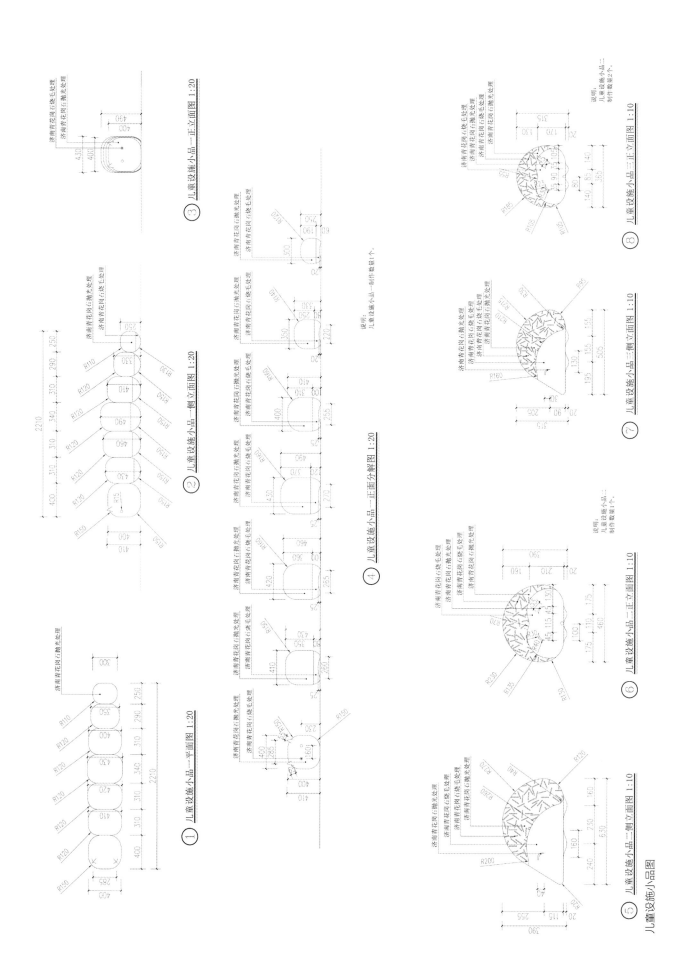

儿童设施小品—平面图 1:20

① 儿童设施小品—平面图 1:20

② 儿童设施小品—侧立面图 1:20

③ 儿童设施小品—正立面图 1:20

④ 儿童设施小品—正面分解图 1:20

说明：
儿童设施小品—制作数量1个。

⑤ 儿童设施小品二侧立面图 1:10

⑥ 儿童设施小品二正立面图 1:10

说明：
儿童设施小品二
制作数量1个。

⑦ 儿童设施小品三侧立面图 1:10

⑧ 儿童设施小品三正立面图 1:10

说明：
儿童设施小品三
制作数量2个。

儿童设施小品图

一、项目概况

颐慧佳园代征绿地位于海淀区颐慧佳园东西两区之间，东侧为规划定慧寺东路，西侧为颐慧佳园小区围墙，南侧为规划五路居南街，北侧为彰化南路。南北长约220m，东西宽约57m，占地面积约12457m²。

二、现状情况

代征绿地周边有颐慧佳园、美丽经典园等多个居住小区，人口密集，对绿地使用需求较大。

改造前绿地整体环境杂乱，种植简易、地表裸露，道路系统不完整，活动场地紧邻市政道路且破损严重，现状绿地已经无法满足周边人群的使用需求。

三、设计目标及原则

设计以绿化种植为主体，完善交通，增加设施，旨在为居民创造出舒适宜人的街头绿地。设计原则为如下。

（一）生态性原则

充分考虑绿地的生态功能，乔灌草复层搭配，以乡土树种为主，搭配适应性较强的地被及宿根花卉，丰富季相变化。

（二）功能性原则

通过合理布局增加多样的活动空间及休憩场地；丰富内容，根据不同场地特性布置相应的休憩及活动设施。

四、详细设计

整个公园分为南北两个部分，通过一条主路进行串连。北部功能为休闲观赏，通过布置特色挡墙对场地进行区域划分，结合廊架、花池等设施营造出宿根花卉展示区。

南部为健身活动为主，整体布局形式活泼，通过绿地进行隔离，蓝色塑胶跑道穿插其中，空间层次丰富。包含健身器械林荫广场和木平台。

五、种植设计

种植苗木选用北京乡土树种，整体种植与地形和空间结合，主要突出春花景观。北部的花卉观赏区种植了多个品种的北京地区适用的宿根花卉（月季、荆芥、黑心菊等）及观赏草，增加了夏季景观，丰富了季相变化，形成了较好的植物特色。

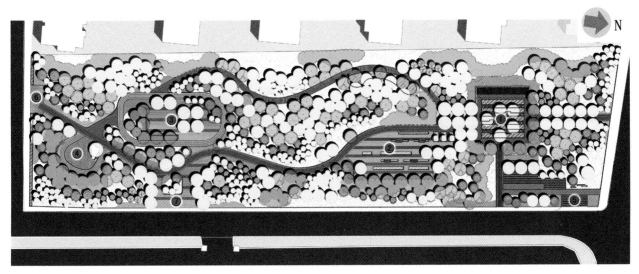

图例:
❶ 安静休闲区　　❸ 器械健身区　　❺ 北入口　　❼ 东入口
❷ 花卉观赏区　　❹ 儿童活动区　　❻ 南入口

总平面图

花卉观赏区钢板座椅

安静休闲区观赏草景观

安静休闲区廊架

健身器械区蓝色跑道

设计单位：北京市海淀园林工程设计所

项目负责人：马磊

设计人员：马磊　宋阳

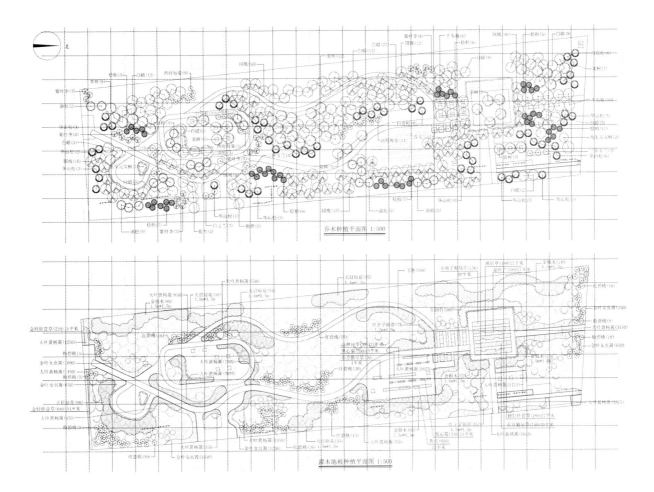

乔木种植平面图 1:500

灌木地被种植平面图 1:500

种植图

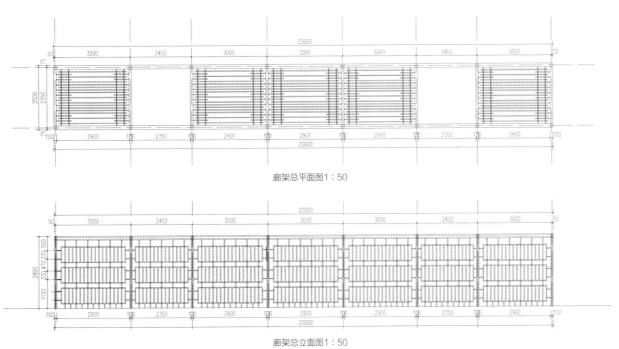

廊架总平面图1:50

廊架总立面图1:50

廊架详图

67. 郭庄子城市休闲森林公园

2015 年度北京园林优秀设计三等奖

一、周边概况

郭庄子城市休闲森林公园位于丰台区小屯路和京石高速连接处，小屯路连接莲石东路和京石高速，宽60m，是一条主要的城市干道，两侧是成熟居住区。京石高速作为贯穿丰台区的城市高速，两侧景观是城市形象。此路口以后是地铁站，是重要的人流集散地。因此，该区域具有三个属性，分别是城市绿带、市民休闲和道路景观。

二、设计理念

公园以"城市中的自然"为设计理念，分为西段、西南段、东南段3部分，西段为带状绿地，设计为一个城市开放空间，营造小屯路景观界面；西南段与地铁站相邻，设计林下休息空间，以供人流集散；东南段邻京石路，为了使活动空间不受车流影响，设计为一个封闭空间，外围作为城市高速绿化隔离带，园内设计活动休闲场地。

三、景观植物

1. 落樱花雨区

西侧临街绿地以樱花为主，营造浪漫花海，采用规则形式与自然形式结合的方法营造植物景观。

2. 绚彩金秋区

主路东侧绿地以各种秋色叶和常年异色叶树种搭配种植，形成绚丽梦幻的秋色叶景观。

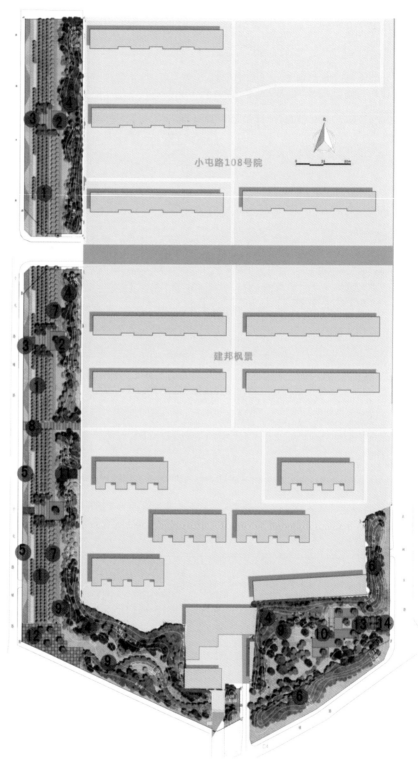

总平面图

鸟瞰效果图

入口种植广场

3. 活动广场区

应用了树阵、树池、自然式种植等多种种植形式，植物景观丰富。

4. 自然景观区

采用自然式种植，保留效果好的现状树，结合富有季相变化的植物品种，营造丰富多彩的植物景观效果。

四、景观节点

西段场地为长条带状绿地，以纯净大气的景观为主，整个构图富有节奏感，在沿街部分设计了有节奏的坡形地形，并设计了大片的樱花林，突出视觉效果，形成小屯路景观特色，营造早春赏花佳境。背景种植采用以

廊架

银红槭、银杏为主基调的秋色背景林。在林间布置休息节点，林荫道连接贯通，间隔50～100m开口与小屯路连接，方便市民出入。入口设计廊架，丰富小屯路道路景观，打造有特点的城市道路景观界面。东南段绿地是公园的中心绿地，东侧为主入口，中心广场上设置1个遮阳廊架、5个木平台种植池坐凳，方便居民活动休息，结合人行小径，保留现状树。

设计单位：中外园林建设有限公司
项目主持人：庞宇　李洋洋
主要设计人：
李长缨　郭明　唐睿睿　陈士宁

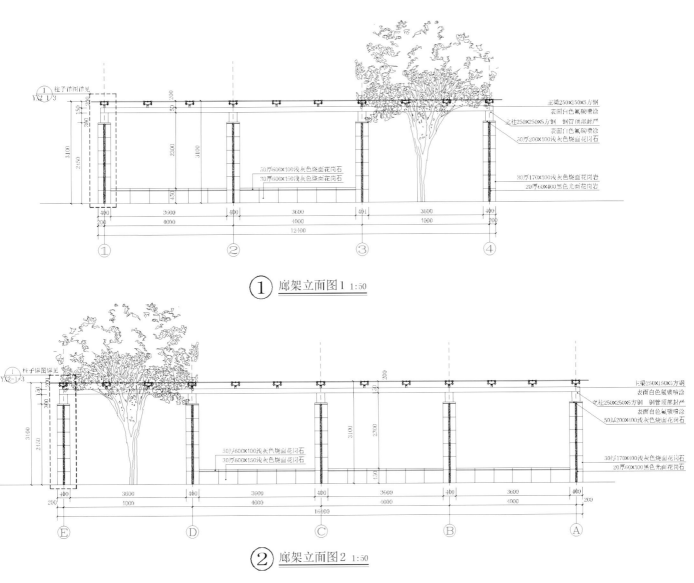

① 廊架立面图1 1:50

② 廊架立面图2 1:50

廊架

68. 龙泉湾滨水绿廊
2015年度北京园林优秀设计三等奖

龙泉湾滨水绿廊位于北京市门头沟区龙泉镇永定河西岸，属于带状滨河绿地，面积4.3hm²，沿线长度1.8km。项目于2013年9月开始设计，2014年3月开始施工，于2014年9月竣工。设计预算总额为1985万元，竣工结算总额为1836万元。龙泉湾滨水绿廊作为门头沟百里画廊的重要组成部分，是进入门头沟百里画廊的浅山区景观门户，同时也是2014年北京市门头沟绿色通道建设的亮点。

项目所在地龙泉镇紧邻永定河，自然山水秀美。历史悠久，文化底蕴丰富，辽窑文化、琉璃文化是当地地域文化特色，是永定河文化的重要组成部分。设计在游憩空间、植物色彩、景观小品等方面与地域文化紧密结合，并将其充分表达。

龙泉湾滨水绿廊让人们更好地欣赏永定河自然山水风光的同时，发掘当地历史文化，将辽三彩的色彩和造型与传统琉璃工艺巧妙结合，运用现代的方式加以表达——运用在滨水栏杆、景观庭院灯和台阶挡墙处，为琉璃传统工艺的创新提供了尝试和展示的机会，给传统和古老的技艺赋予了现代和时尚的气息。

项目完成后收获了当地居民和游人的良好口碑，同时引起了市级区级媒体的广泛关注。

设计单位：北京创新景观园林设计公司
项目负责人：林雪岩
主要设计人：林雪岩　张海松　赵滨松

改造前

改造后

改造前

改造后

改造前后对比

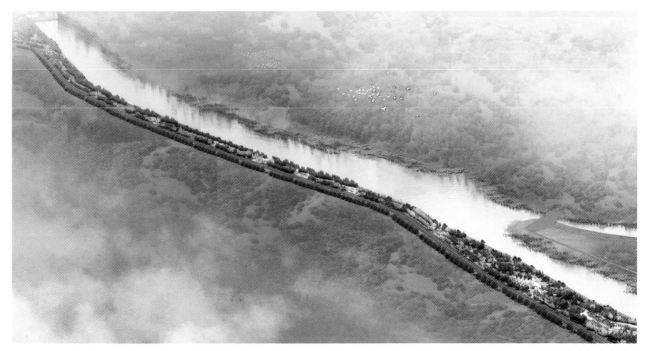

龙泉湾滨水绿廊鸟瞰图

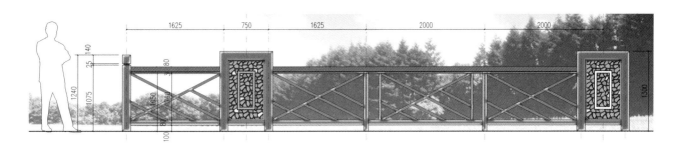

特色景观栏杆立面图

制作中的琉璃饰板

完成后的琉璃栏杆

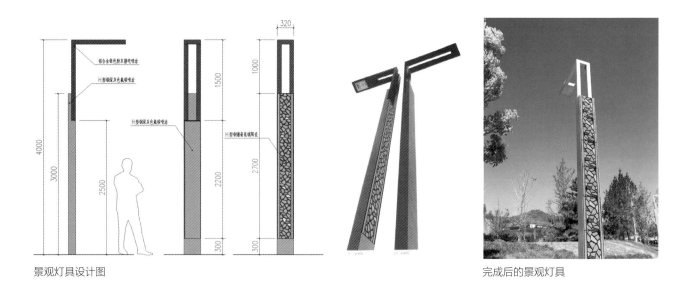

景观灯具设计图

完成后的景观灯具

景观灯具与特色栏杆相互呼应

设计前、设计中和完成后对比图

亲水台阶挡墙

亲水挑台

图书在版编目（CIP）数据

北京园林优秀设计：2009–2016：全2册／北京市园林绿化局，
北京园林学会编. —北京：中国建筑工业出版社，2018.3
ISBN 978-7-112-21900-1

Ⅰ.①北… Ⅱ.①北… ②北… Ⅲ.①园林设计－作品集－北京－
现代 Ⅳ.①TU986.2

中国版本图书馆CIP数据核字（2018）第041014号

责任编辑：郑淮兵　王晓迪
书籍设计：锋尚设计
封面题字：孙大章
责任校对：姜小莲

北京园林优秀设计2009–2016

北京市园林绿化局
北京园林学会　编

*

中国建筑工业出版社出版、发行（北京海淀三里河路9号）
各地新华书店、建筑书店经销
北京锋尚制版有限公司制版
北京富诚彩色印刷有限公司印刷

*

开本：880×1230毫米　1/16　印张：49　字数：1426千字
2019年5月第一版　2019年5月第一次印刷
定价：598.00元（上、下册）
ISBN 978 – 7 – 112 – 21900 – 1
　　　（31616）

北京园林优秀设计

2009-2016

下

北京市园林绿化局
北京园林学会 编

中国建筑工业出版社

目 录
CONTENTS

「上」

公园绿地

「 下 」

道路绿化

屋顶绿化

其他附属绿地

公园绿地
2016年度

69. 北坞公园

2016年度北京园林优秀设计一等奖

一、项目位置与面积

北坞公园位于海淀区四季青镇东北部，北坞村路以东、颐和园西路以北。项目分两期建设，一期2010年竣工，二期2016年竣工，项目总面积约33km²。

二、项目规划背景

北坞公园是海淀区西北部"园外园"整体规划的一部分。"园外园"总面积13.98km²，定位为"三山五园"世界文化遗产景观区的重要支撑，皇家园林和京西历史文化延展的重要区域，京城唯一以山水田园风光为特色、以御苑皇家文化为背景的近郊休闲游憩区。北坞公园位于"园外园"中的东部山水田园片区，距玉泉山较近，在海淀区绿地系统规划中定位为公园绿地。

三、场地的历史变迁

场地是2009年北坞村由于私搭乱建严重、整体实施拆迁腾退出来的。场地内遗存的旧址仅剩1座两进院的金山寺和1座独立的关帝庙。

历史上，该村始建于明，明永乐年间发水患，朝廷在此建船坞救灾，因此成村。后期水资源逐年减少，渐从湖泊退化为沼泽，再变化为水田和旱田。根据调查，北坞村景观的鼎盛时期大约在清乾隆晚期，它作为清漪园西部耕织图景区的外延，拥有上千顷的稻田，保留着原始的村野气息，又兼有江南的水乡风光。这个时期，此地曾经有高水湖和养水湖两个调蓄池，因此这里是北京西北郊一处独特的江南田园风光的景致，是三山五园、皇家园林之间重要的景观基底。

场地在文化层面上体现出当时农耕社会帝王重视农桑的思想。每逢春耕前，天子、诸侯都会亲耕籍田，以示对农业的重视，有勉励天下务农之意。据称，当年乾隆帝下江南，携回紫金箍水稻良种，在京西试种，所产谷米供宫廷食用，因而又誉之为"贡米"，也就是后期著名的"京西稻"。

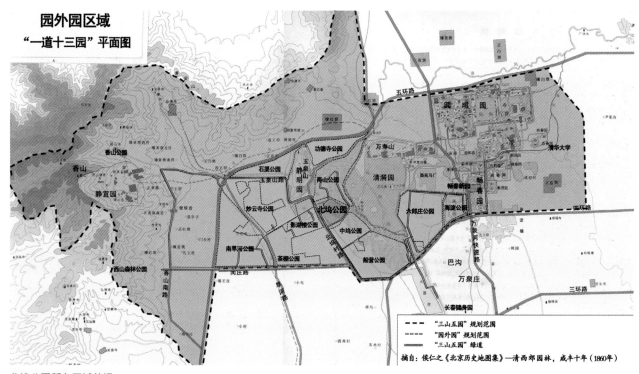

北坞公园所在区域总规

结合现代雕塑的田园景观

四、建设目标

　　项目以生态恢复和历史文化恢复为主要目的，同时更好地服务本区域及北京市民。通过环境条件的改善、人文环境的设立以及绿化空间的形成等多种元素交织和介入，实现绿色自然的游憩环境，构建一个意趣生动、内蕴丰富的人与自然和文化多角度多层次的交往空间及休憩场所，建设成为一个集日常健身休憩及周末休闲活动为一体的环境优美、内容丰富、融合了现代健康休闲理念和郊野气息的综合休闲公园。

北坞印象现场

籍田耕织现场

五、设计原则

1. 生态优先、适地适树，建立完善的雨水收集与下渗机制，构建稳定丰富的乡土植被体系。

2. 以对"三山五园"世界文化遗产的保护为前提，延续区域历史文脉，恢复场地记忆。

3. 通过合理保留利用、优化布局，将原有农业景观与绿地资源融入整体风格之中。

4. 集休闲、游赏、教育于一体，充分发挥绿地的多重功能，实现田园景致的丰富性。

公园方案总平面图

高湖塔影　　　　　　　　　　　　　　　　　　古寺乡情

六、设计构思

北坞公园突出历史文化，但不是要建立一个独立的公园，建成后也不是这个地区的景观主角，它首先是以生态恢复和历史文化恢复为主要目的，要和谐融于周边历史名园的文化氛围之中。

作为新建公园，设计并不因紧邻颐和园和玉泉山而完全沿用古典园林的设计手法，而是力图采用新中式的手法，在借景、框景等手法上沿承古典，形式上新旧结合，与周边历史名园的景观融为一体，利用现代雕塑表现历史故事；种植上也脱离古典园林的手法，引入现代农业景观；同时，公园的设计还在过程中不断修改调整，从而满足了社会植树纪念的需求。

公园的基本构架表现为"一个中心、八大景点"。

（一）一个中心

延承"园外园"总体规划中"山—水—田—园—城"融合的思想，通过大面积的稻田景观与水系肌理、植物景观整合来实现历史的田园特色。

（二）八个景点

依托场地特征、文化特性、村落痕迹与特定事件，分为"籍田耕织""曲廊藤影""双林聚贤""兴林寄语""新庐秋韵""高湖塔影""北坞印象""古寺乡情"8个景点。

"兴林寄语"是国家领导人植树的纪念，也是推动北坞公园建设的一大动力。"双林聚贤"是因植树活动体现了社会不同群体对生态建设的关怀与帮助。"北坞印象""高湖塔影"是借助开阔的视野条件，进而通过现代的轴线手法结合农业景观来实现

公园南入口　　　　　　　　　　　　　　　　　　公园西入口

湖南侧传统长廊

借景，通过水景及园林建筑来实现框景。"古寺乡情"是利用了现状保留的毛白杨的林下空间来创造的。虽然毛白杨不是乡土树种，但它是当地居民记忆中的树，熟悉并能提供有亲切感的休息空间。

七、种植设计

"田园景致、生态优先"是北坞公园种植的主要特点。掌握植物大景观，突出特色；优先保护现有遗存的乡土树种，在此基础上突出稻田景观，结合配置各种观赏植物，从植物景观的多样性出发对不同区域的景观空间进行设计布局。

1. 春看杏花桃柳

在林缘、水边、场地边缘，选择花灌木，加大桃树杏树的比例，形成特色。

2. 夏闻槐花飘香

为适应村落拆迁后的瘠薄土壤，大量种植适应性强、成活率高的洋槐、国槐和油松。

3. 秋赏彩叶图画

在洋槐、国槐的基调下增加元宝枫、白蜡等色叶树，以吻合大西山整体的秋叶景观。

4. 冬望松梅傲雪

结合原有部长林补植将军林，形成东部山体的常绿特色。

设计单位：北京创新景观园林设计有限责任公司

项目负责人：林雪岩

主要参与人员：

辛奕　赵滨松　李林梅　苑朋淼

刘植梅　闫东刚

公园地形图

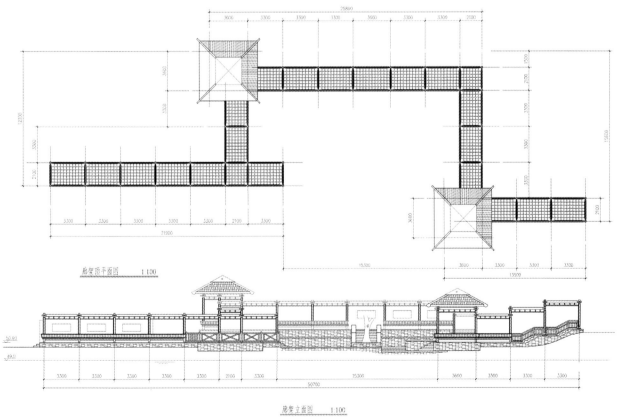

廊架顶平面图　1:100

廊架立面图　1:100

公园新中式花架

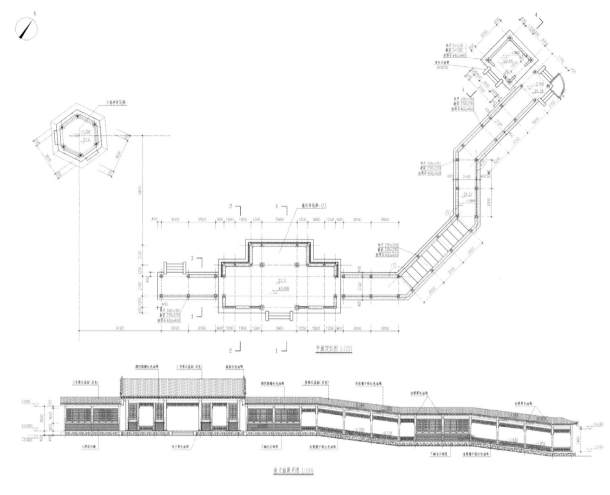

平面定位图 1:100

南立面展开图 1:100

北立面展开图 1:100

公园传统长廊

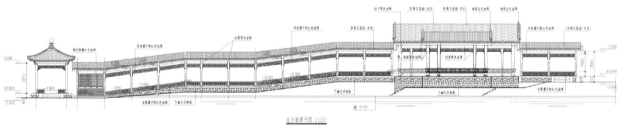

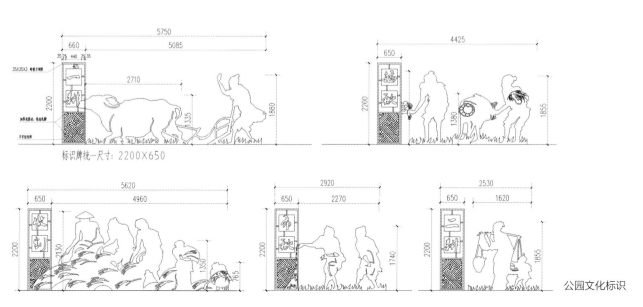

标识牌统一尺寸：2200×650

公园文化标识

公园种植图局部

70. 环二环绿道 *

一、设计背景

环二环绿道是北京市绿道体系最核心的市级绿道，全长35km。随着近年来金融街绿地、北二环城市公园等沿线公共绿地的相续建设，二环沿线的绿化景观有了良好的基底。但之前存在各区分散设计、没有统一规划的现象。北京市园林局于2011年提出合并整合、统一规划、统一建设"环二环绿道"的设计方向，对二环沿线

剩余的涉及东城、西城、朝阳、丰台4个区的城市绿地与之前的建成段进行了整合，统一规划设计，并于2011年率先启动了西二环沿线"营城建都滨水绿道"这一样板段工程，取得了一定成效。

随后，2012年启动了剩余的120万m²、涉及4个区城市绿地的统一规划，其中滨水绿道约20km，50万m²。主要建设范围包括二环沿线北护城河

沿岸绿地、南护城河沿岸绿地、东二环外环城市绿地，在此基础上将二环沿线的北二环城市公园、东二环内环城市公园、西二环金融街绿地、西护营城建都滨水绿道等已建成的城市公共绿地串连起来，打造北京市特有的"环二环"绿地品牌。

环二环绿道作为四区合一的规划项目，其地块权属的多样性、复杂性，地理位置的特殊性、唯一性，沿线历史

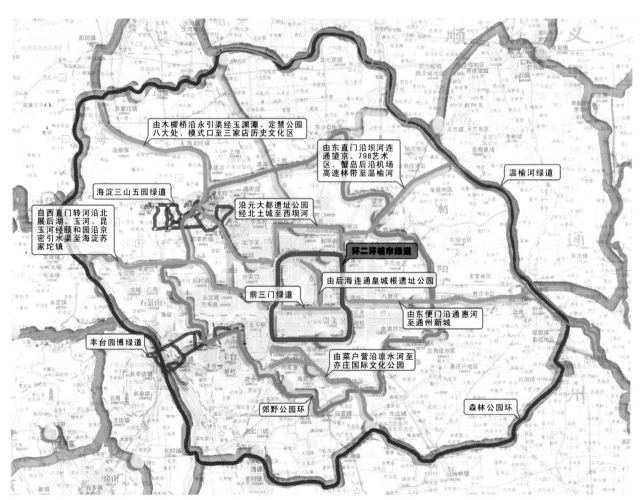

北京市绿道分布图

---

* 本部分为"环二环绿道"项目情况概述。环二环绿道项目包括西城段、东城段、朝阳段和丰台段，其中，西城段为2016年度一等奖，东城段为2016年度二等奖，朝阳段和丰台段为2016年度三等奖。为了更好地展现环二环绿道项目的完整性，故将4个路段的项目整体归于2016年度一等奖分类下。——编者注

文化背景的丰富性、厚重性，决定了它具有有别于其他绿道的独特性。

二、项目特色

（一）地理位置的独特唯一性

它是北京市内最核心的一条交通环路主干道，代表着首都的对外形象，在北京整个绿道规划中起着核心的串连作用。

（二）贯彻二环绿色城墙的生态理念，打造环二环特有的绿地品牌效应

规划首次将二环沿线所有城市公共绿地、河道绿地及市政道路绿地统一规划，在二环"绿色城墙"整体概念指导下整合改造，打造北京市特有的环二环都市型绿道。

（三）沿线结合北京古都的文化底蕴，打造景观亮点

二环沿线文物古迹、文化景点众多，设计时将沿线文化以多种手法引入景观之中，打造不同主题的文化景观亮点，同时串连起二环周边的文物古迹及文化景点，提升绿地的文化品质。

（四）内城区滨水资源的生态最优化

本次规划范围内的南、北护城河道是北京市内城区难得的城中河道，滨水资源尤为宝贵。规划将多年来分属城市园林部门和河道管理部门的绿地资源统筹规划，最大限度地提升滨水绿地资源的利用率，构建品质优良的城市绿地体系。

（五）构建环二环慢行系统、倡导绿色出行，慢行回归生活

环二环绿道步行系统依托沿线的城市滨水空间、带状绿地而建，建成

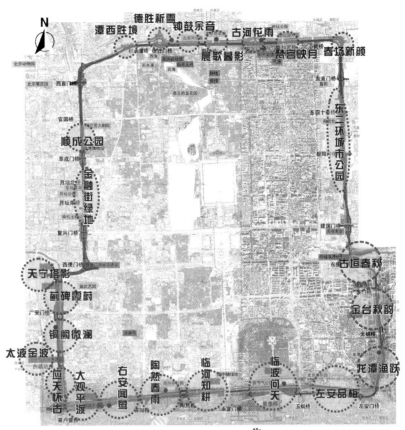

环二环文化景观节点分布图

后形成了"南北护城河滨水绿道、东西二环商务金融区精品带状城市绿道"的环二环步行系统格局：绿道以北中轴为起始点，北二环段（西直门—东直门段）贯穿内环的城市公园、外环的护城河两岸滨水绿地；东二环段（东直门—东便门段）贯穿内外环的城市公园；南护城河段（东便门—西便门）贯穿护城河沿岸的滨水绿地及百米芳华园、南厢大绿地、金中都公园、西滨河公园4个沿河城市公园；西二环段（西便门—西直门）贯穿内环沿线的金融街绿地、顺城公园，由于二环本身已形成道路交通格局，绿道的串连不可避免地借道部分市政道路及市政桥区通道，最终形成环二环绿道的全线贯通。

三、结语

环二环项目规划重点是提高中心城区沿线土地资源利用率，升级改造滨水绿化景观，在文化、景观、生态和社会效益方面都造成了巨大的影响。建成以后，河道周边绿地与河道一起构成重要的城市开放空间，改善城区生态环境，形成区域绿环，切实造福于人民，提高城市宜居水平和发展品质，促进北京国际化发展的进程。

整个环二环绿道项目的建成弥补了一直以来各区分散建设的凌乱状态，对充分利用城市绿色空间，实现生态建设的综合效益；倡导绿色出行，建设人本宜民城市；强化首都文化魅力，建设特色世界城市；整合全市绿道项目，推动绿道体系建设具有重要意义。

环二环绿道——西城段

2016 年度北京园林优秀设计一等奖

一、项目概况

环二环绿道项目西城段东起鼓楼桥，西至西直门桥，包括西城区界内北护城河段沿岸绿地及德胜门西大街北侧部分公共绿地，全长3.3km，绿化总面积11.4万m²。建成后与顺成公园、西二环金融街绿地、西护营城建都滨水绿道等已建成的城市公共绿地共同组成西城区"环二环"绿道系统，并与环二环绿道东城段、丰台段相接，最终完成环二环绿道的整体串连。

二、景观策略

环二环绿道西城段在环二环"绿色城墙"整体设计理念的指导下，结合场地自身特点，提出增绿、驻足、联通、添彩4个景观策略，有针对性地解决北护城河两岸种植条件较差、停留空间不足、道路铺装老旧、人行交通不连续等现状问题，并展示沿线独有的文化内涵。

（一）增绿

设计在护城河河坡较陡处增设生态挡墙，改善护坡种植条件，在市政人行道上设置连通树池，将人行道引入绿地中，增加种植空间。充分利用仅有的绿地资源，增加复层种植、垂直绿化及水生植物，丰富植物层次及物种多样性。更新老化树种，适当增加彩叶植物及春花植物，重点体现沿线春景为主的植物景观特色。

（二）驻足

整个绿道沿线设置了悬挑平台、休闲驿站、林荫广场等多种形式的场地，并完善便民服务设施，增加廊架、座椅、照明等，提升场地的功能

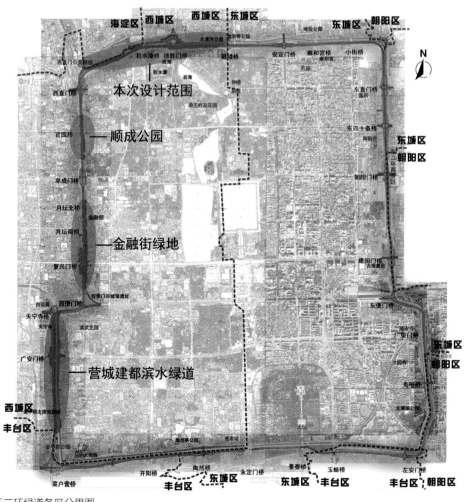

环二环绿道各区分界图

性及舒适性，为周边居民提供多种活动空间。此外，北护城河南岸原有近1m高的实体挡墙，本次改造将挡墙拆除，改为通透性更好的栏杆，将护城河沿二环一侧的展示面打开，提升了二环人行道的观景感受，吸引游人停留。

（三）连通

护城河沿线设置12处上下连通台阶、两处跨河栈道，并借助已有市政道路及市政桥形成连贯的沿河立体交通慢行系统，同时利用完善的标识串连起周边各类绿地空间，提升游览趣味性及舒适性。

（四）添彩

依据沿线分布的钟鼓楼、德胜门、积水潭等地域文化设置"钟鼓余音""德胜祈雪""潭西胜境"3处文化景观节点，设计贯穿全线的特色栏杆及主题logo，体现场地独有的文化内涵，提升绿地品质。

1．钟鼓余音

钟鼓余音景点位于鼓楼桥西侧，南岸以"钟""鼓"为主题，在小品、挡墙、铺装等形式中融入"鼓"的元素，让人在游览中感受到老北京那演奏了500年的"钟鼓余音"。北岸结合奇石馆公园外的公共空间，设置平

台、树池、景墙及环二环绿道（西城段）起始点主题雕塑并篆刻建园记，打造环二环绿道（西城段）入口景观，与鼓楼桥东侧东城区界内的环二环起始景观形成呼应。

2．德胜祈雪

德胜门是北京城北侧唯一保留下来的城楼（箭楼），是老北京城不可多得的见证，更是北京的重要标志物之一。乾隆二十二年（1757年）天下大旱，乾隆出城祭祀归来，至德胜门处喜逢大雪霁下，故于德胜门赋祈雪诗二首，并建立御制祈雪碑，因此留下了"德胜祈雪"的典故。德胜祈雪

护坡生态挡墙与亲水步道

观景平台及连通台阶

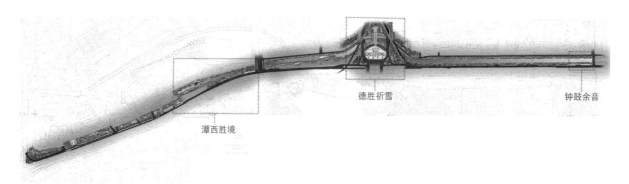

潭西胜境　　　德胜祈雪　　　钟鼓余音

文化景观节点分布图

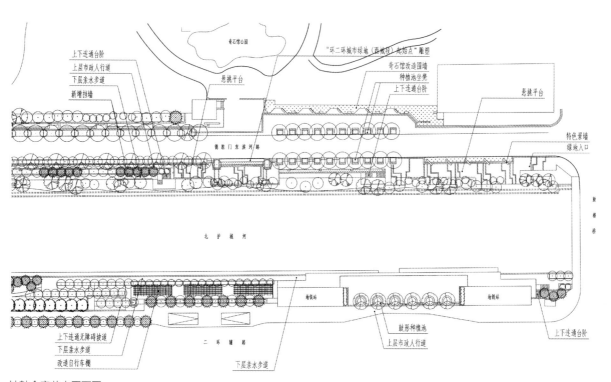

钟鼓余音节点平面图

雨后的奇石馆公园门前

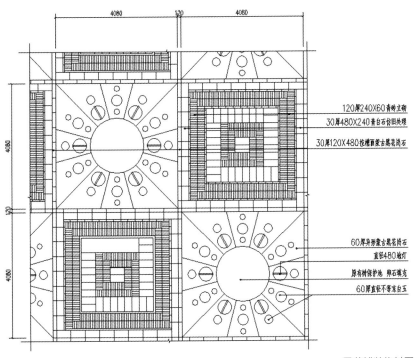

120厚240X60青砖立砌
30厚480X240青白石仿旧处理
30厚120X480拉槽面黑古黑花岗石

60厚异形蒙古黑花岗石
直径480地灯
原有树保护池 羽石填充
60厚直径不等灰白玉

雪花铺装物料图

雪花铺装广场

景点以德胜门箭楼为中心，以突出城楼的古老巍峨为重点，通过扩展绿地空间、连通人行系统、完善服务设施等方式，整体打造德胜门周边环境，形成以德胜门城楼为中心围绕成环的绿地体系。在景观风格上，大量种植山杏，借用白色杏花表达雪景，并设计特色雪花铺装以烘托古老的城楼和"祈雪"的主题。

3. 潭西胜境

潭西胜境景点位于积水潭桥西侧，北护城河由此向西改为暗涵连通，因此此处形成了一片独立的水面。本景区以清乾隆二十六年《积水潭即景诗》为蓝本，在现有绿化的基础上，沿岸种植山桃碧桃等春景植物，在河道内大量种植荷花、慈姑、鸢尾等水生植物，增加跨河栈道，并以自然的水景为核心，在其周边打造了荷风坞、浮烟舫、盈玉洲等众多节点，形成一个颇具古韵的中国古典园林景观，让人漫游其间，可以领略当年积水潭畔的一隅风采。

积水潭即景诗

积水苍池蓄众流，节宣形胜巩皇州。
疏淤导顺植桃柳，三里长溪可进舟。
一座湖亭倚大堤，两边水自别高低。
片时济胜浮烟舫，春树人家望转迷。
烟中遥见庙垣红，瞬息灵祠抵汇通。
雨意溟濛犹未止，出郊即看麦苗芃。

三、设计突破

项目在多方的协调与配合下，最终实现了三个方面的突破与创新。第一，改造前，北护城河沿岸绿地分属多个部门，这造成一定程度上的设计

夏季荷花胜境

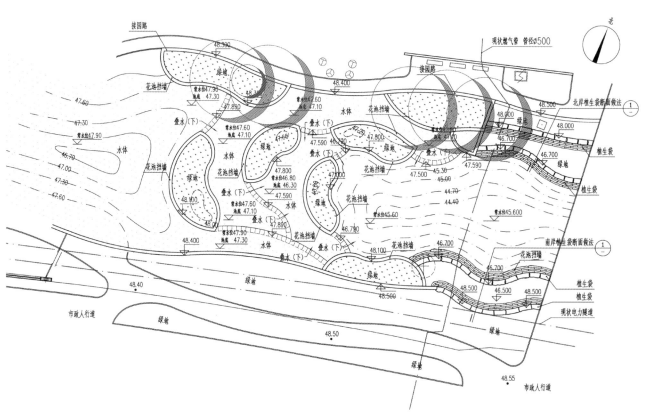

景观叠水平面图

潭西胜境——荷风坞

及管理不便。本次改造将不同权属绿地合并统一考虑，增加了北护城河沿岸绿地的宽度，改善了河道两岸的种植条件，也为市民提供了更多活动的空间。第二，改造后局部实现了市政人行道与公共绿地置换的设计，将市政人行道引入绿地内，在人行道外侧设置种植，保障了行人通行

的安全性，也使景观更为统一。第三，由于潭西胜境景点所在的护城河段不兼具行洪功能，因此本次改造首次实现了在护城河河道内的景观建设，形成了北京城区内少有的亲水型滨河景观，也是环二环绿道项目中唯一一处游人可以与水近距离互动的场地。

设计单位：北京山水心源景观设计院有限公司——刘巍工作室

项目负责人：刘巍

主要设计人员：

张鸿　许卫国　程欣慰　王丹

庞学花　赵恺　赵聪聪　盛大伟

环二环绿道——东城段

2016年度北京园林优秀设计一等奖

一、项目概况

东城段此次改造占整个项目的比重较大，由市区两级发改委共同投资，北起北中轴线鼓楼桥，南至南中轴线永定门西，具体建设地点位于东城区界内北护城河段、东二环段及南护城河段沿线两侧绿地及部分市政人行道，建设绿道约39km，总面积为66.23hm²。

二、设计思路及做法

（一）环二环起始景观点介绍

中轴自古以来就是北京对称式格局的中线，项目在北中轴沿线、鼓楼桥东侧东城界内选取一处现状绿地作为整个项目的北端起始点，设置主题雕塑，背面篆刻建园记。以入口广场、叠水、驿站、临水空间形式共同打造环二环的入口景观。

对于南中轴线，项目选取永定门桥沿河两侧对称地以"饕餮之镜、朱雀之舞"为主题，以城砖、青铜为材质，搭配以青松，呼应永定门城楼特色，打造二环绿道南端起始景观。

（二）北护段（鼓楼桥—东直门）

改造前北护城河沿线道路破损严重，道路系统不完善，缺乏亲水休闲空间，同时北岸市政人行道路较窄、

环二环绿道南中轴起始点景观

树池居中，通行性差。护坡属河道绿地，植被匮乏，黄土裸露。

北护段地处鼓楼、安定门、雍和宫、东直门沿线，以此为背景，打造了"晨歌暮影、古河化雨、梵宫映月、春场新颜"4个文化景观节点，设计风格定位自然野趣，追求闹中取静。着重改造、完善步行系统、打造宜人的亲水空间，将北岸人行便道置换进绿地，丰富护坡植物景观，提升绿地的功能性、生态性。

设计把百姓身边的老北京文化融入景观当中，希望运用现代的造景手法，唤起人们心底的共鸣。利用形成的挡土墙，选取京城记忆——"观棋不语""儿时意趣""夏日茶香"3个旧时老北京生活场景为主题打造文化景墙，让百姓在赏景、休闲的同时有一些温馨的回忆浮现在脑海里。

（三）东二环段（东直门—东便门）

地处中心城商贸区，周边居民及办公楼密集，改造重点为东二环外环

区界内的沿街城市绿地。原为园林部门养护的封闭式城市绿地，此次改造将绿道步行系统引入绿地中，沿线增加休闲场地设施，为周边居民及过往行人提供舒适的慢行休憩空间，同时依据沿线地域特色打造"水厂拾趣""春门祈福""谷仓新貌"3个文化景观节点。

（四）南护段（东便门—永定门）

改造重点为沿河两岸河道护坡绿地及相邻的城市绿地。现状为硬质

环二环绿道北中轴起始点景观

北护沿岸亲水平台景观　　　　　北护沿岸夜景景观

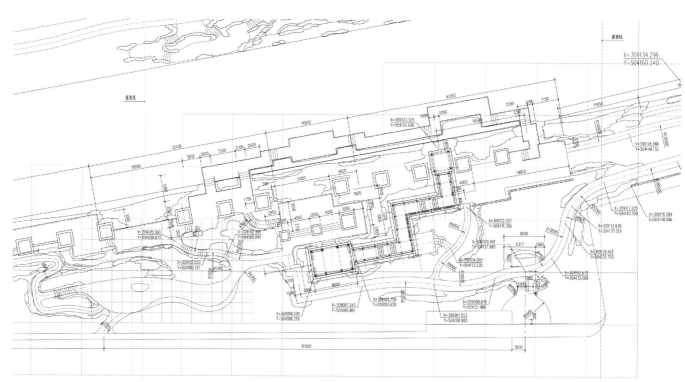

北护主要节点施工平面图

老北京文化"京城记忆"主题景墙夜景

"京城记忆"主题文化墙设计稿

东二环绿道步行系统景观

水厂拾趣节点特色廊架

南护休闲空间景观

南护沿河景观

陡坡护岸及硬质挡墙护岸，绿地坡度陡、种植条件差、空间有限。此次改造以生态修复为主，创造种植条件，在有限的空间内营造舒适宜人的滨水环境。沿线依据地域文化打造"古垣春秋""金台秋韵""龙潭鱼跃""左安品梅""临波问天"5个文化景观节点。

沿河休闲空间的设置是南护段的设计难点，现状空间局促，项目在护坡一侧以屋顶绿化的形式借出部分空间，直护岸的地段借助挡墙以单臂悬挑的形式为百姓营造滨水休闲空间。

三、结语

由于地理位置的特殊性，东城区作为中心城区，占据整个二环一半以上的空间范围，在此次规划项目中占有重要地位。项目建成后，会提升东城区的环境品质，提升城市公共绿地的功能性，在社会、生态、文化经济方面也会给东城区带来良好的影响。

设计单位：北京山水心源景观设计院有限公司——刘巍工作室

项目负责人：张立真

主要设计人员：

方芳　武娅巍　王丹　刘雅楠

庞学花　盛大伟　赵恺　仇铮

谷秀杉　栾永泰

图片来源：

"水护沿岸夜景景观""南护沿河景观"图由北京龙腾园林绿化工程公司提供，"北护沿岸夜景景观""老北京文化'京城记忆'主题景墙夜景""水厂拾趣节点特色廊架"图由北京世纪经典园林绿化有限公司提供。

一、项目概况

环二环绿道朝阳段位于二环沿线的东侧，具体建设地点位于东四十条桥向南沿朝阳区界内二环路外环城市公共绿地、东南护城河东岸城市公共绿地及部分市政道路用地，建设绿道约5km，共10.13hm²。

作为环二环项目不可分割的一部分，朝阳段在二环绿色城墙大的生态理念下，在"二环绿地品牌"的整体规划下，依据自身的特点，分为东二环段与东南护城河段，东二环段北接东城段，南护城河段南接丰台段，从而形成二环沿线绿道步行系统的整体串连。

二、具体方案

（一）东二环段

现状部分绿地有一定的空间，平均宽度25m，部分地段为封闭绿地，开放段绿地的现状步行及休闲环境也有待提升。设计延续东二环简洁、大气、现代的风格，依据沿线的通行需求及周边分布人群特点，注重二环绿道步行系统的串连及环境完善，沿线设置风格简洁现代的休闲设施，与东城段实现无缝串连。

（二）南护城河段

南护城段位于广渠门桥南至左安门以北、南护城河东岸，现状人行步道紧临川流不息的二环主路，本次改造经与市政部门协商，将步行系统导入临河一侧，从而提升步行环境的舒适性。沿线滨水绿地的改造遵循本项目河道生态系统原则，尽量减少工程建设对生态系统产生的负面影响，以植物造景为主，

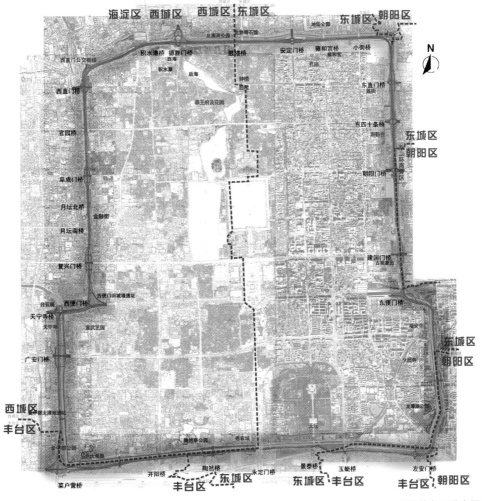

二环沿线各区分布图

东二环沿线绿道步行系统景观

东二环沿线绿道休闲空间景观

着重丰富植物群落的层次和物种多样性，创造种植条件，增加绿量，从而完善整个二环滨水绿道步行体系的建设。在光明桥南侧横跨二环主路的立交桥区域，由于公交场站的设置过往人流量较大，在有限的空间里增设了休闲广场及廊架，为过往百姓提供一处可停留的空间，同时提升了二环滨水空间的生态性及功能性。

环二环绿道朝阳段的建成将与东城区东二环及南护城河沿线无缝对接，连成一体，从而使涉及4个区、共同建设的环二环绿道项目得以圆满完成。项目的建成对于整体提升北京内城的生态环境、百姓的宜居水平和城市绿地品质等方面发挥了不可估量的成效。

设计单位：北京山水心源景观设计院有限公司一刘巍工作室

项目负责人：黄南

主要设计人员：

方芳　王丹　仇铮　武娅巍　王雪晶

南护休闲广场景观

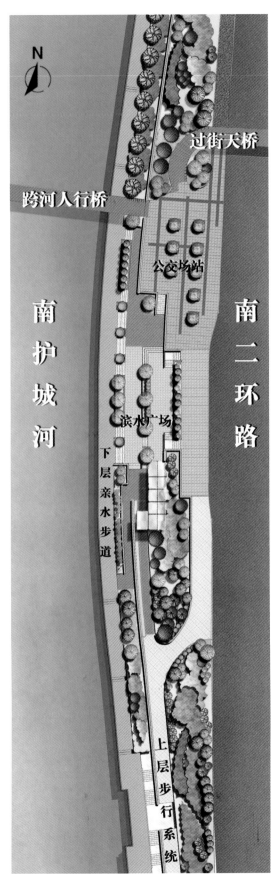

过街天桥

跨河人行桥

公交场站

南二环路

南护城河

滨水广场

下层亲水步道

上层步行系统

南护节点平面图

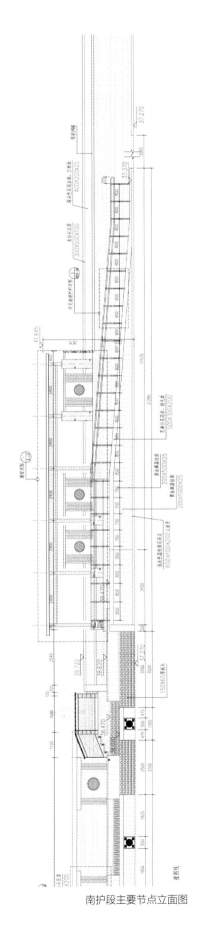

南护段主要节点立面图

环二环绿道——丰台段
2016 年度北京园林优秀设计一等奖

一、项目概况

环二环绿道丰台段东起左安门桥西至菜户营桥，总面积25.6hm²。主要包括位于南二环与南护城河之间的两块面积较大的绿地——百米芳花园和南厢大绿地。百米芳华园位于南二环与左安门滨河路之间，东起左安门桥，西至玉蜓桥，全长1.5km，面积约16hm²，由于该带状公园均宽近百米，故名"百米芳华园"。南厢大绿地位于右安门桥至菜户营桥之间，全长约1.3km，占地5.6hm²。

二、设计思路及特色

作为南城一直存在的两块面积较大的绿地，在生态效益和服务百姓方面都有重要的作用。属于兼顾绿化隔离及提供市民活动空间的城市开放绿地。主要问题是乔木成片林状，靠近二环一侧景观视觉效果不错，但郁闭度大，影响下层植物生长，使得黄土裸露。设计在保留原有大乔木的基础上，突出打造春季及夏季景观，开林窗，同时增加了如天目琼花、太平花、紫丁香、大叶铁线莲、涝峪苔草、蛇莓等耐阴花灌木及地被植物。

现状绿地内存在几个跨二环的地下通道入口，满足人群快速穿行的需求。现状林下空地处，有百姓自建锻炼身体的活动场地，影响整体景观。

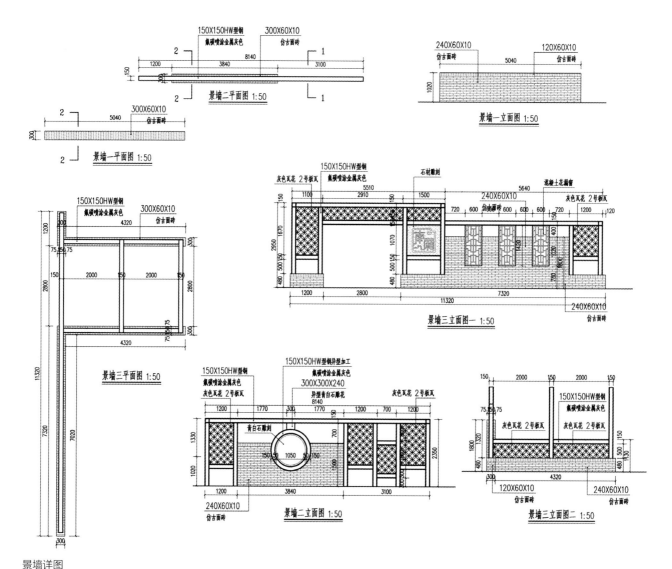

景墙详图

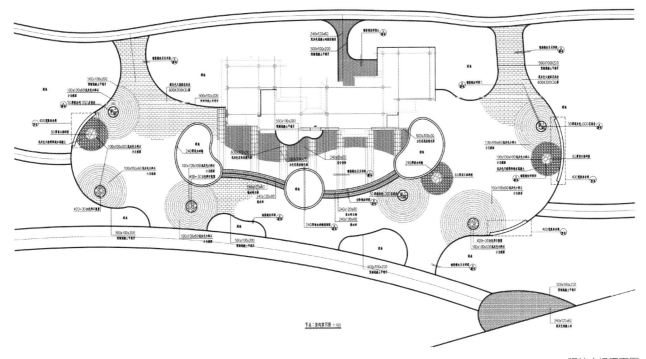

节点二室内案例图 1:100

驿站广场平面图

设计在绿地靠车行路一侧增设人行步道及公园入口，为行人提供安全、便捷、舒适的通行空间。公园内还专设自行车道，减少人车混行现象。设计活动场地时，充分调研了百姓活动习惯，尊重原有的需求，在空地周边用植物围合活动空间，明确活动范围。

（一）南厢大绿地改造特色

南厢大绿地东段靠近右安门，设计延续"右安闻莺"的节点主题，重点提升春季景观，在植物品种选择上，选用春季开花植物，结合护坡上的垂柳，在早春时节呈现"两个黄鹂鸣翠柳"一派生机景色。西段与护城河北岸的大观园隔河相望，增加了驻足观望的节点，因此增设一处驿站，满足停留需求，并提供多样的活动空间。驿站内设有公共卫生间，解决在此健身的百姓长期上厕所难的

问题。既延续了整体环二环绿道景观文化，又为百姓提供更多的便捷服务。

（二）百米芳华园改造特色

公园东侧主入口处位于南二环护城河河道转折位置，是南护城河滨河绿道重要的展示节点之一，也是衔接

东城、朝阳及丰台三区绿道贯穿的重要节点。

原入口形象不明显，多有车辆混杂停放，园内道路多破损，活动场地多为黄土夯实地。设计以保留现状树为原则，整合既有园路及场地，并构筑梅花主题休闲廊架1组，儿童沙坑1

驿站照片

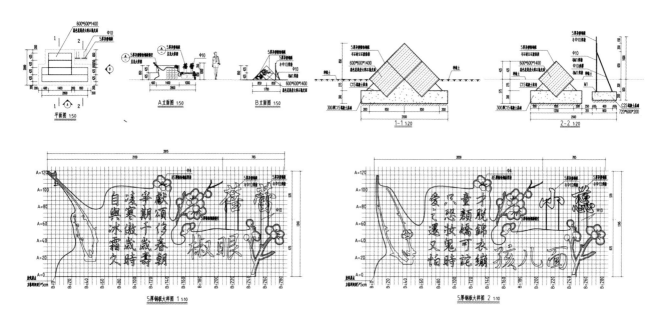

梅花景墙详图

处，并利用铁路高架桥下整块铺装，为游人预留出健身活动场所。同时将铁路高架桥北侧市政人行路引入园内，有效改善了道路景观效果，同时串连了东西绿道。建成后，园内整体景观及服务设施得到有效改善，往来休闲健身的居民络绎不绝。

园内植物景观营造以"左安品梅"为节点主题，以梅花为种植特色，突出地域文化特点。园内种植各类梅花百余株，形成赏梅健身步道。同时利用现场原有散置条石，组建梅花景墙8组，以《梅花喜神谱》为蓝本，向游人展示梅花君子之品。

环二环绿道丰台段的建成将与东城区南护城河绿道、西城区营城建都绿道连成一体，形成南护城河城市绿道景观，极大提升周边百姓的生活环境，对环境建设及社会发展都将起到积极作用。

主入口照片

设计单位：北京山水心源景观设计院有限公司——刘巍工作室

项目负责人：张立真

主要设计人员：武娅巍　仇铮　王丹

一、基本概况

本项目位于北京市石景山区石景山路沿线，北侧为石景山游乐园，东侧为西五环，西侧为铁路、八角东街，场地东西长约350m，南北宽约65m，总面积约2.2万m²。周边用地主要为居住区，还有部分配套公共用地，如医院、公园、游乐园等。

现状场地较完整，南侧以大面积的广场为主，为游乐园大巴车停车场，北侧坡度较陡，高差约为5m，植被较少，东侧为游乐场主要的车行通道，西侧现状树木较多，植被较好。

二、设计理念

由单调的城市广场转化为现代的城市绿地，描绘成灵动的双飘带——石材飘带、绿篱飘带。

在西长安街沿线的带状节点设计中，通过重新布局，以一个年轻的现代城市视角看待长安街，将郁闭的空间局部打开，以轻松流畅的形式化解长安街庄重严肃的仪式感。为了使主题更加明确，设计中将景观元素控制在最少，最后确定了黑（黑色露骨料）、白（非线性曲面石材）、灰（浅灰色露骨料）3种颜色的材料，用一条在绿地里穿梭起伏的景石序列来承载观赏、休息、儿童游戏活动等功能，使整体构图呈现行云流水的感觉。

三、设计目标和策略

设计希望将石景山路沿线打造成和谐统一的绿色有机整体，更好地提

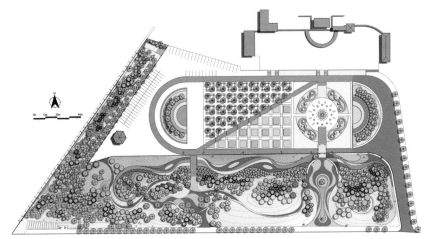

总平面图

效果图

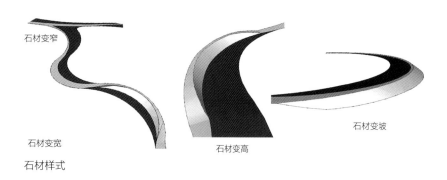

石材变窄

石材变宽

石材变高

石材变坡

石材样式

乐园广场，此区域设计略显活泼，取消了原广场的国槐树阵，以均衡的设计手法布置，银杏、国槐散点种植，异型石材穿插其中，深灰、浅灰露骨料曲线交接，与白色石材形成黑、白、灰的景观层次，空间灵动，不失韵味。

升城市形象和城市活力，为周边居民提供休憩的小场所。具体措施为：以绿地为主，增加植物品种，与石景山路沿线整体和谐统一；增加地形变化，合理设计植物群落，丰富景观层次；增加灵动的景观元素，美化城市界面；西侧梳理现状地形，清理杂树死树，增加常绿树种和低矮灌木。

四、设计内容

（一）石材飘带

位于场地南侧，由异型石材（芝麻白）结合黑色露骨料的铺装组成，石材的平面与立面均为曲线样式，根据不同的使用功能，富有高、低、宽、窄的变化，在整体平面的设计上采用了灵动、飘逸的设计手法，是本次设计的最大亮点。

（二）绿篱飘带

位于场地北侧，由大叶黄杨、金叶女贞、紫叶小檗组成，平面设计构图以婉转、流畅为主，呼应主题，在不改变原有地形的基础上，以斜坡的展示方式呈现。

（三）主入口

为进入游乐园广场的主要人行通道，中心花坛为视觉中心点。设计上也特别突出了这一点，以高500mm的石材为花坛外延，石材加工为双曲面流畅线条，铺装材料以深灰、浅灰的露骨料曲线对称铺设，宿根花卉蓝花鼠尾草点缀前景，丛生元宝枫为主体大树点缀后景，整体空间简洁，却又不缺乏细节，与飘逸灵动的主题相呼应。

（四）次入口

南侧对接公交站台，北侧进入游

五、种植设计

种植采用疏密结合的方式，富有空间变化，绿地中不但有植物，还增加了石材这种景观元素，相互配景，疏林草坪为石材飘带的展现提供基底，以高大乔木结合地形组合成绿色屏障，为前面灌木及草地提供背景，局部区域敞开，视线通透，可直观游乐场大门。树种选择除增加北京本土常绿树种和花灌木外，还加入银杏、元宝枫、金枝国槐等秋色叶树种，提升景观效果。

六、结语

城市小微公共绿地在土地资源稀缺的高密度城市中心区中尤其显得珍贵。由众多小微公共绿地形成的绿色斑块公园系统，促进了政府和居民之

主入口广场

草地、花卉与石材

次入口广场

道路设计

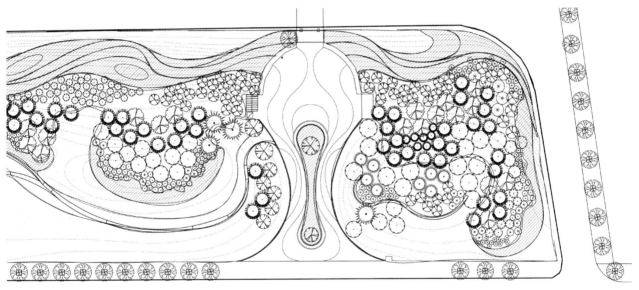

种植施工图

间、行政区块之间、企事业单位之间、社区邻里之间的联系，而小微公共绿地的设计也从简单、平铺直叙的绿化转化为满足现代生活体验和需求为主的设计。小微绿地的实践建立在深入调查、广泛论证、深思熟虑的基础之上，设计成果需要受到公众使用频率和社会运作的考验，因此，造价、功能、维护等一系列因素都应均衡考虑，从而加强政府与社区的联系与配合，真正贯彻了从群众中来、到群众中去的"群众路线"。

设计单位：北京北林地景园林规划设计院有限责任公司

项目负责人：张璐

主要设计人员：

项飞　麻广睿　李凌波　张婧　翟源

72. 昌平新城滨河森林公园（五、六标段）

2016 年度北京园林优秀设计二等奖

一、项目概况

昌平新城滨河森林公园（五、六标段）位于南环大桥以南，怀昌路以北，东沙河河道西侧。其中五标段面积46.21hm^2，六标段面积54.03hm^2。五、六标段是公园的核心区域，也是城市居民出行游玩，享受"公园"服务最为便捷的标段。

二、设计理念

项目的设计理念是林水相依，山林野趣。公园五、六标段从其现状特点出发，把五、六标段定位为一个有林、有水、有野趣的森林公园，尤其突出水面景观效果和游人亲水感受。

三、总体布局

公园整体布局上按照建设理念和现状特点，主要分为3个区，其中北部为运动健身区；中部区域，通过地形环境梳理，形成一个环绕内湖漫步观赏道为主的休闲散步区，区域内以大树、花灌、地被、水生植物等形成丰富的植物景观，同时设置不同的亲水平台，强调游赏、滨水体验情趣；南侧区域依托龙山、白浮泉等文化古迹，以山水庭院和莲动渔舟等清新文化景观为主。龙山南麓脚下的古色联排四合院、龙山北麓湖边牡丹台，为文化景观体验区。

（一）运动健身区

运动健身区位于公园核心区的北入口，也是人流最为集中的区域。从南环大桥桥下停车场进入，东侧突出的半岛设计为运动健身区。运动健身

区各个活动场地设置分而不散，又有林荫相伴，其主要分布为：北侧的羽毛球场、网球场，中间的儿童游戏场，西侧的健身舞场，南侧的滨水晨练广场。运动健身区内的种植多依托于现状高大的柳树、杨树林，丰富种植花灌和地被，营造出林大荫浓、绿意盎然的活泼氛围。同时为了方便健身人群，体现人文关怀，在主干道西侧设置一处休闲木屋（具备洗漱、厕所、咨询、急救等功能），各个场地

周边也布置相应的休憩座椅、垃圾桶等服务设施。

（二）环湖休闲散步区

此区根据梳理出来的现状地形，形成一个景观内湖。一条环湖主干道串连起此区的主要景观场地，包括观景挑台、邻水看台、观景长廊、景观桥（揽月桥、沐雨桥）、休闲花架、游船码头等。各个场地的设计，依托于现场较为开阔的水面，依林傍水，增加游人的亲水体验。环湖游线西侧

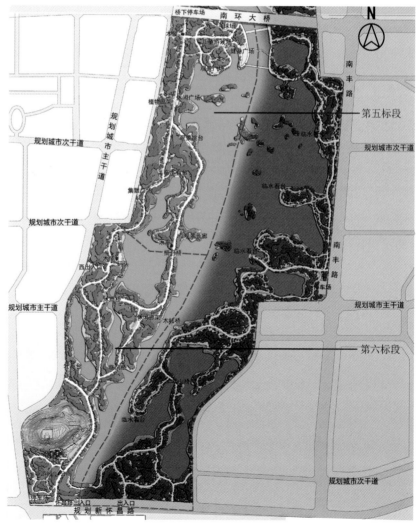

平面图

金波绿柳

较为宽阔，以丰富的乔灌草种植为主，结合现状地形，同时注重种植季相变化和紧密得当，形成阶梯式的种植景观。环路沿线东侧绿地较窄，设计为柳堤，沿岸视野开阔，着力营造桃红柳绿的滨水景观。环湖游线同样根据游人需求，设置两座木屋服务中心，沿途布置休闲座椅和垃圾桶等游客服务设施。

（三）文化景观体验区

此区主要以现有的龙山书院、白浮泉等历史文化古迹为主线，继承和发扬历史文化精髓。龙山南麓结合公园管理功能，新建一座古色四合院，院前为小游园，营造游园赏花的景观体验。北麓山脚修建一座邻水平台"牡丹台"，湖面种植大片荷花、睡莲，营造莲动渔舟的文化感知体验。

四、交通分析

五、六标段整体交通组织层次分明，可达性很强。从北侧的南华大桥下入口，到怀昌路出口，大致形成"｜""口""｜"的交通线路，是本区域的交通主干道（为5m宽沥青路）。公园北侧和南侧的内部交通为二级园路，多为透水砖的生态道路，串连各个实体场地。同时，整个区域的湖边都设有木栈道、碎石路等多条支路。

五、种植设计

本区的种植主要分为3个类型。

（一）滨水段

以垂柳、杨树及迎春、连翘、红瑞木、锦带等色彩丰富的花灌为主，并采用下层地被（玉簪、蓝花鼠尾草、波斯菊、萱草等）和水生植物（芦苇、慈姑、荷花、睡莲等），营造桃红柳绿、杨柳依依的滨水景观。

（二）区域内部节点

主要指运动休闲区和一些远离水面的场地、绿地。场地中以冠大荫浓的点景树（垂柳、国槐、白蜡等）为主，绿地周边以国槐、白蜡、杨树、垂柳、柿树等乡土树种主，同时片植花灌（丁香、碧桃、山杏等）和地被（草坪或野花）。

（三）文化体验区

多用油松、侧柏等厚重的乔木，以及早园竹、各类菊花、兰花、蜡梅、荷花等花灌和地被，体现一定的历史文化氛围。

翠堤春晓

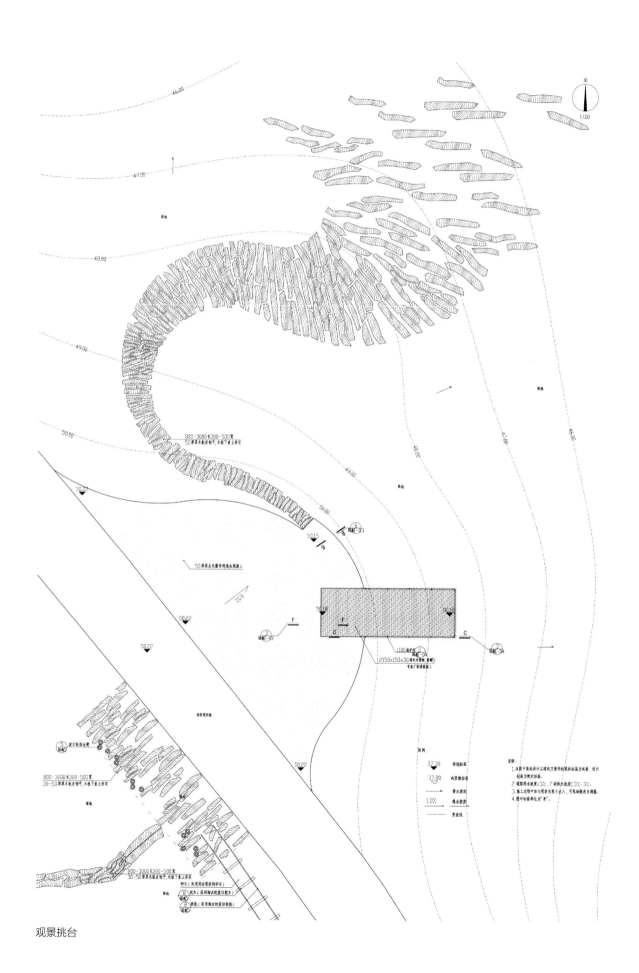

观景挑台

观景平台

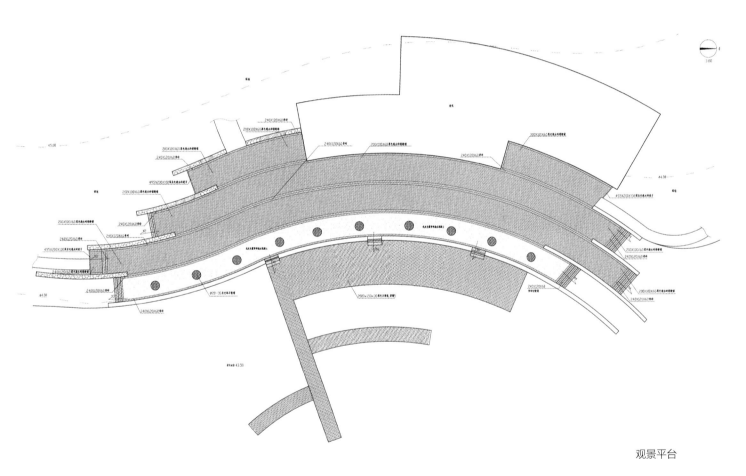

观景平台

项目负责人：毛子强

主要设计人员：

王路阳　孔阳　崔凌霞　王晓

柴春红　范思思　王冰　曲虹　徐瑞

沈成涛

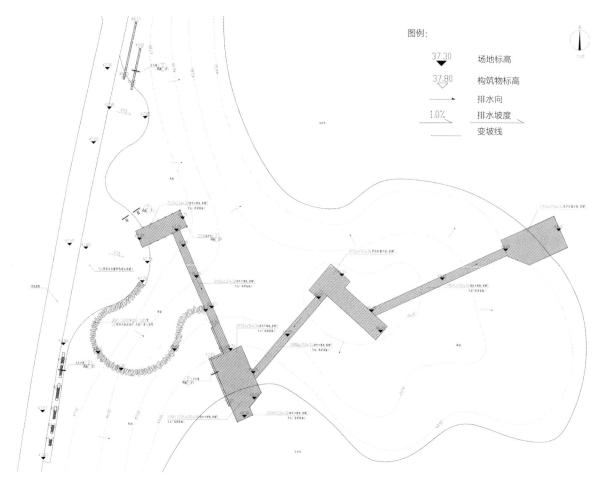

图例：

37.30 ▼ 场地标高

37.80 ▽ 构筑物标高

→ 排水向

1.0% → 排水坡度

⋯⋯ 变坡线

观景长廊

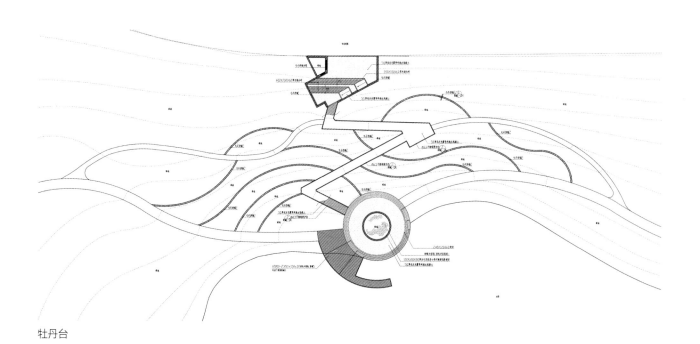

牡丹台

一、项目概况

项目位于北京市西城区珠市口西大街南侧，地块呈东西走向，西起虎坊路，东至中轴路。全长约为1147m，改造面积约2.1hm²，其中1.3hm²的集中绿地是天桥演艺区内为数不多的公共空间，因地处天桥演艺区的北边界，是前门商圈与天桥演艺区的一个连接纽带。

二、历史特色

（一）天桥演艺区历史特色

1. 皇家祭祀文化

天桥——"天子之桥"，是皇帝祭天必经之路；先农坛——"皇帝祭农亲耕"，是中国炎帝神农氏祭祀文化的集大成者。

2. 梨园文化

天桥周边星罗棋布的戏楼剧场为京剧的繁荣提供了舞台，这里诞生了众多的名家名剧，遗存了众多伶人故居。

3. 民俗文化

天桥是北京平民市场发祥地，在天桥地区卖艺的各界民间艺人数不胜数，天桥被称为"北京民间艺术的摇篮"。以"天桥八大怪"为代表的撂地艺术是民间表演艺术的代表。

（二）珠市口西大街历史特色

清代，前门大街与珠市口逐渐形成了以会馆与戏楼为特色的十字路，被人们称为"金十字"。

清末民初时期，珠市口西大街两侧有许多著名戏院，其中开明戏院的原址就在此次改造绿地范围内。开明戏院建于1912年，造型和外边门脸都仿照外国戏院。著名京剧表演艺术家杨小楼、梅兰芳、余叔岩、孟小冬及号称"评剧皇后"的白玉霜等常在这里演出。天桥的戏曲艺人以进入开明戏院演戏为荣，标志着他们已进入戏曲的上层舞台。珠市口西大街在明清时期会馆众多，有二十多家之多，称得上是名副其实的"会馆一条街"。其中改造绿地内原有南京、当业、庐州、宜昌、赣宁、洛中会馆六大会馆。

三、上位规划

此次改造范围主要位于天桥演艺区的文化体验区内。文化体验区功能定位，一是展现与体验民俗文化、大众演艺文化；二是发展演游商相结合的特色商业街。三是以特色文化吸引前门及天坛的游客，发挥旅游配套服务功能。

四、现状调研

现状条件可以划分为3个断面改造类型。类型一，为板章路以西段现状剖面，改造范围为3m；类型二，为板章路至留学路段现状剖面，改造范围为13m；类型三，为留学路至中轴路段现状剖面，改造范围为31~53m。

五、设计理念

通过对珠市口西大街及天桥历史、天桥演艺区未来发展以及现状的分析研究，对珠市口西大街南侧景观

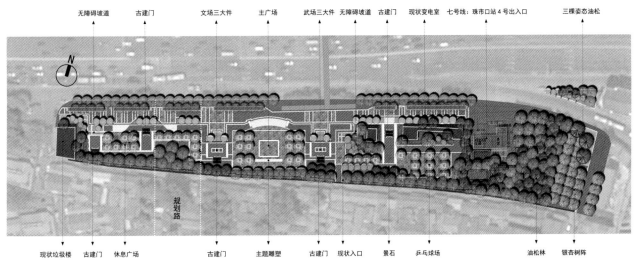

无障碍坡道　古建门　　文场三大件　主广场　　武场三大件　无障碍坡道　古建门　现状变电室　七号线：珠市口站4号出入口　三棵姿态油松

N

规划路

现状垃圾楼　古建门　休息广场　　古建门　主题雕塑　古建门　现状入口　景石　乒乓球场　　　油松林　银杏树阵

平面图

会馆大门

戏台景墙

会馆大门立面图

改造提升提出以下设计理念：延续历史文脉，体现场所记忆。主要包括，提炼场地历史文化元素，塑造特色文化空间；提升天桥演艺区的整体形象，从而吸引前门及天坛的游客，将其打造成天桥演艺区的一个重要门户标志；同时体现人为关怀，满足场地周边居民日常休闲活动需要。

六、沿线改造提升

（一）沿线改造一：板章路以西段

板章路口以西，长度约570m的范围内，从人行道路牙到建筑边只有3m左右的净空，这部分绿化提升比较受限制。考虑现状条件及整条大街提升的完整性，设计上将采用占地面积最少的立体绿化形式来提升道路景观。

（二）沿线改造二：板章路至留学路段

板章路至留学路段，长约186m，除去3.5m宽的人行道外，到围墙还有10m的改造空间，这里将设计一条2.5m的绿化种植带，将市政人行道与内部空间分开，并保留一部分停车位。

七、历史文化体现

（一）戏楼文化—开明戏院—戏台

在主广场的南侧设计1座戏台及相入将出的京剧景墙，来表现以开明戏院为代表的天桥演艺文化。

（二）会馆文化—北京民居—大门

用老北京四合院民居的古建大门来代表历史上的会馆，如赣宁会馆、宜昌会馆、南京试馆、庐州会馆和洛中会馆。

八、功能分区

（一）演艺广场

向人们展示天桥的京剧历史主题，并可以举办小型室外演出。

（二）内街胡同

只允许行人进入的活动空间，可以举办天桥传统杂耍，唤起人们对胡同场景的记忆。

（三）休闲娱乐

满足周边居民日常休闲娱乐活动的需要。

（四）中轴绿带

延续中轴线"绿带国槐+三排银杏树阵"的特色种植。

九、种植特色

结合现状种植及东侧广内大街的种植特色，种植上突出国槐与丁香，搭配银杏、玉兰、油松、桧柏、早园竹等老北京特色植物。

设计单位：北京创新景观园林设计有限责任公司

项目负责人：郝勇翔

主要设计人：

郝勇翔　苑朋淼　刘柏寒　张博

演艺广场

内街胡同

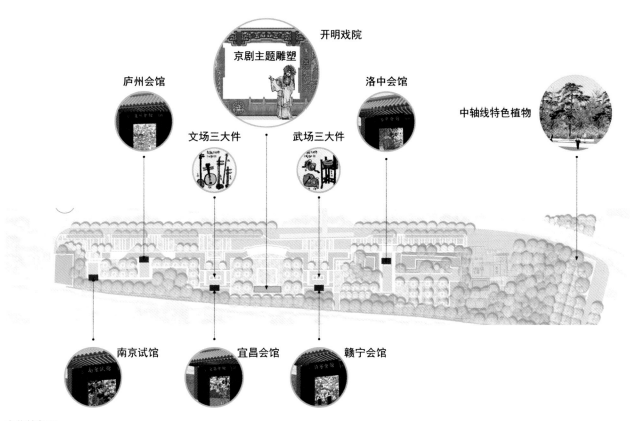

庐州会馆　　开明戏院

京剧主题雕塑　　洛中会馆

文场三大件　　武场三大件　　中轴线特色植物

南京试馆　　宜昌会馆　　赣宁会馆

文化特色图

局部鸟瞰

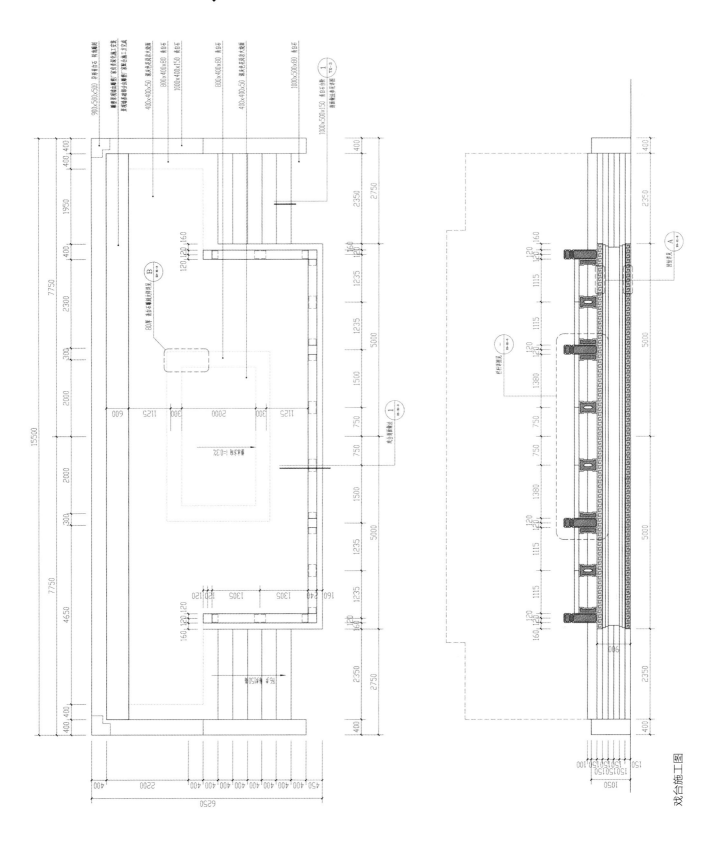

一、项目概况

中国兰花大会由中国植物学会兰花分会于2007年发起，每两年举办一次，先后在浙江宁波、山东莱芜和云南大理成功举办了3届。北京市获得2015年第四届中国兰花大会的承办权。

兰花文化休闲公园总面积21.4hm^2，在满足兰花大会展会期间使用功能的同时，重点考虑会后的有效合理利用。因此，将其打造成服务于周边居民，集休闲、康体、娱乐、游赏等多功能于一体的综合性城市公园。

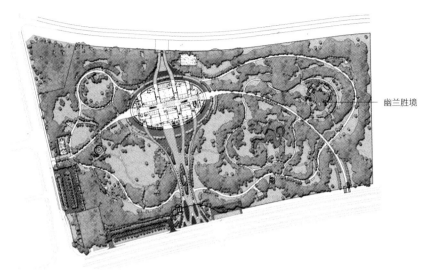

幽兰胜境

总平面图

鸟瞰图

二、项目设计

公园的发展定位是以兰花展示为中心，衍生出相关中国传统文化展示，从而带动区域文化产业的发展。因此，公园的主题概念借鉴了《诗经》的三大主题"风""雅""颂"，与公园的景观结构进行了融合，从而形成了不同功能属性与空间结构的三大主题园区，以及入口区与中心展馆前的文化娱乐区，形成五大功能分区。

（一）文化娱乐区

是全园的中心广场区域，由集会广场及中心展馆组成，主要满足大型集会、娱乐、表演等综合功能需求。

（二）集会广场

位于建筑西侧，既能满足大型开幕式、文艺汇演、人流集散等展会功能需求，也能满足市民日常文化生活的需求。中心展馆位于园区中心，占地面积9200m²。

（三）公共活动区

位于园区北侧，是以"风"——群贤众乐为文化主题，开敞大草坪为主要景观空间。园区有四大景点，分别是畅叙幽情亭、静躁相宜——儿童活动区、鸿儒德馨——老年活动区、少长咸集——阳光草坪活动区，这些活动区满足了不同年龄层次的活动需求，同时也能作为展会期间人流高峰时的集散场地。在阳光草坪活动区可开展音乐嘉年华、特色展示等不同活动。

（四）养生休闲区

位于园区东南角，以"颂"怡然自乐为主题。四周以微地形、密林围绕，形成较为私密的安静空间。入口处种植桃花，形成桃源仙境，内部有

幽兰胜境

滨水游廊一

湖有岛有竹林，有飞瀑有楼阁，有亭廊供人休憩品茗，打造中国古典园林的微缩景观，构成精致的休憩、停留空间。

口大门、售票处和公共停车场，展会期间全园封闭式管理，该入口为展区主入口。北侧次入口包括入口大门、公园管理处、公共卫生间及VIP停车场。北侧和南侧次入口在展会期间作为展区出口。东侧后勤入口主要为展馆的服务性入口，不对外开放。

设计单位：中外园林建设有限公司

项目负责人：孟欣　张宇

主要设计人：

张文婷　王维　李维　黄诗迪　杜潇

设计指导：郭明、李长缨

（五）入口区包括西侧主入口

北侧和南侧的次入口、以及东侧建筑的后勤入口。西侧入口区包括入

滨水游廊二

景墙

景观桥

75. 互联网金融安全示范产业园代征绿地

2016 年度北京园林优秀设计三等奖

一、项目概况

项目位于房山区阎村工业区大件路南北两侧，总计6hm²。设计地块以服务工业区内18～30岁的年轻高知人员为主（约占总人数的72%）。

二、设计理念

设计以"互联网时代"为主题，打造一个在交通、空间、科技以及生态上均"互联"的年轻化的公共空间。

（一）互联的交通

设计地块内提供散步、慢跑、单车、轮滑等多种运动场地。

（二）互联的空间

打造了丰富的空间类型，包括体育运动的、休闲放松的、静逸阅读的、互相交流的空间。

（三）互联的科技

场地设计了各种科技设施，包括户外WiFi、手机充电装置、信息导示以及为新能源汽车充电的充电桩。

（四）互联的生态

积极响应北京市海绵城市、集水型绿地等号召，在设计中采用雨洪收集系统、设计了雨水花园及下凹绿地。植被选择多以乡土植物为主。

三、景观植物

种植规划方面，场地空间舒朗，围合空间清新简洁，视觉效果大气整体，生态纯粹，不做过多的品种堆砌。以"互联的生态"为主旨，整体种植风格由以下几部分构成，分别为，疏林草地+雨水花园、阳光草坪+休闲草阶、局部围合+点景组团。

四、景观节点

入口区延续至主路，以观赏草色带为主景，条带式观赏草仿若WiFi信号图标一般，由产业园内部至外围过渡，其间点缀丛生大乔，主要树种采用细叶芒、丛生元宝枫。

中央草坪以纯粹草坪为主，其外围以草阶围合。在草坪边缘点植孤赏大乔，起到遮阴的作用，主要树种采用结缕草（中心活动区域）、白蜡、白玉兰。

北侧两列大乔下侧为独立的休闲空间，其间以绿篱分隔。生态停车场以大乔遮阴，下层铺设草坪，弱化停车场，给人以树阵广场之感，主要树种采用白蜡、国槐、大叶黄杨篱。

西侧独立的林下空间以疏林为主，局部设置林窗，或以植物层次围合。东侧现状林补种少量观赏草色带，作为入口处观赏草色带的衔接，主要树种采用白蜡、元宝枫、国槐、银杏、金叶榆、狼尾草。

外围密林以封闭的层次为主，局部打开视线，成为园区南侧的绿色屏障。乔木层以国槐及油松为主。主要树种采用油松、国槐、金叶榆、元宝枫、丁香、榆叶梅、碧桃、金银木。

五、景观小品设计

在景观小品的设计中，围绕互联网科技的现代性，设置雕塑小品、公共设施、二维码创意广场。在项目中，通过塑胶、木栈道、石材的交替使用形成不同的空间变化。

Wifi形嵌石草坪实景

雨水花园

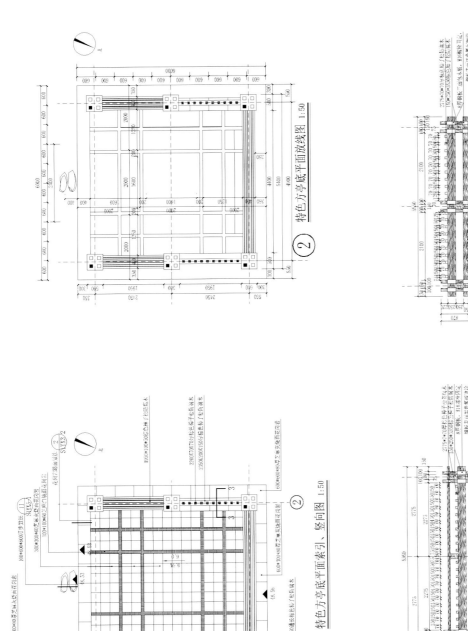

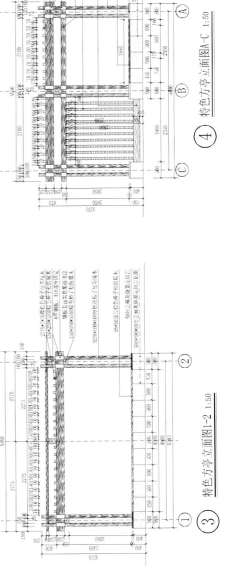

特色方亭底平面放线图 1:50 ②

特色方亭平面索引、竖向图 1:50 ①

特色方亭立面图A-C 1:50 ④

特色方亭立面图1-2 1:50 ③

特色方亭平面、立面图

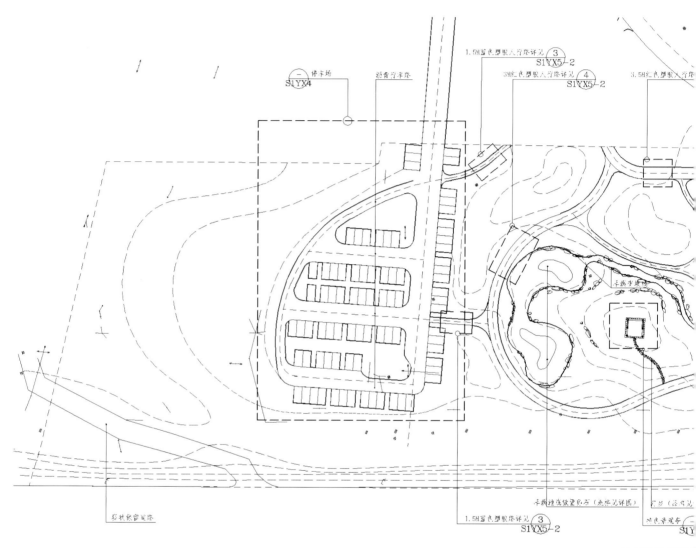

南1区总平面

南区总平面索引图

北

100X400X500花岗岩混凝土草坪

100X200X60厚混凝土砖（颜色见详图）

5号蓝色塑胶人行塔

活动交流场地 $\binom{-}{S1YX2}$

100X200X60厚混凝土砖（颜色见详图）

3.5号红色塑胶塔（人行）

$\binom{-}{S1YX1}$ 主入口环岛详图

60厚100X100花岗岩人行塔（颜色见详图）

200mm钢根混凝土草坪种植见 $\binom{8}{S1YX5-2}$

200X500X500预制混凝土草坪终石

200X350X500预制混凝土草前

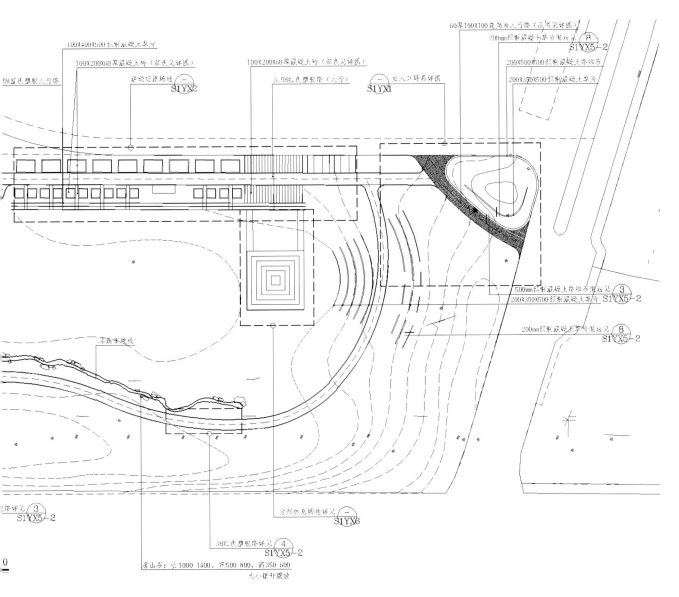

500mm钢根混凝土塔终石货运见 $\binom{3}{S1YX5-2}$

200X350X500预制混凝土草前

200mm钢根混凝土长草所货运见 $\binom{8}{S1YX5-2}$

不燃草坡线

塔详见 $\binom{3}{S1YX5-2}$

方形休息场地详见 $\binom{-}{S1YX6}$

3号红色塑胶服塔详见 $\binom{4}{S1YX5-2}$

房山石：大1000 1400，宽500 800，高350 600
大小镇开摆效

0

设计单位：中外园林建设有限公司

项目主持人：李洋洋

主要设计人：

孟维康　于莹　李长缨　李维　刘千伦

公园绿地　**395**

76. 2015年房山新城代征绿地

2016年度北京园林优秀设计三等奖

一、项目概况

房山新城代征绿地主要位于东环路、阳光北大街、文昌东路、阜盛大街、白杨路、凯旋大街、首创新悦都周边、国际花园周边等城市道路沿线。设计分为5个地块，共计119800m²。设计绿地周边的规划用地主要以居住用地、教育用地、医疗卫生用地和绿地用地为主。

根据现场踏勘的情况，现阶段的房山新区正处在建设当中，城区并不完整，因此在城市大规模发展兴建之前就提前建设好绿化体系对区域发展大有裨益。

二、绿地类型分析

首先根据绿地大小、位置，把设计绿地分为4种类型。

（一）类型一绿地

为10~15m宽带状绿地，包括1号地、2号地第一段和第四段。

该类型绿地因宽度有限，设计成纯植物景观。

（二）类型二绿地

为30m宽带状绿地，包括3号地第二段和5号地。

设计中加入漫步道，使居民可以漫步和短暂停留。

（三）类型三绿地

为50~70m宽块状绿地，包括2号地、3号地第三段和4号地。

因场地较宽，设计成小游园形式，加入活动场地和设施，满足附近居民休息、活动等需求。

（四）类型四绿地

为道路绿地，包括长兴街和篱笆园路的3米机非隔离带和双侧行道树绿化，以及长兴东街的双侧行道树绿化。

主要设计为机非隔离带绿化以及道路两侧行道树绿化。

三、设计目标

通过设计达成优美的道路景观效果、完整生态型的绿地系统和便民的生活活动空间。

四、设计原则

（一）生态型原则

坚持生态优先，建设高标准绿化体系，最大限度地保持和维护当地的生态景观，用密集的林带达到防风、滞尘的绿化效果。

（二）功能合理原则

增加合理的活动空间，功能设计服务于民，提供给人民更多更好的活动空间。

（三）景观美化原则

形成优美的道路景观效果，令景

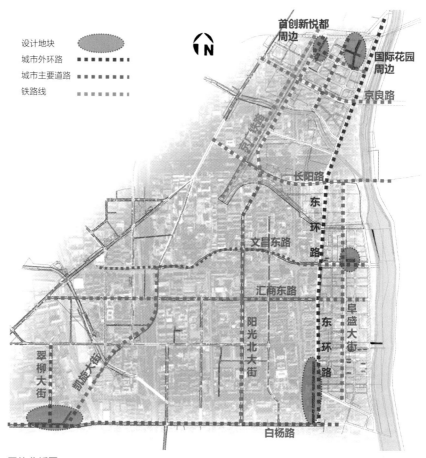

设计地块
城市外环路
城市主要道路
铁路线

区位分析图

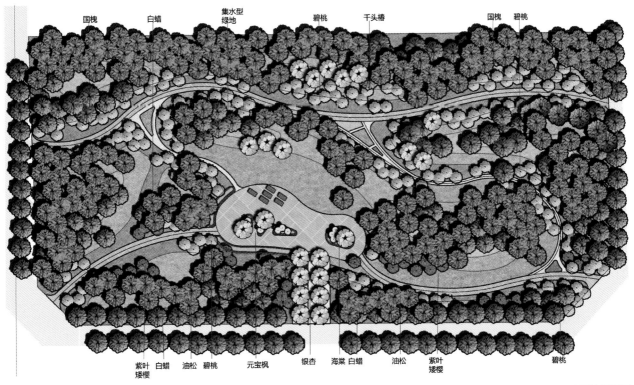

国槐　　　白蜡　　　集水型　　　　碧桃　　千头椿　　　　国槐　碧桃
　　　　　　　　　绿地

紫叶　白蜡　油松　碧桃　　元宝枫　　　银杏　海棠　白蜡　　油松　紫叶　　　　碧桃
矮樱　　　　　　　　　　　　　　　　　　　　　　　　　　　　矮樱

3号地平面图

观具有可辨识性，以提升城市整体形象。

（四）经济性原则

充分考虑经济性，力争以较低的成本换取较高的景观效益，并减少后期养护管理的难度。

五、设计手法

由于地块分布在新城的各个方位，所以在设计上首先考虑整体基调的统一。成规模种植秋色叶树种和春季观花树种，强调种植的节奏与韵律变化，展现整体道路景观风貌，并从美观、经济、时效、生态4个因素因地制宜地考虑每个地块被赋有的特性。

（一）美观

五大地块形成特色主题花木（海棠、紫叶桃、碧桃、榆叶梅、玉兰等），彼此相连成片，形成具有地区风格的景观效果。

（二）经济

保留现状部分已成型的乔木片林和大树，植物选择以北京本地乡土植物为主，种植结构以乔灌木为主，地被为辅。

花径景观

休闲绿地

（三）时效

植物以速生为主、慢生为辅，争取几年时间里形成具有一定绿量规模的植物景观。

（四）生态

以乔木为骨架，形成乔灌草复层植物群落；构建生态绿道，达到防风、隔声、滞尘的绿化效果，为鸟兽提供自然栖息地；局部形成集水绿地，种植耐水湿植物，满足集水功能。

六、结语

项目通过有效的设计手法打造房山代征绿地新景观，形成城市可辨识性景观，融入漫步道系统及相应休闲活动空间，完善城市户外功能，提升城市鲜明形象，激发城市发展活力。

设计单位：中外园林建设有限公司
项目负责人：庞宇　李洋洋
主要设计人：

李长缨　戴小展　陈世宁　包鑫萍

休闲长椅

77. 2016 世界月季洲际大会北京园

2016 年度北京园林优秀设计三等奖

一、项目背景和概况

2016世界月季洲际大会举办时间为2016年5月18日至2016年5月24日，是一次"四会合一"的盛会，大会主题是"美丽月季、美好家园"，标示是"花绘北京"，吉祥物是麋鹿。

2016世界月季洲际大会北京园是在此时代背景下圆满建成的，总面积为3522m²。两条轴线的交点，是全园的核心，可联系两大景区——于月季博物馆对面，可回望借景；同时紧邻古老月季展区，可相映生辉。

二、设计目标

办会期间，打造北京韵味、品种精美的月季展园，会后保留，成为永久性的月季主题花园。

三、设计理念

设计理念为"京韵胜春"，以充分展现独具特色的北京气质和积淀厚重的北京月季文化底蕴。

四、总体布局

北京园在全园布局上，充分考虑了与园区的关系，达到与园区融为一体的景观效果。北京园以"京韵胜春"为主题理念，以"院"和"园"为布局特色展示月季，传达了特有的北京月季文化。全园共分为5个主题区。长春主题区：入口点题，通过月季屏风、牡丹、萱草、景石组景，寄托"富贵长春"等美好寓意。友情主题区：月季廊架、室外家具设施组成一处交谈、休憩的空间，表达相互合作、相互交流的友谊之情，也是一处接待空间。爱情主题区：一组手捧月季花的情侣雕塑在花丛中诠释爱情。和平主题区：是全园的核心景观，

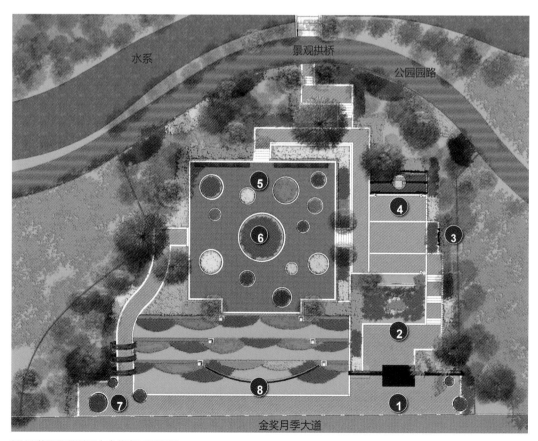

1 京韵大门主入口
2 富贵长春
3 花好月圆
4 芳华迎宾
5 胜春台
6 蝶恋花雕塑
7 红蔓三春
8 京韵胜春

2016世界月季洲际大会北京园平面图

细品北京花艺，感受月季的历史和文化；顺月季花径而下，是五福拱门，可合影留念。环境小品精致典雅，月季屏风造型精美，结合种植设计，成为对入口的第一印象。

京韵胜春花台实景一

五、种植设计

充分考虑了展示主题和内容，全方位、多角度对北京月季以及月季文化进行展示。考虑到月季远观近赏的特点，既有大景观、大色调的展示，又有细部小景观的营造。同时考虑到月季时尚美艳的特色，结合月季文化，丰富其他植物，体现季相变化。全园主要以北京大花月季和藤本月季为主，配合丰花月季、地被月季、树状月季、玫瑰以及蔷薇科花灌木以及月季盆景进行集中展示，营造月季主题景观。

"和平月季花"雕塑作为主体景观，表达了世界和平的美好愿景。亲情主题区：将"幸福"带回家，在五福花廊以及月季花岛合影留念，与家人分享喜悦。

交通路线简单便捷，京韵大门引导游客进入花园，月季与牡丹组成"富贵长春"迎宾图画。拾级而上，是月季花庭，有芳华轩可以赏花品茗；中央为胜春台，置身月季花丛，

京韵胜春花台实景二

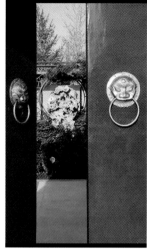

京韵大门主入口　　　　　　　　　　　富贵长春景点

从月季博物馆看月季园

设计单位：北京市园林古建设计研究院
有限公司YWA工作室

项目主持人：严伟

项目负责人：李威　王长爱

主要设计人：

张雪　肖守庆　张洪　邓斌　王维琦

郝小强　王贤　朱泽楠　李海涛

孙宵茗　汪静

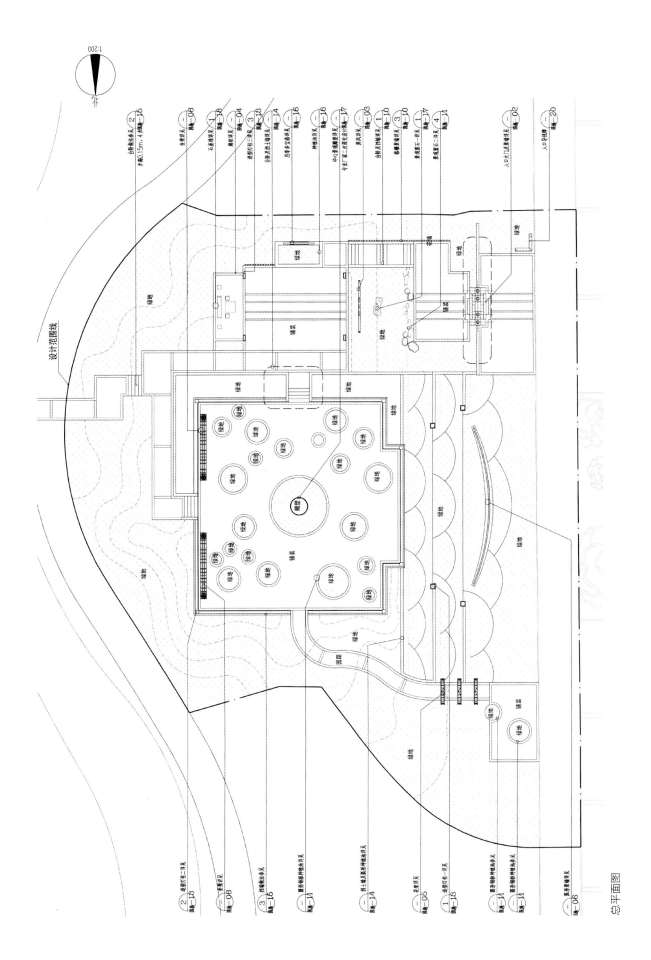

总平面图

总平面索引图

1:200

月季园乔木、灌木种植图

78. 望京环健康绿道

2016 年度北京园林优秀设计三等奖

一、项目位置和概况

望京环健康绿道位于望京地区四环京承五环京密路沿线，依托环望京地区十大公园及公共绿地进行建设。

二、项目构思

依托望京外围已经形成的十大公园，打造20公里望京公园绿道环——健康生活环、绿色生态环、历史文脉环，极大地完善了环望京地区的生态结构与慢行系统。绿道与市政交通网融合，形成公共交通的合理补充。针对望京白领、学生等人群，提出"大小循环"，绿道更加贴近市民生活，使市民可以在绿荫中快乐行走。设计主要突出三个特点，分别是因地制宜、以人为本、易于维护。

三、具体设计

根据场地的不同功能，在整个望京公园环绿道中设置6处一级节点，节点间距大约2~3km，以满足周边居民的使用要求。

依据绿道周边环境，打造满足不同使用者需求的口袋公园。

1. 五环西侧节点因周边居住区较多，使用者以老人、儿童为主，所以景观颜色鲜明、富于动感。功能上分为儿童活动区与老人健身区。以拼图为灵感，体现智慧生活，融合多元文化，打造和乐融融的景观氛围。

2. 五环东侧节点周边以通信产业和互联网产业园区为主，因此将"云计算"与"电子元器件"元素抽象运用于方案中，使该区域景观风貌与当地产业相呼应。在为周边人群提供休憩空间的同时，突出区域主题特色。

3. 宜家地块位置特殊，位于四环辅路路侧，是联系四环路和家乐福及宜家的重要通道。因此设计时主要考虑组织交通的功能，包括如何有效地进行人车分流、人群集散以及引导人流等。

四、种植设计

突出望京春光烂漫、夏日浓荫、秋色无边、苍松白雪的四季颜色，体现望京自然绿色的似水流年。

依托现有绿化结构，增加绿量，运用大量易于维护的宿根花卉强调绿道流线，营造美丽氛围。将各节点连成一体，提升服务品质。

望京环健康绿道将望京地区公园连接起来，四面围合望京地区，四面绿道各具特色，加上北小河滨河绿地，形成了一个环望京地区的生态体系。

设计单位：北京市园林古建设计研究院有限公司

项目负责人：严伟

主要设计人员：

郝小强　孙娇　赵画　刘一婕　杨斐

张雪　黄通　耿晓甫　邵娜　王长爱

朱泽南　肖守庆　夏良庆　王维琦

总平面图

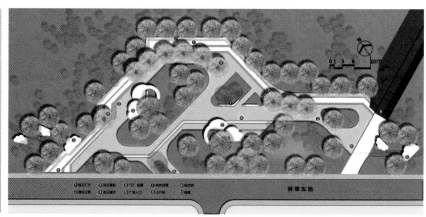

云形广场平面图

五环东侧节点

宜家节点

绿道实景一

绿道实景二

79. 亮甲店小区二期代征绿地

2016年度北京园林优秀设计三等奖

一、项目概况

本项目位于定慧北桥东南角，定慧福里小区和北京印象小区之间，整体呈带状分布。项目分为东西两部分，东部面积为3860m²，西部面积为2535m²，项目总面积为6395m²。

二、现状情况

项目现状地势相对较为平坦，现状有少量大树及硬质铺装，简易围挡、栏杆及部分挡墙。

三、设计原则

（一）生态性原则

充分考虑绿地的生态功能，乔灌草复层搭配，以乡土树种为主，搭配适应性较强的地被及宿根花卉，丰富季相变化。

（二）功能性原则

通过合理布局，增加多样的活动空间及休憩场地。丰富内容，根据不同场地特性布置相应的休憩及活动设施。

四、设计整体布局、主要内容及特色

（一）功能分区

项目设置了3大区域，由西向东分别为植物观赏区、儿童活动区、休闲活动区。

1. 植物观赏区

位于西部地块，紧邻四环，在保证乔灌木景观的基础上，营造以观赏草、花卉为主的种植景观，同时结合特色造型挡墙及休憩座椅营造静谧、舒适的观赏氛围。

2. 儿童活动区

位于东部地块西侧，临近小区出入口，设计了彩色安全地垫、木质靠背座椅、造型挡墙种植池、儿童趣味挡墙及沙坑。造型种植池采用木板与花岗岩贴面挡墙相结合的形式，打破常规，采用优美的曲线造型；趣味景墙采用钢筋混凝土结构，外贴彩色马赛克，保证造型及色彩的同时更强调儿童的参与性，趣味性更强。

3. 休闲活动区

位于东部地块东侧，主要作为周边居民茶余饭后散步及休憩的场地。设计了种植池及木质异形座椅，采用钢架结构和防腐木条面层，造型简洁流畅。

（二）地形设计

广场周围及道路两侧起微地形，结合种植，隔离空间，地形高度不超过1m。

（三）种植设计

种植苗木选用北京乡土树种，乔灌草复层搭配。

整体种植与地形和空间结合，场地及道路两侧大量种植春花灌木及宿根花卉，层次丰富，既保证整体绿量，又有精细的节点配植，增加了植物的观赏性。

主要品种有鸢尾、大花萱草、小酒杯萱草及狼尾草等。

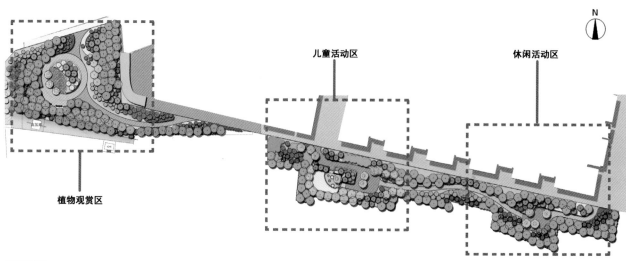

植物观赏区　儿童活动区　休闲活动区

总平面图

儿童活动区实景 植物观赏区实景

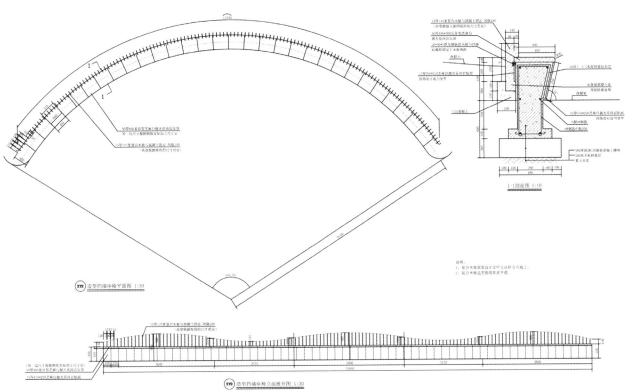

造型挡墙座椅

设计单位：北京市海淀园林工程设计所

项目负责人：袁晓珍

设计人员：袁晓珍　任艳君　董兮　孙磊　曾子然

80. 东北旺科技研发楼代征绿地

2016年度北京园林优秀设计三等奖

一、项目概况

项目位于上地西路西南侧，东南为上地华联商场，东侧紧邻东北旺科技研发楼，绿地南北长139m，东西宽96m，总面积为13660m²。

现状场地较为平整，有少量杨树，绿地南端与现状道路有1.5m高差。

该地块周边除紧邻的东北旺科技研发楼及华联商厦外，多为20世纪90年代末建成的居住区，人口密集，绿地稀少，公共活动空间欠缺。

二、设计目标

该项目以"幸福花园，鲜花绽放"为主题，意在为周边居民及附近工作人员提供一个舒适自然、特色鲜明的社区公园。

三、设计原则

以人为本，合理安排功能空间，满足就近使用的需求。

突出特色，围绕"花"的形象，设计各类相关小品设施等呼应主题。

适地适树，选择适应性较强、景观效果突出的植物品种进行合理搭配。

四、设计方案

（一）功能分区

整个公园分为入口区、休闲娱乐区、儿童娱乐区和健身休息区，几个大的分区充分结合了主题和使用需求，通过诸多"花"形态造景元素的组合搭配，将功能与景观充分结合，满足了使用者的各种需求。

主入口区分别位于绿地南、北两端，南入口通过台阶及主题景观墙的设置解决绿地与外侧道路的高差问题，同时起到城市界面的视线引导及提示作用。北入口受绿地边界的限制，较为隐蔽，故在紧邻市政道路一侧设置入口标识，引导提示游人进入公园。

休闲娱乐区以大面积的铺装结合供休息的"花瓣"形廊架及座椅，便于开展各种集会活动或游戏，满足游人自由活动的需要。

儿童娱乐区通过充满童趣的洞洞墙、散置的"向日葵"游戏球、攀爬架和缤纷的铺装地垫为儿童提供有趣的活动场所。

雨水花园

N
上地西路
公园出入口
趣味花架
彩色花池
商务洽谈广场
林荫小径
雨水花园
公园出入口
儿童活动
健身广场

总平面图

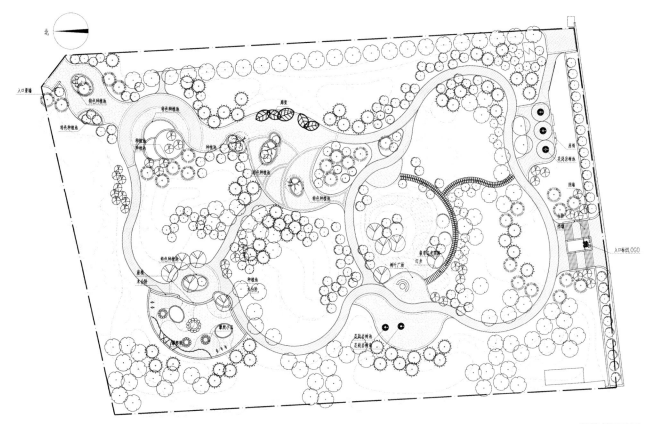

北
入口景墙
特色种植池
特色种植池
种植池
特色种植池
廊架
房屋
花园步行池
特色种植池
座椅
挡墙
挡墙
入口标识LOGO
特色种植池
座椅
木台阶
健身广场
树阵广场
雨水花园
灯台
花园步行池
花园步行池

种植总平面图

健身休息区为白领提供在大自然中办公洽谈活动的空间，放松身心，陶冶情操。

（二）竖向设计

绿地整体通过微地形的围合来分割每个空间，同时满足对私密性的要求，增加空间使用的舒适度。

（三）种植设计

植物景观在保证乔灌草合理搭配的前提下，契合"花园"主题，大量运用春季开花的乔灌木，特别是沿园路栽植寓意"幸福、美好""玉棠富贵"的海棠类小乔木，为人们提供春季漫步花丛的丰富体验；同时为保证丰富的季相变化，在景观节点布置以宿根花卉为主的花境及地被植物，丰富景观层次。

主要树种如下。

1. 乔木

白蜡、国槐、油松、白皮松、华山松。

2. 海棠类

西府海棠、道格海棠、红丽海棠、红玉海棠、钻石海棠、火焰海棠、垂丝海棠、粉手帕、喜洋洋等。

3. 花灌木

红瑞木、连翘、黄刺玫、天目琼花、丁香等。

4. 地被花卉

菖蒲、鸢尾、萱草、红金鸡菊等20余个品种。

设计单位：北京市海淀园林工程设计所
项目负责人：马磊
设计人员：

杨海见　董兮　冯凌历　袁晓珍　魏剑锋

北入口

次入口特色种植池

儿童活动区

81. 石景山区水泥厂保障房代征绿地

2016年度北京园林优秀设计三等奖

一、项目概况

北京市石景山区水泥厂保障房代征绿地位于永定河与莲石湖公园的东北侧，燕堤西街7号院南侧。用地为北京市石景山区水泥厂搬迁后遗留的工业废弃地，东西长320m，南北宽65m，面积为2hm²。

二、设计理念

项目基地处于首钢经济圈范围内，有着强烈的工业文化背景。该设计以"蜕变"为主题，旨在记录地块从工业废弃地向公园绿地的转变。

三、创新与特色

（一）多元化的工业主题体现

设计基于基地原有的工业用地属性以体现工业文化主题，通过宣传栏、生产水泥所使用的工具、工业锈钢板等多元化的元素展示水泥厂的历史与场所精神。

（二）生态化的土壤修复

现状土壤为原北京市石景山区水泥厂厂房建筑拆除后的废弃地，情况相对恶劣，表层为建筑渣土，深层为1m厚的工业煤渣，植被由于土壤条件的限制无法正常生长。设计对场地内的建筑渣土以及深层工业煤渣进行深埋处理并堆筑地形，局部置换种植土，通过土壤的修复为植物群落的恢复提供基础。

（三）人性化的活动空间营造

项目基地北侧与东侧为高层住宅的居住区用地，建筑密度大、居住人群集中，但是由于社区绿地自身的限制，社区周边没有可供居民运动、健身、休憩的户外绿色场所，因此急需通过人性化的设计为附近居民提供理想的活动空间。方案遵循以人为本的原则，将不同年龄段的活动需求作为出发点，将基地分为动区与静区两部分，打造5个空间节点——文化宣传、舞蹈广场、生产展示、儿童乐园、健身场地，完善的功能布局与合理的空间尺度为周边居民提供了休闲、健身、娱乐的活动空间。

（四）艺术化的竖向处理

基地南侧边界现状为首钢集团运输煤矿的生产性铁路，现已废弃。铁路基础为5m高、300m长，且正对居住区的混凝土挡墙，单调的混凝土界面严重影响了景观面貌与视觉感受。设计运用高低错落的台地花园巧妙消解高差，通过细致的植物配置丰富观赏与游览的趣味性；同时，用锈钢板、片石共同打造的台地花园挡墙与现状铁路混凝土挡墙有机搭配，掩映于花园之中。

设计单位：中国城市规划设计研究院
项目负责人：王坤、郭榕榕
主要设计人员：牛铜钢　赵娜　吴雯
部分照片系北京市石景山区园林绿化局提供

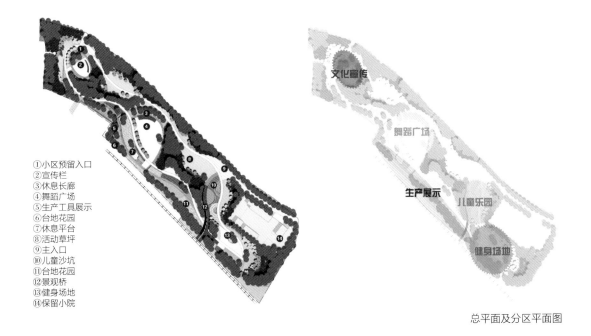

①小区预留入口
②宣传栏
③休息长廊
④舞蹈广场
⑤生产工具展示
⑥台地花园
⑦休息平台
⑧活动草坪
⑨主入口
⑩儿童沙坑
⑪台地花园
⑫景观桥
⑬健身场地
⑭保留小院

总平面及分区平面图

工业钢板体现文化主题

休息廊架

舞蹈广场全景

台地花园一

园路

台地花园二

82. 赛洛城小区公园改造

2016年度北京园林优秀设计三等奖

一、项目概况

赛洛城小区公园位于沿海赛洛城社区的中心地段。沿海赛洛城位于北京东四环和东五环之间广渠路未来城市轴线上，所在区域处于CBD由西向东、由北向南的延长线上。整个用地呈长梯形，东西长392m，西侧南北长60m，东侧长93m。总用地面积约3万m²。现状公园的整体布局为现代主义风格，运用直线条进行整体布局。

二、设计思路

（一）空间布局

1. 按不同年龄段人群，对公园进行功能分区，满足不同年龄段人群的使用需求。

2. 强化直线型道路交叉处的景观节点。

3. 强化入口处景观。

（二）植物方面

1. 光线较差地段，选用耐阴的地被。

2. 按照一定的景观节奏，合理安排植物的疏密程度。

3. 需要增加植物层次的地段，在保留现状乔木的基础上，增加下层灌木及地被，适当提高常绿树比例。

（三）铺装方面

1. 保留大部现状良好铺装，修补破碎铺装。

2. 在经常被踩踏的绿地中，增加穿行园路。

（四）设施小品方面

1. 通过设置台阶、围栏等手段防止车辆侵入绿地。

2. 增加景观小品，强化直线型道路节点以及主入口空间。

三、分区规划

（一）公园入口

现状主入口处较为凌乱，绿地破坏严重，缺乏标志性景观。改造中，结合主入口设置背景墙，将两侧建筑的元素符号以及绿地中"五角星绿篱"等元素融入景墙之中，使新增构筑物与周边建筑以及内部景观融为一体。并结合现状高差，局部设置台阶、矮墙，防止车辆侵入绿地。

（二）休闲活动区

沿直线型园路进入公园内部，作为休闲活动区，局部设置供停留休息的空间。在道路两侧增加框架景观，增强直线型道路的空间感，在南侧一条使用率较低的道路上，增加节点空间方便居民停留、休闲。

（三）中心活动区

由休闲活动区向东为小区的中心活动区，周边绿化较多，光线较好，增加金叶复叶槭、紫叶李、元宝枫等彩叶、变色叶植物。

周边绿地原为造型草坡，由于本地气候以及养护等原因，外形破坏严重，棱角处难以浇水，草皮斑秃。改造中，利用花岗石装饰台阶，加固地形，破除其棱角，增加观赏草和天人

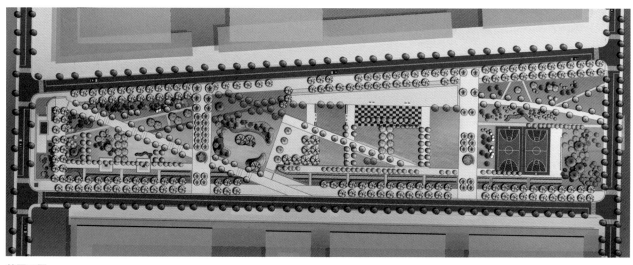

总平面图

入口景观墙效果图   入口景观墙建成图

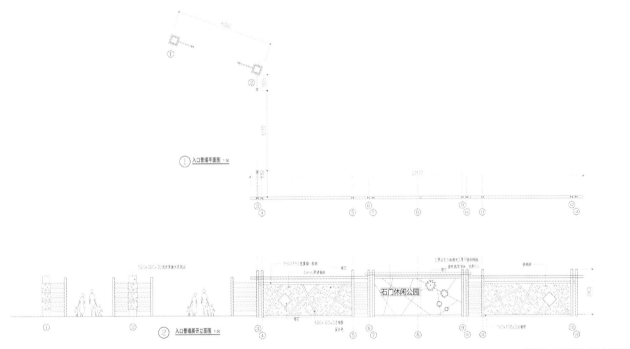

公园入口景墙-平立面图

菊等宿根地被，减少冷季型草的使用。

（四）体育活动区

位于公园的东部，为体育活动区。考虑到小区使用人群的特点，以及现代人对身体健康越来越重视，所以专门设置了这样一个区域，对现有篮球场破损塑胶铺装进行更换。

四、结语

1. 因地制宜，延续特色。根据现场情况，因地制宜地加以改造，尊重当地居民的使用习惯，尊重原始机理，将原有的设计元素与符号加以发掘和放大。

2. 新优苗木，绚烂秋色。突出

北方春花烂漫的同时，注重新优色叶植物的运用，为公园增绿添彩。

3. 利用宿根地被代替草坪，成形快，突出自然气息，解决了夏季色彩不足的问题，相对草坪而言减少了后期维护费用和用水量，提升了景观效果，取得了较好的生态效益。

中心活动区

改造后的造型草坡

休闲活动区绿化带

设计单位：北京市城美绿化设计工程公司

参与人员：刘尊武　杨宗博　吴霞　赵路　任壬

南海子一期月季园提升改造工程位于北京市大兴区南海子公园一期东门，占地约为32000m²。月季园于2015年12月开工建设，2016年4月正式竣工。提升后的东区月季园作为2016年世界月季大会的展示园区在世人面前亮相，成为南海子公园的新亮点，为之前相对冷清的东区带来新的活力。

现状月季园园区内植被踩踏情况严重，直接影响了植物展示效果；场地内乔木分布过于凌乱，影响月季采光，造成生长状况不良；园内月季品种分布过于分散，景观连续性不强，没有形成良好的视觉冲击力；入口景观过于单调，无法满足月季展示需要。提升改造以保护现状为主，综合考虑整体效果，突出地域特色，融入南海子本土文化，打造月季氛围，增加观赏性和科普性。

其中东大门入口和日晷广场为两个主要的改造区域，东大门将影壁、垂花门等元素与方格形种植的月季结合，营造出京味院落的氛围。日晷广场改变原有花坛内月季植株规格不一的局面，重新栽植大花月季，每个花坛为单一品种，颜色纯净；围绕广场，结合地形，用大片的丰花月季组成龙形图案。

全园区栽植月季品种共80余种，根据月季品种，主要分为5个区。

1. 特色品种展示区

集中种植于公园东大门区域，以丰富的品种月季为主，结合构筑物，提升景观氛围。

2. 主题展示区

位于于中心日晷广场周边，以"金玛丽""北京红""仙境"等丰花月季形成大尺度"龙凤图案"景观。

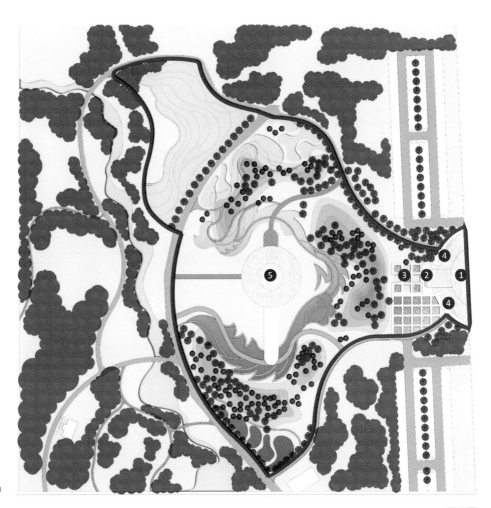

① 东大门
② 影壁
③ 垂花门
④ 廊架
⑤ 中心区日晷广场

平面图

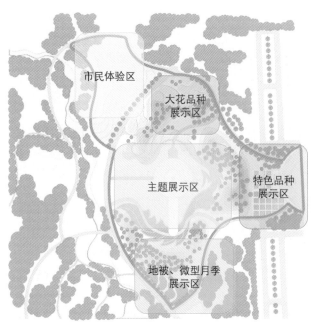

分区图

3．大花品种展示区

位于日晷广场北侧，结合游径，主要展示"杰斯塔""光彩""红双喜"等丰富的大花品种月季。

4．地被、微型月季展示区

位于日晷广场南侧，结合实际地形种植"肯特""恋情火焰"等地被月季和"矮仙女""小伊"等微型月季。

5．市民体验区

主要栽植月季各大花、香花品种，丰富园内月季种类。

南海子一期月季园于2016年5月18号开园，吸引了大批游客入园观赏拍照，获得了市民的认可，在满足游人观赏、拍照、科普、游览等需求的同时，提高了公园东区的利用率，给南海子公园注入崭新的活力。

日晷广场

日晷广场

市民体验区

东大门

设计单位：北京北林地景园林规划设计院有限责任公司

项目主持人：叶丹

主要设计人：金柳依　杨子旭　鲍煜

84. 石景山区高井绿地改造

2016年度北京园林优秀设计三等奖

首钢搬迁后，工业气息浓厚的高井热电厂东侧矗立着4个巨大的冷却塔，这4个工业时代遗留的高塔如今依然在承担热电厂的部分工作，但随着现代城市的扩张，高耸的冷却塔在新的社区与环境里显得尤为突兀。

此次改造的高井公园便位于冷却塔之下、石门路和高井路交接处。用地西侧和北侧被引水渠的硬质驳岸限定，现状绿地大部分区域被破坏，绿地内存在多个高压电塔、电箱、井口。

高井公园项目的建设初衷是在大工业背景下以景观为媒介，帮助从工业中走出的城市恢复活力，让该地成为居民能够尽情享用的公共空间。

设计工作结合贯彻石景山区后工业的特色，以城市重建理念为核心，把景观提升当作城市发展的催化剂，采用富有弹性的流线型元素，现代而简练的设计语言，结合实用而又具有艺术性的景观设施，让环境能最大程度地造福于这个地方和这里的居民。

项目设计方案最大的特征在于应用流畅的艺术性挡土墙、条形台阶，结合树冠较高的彩色树种，把高耸的冷却塔作为公园具有视觉冲击力的焦点及空间背景纳入设计中，把工业遗留构筑成高井公园特色鲜明的标志性景观。

详细设计方面，利用种植、硬质设施巧妙地隐藏、遮挡这些突兀的市政设施；在道路、活动场地均匀布置较强的引导灯光，在休息场地布置柔和的较暗的灯光，保证舒适度。

竖向设计方面，堤顶与绿地外侧

道路现状有约3m的高差变化，利用地形变化分割出不同活动空间和立面变化。活动小广场在地势较低的区域，棋牌活动设施分层置入地形，具有特色器材的活动场地位于高处平台，巧妙地利用高差，构成具有层次感的活动空间。

材料方面，使用钢板、钢管、预制混凝土等有工业味道的材质。将耐候钢板作为部分景墙和场地的边界，在老工业区，这种材料易得而且容易加工、安装，体现出原址的工业特色，呼应该地域首钢工业历史记忆。

设计将城市传统肌理保护与场所新功能的开发相结合，达到新与旧的和谐统一。作为公共空间中超体量的景观元素，用曲线将几个大冷却塔"借"进公园，让老旧的工业建筑形体成为绿地极具特色的背景和视觉焦点，让其在新舞台上翩然起舞。探索了如何在保留旧工业建筑灵魂的同时，让旧工业遗留构筑与新的城市景观融为一体，最终使得高井公园成为具有后工业景观面貌和符合市民多种需要的复合功能绿地。

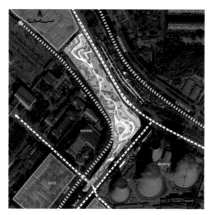
现状分析

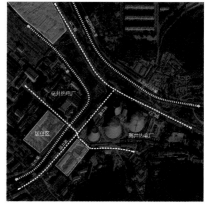
平面图

鸟瞰图

透水铺装与耐候钢板景墙

设计单位：北京北林地
景园林规划设计院有限
责任公司

项目负责人：麻广睿

主要设计人员：

张璐　张婧　项飞

朱京山　吴婷婷

冷却塔成为高井公园的背景

85. 石景山区二管厂保障房代征绿地

2016年度北京园林优秀设计三等奖

地块占地约9714m²，位于原来的石景山水泥二管厂附近，之前为铁路货运场地，工业区搬迁导致该区域闲置荒废，与西面仅相隔一条道路的世纪家园居住区格格不入。地块东侧墙外则为一条仍在使用的铁路和少量临时建筑。该项目的挑战为，于有宽度限制（10~20m）的用地范围内，在空间维度上用方便实用的设施为附近的社区带来便利，在时间维度上用强有力的设计语言唤醒场所的工业记忆，连接历史与未来。

通过现场分析，设计师摈弃了集中式的大型场地设置，而是将场地打散于绿地中。座椅、挡墙、花池等实用的园林元素被硬朗而简约的折线形道路串连成一体，完成了场地后工业特色的空间叙事。

交通方面，为方便居民便捷地享受道路对面的绿地设施，沿带状绿地设置4个出入口，并设置入口对景，提高各入口的标志性与引导性。连续的耐候板种植池分割出流动灵活的园路，各元素有机地融合于带状绿地中，保证交通功能的同时，为附近居民争取更多的休闲空间。

种植设计方面，绿地西侧以疏林草地的种植方式为主，形成开敞的展示面，呈现干净大气而开朗的石景山城市绿地形象。东侧则结合地形与花池，以乔灌草复层的种植方式，减少围墙对场地的干扰，增强较窄绿地的层次感。

材料选择方面，选用耐候钢板花池，界定出流动、灵活的活动和休息空间，休憩场地的地面也结合钢板、

照明形成特色铺装，来拓展场地层次，呼应东侧的铁路。耐候钢板廊架跨越道路的两侧，竹子穿插其中，廊架刚性的线条与竹子纤细婀娜的质感形成了鲜明的对比。

该带状公园面积有限，设计及施工环节都必须精于细节处理，在设计过程中，设计人员对每一处景观都加以详细的推敲，实施过程中对施工过程层层把关，对景观细节精益求精。对主材耐候钢板的多种做法进行样板试验，确定最终的工艺与安装方案，确保最终的建成效果与设计意图相符合。

项目在充分尊重场地独特性的同时充分利用场地的独特资源——用火车借景，在设计中运用具有后工业特色的设计元素，活泼而有力量感，简

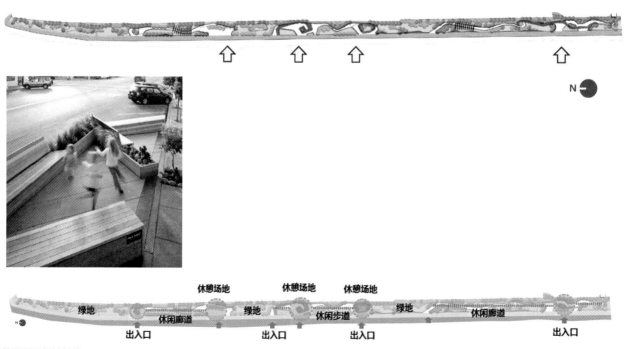

总平面及绿地结构

约而不乏细节，在后工业语境下探索现代生态的石景山区独特的地域精神。

设计单位：北京北林地景园林规划设计院有限责任公司
项目负责人：麻广睿
主要设计人员：
张璐　张婧　项飞　马亚培　赵睿

鸟瞰图

耐候钢板廊架

耐候钢板花池与座椅

结合地形与花池的种植

86. 西城区天宁寺段绿道

2016年度北京园林优秀设计三等奖

项目概况地块位于天宁寺桥北及桥南侧南护城河两岸绿地，总面积约为15000m²。其中桥北侧西岸有一块5000m²的滨河街旁绿地，是本次设计的重点区域，地势较为平坦，现状保留两株大法桐和餐馆建筑并对其进行改造。紧邻市政道路地块周边为居民区，其余10000m²为滨河两岸的坡地，现状坡度较陡且缺少植物景观营造，未发挥城市河道景观的生态效应。整个项目地块周边有白云观和古蓟丘等古迹。古蓟丘以蓟草而得名，是古代原始聚落一个居民点的标志。蓟城，始建于3000多年前的商代晚期。北魏地理学家郦道元在《水经·漯水注》中云："昔周武王封尧后于蓟，今城内西北隅有蓟丘，因丘以名邑也。"蓟丘，因其长满一种名叫"蓟"的野草而得名。战国时期，为燕国之上都；秦、汉及唐代都是中国北方的重镇；辽、金时期位于辽南京金中都城市的核心地带。以蓟为国算起，一直到元灭金，蓟丘存在了至少2000年以上。20世纪50年代，在今白云西里蓟城的西北隅，有一个大土丘，上面散落着许多战国、秦、汉时期的陶罐，陶罐口沿上带有"蓟"字陶文。侯仁之等学者认为，土丘应该就是蓟城赖以得名的古蓟丘。20世纪70年代，土丘在城市建设过程中逐渐消失。

项目主题定位为营城建都滨水绿道的一部分，地块设计体现绿道的整体设计风格，力求营造具有文化氛围的滨水休闲绿地空间。

项目重点区域设计3个主要景观空间，用道路串连起来，分为中心主广场、观景休憩广场和康体活动广场。沿街绿地设计微地形，营造园内相对安静的休闲空间。白云观前街为景观地块的主入口广场，主入口广场两侧设计有"风调雨顺"为主题的景观文化灯柱，呼应当地文脉。广场中心以浮雕的形式表达蓟丘文化，形成"蓟丘怀古"的节点空间，使游客在游览途中潜移默化地体验场地的历史文化特色，唤起人们对周边历史的认知和文化归属感。

延续白云观的祈福文化，地块以梅花为主题，以春花来体现"风调雨顺"，同时绿地用地形围合，种植银杏、七叶树等寺庙园林树种，烘托景观主题。在突出植物造景的同时，深刻挖掘场地及其周边的文化特色。设计充分利用河道景观和现状两株大泡桐树，设观景休息平台和康体活动广场，为游客提供休憩和活动的场所。另外将现状的临街饭馆收回后，改造成为周边百姓服务的园艺推广中心驿

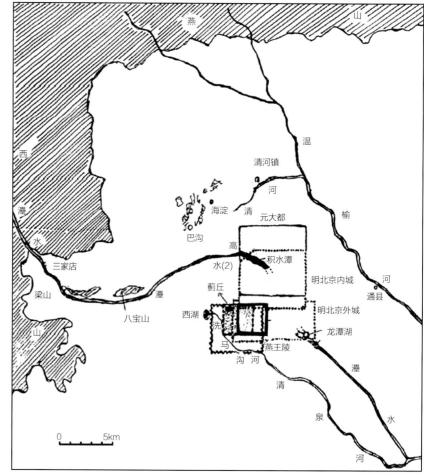

"古蓟丘"位置，应在今白云西里

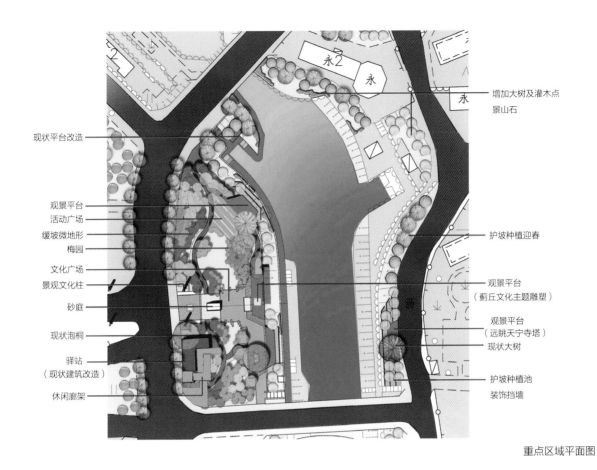

增加大树及灌木点
景山石

现状平台改造

观景平台
活动广场
缓坡微地形
梅园
文化广场
景观文化柱
砂庭
现状泡桐
驿站
（现状建筑改造）
休闲廊架

护坡种植迎春

观景平台
（蓟丘文化主题雕塑）

观景平台
（远眺天宁寺塔）
现状大树

护坡种植池
装饰挡墙

重点区域平面图

站，让人们亲自体验园艺的乐趣和文化。天宁寺桥北及桥南侧河道两岸坡地的绿化，则突出自然野趣，以大面积的野花组合、迎春、金钟连翘、沙地柏形成花团锦簇、绿草如茵的大景观效果。绿地的建设弥补了周边群众缺少健身休闲场所的不足，同时为整体绿道景观增添了一处有特色的景点。

设计单位：北京创新景观园林设计有限责任公司

项目负责人：梁毅

主要设计人员：

梁毅　赵滨松　史健　张博

设计指导：李战修

中心广场

蓟丘览古小品及观景平台

园艺推广中心驿站

87. 京林生态花园

2016年度北京园林优秀设计三等奖

京林生态花园占地17900m²，整体地势四周高、中间低，最低点位于中心湖区，周边雨水径流（包括屋面径流）通过植草沟、旱溪、盲管等多种方式汇集到中心水体，实现雨水的景观化利用。根据计算，建设完工后的京林雨水花园能够调蓄50年一遇及其以下的暴雨，年平均调蓄雨水量达到7200m³。

园区内采用了目前国内多项先进生态技术，实现了对雨水的有效调蓄和净化。园区内采用了目前国内外主流雨洪工程设施来构建雨水调蓄系统，如植草沟、生物滞留池、洪涝调蓄池、植物缓冲带、渗透铺装等低影响开发设施。其中，道路采用了透水混凝土和蜂巢砾石两种透水性铺装，保证园区在20年一遇的暴雨强度下道路不会产生积水。园区内滨水边坡采用蜂巢约束系统进行固坡，有效地减

少了雨水对边坡的冲刷，在施工过程中不使用一袋水泥、一根钢筋，填料为现场土源，不产生污染，节约雨水管线建设成本，提高施工效率，减少对环境的影响。园区内的中心水体采用了水域生态构建技术，通过对水体生态链的调控，实现水下生态系统中生产者、消费者、分解者三者的有机统一，实现水域的自净自洁。

园区划分为入口展示区、精品苗

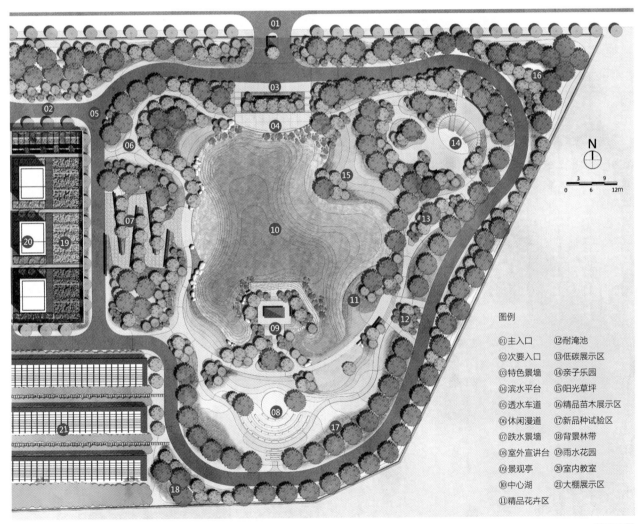

图例

① 主入口　⑫ 耐淹池
② 次要入口　⑬ 低碳展示区
③ 特色景墙　⑭ 亲子乐园
④ 滨水平台　⑮ 阳光草坪
⑤ 透水车道　⑯ 精品苗木展示区
⑥ 休闲漫道　⑰ 新品种试验区
⑦ 跌水景墙　⑱ 背景林带
⑧ 室外宣讲台　⑲ 雨水花园
⑨ 景观亭　⑳ 室内教室
⑩ 中心湖　㉑ 大棚展示区
⑪ 精品花卉区

总平面图

木展示区、儿童活动区、低碳示范园区、中心景观区、室外宣教区、新品种实验区和雨水游憩区8个功能区，满足了多年龄层次、多类人群的需求。京林生态花园未来不仅是海绵城市建设示范区，也将成为北京青少年科普教育基地、科研人员研发基地和周边居民的休闲花园，为城市居民、学生及社会各界人士提供一个休闲娱乐、科普教育的场所，成为一个真正具有实用功能的生态雨水花园。

设计单位：北京京林联合景观规划设计院有限公司

设计主持人：李春雨

主要设计人：

周浩　谭琪　丛金萍　刘治国　葛湃飞

全景图

鸟瞰图

儿童活动场地

碎石行道

生态旱溪一角

88. 长辛店公园二七烈士墓及周边环境改造

2016年度北京园林优秀设计三等奖

一、项目概况

（一）项目位置

长辛店公园二七烈士墓及周边环境改造工程位于丰台区长辛店镇长辛店公园园区内。

（二）工程内容

该项目主要内容是对二七烈士墓及周边环境进行整体改造，改造总面积为5485m²。其中绿化部分是移植苗木、栽植乔灌木、栽植地被、增设景观纪念墙，铺装部分是烈士墓周边铺装和一级路改造铺装。

二、背景及现状

（一）红色文化背景

长辛店公园园内完好保存着二七大罢工革命先驱吴祯、葛树贵两位英

烈的衣冠冢，每逢清明、烈士祭奠日，区党政机关、团体、学校师生、驻军部队即到烈士墓前缅怀英烈、寄托哀思。该地已成为丰台区重要的爱国主义教育首选之地。2013年，二七烈士墓由北京市丰台区文物保护单位升级为全国重点文物保护单位。自2014年8月31日十二届全国人大常委会第十次会议经表决通过将9月30日定为烈士纪念日以来，此处成为丰台区区委领导班子和各界群众的祭奠场所。

（二）现状

目前烈士墓周边树木长势衰弱、树种单一，部分区域杂草覆盖、黄土裸露；烈士墓广场及园区一级道路铺装面层年久风化、坑洼不平；周边围墙残破，基础设施简陋陈旧。根据区

领导的要求及群众的反映，该园拟定将二七烈士墓及周边环境进行整体改造。

三、设计理念和原则

（一）设计理念

长辛店公园二七烈士墓，是为祭拜人群提供使用功能的，这决定了它要以庄严肃穆的氛围规划设计，体现人文纪念的功能。设计从全方位着眼考虑设计空间与自然空间的融合，不仅仅关注平面构图，还注重全方位的立体层次分布，在保持原有规划格局的基础上，运用自然坡度进行植物配置，以植物围合，表现规整、严肃的特点，利用烈士墓广场原有铺装台面的高差进行合理的创造，为前

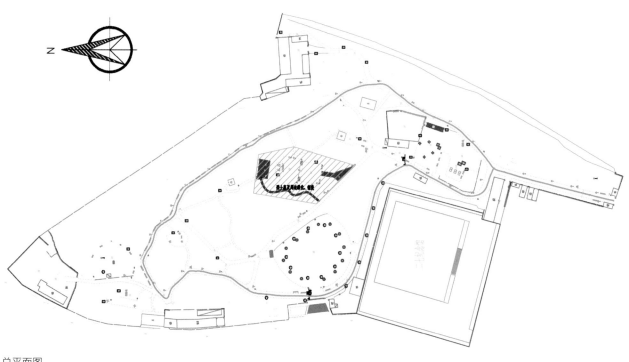

总平面图

来缅怀的群众提供庄严肃穆的祭奠环境。

（二）设计原则

1. 红色传承的原则

突出红色文化背景，有着红色文化背景的二七烈士墓不同于其他园林景观，是专属祭拜场所。设计增设景观纪念墙，打造红色文化景观，展现纪念性建筑的宏伟性和庄重感，使后人缅怀先烈、铭记历史，继续传承二七烈士精神。

2. 自然生态的原则

以维护现有园区生态平衡为宗旨，结合本次改造提升的需要，在利用好现有植物资源的前提下，"以绿为主"，在原有高大的常绿乔木间隙栽种耐阴灌木，"见缝插绿"，最大限度提高绿化覆盖率，体现自然生态，创造最佳生态效益。

3. 植物造景的原则

设计以"适地适树"为理念，烈士墓周围以线性风景为主，以突出墓园性质的植物配置为原则，用植物围合空间，松柏、落叶乔木为背景，配以常绿灌木、黄色小菊，营造庄严肃穆的心理感受，周边将春夏秋冬各个季节不同色彩的景观树种融入公园整体安静、深远的环境中。

四、景观设计要点

通过对主导思想的把握，改造后的烈士墓周边绿化层次清晰，主要常绿树种突出，营造庄严肃穆的祭拜氛围，打造红色文化背景下的祭奠场所；道路交通系统得到优化后将安全、合理疏导祭拜人群，有效提升园区内整体景观效果。

设计单位：北京福森园林设计有限公司
项目负责人：刘慧兰
主要设计人员：
刘慧兰　王靓婕　王丹　李克龙

烈士墓正面

烈士墓上层

烈士墓景墙

烈士墓下层

一级路铺装

道路绿化
2009年度

三等奖

1. 昆明湖东路及二龙闸路
2. 通州区通朝大街

1. 昆明湖东路及二龙闸路

2009年度北京园林优秀设计三等奖

一、项目概况

昆明湖东路与二龙闸路南北相连，位于海淀区西北部，是连接颐和园及周边地区的主要道路之一。

昆明湖东路道路南起颐和园南如意门，北至颐和园新建宫门，西临颐和园及柳浪公园，东靠高尔夫球场。全长约1360m，中央分车带宽6m，道路外侧绿地宽10～30m不等，绿化面积25310m²。二龙闸路南起颐和园新建宫门，止于万泉河路，全长1700m，中央分车带宽6m，道路外侧绿地宽4m，绿化面积16290m²。

昆明湖东路与二龙闸路绿化总面积41600m²，其绿化建设大大提升了颐和园周边的环境品质，成为海淀区一条景观特色突出的道路。

二、设计目标

昆明湖东路及二龙闸路绿化景观设计重点在于营造舒适的车行、人行空间，节奏适中的道路绿化景观和简洁自然的环境氛围

三、设计原则

突出春秋两季的季相变化，与西山旅游区的特点相呼应，使道路景观与周边景观相融合。

充分结合现状、适地适树，与周边景观相结合。

突出道路绿化的节奏感，通过植物品种变化丰富景观层次，形成连贯完整的植物景观。

植物选择易维护及管理的品种。

（一）地形处理

现状道路红线外侧地形多高于内侧，故在设计中，较窄地段由外侧向道路一侧拉坡，作微地形处理，形成内向型的空间关系；较宽地段根据道路节奏，进行竖向处理。

（二）植物景观

1. 步道外侧绿化带

道路外侧有长势良好的现状白蜡及成型柳树，形成了良好的绿化背景，故在设计中充分结合现状植物，搭配成片的连翘、碧桃等春花植物，及大量的宿根花卉突出道路的春季景观，同时适当种植秋叶树增加道路景观的季相变化。

2. 中心隔离带

以馒头柳、油松、紫叶矮樱成段落种植，使道路有一定的连续性并形成一定的节奏感，组团节奏100～120m。

3. 重点路口

局部放宽地段，进行精细配置，增加景观变化。

四、植物选择

1. 落叶乔木

馒头柳、白蜡。

2. 常绿乔木

桧柏、油松。

3. 花灌木

连翘、碧桃、天目琼花、醉鱼草等。

4. 宿根花卉

马蔺、一枝黄花、婆婆纳等。

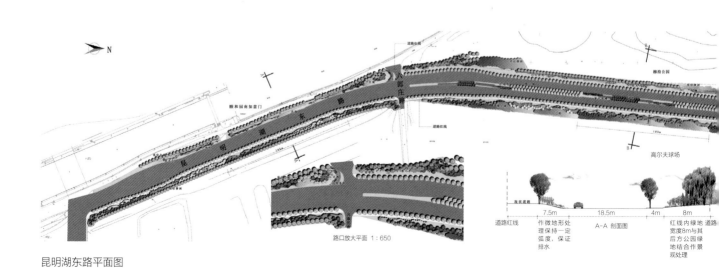

路口放大平面 1:650

A-A 剖面图

昆明湖东路平面图

中间隔离带沙地柏结合

中间隔离带落叶乔木段

中间隔离带常绿乔木段

外侧绿地

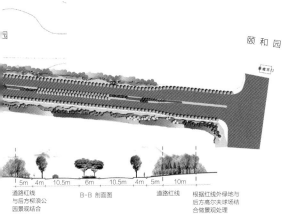

颐和园

B-B 剖面图

5m 4m 10.5m 6m 10.5m 4m 5m 10m

道路红线
与后方柳浪公
园景观结合

道路红线

根据红线外绿地与
后方高尔夫球场结
合做景观处理

设计单位：北京市海淀园林工程设计所

项目负责人：田文革

主要设计人员：孙少婧　王宇

2. 通州区通朝大街

2009年度北京园林优秀设计三等奖

一、项目概况

本项目景观绿化设计位于北京市通州区，以通朝大街与怡乐西路相交点为设计起点，通朝大街与果园环岛相交为设计终点。全长2.4km，绿化总面积95300m²。

本次设计范围为规划道路中线两侧50m范围内绿地，其中中央绿化隔离带14m宽。

二、设计理念

方案设计从城市规划景观环境的整体效果出发，城市绿地与城市风貌紧密结合，以人为本，功能为首，创造丰富多彩、功能各异的绿地空间。城市景观和道路景观紧密结合——结合道路周边的城市用地功能，设置与整体城市风格相协调的道路铺装、文化休息、公共服务设施；适当设置休息活动场所，满足使用功能要求；道路绿化以植物景观为主，形成层次感丰富和四季季相变化鲜明的植物群落；植物选择多样化，适地适树，在人流活动较为集中的区域，选择观赏性好的树种，使绿化环境与城市使用

和发展和谐共存。

三、方案详述

（一）商业街及休闲绿地部分

1. 20m商业街范围

将其分成铺装和绿化两部分进行设计。绿化部分采用乔灌结合的种植形式，使商业街与人行道相隔离，达到互不干扰的效果。

2. 30m绿化带

将其设计成城市休闲绿地的形式，使人可以在其中自然游走，同时也使道路得到横向延展，使其立体网络进一步扩大。

3. 商业街部分

采取规则式种植方式，成行混植高大乔木梧桐和银杏，对空间进行有效围合；林下大叶黄杨和金叶女贞组合搭配并修剪成斜坡，增加趣味性及观赏性。

4. 休闲绿地部分

采取自然式植物种植方式，以草地为前景，中景搭配一些小乔木和花灌木，侧柏、圆柏作为背景树，对围墙等进行遮挡。

（二）街心公园部分

在街头绿地区域，营造多个大小不一、高低起伏的椭圆形场地。功能各异的场地为游人提供了丰富多彩的活动空间，井然有序，亲切又大小适宜。

（三）带状绿地部分

该区域设计成自然的风景林，配合微坡草地，使空间起伏有致，节奏感强。

（四）标准段绿地部分

1. 绿化隔离带

由于14m的绿化隔离带未来将规划成快速公交车道，所以在满足功能的前提下，不在绿化范围内做景观构筑物设计，只是对其进行绿化种植设计，每隔40m设计1个矩形树阵，中间由花灌木、灌木、地被花卉形成带状组合，连接起每个组团。

2. 分车带

由于规划设计条件有限，在分车带中只能种植小乔木。将小乔木三四棵组成一团，间距20m，中间由灌木衔接。

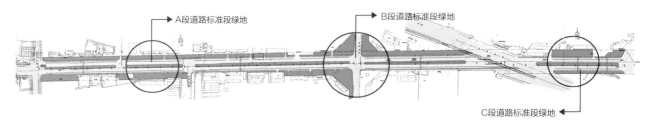

通朝大街绿化设计总平面图

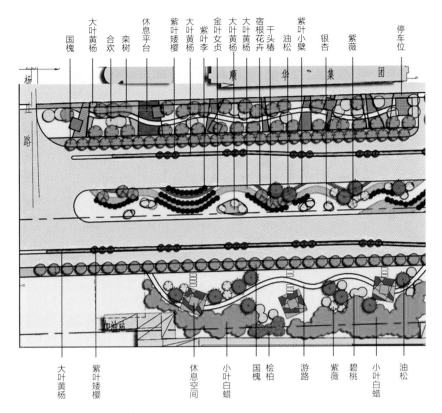

国槐　大叶黄杨　合欢　栾树　休息平台　紫叶矮樱　大叶黄杨　紫叶李　金叶女贞　大叶黄杨　大叶黄杨　宿根花卉　千头椿　油松　紫叶小檗　银杏　紫薇　停车位

大叶黄杨　紫叶矮樱　休息空间　小叶白蜡　国槐　桧柏　游路　紫薇　碧桃　小叶白蜡　油松

通朝大街道路A标准段设计

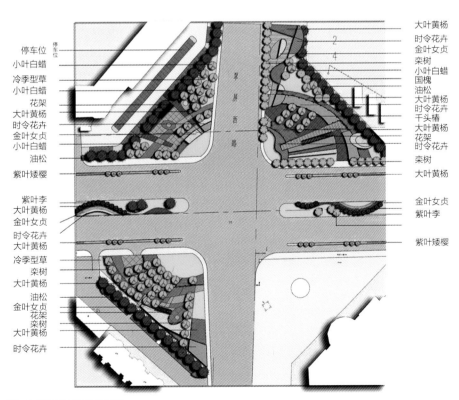

停车位
小叶白蜡
冷季型草
小叶白蜡
花架
大叶黄杨
时令花卉
金叶女贞
小叶白蜡
油松
紫叶矮樱

紫叶李
大叶黄杨
金叶女贞
时令花卉
大叶黄杨
冷季型草
栾树
大叶黄杨
油松
金叶女贞
花架
栾树
大叶黄杨
时令花卉

大叶黄杨
时令花卉
金叶女贞
栾树
小叶白蜡
国槐
油松
大叶黄杨
时令花卉
千头椿
大叶黄杨
花架
时令花卉
栾树
大叶黄杨

金叶女贞
紫叶李

紫叶矮樱

通朝大街道路B标准段设计

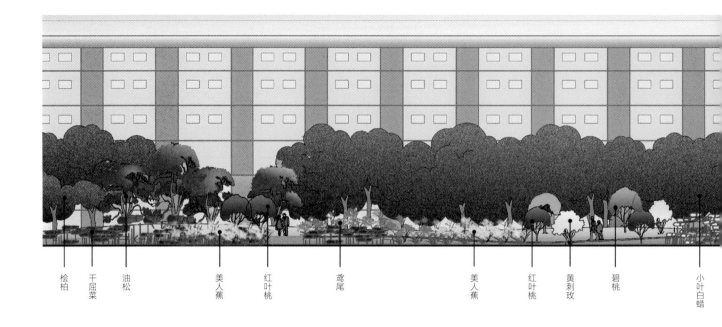

桧柏　千屈菜　油松　　美人蕉　红叶桃　　鸢尾　　　　美人蕉　红叶桃　黄刺玫　碧桃　　小叶白蜡

道路标准段剖面图

三角绿地改造

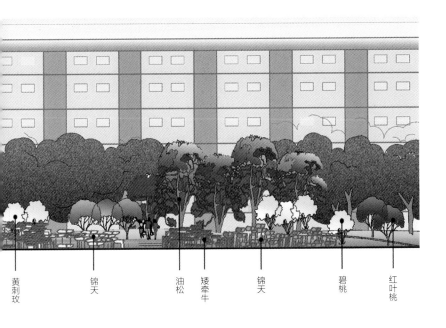

黄刺玫　　锦天　　油松　矮牵牛　　锦天　　碧桃　　红叶桃

设计单位：北京市园林古建设计研究院
有限公司

项目负责人：黄静

主要设计人员：黄静　谷陈琛　冯凌历

道路中分带

道路绿化
2011年度

三等奖

3. 八达岭高速（海淀段）绿化提升

3. 八达岭高速（海淀段）绿化提升

2011年度北京园林优秀设计三等奖

一、设计依据

根据市园林绿化局"2010年彩色植物试验计划"，八达岭高速（海淀段）被列为全市"两线四点"中的一线，对其进行彩色工程改造，改造面积55000m²。

二、设计目标

设计主题为"京昌华彩"，使八达岭高速（海淀段）达到树种丰富、色彩亮丽、季相变化突出的效果，提升绿地景观水平。

三、设计构思

1. 主、辅路双侧观赏，打造常季色彩，突出春秋变化。

2. 突出高速路主路整体、大气的植物景观。

3. 辅路一侧进行适当的细节变化，适度留出草坪，拓展视觉空间。

四、总体设计原则

（一）保留大树，丰富品种

增加秋景落乔和成片开花灌木。

（二）复层种植，增加绿量

乔灌草结合，形成大尺度植物群落式景观和保证良好的隔声效果。

（三）特色植物，地域特征

通过"春花秋叶冬枝"植物的合理配植，形成八达岭高速（海淀段）的特色。

五、树种选择原则

1. 坚持适地适树的原则。

2. 坚持示范引导的原则。

3. 坚持适度适量、旧品种为基调、新品种点缀为主的原则。

六、主要树种

（一）落乔

银杏、银红槭、青竹复叶槭、金叶榆、加拿大红樱，占落乔比例的85.9%。

（二）花灌

金亮锦带、红瑞木、低接金叶槐、火焰卫矛、海棠类，占灌木比例的82.2%。

设计单位：北京市海淀海淀工程设计所

项目负责人：田文革

设计人员：田文革　黄锦钊

东侧主辅隔离带秋季景观效果

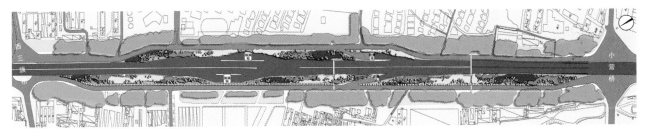

总平面图

西侧主辅隔离带秋季效果

秋季景观效果

局部种植图一

局部种植图二

道路绿化
2013年度

三等奖

4. 南沙窝桥区绿化提升

2013年度北京园林优秀设计三等奖

一、项目概况

南沙窝桥位于海淀区南部，西四环路与莲石东路交汇处，绿地面积55420m²。

二、现状分析

绿地现状植物稀疏、松散，以大面积草坪为主，整体绿量不足。

三、设计目标

南沙窝桥桥区绿化设计以增加整体绿量、突出乡土彩叶植物，形成特色为目标，并将节约性、生态性、美观性有机结合，充分发挥绿地的多重效益。

四、设计原则

（一）节约性原则

采用自然种植方式，乔灌草复层搭配，最大化发挥其生态效益，同时减少前期投入及后期养护等各方面成本。

（二）生态性原则

乔木层的植物搭配参考自然混交林的植物模式，采用多品种乔木小组团混合栽植，增强防护效能和稳定性。

（三）美观性原则

充分考虑桥区的多角度观赏效果，以彩叶植物为特色，以乡土彩叶品种为基调，适度点缀新优品种，突出丰富的植物色彩及季相变化。

五、设计手法

桥区整体采用自然式种植。分为背景林及前景植物组团两个部分，在保证一定数量的常绿乔木的同时，背景林选用毛白杨、栾树、垂柳为基调树种，以小组团形式穿插种植金叶榆、白蜡、银红槭、元宝枫等，既形成完整的乔木背景，又丰富了色彩，增加了变化。

前景植物组团利用乔灌结合的复层组团式种植，散点布置于前景草坪，与完整的背景林形成一定对比，植物品种选择也更加多样，层次更加

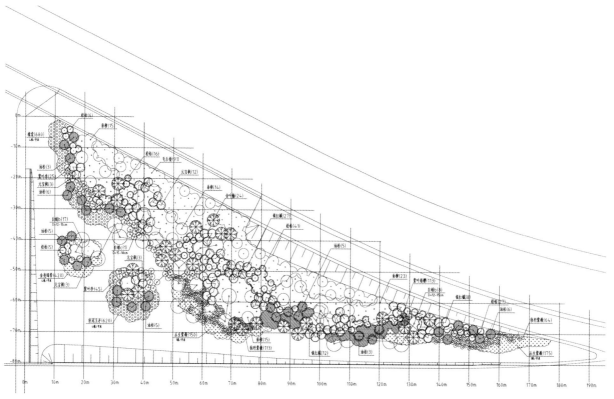

南沙窝桥东北角种植设计图

丰富，满足桥区多角度观赏的需求。

　　除此之外，绿地内还种植大量叶色相近的不同品种的植物，如红色系的紫叶李、紫叶矮樱、北美海棠、密冠卫矛等，黄色系的低接金叶榆、金亮锦带等，一年四季展现不同的色彩变化。

南沙窝桥实景二

六、主要彩叶树种

（一）落叶乔木

　　金叶榆、银杏、白蜡、栾树、元宝枫、银红槭、紫叶李、钻石海棠等。

（二）花灌木

　　紫叶矮樱、低接金叶榆、金亮锦带、红瑞木、金枝红瑞木、密冠卫矛等。

设计单位：北京市海淀园林工程设计所
项目负责人：马磊
设计人员：马磊

南沙窝桥实景三

5. 温榆河景观大道

2013年度北京园林优秀设计三等奖

一、区位分析

温榆河景观大道工程是朝阳区2011年六大亮点工程之一。温榆河大道北起机场南线，向南与机场高速公路、首都机场第二通道及规划京平高速公路相交，止于朝阳北路，全长17km，红线宽60m。

二、设计理念

设计紧紧围绕温榆河绿色生态休闲区的规划，着重体现温榆河大道"走"和"廊"特色，"走"即交通功能及动态观赏特点。"廊"即沿交通体系的带状空间。结合道路红线内外、周边原有生态自然景观及不同段落的规划功能，以及道路通过式的景观特点，进行城市、生态、田园等景观设计，构建和谐空间，使温榆河大道顺自然之美、导城市之序、成绿色之廊，成为集环境、景观、交通功能为一体的特色道路。

三、设计方案

设计整体根据道路断面形态、沿线现状建设情况、人口密度，以及未来区域规划情况，确定景观具体形态。以不同的植物组合形成景观，保证行车安全、通畅的同时，为非机动车和行人提供安全舒适的交通空间。对于外部现状环境，佳则借之，弊则屏之，在统一的风格下，形成不同区段的景观性格。

（一）统一风格，科学布设

道路整体风格统一，突出简洁大气的景观效果。主路空间以快速行车通过式观赏为主，植物组群以80~120m为基本单元，形成适合快速通过时观赏的尺度空间；对于中央隔离带中的植物组群，采用乔灌木、上中下多层次植物组合，在行车观景的同时，保证晚间行车的防眩功能。对于人口密集区域，则注意绿地特别是行道树带、外侧绿地的防护隔离，以避免行人穿行导致交通事故，加强对绿化成果的保护。

（二）结合规划，突出特色

温榆河大道机场二通道以北区段道路为3块板形式，以常绿和落叶植物组群间隔，强化整齐明快的效果；以南区段道路形式为4块板形态，注重树丛林冠的起伏、林缘的自如进退，构成立面丰富的四季植物景观。

主辅路分车带贯穿整条路，1+200—5+730有现状大国槐，主辅路分车带注重季向层次的组合。小于3m宽的段落，注意常绿树与灌木的选择，避免其侵入交通空间，保证行车安全。大于5m宽的段落，注重层次组合，与中央隔离带及行道树结合，相互补充，延长绿色期，丰富季向变化。

（三）强化景观节点

例如机场二高速桥区、朝阳区界等景观节点，强化植物种植设计，以落叶乔木如毛白杨、白蜡、国槐、银杏等为背景，衬托雪松、油松、桧柏等常绿植物，形成整体骨干和节奏变

区位图

化。利用树木的不同形态和高度，强化立面上高低错落的林冠线，结合花灌木组成色彩层次，形成富有空间变化的林缘线。

重要节点——与机场二通道相交的金盏桥效果图

设计单位：北京腾远建筑设计有限公司

设计负责人：高薇

主要设计人：高薇　王静

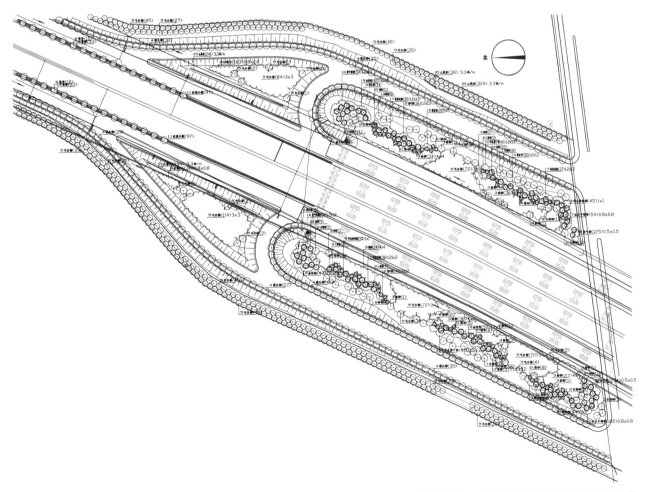

重要节点——与机场二通道相交的金盏桥施工图

建成图

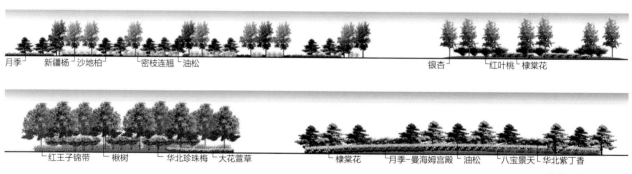

月季 — 新疆杨 — 沙地柏 — 密枝连翘 — 油松　　　银杏 — 红叶桃 — 棠棣花

红王子锦带 — 楸树 — 华北珍珠梅 — 大花萱草　　棠棣花 — 月季-曼海姆宫殿 — 油松 — 八宝景天 — 华北紫丁香

中央隔离带立面图

一、项目背景

前三门大街是北京市城区连接东西二环的一条重要交通主干道，历史悠久，沿线文物古迹众多，是北京城区一个重要经济发展中心。

2011年，结合对前三门大街架空线入地工程及沿街立面改造工程，西城区对前三门大街机非分车带和人行道绿地同时进行改造提升。为了保证整个前三门大街景观的一致性，东城区于2012年也对前三门大街的沿街绿地进行了改造提升，从而形成了全线统一的前三门特有的绿地"品牌"形象，改善了进京第一印象区域的环境面貌。

项目跨东、西两个城区。西城区范围东起人民大会堂西街，西至复兴门南大街，全长3km，总设计面积26500m²，由西城区管委负责实施，项目于2011年施工完成。东城区范围西起前门大街，东至东便门，全长3.6km，总面积54000m²，工程由东城区园林局负责，于2012年完成施工。

二、现状分析

1. 沿街情况复杂，大型机关单位较多，沿街商铺多，整体建筑风格及规模相差悬殊，造成绿地后的背景杂乱。

2. 由于历史原因，全线绿地风格不统一。

3. 商铺众多造成绿地零碎，无法形成完整绿线。

4. 现状占用、毁坏绿地现象严重。

5. 经过多次道路改造，人行道系统不合理，有的地方过宽，造成乱停车现象，有的地方过窄，造成人行不便。

6. 部分树种老化，季相变化不够丰富。

7. 全线绿地平淡，无精彩亮点，不足以突出街区的地域文化特色。

三、设计思路及理念

（一）整体原则

针对现有绿地零碎、杂乱、种植平淡无亮点等现状情况，设计提出绿地"品牌"概念，以带有"前三门"logo的矮墙以及沿街整齐的绿篱色块作为"品牌"形象特征，贯穿全线。

（二）城市界面原则

强化地域文化街区环境氛围，改善街区城市景观面貌。

（三）地域文化原则

结合绿地中有价值的大树、古树，形成小型保护性节点；依据前三门大街地理位置的特殊性，在节点中设计一些具有老北京风格的元素。

（四）以点带线原则

打造精细节点，提升整条街道的地域文化品位。

（五）提高种植品味原则

以丰富的乡土树种和多层次的种植手法打造内城绿色景观带，丰富沿街立面。

四、沿线种植原则

1. 尽量保留长势良好的现状树，在此基础上丰富种植层次，增加花灌木品种，提升植物景观。

2. 借助此次对前三门大街沿街建筑立面整改之机，以竹子、油松、

改造后沿街景观

改造后教堂前广场沿街景观

石榴、海棠、紫叶李、紫藤等老北京乡土树种配合沿街四合院的文化底蕴，在植物景观中突出京味文化，营造一种古都北京特有的植物景观。

3．在靠近人行道一侧以统一的自由曲线式绿篱贯穿全线，既在全线形成统一风格，又防止人流穿行，便于养护管理。

4．全线以春秋色景观为主，兼顾四季景观。

改造完成后的前三门大街得到甲方以及游客的肯定和好评，成为北京市重点大街整治规范和景观提升的示范工程。

改造后沿街小游园入口景观

设计单位：北京山水心源设计院有限公司

北京市城美绿化设计工程公司

项目负责人：黄南　张立真

主要设计人员：方芳　张静　刘雅楠　庞山山　肖逸群

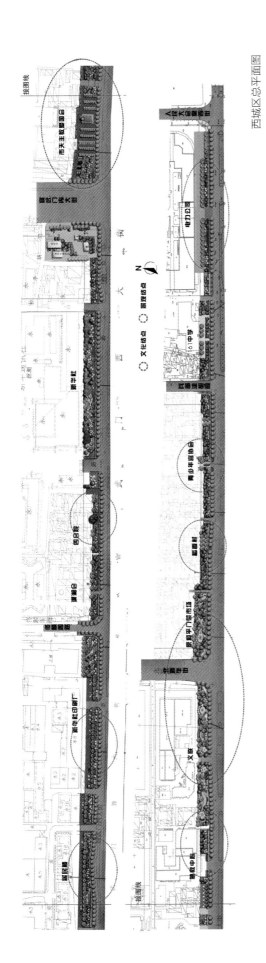

西城区总平面图

东城区总平面图

道路绿化
2014年度

三等奖

7. 京开路绿色通道景观改造（一期）

7. 京开路绿色通道景观改造（一期）

2014年度北京园林优秀设计三等奖

一、项目概况

京开高速公路北起北京南三环玉泉营立交桥，南至开封。其中北京段42.15km，大兴段38.2km。

京开路绿色通道景观改造（一期）设计范围北起榆垡路，南至固安大桥，总长度约4km。设计绿带宽度为道路两侧各30～40m不等，建设面积21.3hm²。工程于2013年2月开始建设，于2013年10月竣工完成。

二、设计目标

通过对京开路绿色通道两侧绿化带进行改造提升，使之与周围环境融为一体，达到高规格、高质量的景观效果，营建良好的景观环境，为道路和城市建起一道生态防护屏障。

三、设计策略

（一）景观设计方向

设计路段两侧用地主要为农田和林带，且绿带宽度仅30～40m。从道路绿带的使用功能以及将道路景观与周边的环境相融合考虑，设计时选择绿化覆盖率高、自然式的种植方式，不设置道路及场地，有效控制建设投入和管护成本。

（二）景观节奏

设计路段所在位置为106国道，主辅路并存，车速较快。道路绿化景观的尺度应当根据行车速度来确定植物组团的大小和节奏。道路主辅路车速不同，使用者也不相同，绿带景观要同时满足两者的需求。

主路车速较快，视线范围较远，

绿带背景林以比较统一的高大乔木为主。

辅路车速较慢，视线范围较近，前景林以观赏性乔木、灌木及地被植物为主。

（三）植物景观设计

项目为改造提升工程，现场情况复杂多变，如何利用现状林成为植物景观设计的重点。由于京开路原绿色通道建设开始较早，已经开始突显出一些亟须解决的问题。主要体现在以下几方面：一是公路两侧现有树种较为单一、色彩单调；二是原绿色通道保留下来的小美旱杨树已逐渐成为过熟林，开始出现负增长趋势，需及时更新改造；三是由于林木栽植密度较大，部分树木亟须疏伐移植，给林木一个合理生长发育空间。

设计对小美旱杨树大部分进行了伐移，将壮年的毛白杨保留，对过密的林木进行间移。如此，不仅降低了对原有生态环境的破坏，又一定程度地推进了林地更新演替，从景观层面基本保留了原来道路绿化的绿色背景骨架。前景林为新植植物，以乡土树种为基础，进行科学配置，使其与现状林相融合。树种以观赏性乔木、秋色叶乔木为主调，以亚乔木、常绿树、花灌木组成高低错落、丰富细腻的植物组团，并在空间上进行开合变化，形成丰富而不失大气的景观风格。

新增植物主要树种如下。

1. 常绿乔木：油松、白皮松、北京桧柏等。

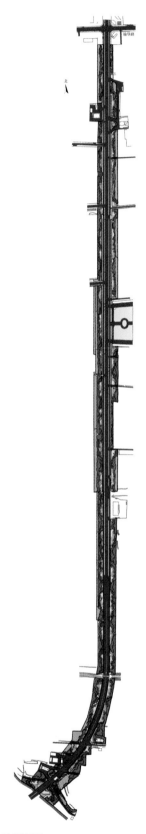

总平面图

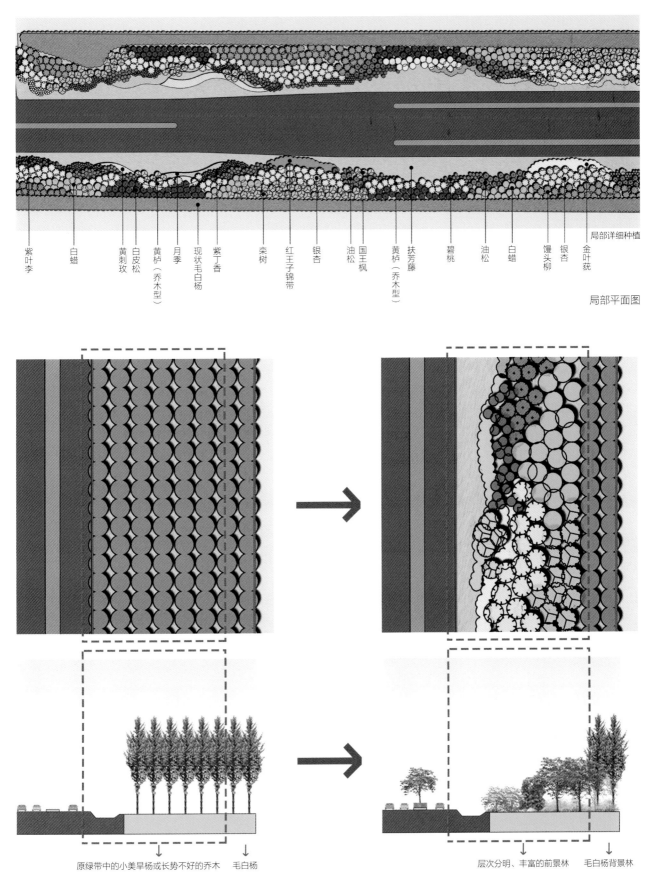

局部平面图

紫叶李　白蜡　黄刺玫　白皮松　黄栌（乔木型）　月季　现状毛白杨　紫丁香　栾树　红王子锦带　银杏　油松　国王枫　黄栌（乔木型）　扶芳藤　碧桃　油松　白蜡　馒头柳　银杏　金叶莸　局部详细种植

原绿带中的小美旱杨或长势不好的乔木　毛白杨　层次分明、丰富的前景林　毛白杨背景林

现状林改造模式示意图

2. 落叶乔木：毛白杨、银杏、白蜡、垂柳、栾树、馒头柳、金叶槐、碧桃、西府海棠、黄栌、紫叶李等。

3. 灌木：紫叶矮樱、金银木、紫丁香、黄刺玫、楝棠、红瑞木、红王子锦带、金山绣线菊、沙地柏等。

4. 地被：麦冬、崂峪苔草、八宝景天、鸢尾、马蔺等。

（四）注重生态，节约成本

1. 中下层选择耐阴、粗放管理的植物品种，减少建设投资和养护成本。

2. 雨水以自然地形组织排入公路边沟。

3. 道路南段绿带内有陡坡，设计采用当地毛石分层砌筑挡墙，减少了雨水冲刷产生的水土流失。

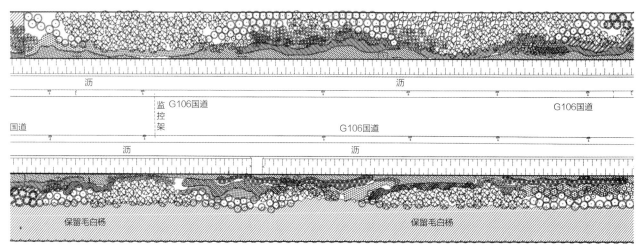

局部种植详图

道路南端节点植物景观

道路沿线植物景观

设计单位：北京北林地景园林规划设计院有限责任公司

项目负责人：柳芳

主要设计人员：池潇淼　欧颖　石丽平　马亚培　张一康

道路绿化
2015年度

三等奖

8. MOMA 代征绿地景观提升

2015 年度北京园林优秀设计三等奖

一、项目概况

MOMA代征绿地位于城铁13号线东侧，安宁庄路南侧，安宁庄西路西侧，上地MOMA小区北侧外围，绿地长528m，宽15～26m不等，项目总面积10212m²。

二、现状分析

绿地现状有少量落乔及常绿树，其余为大量杂草，地势相对平坦，无明显地形变化，绿地外侧无行道树。

三、设计目标

设计以增加整体绿量、突出彩叶植物、形成特色为目标，并将节约性、生态性、美观性、功能性有机结合，充分发挥绿地的多重效益。

四、设计原则

（一）节约性

采用自然种植形式，乔灌草复层搭配，并充分利用和结合现状保留植物，最大化发挥其生态效益，同时减少前期投入及后期养护的各方面成本。

（二）生态性

植物本着以乡土树种为主、外来树种为辅的原则，增强植物的多样性和生态稳定性。

（三）美观性

充分考虑道路观赏效果，以彩叶植物为特色，以乡土彩叶品种为基调，适度点缀新优品种，突出丰富的植物色彩及季相变化。

（四）功能性

考虑行人驻足休憩的需求，适当增加休憩小铺装，以完善绿地功能。

五、设计手法

代征绿地整体采用自然式种植，整体简洁大气的风格与MOMA融为一体。分为背景林及前景植物组团两个部分，在保证一定数量的常绿乔木的同时，背景林选用白蜡作为基调树种，将白蜡与小区内部银杏相结合，既形成完整的乔木大背景，又丰富了植物色彩。前景植物组团利用乔灌结合的复层组团式种植，以段落的形式布置于前景草坪，同时组团之间点缀的彩叶树加拿大红缨，与完整的背景林形成对比，丰富植物品种及层次，满足道路观赏需求。

小区入口两侧种植银杏，增加入口处景观亮点，起到提示作用。

绿地外围增加行道树种植，弥补道路绿化，从而完善道路基本结构，满足绿化要求。

为满足行人驻足休憩的需求，沿道路一侧设置4处休息小空间，布置形式简洁的座凳，材料选择钢板与纤维混凝土材质，与周边建筑形式相呼应。

总平面图1

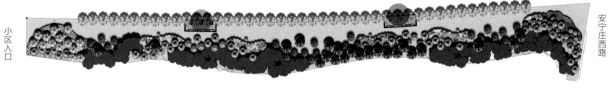

总平面图2

● 休憩小场地

总平面图

休息小场地

六、主要树种

1. 落叶乔木

银杏、白蜡、国槐等。

2. 小乔

加拿大红缨。

3. 常绿

油松、桧柏。

4. 花灌木

低接金枝槐。

5. 地被及花卉

沙地柏、大花萱草。

设计单位：北京市海淀园林工程设计所

项目负责人：袁晓珍

设计人员：袁晓珍　任艳君

绿化景观一

绿化景观二

9. 京包铁路沿线绿化改造

2015年度北京园林优秀设计三等奖

一、项目概况

此次改造为包括姚家园路以北节点、朝阳北路以南节点和京包铁路姚家园至朝阳北路段落西侧绿地，全线长2.2km，改造总面积4.33hm²，其中新建绿地0.59hm²，节点提升2.24hm²，修复绿地1.5hm²。总投资436.25万元。

入口效果图

二、现状分析

沿线绿地大多位于铁路西侧。北段靠近东风乡政府；中间有石佛营节点，在靠近石佛营的部分，有迎曦园、石佛营配套公建、炫特区等居住小区和商业公共建筑；朝阳北路以南主要为十里堡北里、青年汇等居住小区。东风乡节点东西两侧均有现状非管辖绿地交界。沿线局部为简易绿化。

三、设计思路

根据京包铁路的现状，对整个改造范围分门别类进行提升改造。一是对已有场地和基础条件的地段进行整合提升，使功能更加完善；二是对现状整体基础较好，但局部种植单一、地被老化缺乏的地段进行恢复和完善；三是对空白地段进行系统绿化，变废为宝。做到盘活资源、增绿添彩、整齐亮丽，进一步提升京包铁路沿线的景观品质，服务周边居民。将原来的1个节点扩为两个节点（东风乡、石佛营），"美化环境，丰富人民精神文化生活，提高生活质量"，把"建设美丽中国"落到实处。

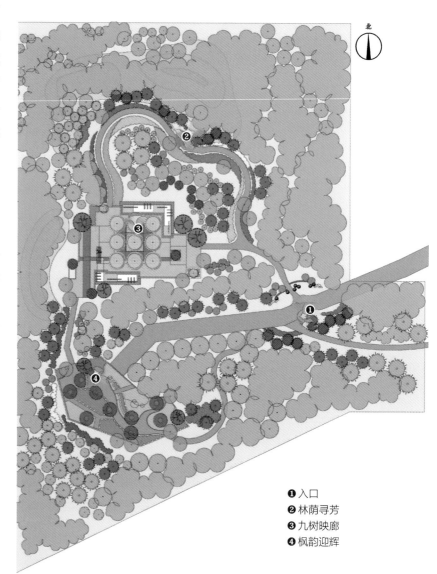

❶ 入口
❷ 林荫寻芳
❸ 九树映廊
❹ 枫韵迎辉

姚家园路北侧节点设计平面图

四、设计详述

（一）开辟节点

打造方便周边居民使用的小游园，提高绿地利用率，为群众服务。姚家园路北侧节点绿地多为现状密林，东侧地块有现状场地，西南端正在进行热力施工。绿地与姚家园路有较大高差。东侧绿地设计对现有场地进行修整，以现有场地为核心，增加休息设施，利用西南角热力施工后的空地开辟适度的活动空间，完善绿地活动功能。完善园路系统，结合北侧密林增设林下休闲步道，增绿添彩，补充耐阴灌木及地被，完善植物景观。

（二）特色景观

小游园入口设在东侧，与现状道路和背景林相结合，造型油松、置石、景墙和碧口节点小景与园内各景点相呼应。

（三）九树映廊

该区域以原有场地为基础进行资源整合，场地中心以9株列阵种植的国槐为主景，西北东南角两侧设置景观休息廊架。国槐与景观廊架相映成趣。通过植物造景丰富场地周边四季景观。

（四）枫韵迎辉

该区域位于绿地东侧，设计对现状热力施工后留下的场地进行改造利用，以元宝枫为主景营造休息活动空间。

本设计坚持以人为本、经济节约的原则，根据实际需求，结合现有场地，增加步道、林荫休息场地及景观廊架，方便游人在绿地中休息活动。

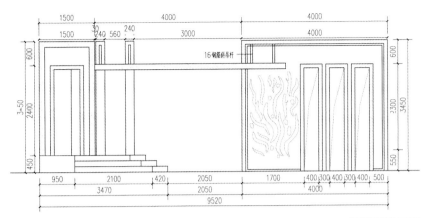

廊架部分施工图

九树映廊效果图

现状与建成后对比图

绿地的改造，将原本杂乱的片林，改造为居民可游览活动的游园，整体景观得到了改善，方便了附近居民，使绿地的效益得到了进一步发挥，取得了较好的社会效益和生态效益。

设计单位：北京腾远建筑设计有限公司

设计负责人：高薇

主要设计人：

王恩伟　刘晨阳　唐芳　刘凌云

10. 石景山区京门新线、五里坨西路
2015年度北京园林优秀设计三等奖

一、项目概况

项目位于石景山区，设计主体为京门新线及以五里坨西街为主的周边联络线两侧绿地，设计总面积为7.28hm²。京门新线是一条连接石景山与门头沟的新建城市道路，其南北两端与石门路（G109）相接，规划总长约1.9km。京门新线与城市次干道五里坨西街、五里坨中街、五里坨路相接，成T字形路口。地块中有3条城市排洪渠，将道路绿地一分为二，形成绿地夹河的空间形式。京门新线东侧为五里坨地区回迁房小区及少量的金融用地，京门新线西侧为铁路干道。因此，在设计中着重考虑的方面包括：1. 小尺度的居民休闲绿地如何与整体连续的城市道路景观相协调；2. 硬化的排洪沟两侧采用何种种植方式保障城市界面的美观；3. 场地设计需服务周边居民并体现地区的文化特色。

二、设计原则

在现状分析的基础上，方案提出了"整体性、大绿量、小空间、人文化"的设计原则。即整体考虑道路各个元素——人行道、隔离带、绿地、基础设施等的协调统一，利用大绿量的种植突出绿地生态性，沿渠合理规划行走动线与停留空间，为居民的日常休闲、健身提供场所。

三、种植设计

在种植设计方面，方案针对石景山京门新线道路景观进行分段色彩设计，由于道路全长1.9km，距离较短，故以春花秋叶为种植特色，形成城市主干道连续、大气的道路景观。由于京门新线道路设计车速较快，中央分车带种植以50m为一个节奏，间隔种植丰花月季和大叶黄杨。机非分车带兼顾考虑车行速度和人行速度，采用S形曲线的方式种植绿篱和花卉地被。并在中央分车带和机非分车带种植行道树银杏，3列高大笔直的银杏共同形成统一的道路界面。选择经济、便于养护的植物品种，降低养护成本。主要的植物种类包括国槐、银杏、悬铃木、白蜡、油松、白皮松、海棠、山桃、紫丁香、紫叶李、迎春、连翘、黄刺玫，紫花地丁、沙地柏、玉簪、八宝景天等。

为满足绿地的多功能要求，方案利用项目中被城市排洪沟一分为二的道路绿地，采用两种不同的设计方式——靠近城市道路一侧8～10m宽的绿化空间，采用大开大合的种植手法，形成连续且疏密有致的城市绿色界面；靠近居住空间一侧的绿地，增设游览步道并穿插活动小空间，采用细腻、丰富的种植手法，形成服务周边居民的人性化空间。同时，对排洪沟两侧进行垂直绿化，并选用垂直型植物品种进行遮挡美化。

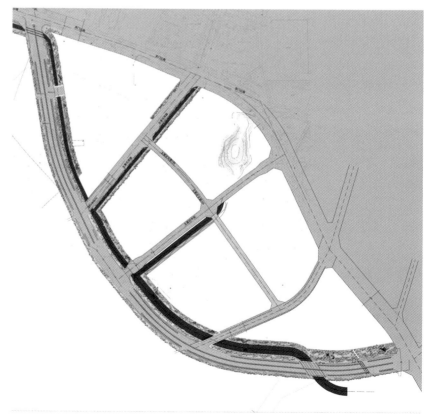

总平面图

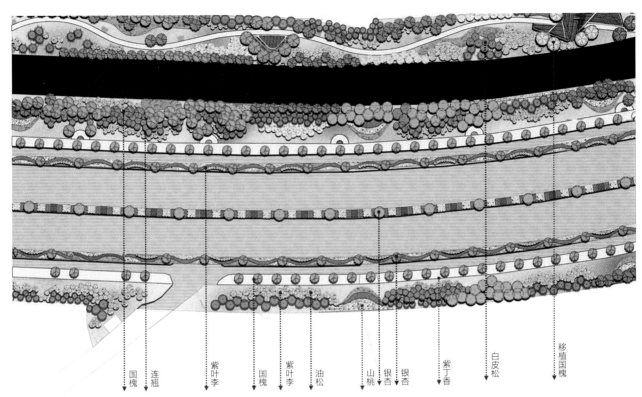

国槐　连翘　　紫叶李　　国槐　紫叶李　油松　　山桃　银杏　银杏　　紫丁香　　白皮松　　移植国槐

种植设计平面图

四、人性化设计

　　根据五里坨街道办事处提供的民意调查结果，百姓希望京门新线沿街有小型停留场地，因此在京门新线东侧临路绿地中每间隔50m左右的距离布置面积约10m²的简单场地，供居民停留休憩。在排洪渠内侧游园场地内百姓活动最为频繁的区域布置两组廊架，方便居民使用，并在廊架周边种植植物，形成独立、安静的空间环境。廊架为周边居民的休闲活动提供场所，成为小游园的人气场所和标识性构筑，钢板雕刻的树形装饰提高了场所的辨识度。

设计单位：北京北林地景园林规划设计院有限责任公司

项目主持人：谭小玲

主要设计人：

谭小玲　张雪辉　孟颖　石丽平

刘框拯　李军

京门新线机动车道景观

京门新线非机动车道景观

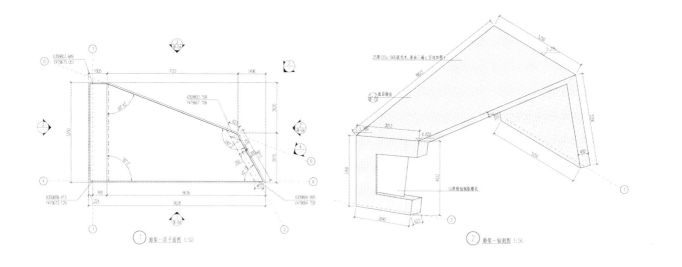

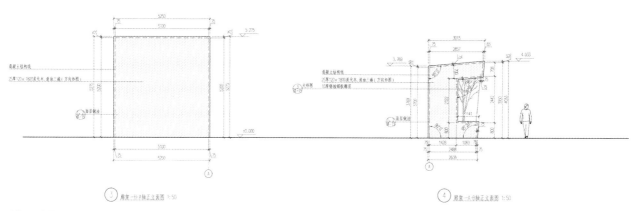

廊架设计施工图

特色廊架为主体的居民活动场地

一、项目概况

本项目包括对海淀区四季青镇闵庄路南侧绿地，西山美墅馆路北侧绿地和影泉路绿地的改造提升，绿地总面积为77552.3m²。项目在2015年海淀区"三山五园"绿道全线贯通的背景下进行，旨在改善绿道周边景观环境，为进一步完善绿道周边配套设施打下基础。

二、设计依据和要求

1.《公园设计规范》CJJ 48-92。

2.《城市道路绿化规划与设计规范》CJJ 75-1997。

3. 城市居住区规划设计规范GB50180-93。

4. 设计通则GJ37-87。

5.《园林绿地雨水利用技术规程（草案）》。

6. 北京市园林科学研究所科研课题成果中《关于"绿地雨水利用研究内容"的汇集》。

三、设计理念

本次设计的难点在于，项目涉及四季青镇多条道路，每条道路又经历了历史上不同批次的种植，现状树林品种交杂、植株茂密，且缺少详细图纸和及时的统计；种植方式零散，有修剪的规则式绿篱形式，也有杂乱分散的自然式种植模式。

本次设计的挑战在于，充分保留和利用现状树林，在不造成任何大树砍伐的前提下，解决繁杂的现状林问题，营造简洁大气的道路景观，同时充分发挥其公共绿地功能。

设计师提出"化零为整，减法设计"的设计理念，遵循如下原则。

1. 绿色简约

突出自然生态之美，延续大西山自然景观，大草坪与密林背景相结合，对原有交杂的植物群落进行统一，展示整洁、大气的景观风貌。

2. 最大限度发挥

将原有散落地块统一规划，增加绿地内部的纵向连通，设置透水地坪、步道，完善城市家居配套，以最大限度发挥公共绿地的功能。

3. 最小限度干预

呼应三山五园绿道的多彩骑行主题，增加彩叶树种，对现有大树进行原地保留，以最小干预改造提升景观效果。

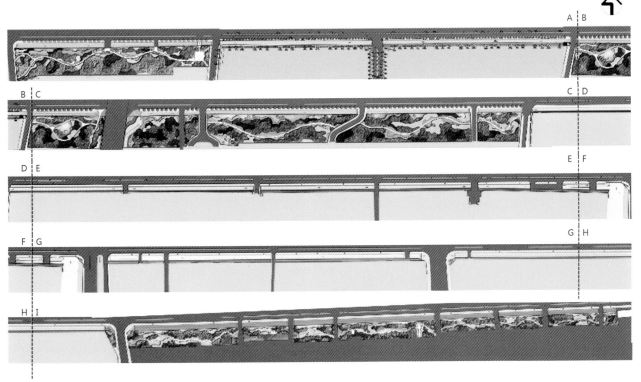

闵庄路南侧改造平面图

四、设计策略示意

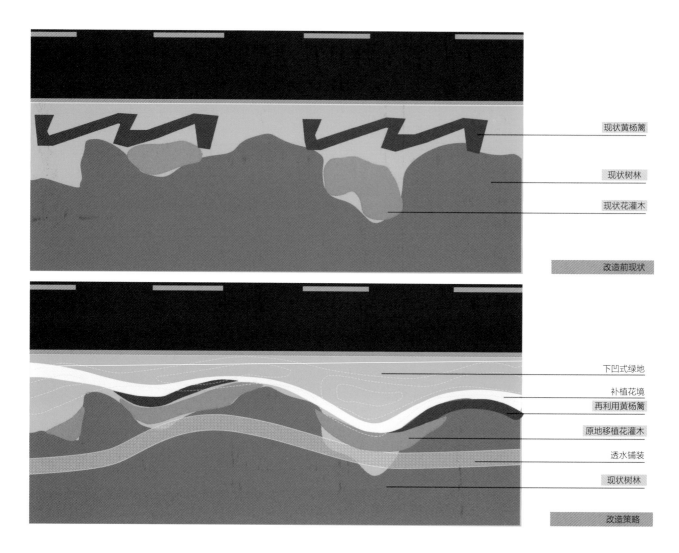

现状黄杨篱

现状树林

现状花灌木

改造前现状

下凹式绿地

补植花境

再利用黄杨篱

原地移植花灌木

透水铺装

现状树林

改造策略

改造前

改造策略示意

保留现状树

补植小乔木

改造利用黄杨篱

改造后

五、建成效果

改造前

改造后

设计单位：北京北林地景园林规划设计院有限责任公司

项目负责人：李凌波

主要设计人：李凌波　王斌　张婧　邢舟宇　曾子然　马亚培

道路绿化
2016年度

三等奖

12. 长阳中心区路网及理工大学站路网

2016 年度北京园林优秀设计三等奖

项目位于北京市房山区良乡新城。设计范围主要是水碾屯二号地街边公共绿地。地块长200m，宽95m，设计面积共2.3hm²，周边地块规划主要是居住用地类型。

设计地块集中体现了房山新城环境的美好面貌，承载了周边居民的休闲文娱与康体活动，同时寄托了新城居民对生态、和谐、健康的公共环境的希冀。本项目的创作理念从"城市中的养园"主题展开。

首先，遵循因地制宜的生态原则，构建具有景观与生态功能的绿色场地，选取乡土造景植物，充分打造公共绿地景观。绿化种植品种选择白蜡、西府海棠、日本晚樱等景观效果好、在房山本地生长好的植物。

其次，在街边公共公园设计中，

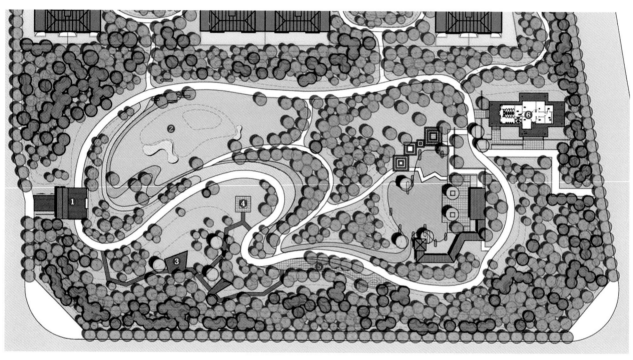

❶ 西入口　❷ 迷你高尔夫　❸ 栈道　❹ 精神堡垒　❺ 休憩空间　❻ 服务用房

总平面图

休憩木平台

儿童活动场地

表达设计风格与形式独创性的审美诉求，体现终极人文关怀。面向周边小区形成开放景观，使居民都能参与其中，补充并延续小区绿地。

整体形成多环闭合园路，地形起伏开合明显，空间塑造丰富，功能设置完善，结合重要节点处植物组团的

精心塑造，形成优美宜人、参与性强的街边运动花园。

项目积极响应北京市集水型绿地相关政策，竖向设计多处低凹可集水的草坡绿地，实现新城公共绿地的绿色生态、水生态双作用。令房山新城绿化展现全新的形象和面貌，为居民

提供赏玩娱乐的养心之所。

设计单位：中外园林建设有限公司
项目负责人：郭明
主要设计人：王维　黄诗迪　李维

公园游步道一

公园游步道二

公园慢行系统

13. 怀柔区北大街（一期）跃进桥西—雁栖中心路

2016年度北京园林优秀设计三等奖

一、项目位置及概况

项目地处怀柔区北大街，西起跃进桥西，东至雁栖中心路，全长2.59km，是怀柔老城区北部一条主要城市道路，也是连接怀柔老城区与雁栖开发区之间的一条城市主干道，绿化面积4.84hm²。

二、设计理念

项目以"将文化植入景观，让环境改变生活"为设计理念，打造自然清新的城市街区环境。

三、设计原则

1. 统筹规划，突出重点。
2. 尊重现状，经济节约。
3. 生态种植，特色鲜明。

四、总体布局及景观特色

项目包含路段绿化、青春路口四角绿化及迎宾路口四角绿化3部分，总体框架结构为"一带、两节点"。

（一）路段绿化

突出生态理念及增彩延绿理念，全线以小叶白蜡、太阳李为基调树，形成3km长的彩叶林荫大道。春夏樱花、八宝景天等开花植物争相斗艳，秋天小叶白蜡与太阳李色彩映衬，四季有景，美不胜收。

（二）青春路口四角绿化

青春环岛一直以来是怀柔老城区的重要环岛，受到百姓的关注，也留

下了许多记忆。听周边居民说，以前的环岛就会有不少老百姓去休憩，但安全性一直是个棘手问题。现在道路改造了，环岛没有了，随之形成的路口四角绿化面积达2.43hm²之多。

前期构思从百姓需求的角度出发，将绿地还于人民，突出"花园休闲"主题。绿地以种植美化为重点，并结合周边居民的实际使用需求，适当设置休闲健身场地、休憩设施、散步小路等，形成了市民交流、运动健身的城市活力点。

五、种植设计

将全线绿化进行统筹考虑，形成整体风貌的同时重点强化对两个路口

青春路口鸟瞰效果图

路段建成实景

青春路口东北角建成实景

青春路口东南角建成实景

节点的精致打造。

（一）路段绿化

分车带3~4m宽，主打太阳李、大叶黄杨篱和冷季型草坪，形式简洁大气；行道树采用树池连通形式，种植6m间距的小叶白蜡，突出秋季色叶效果和林荫舒适感受；外围绿地突出樱花、金银木、八宝景天等品种，丰富道路景观季相。

（二）青春路口四角绿化

种植形式以丰富的自然组团为主，打造开合有序的空间。路口景观主要照顾行车视线及城市界面，留出安全视距的同时主打以银白槭、狼尾草、品种月季为特色的疏林草地景观。漫步于内侧的休闲花园，植物景观则更加精致，可近距离观赏到元宝枫、国槐、垂柳、银杏、北美海棠、紫丁香、榆叶梅、连翘、玉簪、马蔺、八宝景天等多季相、多层次的植物品种。

（三）迎宾路口四角绿化

该节点覆土深度仅80cm，周边以机关、学校等公共建筑为主，需结合覆土条件及周边环境种植适宜的品种，如榆叶梅、黄杨篱、黄杨球、八宝景天，营造疏朗开放的路口绿化景观。

设计单位：北京市园林古建设计研究院有限公司

项目负责人：李林

主要设计人：

李林　崔嘉滢　郭祥　吴华　付松涛
李方颖

设计指导：张新宇　朱志红　吕建强

青春路口西北角建成实景

迎宾路口建成实景

居住区绿化
2009年度

三等奖

1. 金科 · 北京小汤山项目示范区
2. 龙湖 · 香醍漫步及香醍别苑
3. 公安部广渠门住宅小区

1. 金科·北京小汤山项目示范区

2009 年度北京园林优秀设计三等奖

一、项目概况

金科·北京小汤山项目示范区位于北京昌平区小汤山镇的中心区域，坐落于北京北中轴线上，紧邻龙脉温泉度假中心，示范区占地面积约为 2.5hm²，承载着销售、展示样板房兼售楼处的功能。

二、设计理念

项目建筑风格为西班牙式风格，园林采用了与建筑风格相适应的地中海园林风格，以活力和开朗为情感主线。景墙腰线的应用，使室内材料室外化，并以现代空间设计手法塑造特有的景观风格。

三、设计原则

1. 整体风格为，营造自然、休闲、生态、人性化的景观空间和高品质的社区生活氛围，创造与西班牙风格相呼应的景观空间。

2. 在充分利用建筑围合空间的基础上，构筑错落有致、层次丰富的特色空间；运用对景、障景等手法对园林进行合理布局。

3. 结合各种空间的变化和视线的交汇，安排各种垂直绿化和不同季节的花木，以创造丰富的景观效果。

4. 对细节的刻画力求精益求精，注重材料、纹样、树种的选择，样式的搭配，色调的和谐，令景观效果得以完美展现。

四、总体布局

全园共分为入口前广场区、中心广场区、自然生态林区3个区域。

（一）入口前广场

由主雕塑喷泉、水庭以及大型乔木为主组成。主雕塑选择大气，高6m、直径10m的水景雕塑；水庭以跌水形态出现，广场两侧的花钵纵向排列，从视觉上增加了广场的景深，设计的所有景墙、花墩等都运用了花砖式腰线；在铺地材料的选择上，以荔枝面金麻黄花岗岩为主，边缘做毛边处理；会所高度20m，展开面将近60m，在这样巨大的体量关系下，要求广场两边的植物既要有高度，又要有宽度，项目选用了17m高的五角枫，提升了园林的高度，两面又各配有两株元宝枫、一株八棱海棠以及一株冠幅20m的黄杨球，拉开了园林的宽度。

（二）中心广场区

由泳池区和银杏大道组成。泳池边线采用弧形设计，中间设有小岛，为玫瑰岛；西班牙式白色拱廊景墙位

平面图

鸟瞰图

于水中，5m高的景墙上面做跌水及花池，种植玫瑰，营造浪漫、温馨、自然的环境；泳池贴面材料选用的是深蓝与浅蓝交替的玻璃马赛克。银杏大道以大台阶、圆形花池、花钵为主，银杏大道端头为汉白玉做成的小水景。

（三）自然生态林区

包括疏林草坪、白桦林及生态溪流区，在这里既可以感受到大场地、大视野的宽阔景致，又可以感受到小场地、小空间的精致小景。白桦林作为一种远观效果来展现，后面以蜀桧、云杉等作背景来衬托；在生态溪流区，分别考虑了四季的景观，种植

入口前广场

了千屈菜、水生鸢尾、再力花、野慈姑等水生植物，迎春、棣棠等小灌，紫薇、丁香等本土中灌，山楂，九角

枫等小乔，结合景石，营造一种亲水的氛围。

本项目的景观设计采用360°景

泳池景墙

观定位，在高乔木、小乔木，高灌木、低灌木，以及近地花卉及草地的掩映下，呈现高低错落的五重景观，在不同色彩的树木及花卉的映衬下，人们可以从不同角度感受四季变化的完美景致。

设计单位：北京北林地景园林规划设计院有限责任公司
项目负责人：张璐
主要设计人员：

项飞　谭小玲　王斌　朱京山　马亚培

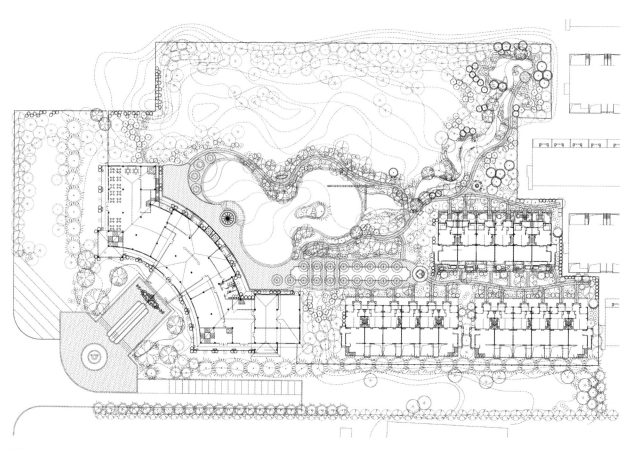
种植施工图

一、项目概况

龙湖·香醍漫步项目位于顺义新城旁，项目占地31.6万m²，此外尚有1600亩土地正处于龙湖地产一级开发过程中。

香醍漫步东依潮白河畔，坐拥3660hm²国家级森林公园，毗邻2008年奥运会水上项目场馆——奥林匹克水上公园，西侧为规划中的城铁S6号线、牛栏山一中（知名重点中学），东南侧为乡村高尔夫、国际高尔夫场地。项目紧邻顺义新城行政中心，距首都机场仅15km，从京承高速、京顺路、机场高速、奥运大道等城市快行线均可到达，交通便利。香醍漫步营造了优美的托斯卡纳田园小镇风情，与自然融合的立面设计，加上完善的生活配套设施，将为业主提供品味生活、享受自然的居住环境。

项目提供的产品主要为花园洋房和别墅两种，花园洋房面积为80～270m²，别墅户型面积为290～330m²。

二、场地现状条件特点

（一）地势高低错落

场地由西向东逐级跌落，最大高差达到10m；场地高程整体上高于南侧"纳帕尔湾"项目，居高临下，有气势之盛。

（二）茂林亲河

毗邻潮白河，从场地东部透过树林可遥望水面。

（三）绿色环抱

按照城市规划，场地西侧有5hm²代征地，每块园区周围也都有10～15m宽的绿化带，使场地为绿色所环绕。

三、景观创作立意

以意大利托斯卡纳山地村镇为景观原生意向，吸收其质朴、丰富的景观特色，充分利用规划场地现状落差大、绿地丰富的特点，塑造一座平原上的山地庄园，地势起伏、建筑错落、绿树参差掩映、四季花草繁茂，为人提供休闲、自在、宁静的个性居所。

四、景观设计原则

1. 景观塑造以植物造景手法为主，通过多层次、多品种配合，形成形态丰富、变化与多姿的四季景观。

2. 原则上不使用雕塑小品、亭廊、静态水面等硬质景观作为装饰，造景只在需要点睛之处布置花钵、流水盆以及座椅等生活化的景观设施，与周围的植物共同烘托环境气氛。

3. 使用铺地材料等时尽量简洁、大气、品种少，原则上同一区域内出现的基本铺地材料在2～3种即可。

4. 在保证景观效果的前提下尽可能利用场地优势，控制成本，降低造价。

香醍漫步总平面图

入户景观

园院前景观

园路景观

样板园花园

五、园区设计主要内容及园区景观主题

（一）景观主题

以Tuscany田园生活为蓝本，将3个社区分别以3个主题命名——香草园、葡萄园、蔓藤园。香草、葡萄、蔓藤都是意大利农庄、酒庄的作物，是美食、香料的原料，是甜美生活气息的佐料，这些个性植物的特征，成为园区中心景观的特色标志，同时也被运用在各个园区的标识系统、色彩及生活设施的风格设计中，犹如欧洲贵族的纹章，彰显园区个性，使居民感受到拥有庄园的高贵感。

（二）三个社区，三大庄园

1. 1区

香草园，标志色彩为蓝色。社区中心绿地以芳香类草本植物和花灌木为主，形成色彩丰富、优雅清香的观赏性花园。

2. 2区

百花园，标志色彩为玫瑰红色。中心花园富于意大利花园风味，林地之间的花谷配合水法、花廊、高大的林木形成俨然意大利台地庄园的气韵。

3. 3区

蔓藤园，标志色彩为紫色。利用区域地形高差，形成错落的台地景观，集中布置多种墙垣上爬满的藤本植物，形成"荫棚走廊"。洋宅高低错落，墙垣姹紫嫣红。

六、大门景观

以Tuscany典型庄园大门建筑为蓝本，大门建筑富于特色。别墅区大门为平廊式样，华贵而又细致典雅。花园洋房区域大门为门柱式，上面镶嵌社区纹章，简洁而不失庄重。两类大门形状不同、档次不同，体现区内两种品质类型住宅之间的个性差异。

花园洋房区域入口大门建筑为门柱式，样式朴实，形态通透；门内林荫道层次丰富层次错落，与园外绿色山林植被相互掩映，将园外自然景观引入院内。

七、花园景观

（一）涉兰寻芳景观

1区入口处核心景观。为沿主干道展开的长条形绿地，以漫步寻芳为题，布置成砾石铺的花径，沿小径栽植薰衣草等芳香地被花卉及观赏草类，以成组的常绿阔叶乔木为背景，成为一座层次丰富、步移景异、形如花境的芳草之园——涉兰寻芳。

（二）花谷清泉景观

是2区入口处的集中绿地，为一山地花园。将园外山林引入院内，形成"高山"之势，层林叠翠，四时色彩形态各不相同，成为园区的绿色核心。

靠近别墅区入口一侧布置具有意大利台地花园风格的景观——花谷清泉。以一条跌落溪流将花园引入山谷，溪流两侧层层叠台，种植应季花卉，兼具人工气象和自然情趣。

八、别墅区户间道路景观

别墅区间道路景观以别墅院内景观交错而成，大小乔灌木多层次搭配，时令花草铺地，形成色彩丰富、变化细腻的宅前景观。同时尽可能增大坡度，形成"上山回家"之感。

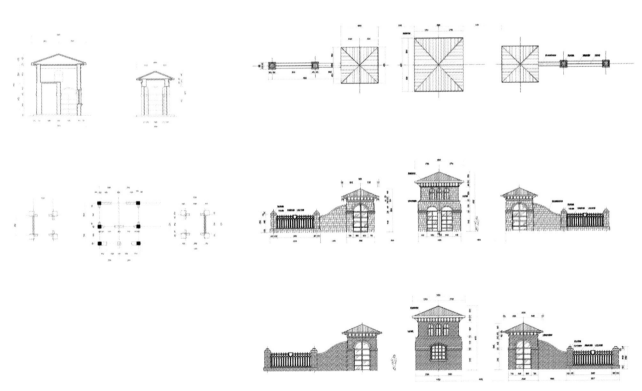

别墅区大门建筑平立面

内外围墙竖向图

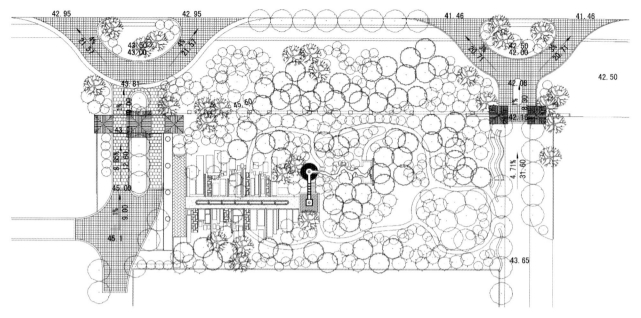

2区中心绿地平面图

实景植物景观一

实景植物景观二

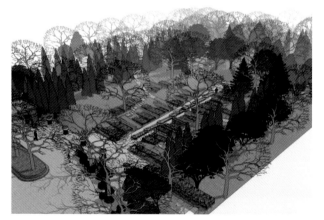

2区景观鸟瞰图

实景效果

设计单位：优地联合（北京）建筑设计咨询有限公司

主要设计人员：李健宏

一、项目概况

公安部广渠门住宅小区位于广渠门西侧,北临南水关街,南临夕照寺中街。规划总占地面积24936m²,其中庭院绿地13788m²,屋顶花园1820m²。

规划布局为,南北出入口间的主路贯穿全园,5座高层住宅建筑"品"字形布置;西侧以宅间绿地为主,东侧为南北贯通的组团绿地。

二、设计依据

1. 居住区设计规范。
2. 公园设计规范。
3. 现状条件、招标文件及其他相关设计规范。

三、总体构思及设计原则

(一)设计构思

公安部广渠门住宅小区属于单位附属居住小区,居住人群主要为公安部内部职员及家属,居民彼此间比较熟悉,因此较强的亲和力是本小区的一大特点。通过景观设计,在居民对日常生活和室外环境功能的需求得到满足的基础上,创造出更加富有情趣和浓郁生活气息的居住区环境,让景观激起人们内心深处的美好情感,让生活充满乐趣,让人生充满美好回忆。为此,"乐趣"成为公安部广渠门住宅小区的景观设计主题。庭院中分别设计出童趣园、谐趣园、奇趣园和情趣园四大主题花园。

(二)设计目的

在满足实用功能的前提下,通过

景观环境的营造促进人与人、人与自然的和谐,增添生活乐趣。

(三)设计原则

1. 依据现场特征,尊重总体规划和建筑围合的空间格局。
2. 因地制宜,与环境共融,景观与建筑风格协调一致。
3. 进行详细的场地分析,梳理、组织空间,形成完整统一的社区景观。
4. 建设个性空间,把握核心功能。
5. 亲近自然,倡导绿色健康生活。体现人与自然的对话,营造为居民所喜爱的、亲切的公共空间。

四、景观构架

打造"一线四面"的景观格局。"一线"为贯穿南北出入口的中央景观大道。"四面"为两个组团绿地,分别为1号楼与3号楼之间的绿地、3号楼与5号楼之间绿地;以及两个宅间绿地,分别为2号楼南侧和4号楼北侧的绿地。

五、功能分区

景观按使用功能分为4个区。空间分布做到动静结合、张弛有序。

(一)老年活动区

位于1号楼与3号楼之间,以水池为中心,边缘布置林下休闲广场,满足老年人日常聊天、下棋、赏鱼、健身等休闲活动需求。

(二)儿童活动区

位于1号楼与3号楼之间的开敞

空间,主要满足小区内部儿童活动要求。

(三)安静休闲区

位于2号楼南侧和4号楼北侧的宅间绿地,是以安静休息为主要功能的场地。

六、道路交通系统

景观道路根据功能要求分为三级。

(一)一级道路

为贯穿南北出入口的主路,路宽7m,面层材质为花岗石。

(二)二级道路

为建筑外围的环形车行道,路宽4m,面层材质为花岗石。

(三)三级道路

为东侧绿地内平均路宽1.5m的景观散步道,采用青石板冰裂纹和木栈道铺装。

七、植物景观设计

种植设计原则如下。

1. 因地制宜,适地适树,多采用乡土树种,局部小气候点缀新优植物品种。
2. 以植物的生长习性和模仿自然的群落形式为依据进行种植设计。
3. 快长树种与慢长树种、常绿树与落叶树结合栽植。
4. 植物配置形成乔、灌、地被、草的多层植物景观层次。

(一)中央景观带

为贯穿全区的绿轴。主路两侧行道树采用冠大浓荫、树姿优美的栾

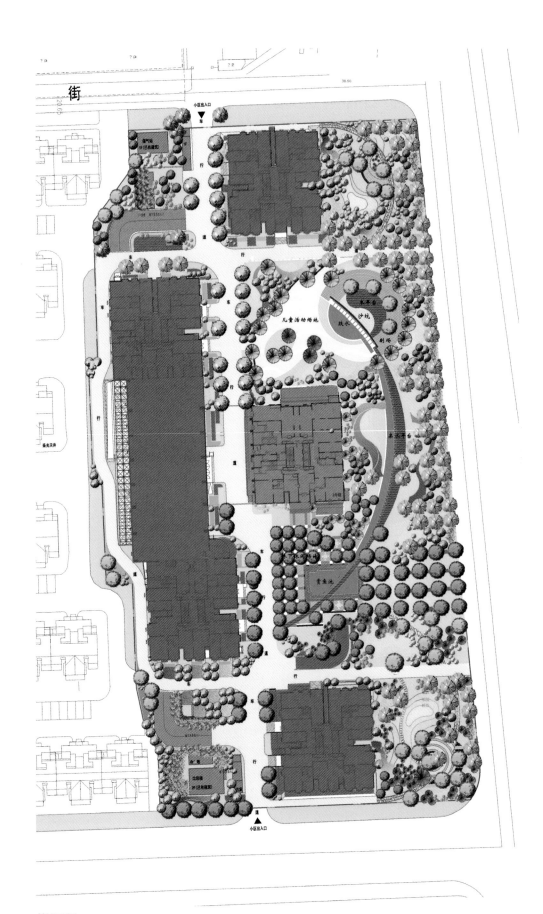

总平面图

童趣园效果图　　谐趣园效果图

树，下层栽植高低错落的丁香、大叶黄杨篱和月季，形成特色鲜明、引导性强的景观轴。

（二）老年活动区

是以夏季植物景观为主的花园。仲夏流碧，万物葱茏，乔灌草混交的种植方式把庭院装扮成绿色的氧吧，同时浓荫的悬铃木和色彩鲜艳的花卉给夏季增添了绿色之外的色彩，使整个景区坐卧在绿树繁花之中。

（三）儿童活动区

以生机盎然的春季植物景观为主。春暖花开，万象更新，树木开始发芽，广场周边与林下点缀的花灌木，营造了点、线、面结合的缀花效果，主要应用的春花植物有玉兰、迎春、西府海棠等，同时结合馒头柳等春景落乔，以及金叶风箱果、金叶莸等彩叶植物，使儿童活动区呈现绚丽的春日景象。

（四）宅间绿地

以秋景为主的宅间绿地，在金秋送爽之时，也送来了象征丰收的色彩。银杏等金黄的秋色叶树种和柿树、绚丽的海棠果实使金秋弥漫着浓

郁的收获喜悦。

（五）边缘绿化

兼顾四季景观。运用乔灌草3层的植物群落丰富竖向空间，改善边缘绿地狭长的缺点。主要植物品种的选用与周边景区植物品种相结合，形成视野范围内的景观统一。

八、景点详细设计

（一）童趣园（儿童活动区）

位于3号楼与5号楼之间的组团绿地。作为以儿童活动为主的空间，设计成以花带围合的下沉式台地广场，其间布置戏水池、滑梯等儿童活动设施和特色卡通铺装，创造出充满童真的空间氛围。广场东侧利用高差的变化，运用弧形雕塑墙分隔出一处绿荫剧场，周边树丛环抱，与大自然融为一体。另外，童趣园的戏水池向南延伸，通过溪流与南部景区相连，形成一道贯穿南北的特色景观线。

（二）谐趣园（老年活动区）

位于1号楼与3号楼之间。作为以老年人活动为主的场地，以谐趣为主题，构建和谐、宜人的趣味空间。场

地以赏鱼池为中心，周边设计冠大荫浓的林下广场，其间设置棋盘桌椅、观赏平台、健身广场和休息矮墙。

（三）奇趣园（北部安静休息区）

位于4号楼北部，属于宅间绿地。使用功能以安静休息、临时户外活动为主。庭园以共享为核心，以展示为主题。居民可将个人收藏的奇石、盆景等定期摆放在设计好的平台上，奇趣共赏。周边采用木质栏栅遮挡地下车库出入口构筑，结合木平台围合出居家的感觉，形成室内空间至室外环境的过渡。

（四）情趣园（南部安静休息区）

位于2号楼南部，属于宅间绿地。运用木结构花架遮挡地下车库出入口构筑，与建筑围合出一处安静休息区。闲暇时，邻里间促膝闲谈，观赏海棠繁花硕果，感受矩阵花田带来的清新与魅力，是一处尺度宜人的情趣空间。

（五）屋顶花园

位于2号楼和4号楼之间的会所屋面。西侧开敞，其他三向被建筑围合。景观面积为1820m²。设计目的在

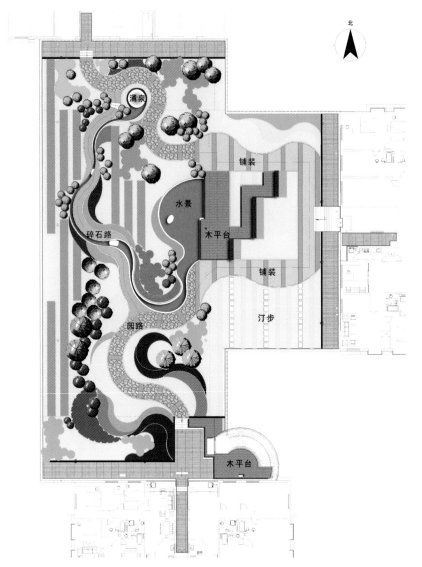

屋顶花园平面图

于营造一处混凝土构筑间的空中绿洲。设计以水景为中心，利用水景的倒映作用，扩展视线范围，减少高层建筑带来的压抑感。

屋顶花园有北、东、南3个出入口，依据不同出口位置构造不同感受的庭院空间。

1. 北出口——"悠远"

以竹林小溪为景观特色。曲折蜿蜒的小溪，在翠绿的竹林间流过，沿溪漫步，感受到的是幽静而深远。

2. 南出口——"平远"

以草坪、花卉为主景，出口景观视线开阔，在花间漫步，到达中心水池，远方景观一览无余。

3. 东出口——"高远"

以与蓝天相接的水面为中心。周边木平台可坐卧休息，可欣赏水面倒映的蓝天，可驻足俯瞰底部庭院。

（六）健身步道

以绿色、健康为主题的健身步道，位于园区东部，贯穿南北。运用流畅曲线的形式设置1.5m宽的青石板铺装，人们可以在绿树红花之间慢跑，可以在间隔布置的小广场中运动，还可以在修剪平整的疏林草地中嬉戏。这条绿色景观步道可以让健康融入生活，让生活充满健康。

九、竖向设计

以"师法自然""因势利导"为原则。

1. 东侧绿化作为绿色健身廊道，利用建筑挖方堆起地形，高差1~2m，模仿自然缓坡的地形起伏变化。其间道路、广场随地形高差变化，达到移步换景的效果。

2. 谐趣园广场中设计下沉水池，水深0.6m，枯水季节可作下沉广场。童趣园下沉剧场竖向与周边地形结合，高差1.2m。

3. 楼间宽敞部分设计与植物群落结合的0.5~1m的地形。

4. 道路有组织排水，并与广场相结合。

十、照明及喷灌设计

（一）照明系统

分为节日和日常两种。照明设计灯具布置分别为：路灯，间距25~30m；庭院灯，间距18~20m；草坪灯，间距8~10m；投射灯、水下灯、地灯等依据主景要求布置。

（二）喷灌设计

小区东部集中绿地部分采用自动喷灌系统，西侧楼间和边缘绿地喷灌采用快速接头结合的人工喷洒形式。

设计单位：北京市京华园林工程设计所
项目负责人：夏永梅
主要设计人员：马娱 杨程 袁媛

童趣园

健康步道

屋顶花园

居住区绿化
2010年度

4. 招商嘉铭·珑原

2010年度北京园林优秀设计二等奖

一、项目概况

项目位于奥林匹克森林公园区域，南靠清河，距森林公园北门百米之遥，与世茂奥临及万达大湖公馆隔河相望，东临安立路，西临清河湾高尔夫球场，西北侧为东小口森林公园。

二、设计原则

依据策划提出的"禅意中国"理念，景观设计在纵横的空间序列之间，不断以浅水、景石、广场、涌泉等诸多元素点缀其间，形成众多空间节点，创造出具有丰富内涵和浓郁人文气息的社区形象。

开放性商业空间是其精神的体现，是社区文化氛围与景观品位的浓缩。景观设计把创造商业及文化氛围作为设计的要点，从整体的空间构成到细部饰品的刻画都体现了传统与现代的融合及景观的多元性。

三、景观设计

（一）入口区

入口区与整个社区东西相邻，南临高尔夫球场。设计充分考虑了展示区尊贵的氛围，布置了水景和高大的树木以及时令花卉，创造出与院内空间形成对比的开放性空间。在水景布置上，采用了中式的石灯作装饰，静水面上漂浮的睡莲以及游动的小鱼给人们带来自然亲切的气息。

（二）展示中心区

从入口往里走，经过影壁墙，穿过竹林，映入眼帘的是宽阔的水面以及围合的中式庭院，走在桥上，水岸两侧跌水钵与造型松形成了一静一动的鲜明对比。售楼处前宽阔的木平台上屹立着高大的丛生元宝枫。徐徐凉风吹来，坐在树下的木平台休憩，会忘记时间的流逝。

（三）日式庭院

日式庭院在售楼处东侧，在售楼处的洽谈区透过落地大窗能看见这一景观。为了重新追寻人与自然的和谐统一，以简约、纯粹的日式风格，使居住者回归宁静与自然。优美的造型松、浓密的背景林、安静的景石以及白色的砾石，无不体现大自然的美丽和人们追求的纯净生活。

（四）样板院周边

从售楼处的木平台过桥就到了多

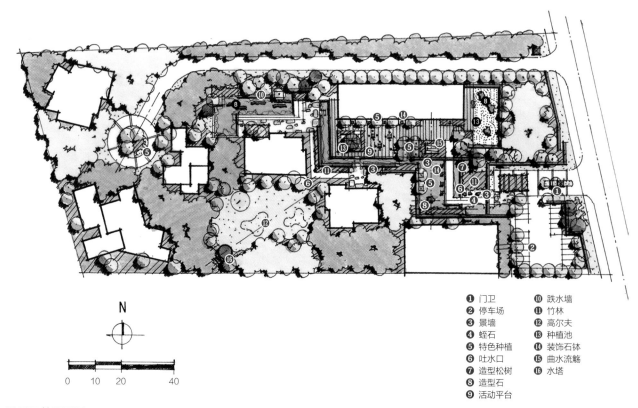

N

0 10 20   40

展示区总平面图

❶ 门卫　　　　❿ 跌水墙
❷ 停车场　　　⓫ 竹林
❸ 景墙　　　　⓬ 高尔夫
❹ 蛭石　　　　⓭ 种植池
❺ 特色种植　　⓮ 装饰石钵
❻ 吐水口　　　⓯ 曲水流觞
❼ 造型松树　　⓰ 水塔
❽ 造型石
❾ 活动平台

展示区入口

跌水钵实景

景墙实景

曲水流觞实景

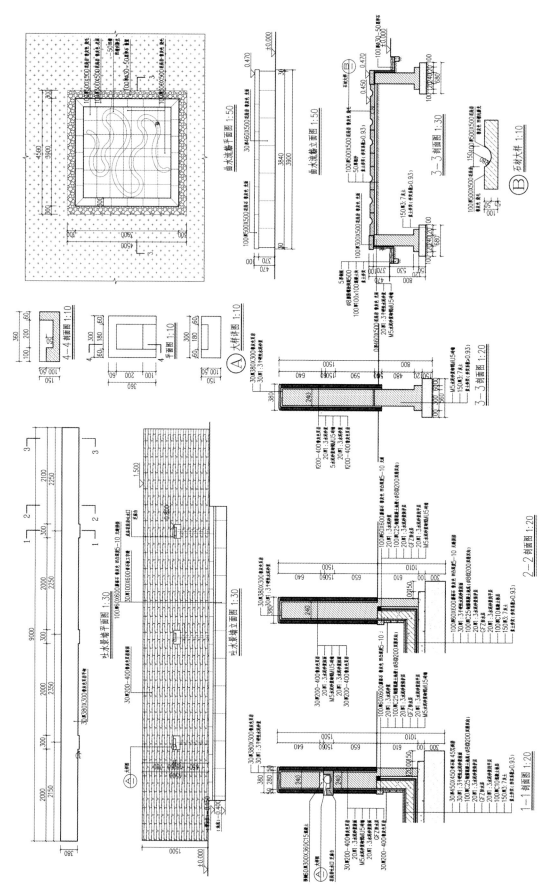

曲水流觞施工图

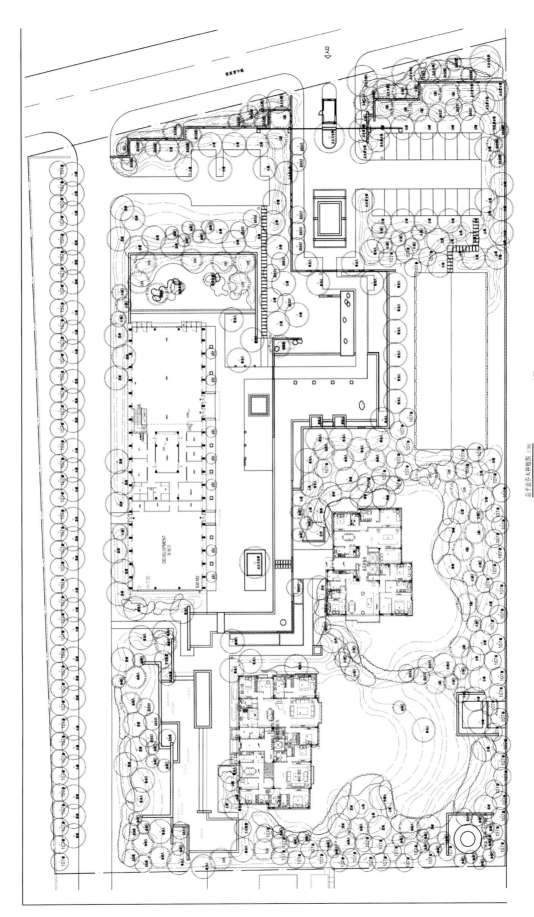

总平面木种植图 1:300

乔木种植图

层样板间前，它的面前是宽厚毛石堆砌的跌水墙，样板间门前穿插在铺装间的绿地、景墙种植下隐藏的喷雾，令人仿佛走进了仙境。从多层样板间走小路就可以到高层样板间，中途会有别致精巧的景石流水以及浓密的时令花卉，蓝天白云，不时还会有三两只蝴蝶翩翩起舞，让人流连忘返。不论身在多层样板间还是高层样板间中，在卧室、起居室，透过宽敞明亮的落地窗，眼前是一片纯净的自然景象，高大的背景乔木，一丛丛的灌木，以及各种颜色鲜艳的时令花卉在起伏的地形中若隐若现，让人从忙碌喧闹的都市生活中回归自然，享受高品质生活。

设计单位：北京源树景观规划设计事务所

项目负责人：孟昂

主要设计人：

白祖华　胡海波　杨奕　孟昂

何云龙　景思维

镜面水实景

5. 奥运媒体村

一、项目概况

奥运媒体村位于北京市正北部，南邻红军营南路，东临北苑路，中间被西坡子路分隔，总占地面积11.49hm²，包括北辰C4及D2两部分塔式住宅居住区。D2区中心现存一座清代弥陀古寺，规划中C4中心区有一条带状水系。本项目是2008年奥运会期间媒体人员的居住点，赛时为记者提供住房；赛后作为普通住宅。

二、设计理念

（一）突出媒体的主题

通过多样的景观小品，展现媒体文化交流的发展史，营造互动空间，促进记者（赛时居住者）的相互交流，拉近彼此之间的距离。

（二）融合历史、现代与未来

古朴的弥陀寺、现代的生活方式，以及对未来的期望，融合在有限的景观空间中。

（三）赛时记忆的保留

2008年奥运会之后，项目作为媒体村的特有痕迹将得以保留，使赛后居住者可以在之后的生活中回忆起项目的历史意义。

（四）营造人性化的现代景观

营造一个舒适的户外生活环境，运用鲜明的景观个性，创造场地的归属感。

三、设计目标

1. 提升文化内涵。
2. 改善居住环境。
3. 创造有活力的商业空间。
4. 创造一个可持续发展的环境。

四、设计方案

（一）D2区

以弥陀寺为核心，采用向心性的空间布局。古朴的弥陀古寺使园区具有古老的历史文化积淀。一方清水映衬古寺的倒影，落日余晖洒落青砖黛瓦之上，使画面极具历史和时间感；围绕古寺的跌水、小桥、围栏、铺装等构建的现代景观空间，与古寺的建筑空间相互连通，整个场地又具有了交错的空间感。时空在历史与现代之间穿梭，形成了独有的景观特色。赛

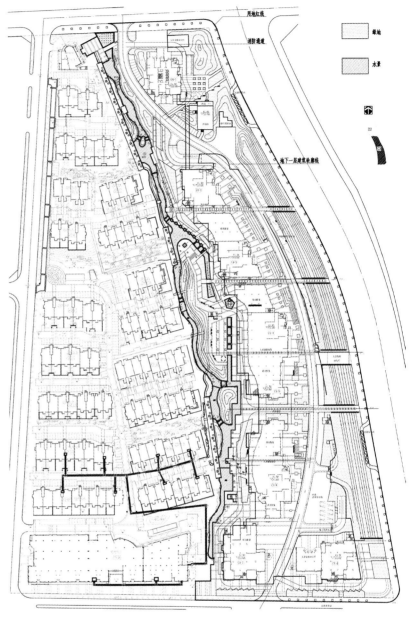

C4区平面图

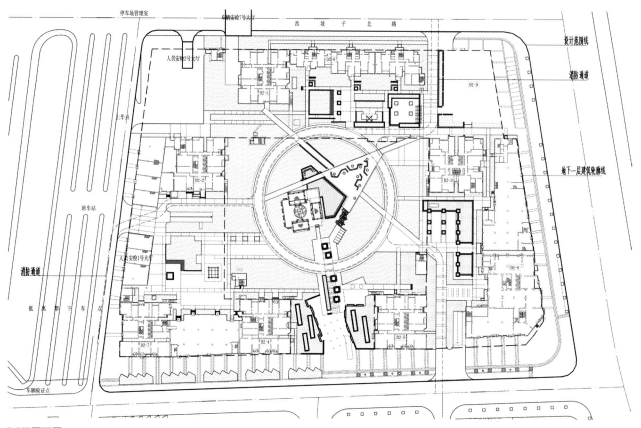

D2区平面图

弥陀古寺

喷泉跌水

时，弥陀寺是"文化·中国的家"文化展览的场地；赛后，寺内的一株古槐将自然形成视觉及景观中心，与滨水林荫广场一起，为人们的文化交流和休憩娱乐提供场地。

此外，园区内东、南、西、北4个方向的地块景观分别体现出功能及空间内容都各不相同的场地属性，为人们营造出一个丰富多彩的生活环境。

（二）C4区

以贯穿南北的水系为园区自然生态的景观核心，通过营造层次丰富的滨水休闲场地，为人们提供了一个亲水、亲近自然的舒适环境。

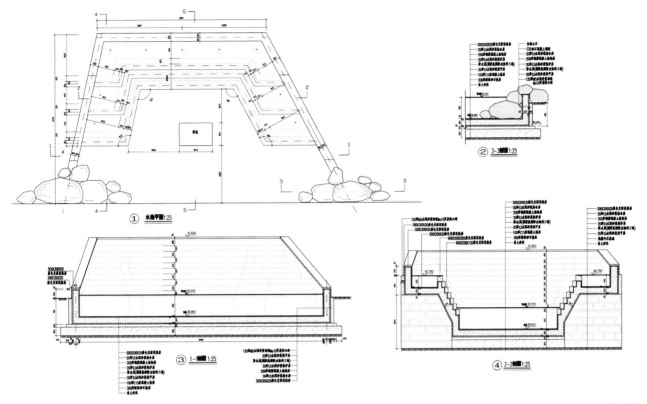

喷泉跌水施工图

滨水景亭

历史记忆文化轴线为园区的另一个景观特色,突出体现了园区的文化主题——媒体文化,使园区具有了奥运历史的积淀。通过取景框式的休息亭、传媒载体发展史时间轴式的地标铺装、胶卷盒式的垃圾筒等具有媒体文化特色的景观小品,形成文化交流发展史的景观轴,实现文化的交流与互动。

五、植物规划设计原则

1. D2区主要采用规则与自然相结合的种植手法,通过色彩变化丰富的规则色带和宿根花卉带,结合整齐的广场树阵,形成具有现代感的植物景观类型。

2. C4区重要的景观节点多以植物造景为特色，通过桧柏、大叶黄杨、金叶女贞等修剪造型树种，形成高低错落、层次丰富的植物景观，成为节点的视觉中心。

3. 由于奥运媒体村肩负着奥运赛时使命，因此在兼顾四季植物景观的同时，更需突出夏季植物效果，故多采用淡雅色调的夏季开花植物，以丰富的植物色彩营造盛大的节日氛围；同时，也保证了媒体村作为居住区安静舒适的景观需求。

夏季开花的乔灌木采用栾树、合欢、木槿、紫薇等；宿根花卉采用黑心菊、天人菊、宿根福禄考、萱草、金娃娃等；应时花卉采用酢浆草、非洲凤仙、矮牵牛、鼠尾草等。

4. 在靠近城市道路的一侧，采用乔灌草复层种植的手法，同时加大常绿树树种的栽植比例，实现防尘、减噪等防护型功能。

取景框休息亭

六、室外家具的设计

通过各种具有奥运痕迹的景观小品，如取景框式的休息亭、电话鼠标造型坐凳、胶卷盒式垃圾筒、老式收音机造型活动小卖亭等，从不同感官的角度进行历史提示，在保留奥运痕迹的同时，又与整个环境氛围协调一致。

设计单位：北京创新景观园林设计公司
项目负责人：梅艳蕾
主要设计人：梅艳蕾　张俊　李博

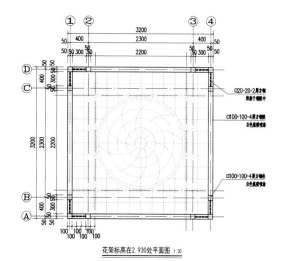

花架标高在2.930处平面图 1:30

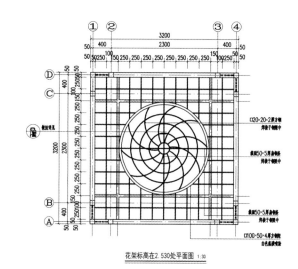

花架标高在2.530处平面图 1:30

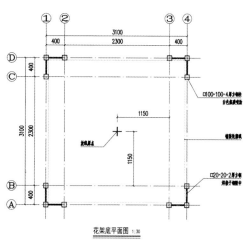

花架底平面图 1:30

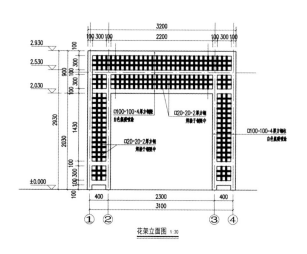

花架立面图 1:30

取景框休息亭施工图

一、项目概况

（一）位置

外交部住宅楼位于东三环与西大望路之间，北侧为广渠路，南侧为南磨房路，与CBD中心区相距仅2km，属繁华的都市黄金区，周边有多项高价房地产项目。

（二）规模

建设用地总面积约9万m²，其中建筑占地面积2万m²，道路广场用地约2万m²，绿化面积约5万m²。

（三）主要内容

景观设计包括建筑庭院绿化、楼体周边绿化、地形处理、景观建筑以及部分景观水景设计。大部分园林景观设计位于地下车库上方。

二、设计原则

本项目属于单位集资兴建的经济型居住区，景观的总体设计原则为实用、美观、便于维护。

（一）功能满足原则

绿化面积较大，景观设计应与室外空间的各项功能相协调，如消防、人流集散等，使景观与使用功能相得益彰，完美结合。

（二）以人为本原则

突出人居环境的人性化设计，充分考虑人们对环境的需求。力争在小区内实现"园林化""庭院化""生态化"，满足不同人群的不同需要。

（三）自然质朴的生态住区

以地形和绿化作为主要表现手段，使居民的户外生活充分与自然融合。

（四）经济性原则

避免华而不实的景点陈设，用材突出实用、质朴、自然。

三、设计说明

1. 主庭院区分为南北两个主庭院。南庭院规模较大，设置起伏的微地形，将空间分割成公共集会区（台阶广场，为小型演出和社区的各类聚会提供场地）、儿童活动区、老人休息区。儿童活动场地，包括儿童迷宫、游戏沙坑和一部分儿童游戏器械。老年人活动场地布置一些简单的健身器械，主要用于老年人的活动集散。同

1 下沉台地花园
2 停车场
3 梧桐大道
4 水广场
5 羽毛球场
6 儿童游乐园
7 阶梯广场
8 休憩园
9 阳光广场
10 林荫运动广场
11 网球场
12 北入口主题景墙
13 东入口
14 代征绿地花园
15 北入口
16 西入口
17 南入口

总平面图

鸟瞰图

时，根据居住人员的特点，分散设置羽毛球场地。北庭院分为东西两部分，相对私密，满足居民的健身需求。

2. 园区入口共4处，分别位于东、南、西、北4个方向。主要进车入口在北侧，其余入口为辅助、服务、消防之用。西侧入口设计有"梧桐大道"，展示夏秋季特殊的种植季相景观变化。北入口为园区主入口，以"和谐"为主题设置雕塑。

3. 西北部的配套用房设计有下沉的台地花园，以早园竹为种植材料，营造安静、舒适的环境氛围。

4. 小区内其余绿化用地内穿插设计休息、停留、健身的运动场地，满足不同楼间的人群活动需要。

北入口标识

西入口尽端对景花架

阶梯广场

四、种植设计

（一）原则

1. 功能性

最大限度地发挥北京乡土树种的生态效益，起到防风、防尘、减噪等作用。

2. 景观延续性

三季有花、四季有景，突出不同植物的观赏特点及单体、群植的效果，丰富景观层次。

3. 文化性

以植物种类体现某种积极向上的意义，如玉兰、石榴、雪松、竹等。

（二）种植材料

1. 落叶乔木

银杏、三球悬铃木（法桐）、千头椿、合欢、玉兰、栾树、元宝枫、白蜡、海棠、樱花、紫叶李等。

2. 常绿乔木

雪松、油松、白皮松、侧柏等。

3. 花灌木

紫薇、连翘、丁香、棣棠、红王子锦带、月季、金叶女贞、大叶黄杨、红叶小檗、金山绣线菊等。

4. 攀缘

紫藤、扶芳藤、五叶地锦等。

5. 地被

冷季型草、二月兰、萱草、玉簪等。

五、道路、照明及喷灌

（一）道路

小区内有行车道路，以混凝土路面为主，路宽4～6m；一级人行道路以混凝土砖为铺装材质，路宽2m；二级人行道路以花岗石或青石板嵌草为主，路宽1m。

局部效果

（二）照明

行车道路周边单侧布置庭院灯，人行路单侧布置草坪灯，广场根据需要布置地灯，水体可适当布置星光灯点缀，运动场地周围可布置高杆灯，以满足晚上运动人群的需要。

（三）喷灌

主要采用自动喷灌系统，绿地中布置小射程的喷头，对于难以施行自动喷灌的绿地，建议设置自动取水阀，冬季泄水。

设计单位：北京市京华园林工程设计所
北京中联环建文建筑设计有限公司
项目负责人：夏永梅
主要设计人：

杨程　张兵　张翠珍　张维

一、项目概况

该项目位于北京市丰台区方庄，紫芳园居仕区东南角，紧邻南三环以及方庄路，交通顺畅，周边有大量住宅小区，配套设施完善，有方庄体育公园、北京游乐园、龙潭公园、龙潭西湖公园、天坛公园五大公园；也有众多商场、超市和学校，是北京最早的大型商品房住宅区，曾造就了北京首个"富人区"。

该项目建筑风格为高档欧式风格，目标客户为追求生活便利、喜欢成熟的生活氛围、在乎社交质量、有一定经济基础的成年人。

二、设计构思

方庄6号的设计立意在于将法国的浪漫主义与中国人的生活习惯相互融合，将法式园林的景观要素和植物景观的色彩季象变化融入设计之中，通过对住区景观环境的改善，为居民提供户外休息、交往的场地，并试图使居民的生活状态以及人际交往方式有所提升。

三、设计理念

项目设计理念为"印象派中庭——光影与色彩的华章"。

印象派是艺术家第一次为大自然的微妙变化产生兴趣，并试图将之捕捉下来的一个流派，印象派绘画的最重要成就，就是发现和表现户外自然光下的色彩，捕捉大自然的瞬间变化。为了捕捉瞬间的"印象"，印象派绘画在构图上往往较为随意，力求突出画面的偶然性，增加画面的生动之感和生活气氛，突显对内心主观意象的表达。

方庄6号印象派中庭并不奢求将印象派大师们的画作图景再现，而是期望通过对流水、花草、树林、亭桥和座椅等景观素材的组织和配置，使久居都市的人们，在居住内庭的一方

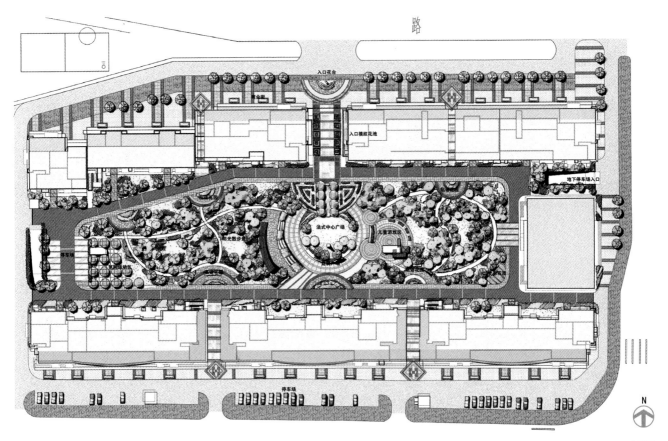

平面图

天地里、在日常繁忙浮躁的生活节奏中，有那么一刹，可以停下来，为自然的光与色的跳动所吸引和打动，就有如百年前的艺术大师们一样。

四、设计原则

1. 营造自然、休闲、生态、人性化的景观空间和高品质的社区生活氛围，创造与欧式风格建筑相呼应的景观空间。

2. 在充分利用建筑围合空间的基础上，构筑错落有致、层次丰富的特色空间。

3. 结合各种空间变化和视线交汇，安排各种垂直绿化和不同季节的花木，以创造丰富的景观效果。

4. 对细节的刻画力求精益求精，通过材料、纹样、树种的选择，样式的搭配，色调的和谐，令景观效果得以完美展现。

五、设计内容

方庄6号的总体设计分为入口区域、中心景观区和两个比较私密的邻里交往空间。

（一）入口区域

入口区域由入口logo标识和"回"字形模纹花坛组成，地面铺装设计具有导向性功能，整体风格紧扣主题，营造一个浪漫、温馨、自然的环境。

（二）中心景观区

中心景观区由银杏大道围绕的法式喷泉、模纹迷宫、中心草坪、主题廊架、儿童活动区组成，是整个设计的亮点。水是印象派的重要元素，水乃万物之源，这里设计的水是以喷泉

鸟瞰图

的形态出现的。在阳光的照耀下，水花四溅，水光闪烁，美轮美奂。疏朗而开阔的中心草坪能带来更强的视觉感受。模纹迷宫、法式喷泉、银杏大道、大草坪、中心雕塑能让人感到法式园林的优雅和宁静。花架和儿童游戏区能使中心景观区更有人气、有活

力，是整个小区最重要的社区活动空间。

（三）私密的邻里交往空间

在中心景观区两边的是比较私密的邻里交往空间。微微高起的地形和茂密的植物能有效地阻挡两栋楼之间视线的穿越。阳光散步道、私语花

园、秋千的设置，给喜欢安静的业主一个小憩、聊天、阅读的私人空间。

西南角的林荫广场为老年人提供一块休息、健身的林下场地。梧桐树阵阻挡了烈日的直晒。商业街的行道树种植疏朗，便于路人看见商业店面的广告牌，花池与座椅相结合，让逛街的路人可以停下稍作休息。

六、结语

设计坚持以自然、实用、美观为前提，尽可能地为业主营造一个舒适、祥和的室外活动交流空间，交通便捷；对景观细节精益求精，对所有的铺装小品进行样板试验，确定最终效果；树木基本采用全冠移植手法，寻求最佳角度进行景观定位；为了展现园林四季有景的特色，在北京以及同纬度区域，寻觅在冬季依然能保持盎然绿意的树木，定点定树。项目在较短的工期时间内取得了较为令人满意的效果。

设计单位：北京北林地景园林规划设计院有限责任公司
项目负责人：张璐
主要设计人员：
项飞　张亦箭　王斌　石丽平
马亚培

入口效果图

中心广场效果图

喷泉与草坪交接处

喷泉

儿童活动区

休闲小广场

8. 中国石油勘探开发研究院四区

2010年度北京园林优秀设计二等奖

一、项目背景及概况

中国石油勘探开发研究院四区位于北京市海淀区学院路20号中国石油勘探开发研究院内，为研究院内新建住宅中心绿地及宅旁绿地。整个项目为长约270m，宽约50m的长方形场地，总占地面积为1.5hm²。

二、设计理念与原则

作为一个有着悠久历史的传统老社区内新建的唯一一块绿地，对整个社区脉络的延续和对毗邻建筑现代风格的融合成为设计的焦点，设计利用现代的设计手法对原有老社区文化进行诠释和演绎，创造出富有活力的社区文化生活。尊重场地的特殊使用功能、使用者的行为心理习惯以及社区的历史延续。意图在点点滴滴中延续石油大院传统的邻里活动和日常生活需要。

依据原有规划布局以及建筑功能，将场地分为3个类型的生态共享空间，以"绿意盎然"的自然主题形成层次丰富的社区景观，尊重场地的特殊使用功能、使用者的行为心理习惯以及社区的历史延续，做到以下几点。

1. 尊重基地上包括地形、植被、人工构筑物在内的每一个有价值的、可提升的景观要素。

2. 尽可能少的投入，包括人力、物力、水、能源以及其他一切资源。

3. 尽可能多的景观改善成效，包括小气候的改善、使用功能的划分和整合、可识别性和可达性的梳理、社区景观形象的提升、邻里交往的增加。

三、整体特色布局

因场地为一条狭长绿地，地势过于平坦且存在地下车库，采用台层广场和微地形处理方式，丰富整个竖向空间层次。抬高增加覆土深度，以便栽植高大乔木，打造错落有致的植物空间层次。

（一）空间设计

突出为建筑所围合的S形中心休闲场地，是社区的核心区域，塑造一个充满阳光、洋溢着活力的生态共享空间，具有生命力的活动空间不仅仅是拥有一个绿意盎然的背景，更需要因使用者的热爱滋生出丰富的文化生活，如遛鸟、扭秧歌、抖空竹、踢毽子等。同时在该院的边侧还筑有花池台阶，以满足部分老年人散步休闲等静态活动需求。中心休闲广场西

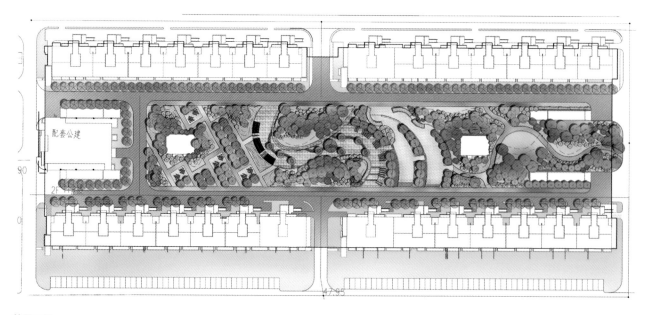

总平面图

鸟瞰图

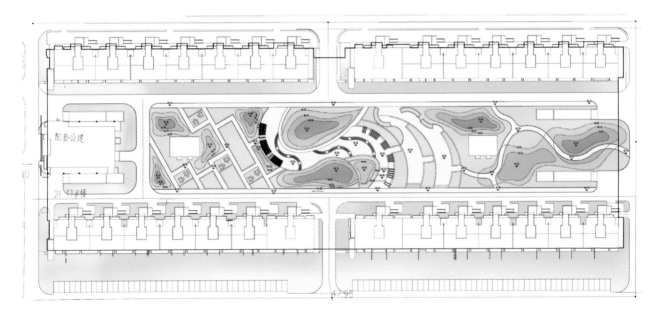

竖向设计图

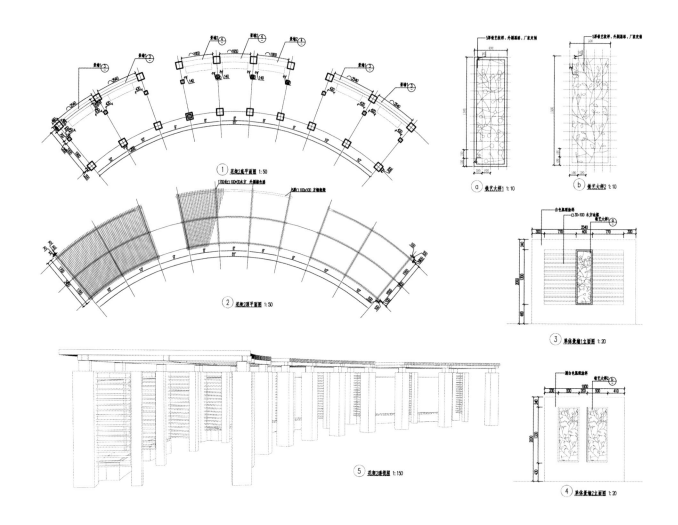

弧形花架施工图

侧为户外客厅和生态氧吧，是3～5组进行家庭式闲谈、棋牌等活动的理想空间。东侧绿地则突出慢走散步等动态活动。设计在点点滴滴中延续了石油大院传统的邻里活动和日常生活需要。

（二）材料选择

采用经济实用、生态透水的铺装材料，道路采用低反射的沥青路面，适当增加铺装的色彩，丰富材料品种与形式。

（三）照明设计

满足场地游览和养护基本的功能需求，步行道设路灯。局部广场结合景观需求设置庭院灯、草坪灯、地埋灯，保证不同时段的景观效果。

（四）小品设施设计

采用现代简洁廊架、座凳等构筑物，与毗邻建筑风格相一致。

四、种植设计要点

坚持突出生态性的原则，社区种植调整充分结合现状植被特征，设计尽量保留原有的植物群落和生态群落，对其进行疏密处理和种类丰富。种植总体配置思想是乔、灌、草合理搭配，通过配置花灌木、色叶植物、香源植物以及多年生花卉，形成丰富的景观层次。

（一）方式之一——从生态功能着手

主要以树种的搭配来突出生态特色，绿化带呈现大气自然的风格，不做过多的人工雕琢，突出植物的季相变化之美。以乡土树种为主，优化植物结构，突出自然景观和生物多样性功能，营建树种丰富、结构合理、自然协调、稳定健康的植物群落。

精致小景

（二）方式之二——居民区附近植物配植满足防护需要由于地块位于北京四环边上，城市污染较为严重。植物种类应选择有较强排污能力、有较强的抗性同时兼具景观效果的树种，例如旱柳、丁香、连翘、刺槐、银杏等。利用植物阻滞尘埃、分泌杀菌素、吸收有毒气体、减弱光照和降低噪声，改善居民区的环境。

（三）方式之三——打造疏密结合，错落有致的植物空间层次。以生长状态较好的大树为主景，栽植姿态优美的花灌木和色彩丰富的地被，形成开朗、明亮的绿地外观。增加植物层次和空间变化，融合生态理念以形成亲切怡人、疏朗有致的空间序列。

设计单位：北京北林地景园林规划设计院有限责任公司

项目负责人：张璐

主要设计人：

吴婷婷　项飞　张亦箭　谭小玲
马亚培

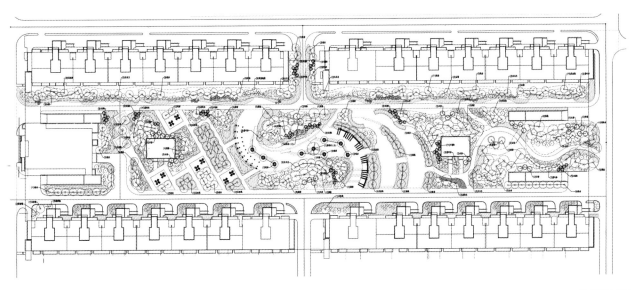

种植设计图

错落有致的场地

弧形花架一

弧形花架二

一、项目概况

北京融科·香雪兰溪项目位于北京南六环，马驹桥1号桥西南。项目共分为两期，此次设计为一期部分，包括东侧商业街和花园洋房，占地面积约2.3万m²。

二、建筑风格及特点

商业街为西班牙风格，花园洋房为英式风格。特点是仿欧洲小镇，具有浓郁的异国情调。

三、设计理念

综合人性、低碳、审美、实用等诸多因素，达到一个平衡点。打造具有时代精神的、花园式的高品质居住环境。

（一）人性

随着社会的发展，人们的生活、工作压力越来越大，因此逃离城市、追求自然、获得轻松、舒适的生活是人们所向往的。

通过自然、质朴的红砖、木板等暖色调材料以及花钵陶罐等小品，营造温馨、亲切、舒适的欧洲田园风

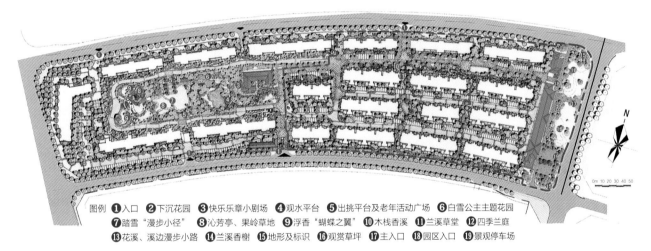

图例 ❶入口 ❷下沉花园 ❸快乐乐章小剧场 ❹观水平台 ❺出挑平台及老年活动广场 ❻白雪公主主题花园 ❼踏雪"漫步小径" ❽沁芳亭、果岭草地 ❾浮香"蝴蝶之翼" ❿木栈香溪 ⓫兰溪草堂 ⓬四季兰庭 ⓭花溪、溪边漫步小路 ⓮兰溪香榭 ⓯地形及标识 ⓰观赏草坪 ⓱主入口 ⓲园区入口 ⓳景观停车场

总平面图

样板房实景

特色小品实景

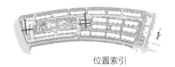

台地花园			观赏草地开放空间	微坡树林草地	水面及儿童剧场	会所下沉庭院		车行道
36m	9m	9m		130m		37	5m	6m

节点剖面图

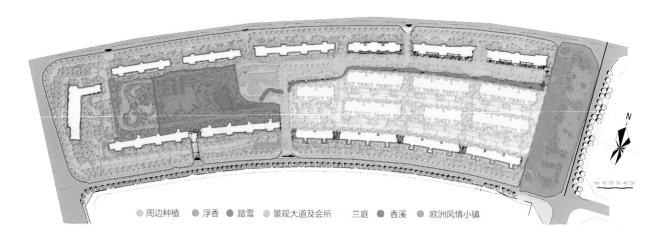

● 周边种植　● 浮香　● 踏雪　● 景观大道及会所　　兰庭　● 香溪　● 欧洲风情小镇

种植平面图

情。在设计规划中，园区大面积为绿化，通过种植大量的植物，为社区增添更多新鲜的氧气，营造自然、生态、健康的生活空间，给人以心灵的慰藉。

（二）低碳

以大面积的绿色植被为主，减少了石材、雕塑、大喷泉等的使用，从而减少了对资源和能源的消耗。植物均选择乡土树种，更加适宜北京地区生长，同时降低了维护成本。

（三）审美

景观风格与建筑风格相协调，使社区更具整体性。植物的造型、姿态、花架、树池等小品的材料、颜色、比例，包括铺地的材料选用及分割方式等均经过精心挑选和设计，带给人以美的视觉感受。

（四）实用

设计了大量的停车位，给人们提供了更多的便捷，同时通过种植设计，弱化停车位的影响，树影与车辆交相掩映，不仅美观，而且避免了车辆灯光、噪声对住户的影响。

为便于人们户外活动与出行便捷，在较为集中的绿地处，设计了被绿色环抱的小广场，结合花架、花池、树池，营造一处宁静、舒适的活动空间。在楼间设计了多条便捷、幽静的小路，路边布置红砖坐墙，亲切、舒适、方便休息。

四、设计亮点

从建筑布局来看，密度较大，楼间距较近。再加上道路、停车位使得绿化空间显得十分紧张，同时，楼间的对视、私密性问题都显现出来。

通过增加植物的密度、数量、种

类，使种植层次、空间更加丰富，对人的视线起到了遮挡的作用，扩大了空间的延展性，也提升了住宅的私密性，显著提升了住宅的品质。

五、交通组织

社区采用了人车分流的交通方式。车行道的设计满足了消防要求、便捷到达楼间停车位的要求，同时在社区内部增加了多条楼间人行小径，既可以便捷地在社区里穿梭，也避免与机动车混行，提高了行人外出的安全性。

设计单位：中外园林建设有限公司
项目负责人：孟欣
主要设计人员：李长缨　王亚菲　于亮
主要参与人员：
韩春晖　魏佳玉　张灏　李力　田月平

10. 中国石油勘探开发研究院三区

2010 年度北京园林优秀设计三等奖

一、项目概况

项目规模为2.16hm²位于北京学院路。

青年园在某种意义上是作为社区公园存在的，在人们的日常生活中扮演着非常重要的角色，它承担着整个大院居民室外休闲健身、交流会客的功能。

设计范围包括两部分区域。西侧为原建筑拆迁后较为空旷的区域，现状树稀少，对设计制约程度较低。东侧为青年园原址。

二、设计构思

（一）建筑拆迁部分——创新设计区域

作为对未来美好生活的展望，此区域承担着开拓创新的使命。现状条件对设计的制约相对较弱，因此给创

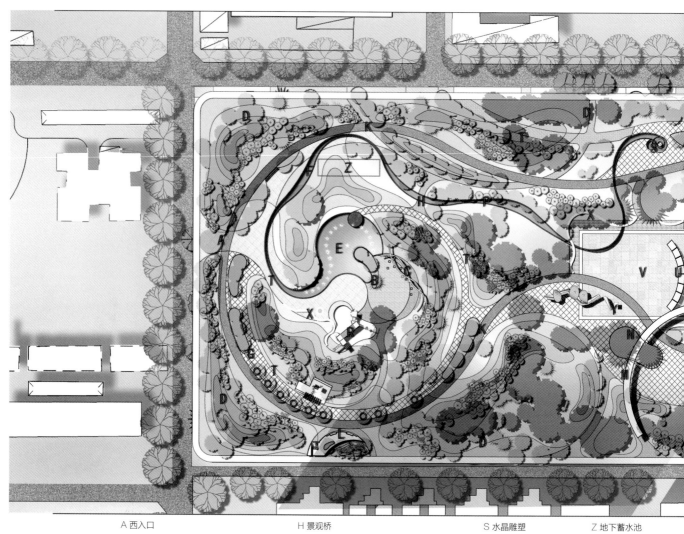

A 西入口
B 临水中心区
C 中心区特色廊架
D 外围密林区
E 中心区湖面
F 水系
G 环形景观大道

H 景观桥
K 塑胶健身漫步道
L 入口景观广场
M 空中飘带——景观桥
N 原生大树
P 密林水体
R 儿童游戏区

S 水晶雕塑
T 小品坐凳
U 种植池
V 青年园运动场
W 林下休闲空间
X 流线型艺术坐凳
Y 景观化储存柜

Z 地下蓄水池

方案总平面图

新设计提供了广阔的平台。

（二）青年园保留部分——记忆承载区域

作为历史信息的体现、传承的载体，此区域肩负着尊重现状，改造现状的重任。

三、设计总体目标定位

希望这片土地上的居民再次看到青年园时，能将那五十年的记忆，化作一份感激与期盼。

努力奋斗、拼搏了五十载，昔日的青年已逐渐步入迟暮之年，如今正是他们乐享天伦的时刻。青年园改造景观设计的最终目标就是为这"一老、一小"营造一个安全、方便、熟悉、舒适、祥和的空间。

四、设计灵感来源

设计的灵感来源为曲线和交响乐。曲线构成了大自然形形色色美丽的事物，同时，设计中吸取了大自然中那些动人的音符，经过园林景观的手法创作出一个美妙的乐章。

五、分区详细设计

（一）林下空间

林下空间的设计对青年园的改造至关重要，它直接关系到现状树种的保留、利用或者砍伐。同时对建成后场地的安排设置，居民日常活动习惯等产生深远的影响。

（二）儿童游戏区域

儿童是园区的主要的使用者之一。设计充分考虑到儿童游乐区的安全独立性、参与性、创造性以及需要充足阳光的特点，将其设置于中心湖区以南的区域，用栽植修剪绿篱等手段提高游戏区的安全独立性。游戏设施配合沙池、软质塑胶垫，让儿童能更放心、更具创造力地使用这个区域。

（三）拆迁部分区域——临水中心区特色廊架

在三维空间中形成的立体曲线上配装有网状质感的透明薄膜，在其庇护下人们能坐在风格一致的桌凳边，一边感受着湖区舒爽的清风，一边与玩伴聊天、下棋，打牌。

（四）水系设计

水赋予了场地灵性。方案根据场地的现状情况合理地将各种形式的水体融入园区中。

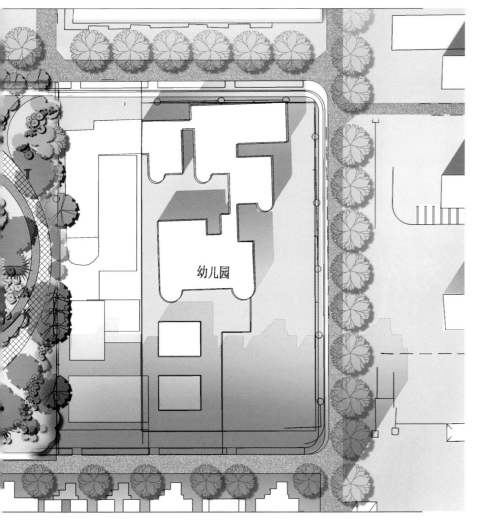

幼儿园

N

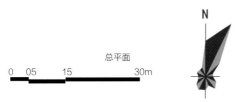

总平面

0   05   15   30m

鸟瞰效果图

中心区建成效果

（五）健身漫步道人性化设计

无障碍设计在园区的设计上被放到了重要的地位，漫步道的出现使这一人文关怀得到体现和落实。

在顺畅并形成环线的漫步道上。无论是挂着手杖的老人还是坐着轮椅的残疾人都能方便地在上面行走、遛弯，享受夏日的蝉鸣、冬日的暖阳。

山体地形、树荫、水系、休闲铺装、坐凳等充满舒适性与观赏性的景物与健身步道交织于这绿色空间中。步道上的里程刻度与运动量的标示更尽心地体现了对这片土地上最重要人群——老人贴切的关怀。

设计单位：北京北林地景园林规划设计院有限责任公司

项目负责人：张亦箭

主要设计人员：

曾玲　张璐　谭小玲　吴婷婷　朱京山

中心区曲线廊架效果图

漫步道建成效果

居住区绿化
2011年度

二等奖

三等奖

11. 西山壹号院示范区

2011年度北京园林优秀设计二等奖

北京的灵性，全在西山那一抹晚霞。——徐志摩

喧嚣的都市、嘈杂的人群和越来越沉重的生活成为现代都市居民的生活主调。是时候，让心灵度一次假，在那"原始森林"中享受清新空气带来的负氧离子，在那"庭院深深"内沉淀一整天嘈杂烦乱的心境；是时候，让人生作一个选择，在"西山壹号院"内享受绿色健康的生活，感悟"平凡"人生的真谛……

一、项目概述

西山壹号院地处北京"三山五园"皇家御苑风景区内，位于海淀圆明园西路药用植物园北侧，环境优美，交通便利，是首钢融创精心打造的世界级高端住宅。

二、设计原则

西山壹号院深深遵循京西独有的大院文化、三山五园皇家精髓，同时结合美国建筑大师弗兰克·劳埃德·赖特的"草原住宅"的构思。内部园林师法自然，以错落起伏的坡地形造园手法，通过大树与四季主题树种的运用，使建筑融于蔽日浓荫，创造了稀有、高贵、自然的"大院"住宅生活方式。人行其中，曲折有致，步移景异，时而传来的鸟声蝉鸣，时而飘来沁心芬芳，让心灵沉醉在这宛若原生态森林的世外桃源中。

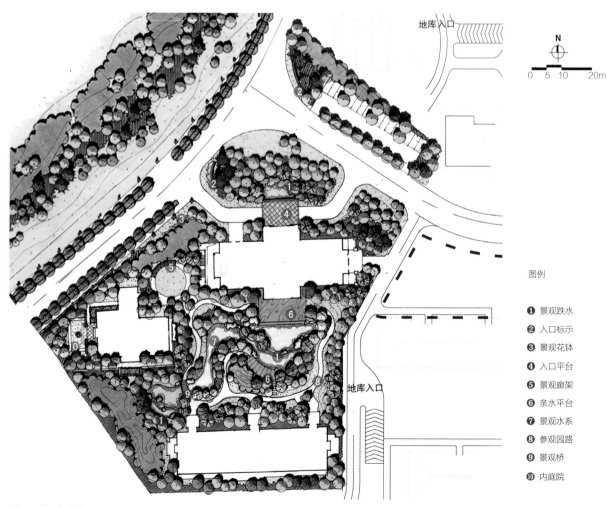

展示区总平面图

图例

❶ 景观跌水
❷ 入口标示
❸ 景观花钵
❹ 入口平台
❺ 景观廊架
❻ 亲水平台
❼ 景观水系
❽ 参观园路
❾ 景观桥
❿ 内庭院

logo景墙

三、景观设计

（一）市政绿地

市政绿地结合北侧公园营造百米宽的绿地，依托山势，堆土成坡，地形起伏跌宕，道路随地势曲径通幽，时而铺砌在绿草如茵的的草地上，时而蜿蜒在山谷密林间，消失在婀娜的白桦林深处。

在入口设计流水景墙，上书"西山壹号院"镏金大字，流水潺潺、金字闪闪，展示着西山壹号院大气磅礴的至尊情怀。整个绿地长300余米，草地面积占绿地面积的一半，阳光下绿草幽幽，起伏跌宕的绿色绵延向远方，绿地中设计1条1.6m的园路贯穿其中。成片的白桦林令绿地婀娜多姿，成团的雪松、云杉、油松点缀着绿地，宏伟苍劲，并且运用银杏、黄栌、白蜡等秋色叶树种，增加秋季的色彩斑斓。园林景石的运用，丰富了绿地的景观多样性。

（二）会所入口

从入口往里走，经过绿树如茵的法桐大道，伴随着高高院墙，一直来到会所入口，入口外侧是自然舒适的地形，地形上生长着苍劲的油松，搭配常绿的黄杨球、沙地柏，展示出会所景观的成熟稳健，如同一位不惑之年的智者。入口内侧运用名贵的黄蜡石营造水景，水景中间种植一株特选海棠，从会所看去，形成精致的框景，如同一幅油画。"清泉石上流"在这里演绎得淋漓尽致。凭栏深望，鱼在池中乐；驻足欣赏，蜂在花丛忙。这里的一切都在叙述着西山壹号院的倾心打造。

（三）示范区

穿过售楼处，迎面而来的是一处静水，水面平静如镜，倒映着池边苍劲的油松，时而微风拂过，针叶飘落水中，水面泛起点点水纹，没来得及扩散，已经消逝在水面上。

展示区实景一

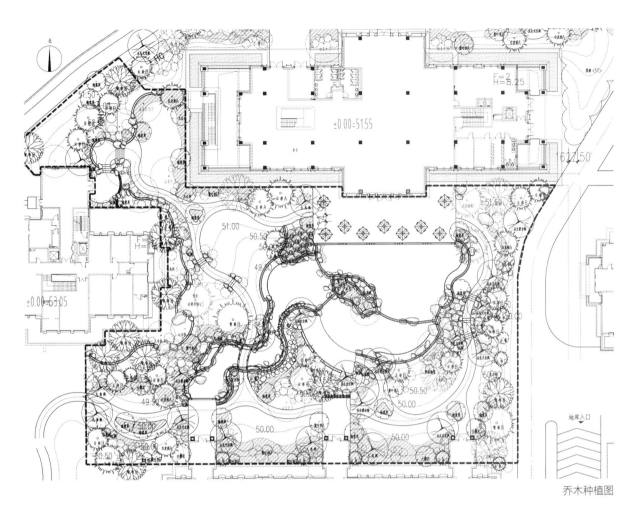

乔木种植图

展示区实景二

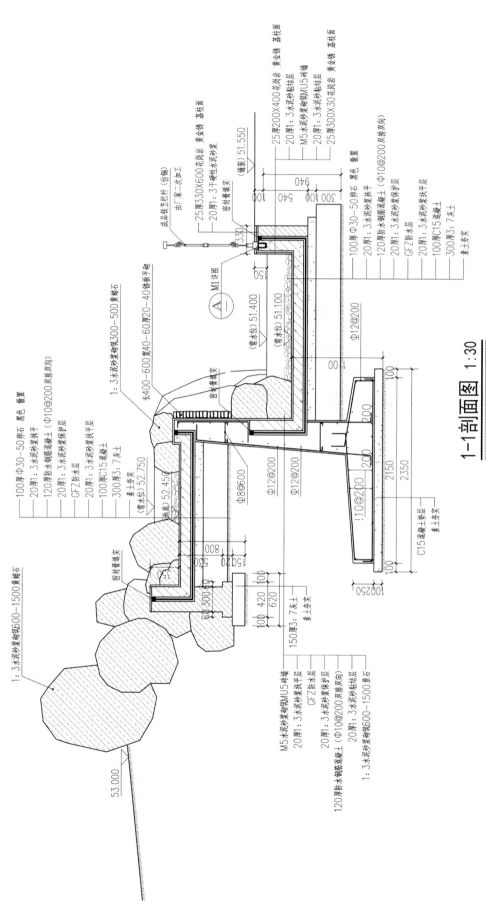

1-1剖面图 1:30

假山跌水剖面图一

池边是木平台，平台上放置室外阳伞和家具，作为室外洽谈区，时而有蜻蜓围绕在身边。穿过水杉林到达样板楼间，结合现场高差设计台地景观，通过园路到达示范区中心区域，借助会所特有的地势高差，设计景观跌水，跌水上边便是镜面水池，跌水借助地势高差设计为不同高度，形成的瀑布也有形态的差异，增加水的韵味。深灰色的页岩映衬出黄蜡石的品质，跌水下是水潭，水潭与蜿蜒的水系相连，有小桥横跨溪上。"小桥流水人家"的景观意境在这里表现得淋漓尽致。

种植选用名贵的水杉，突出社区的尊贵，选择银杏、元宝枫等秋色叶树种，点缀社区秋季的色彩，饱满的珍珠梅、富贵的海棠等在园区内随处可见，高低的搭配、色彩的运用无不体现园林设计的别具匠心。

不论身在独栋样板间还是高层样板间中，在卧室或起居室，通过宽敞明亮的落地窗，眼前是一片纯净的自然景象，高大的背景乔木，一丛丛的灌木，以及鲜艳的时令花卉在起伏的地形中若隐若现，让人在忙碌喧闹的都市生活中回归自然，享受高品质生活。

设计单位：北京源树景观规划设计事务所
项目负责人：阚锐常
主要设计人：
白祖华　胡海波　于沣　阚锐常　朱丹　袁立军

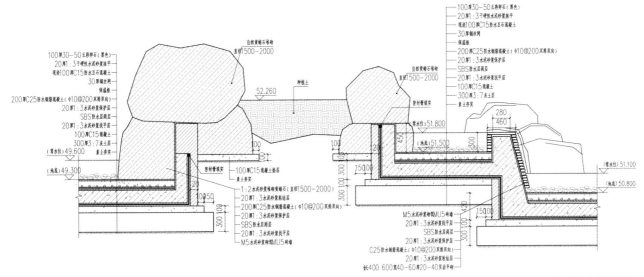

假山跌水剖面图二

假山跌水立面图

展示区实景三

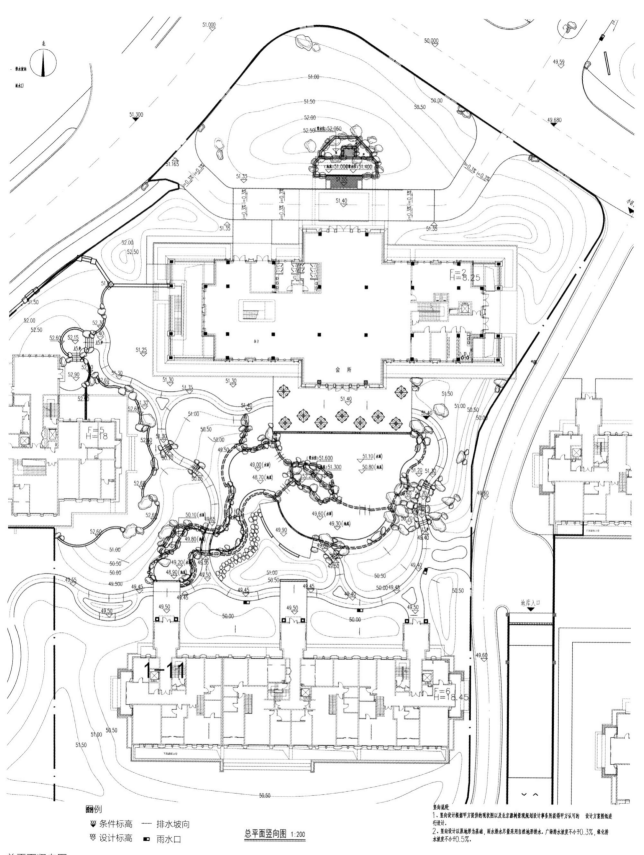

图例

♥ 条件标高 ── 排水坡向

♥ 设计标高 ■ 雨水口

总平面竖向图 1:200

竖向说明

1、竖向设计根据甲方提供的现状图以及北京嘉纳景观规划设计事务所获得甲方认可的 设计方案图纸进行设计。

2、竖向设计以原地形为基础，雨水排水尽量采用自然地形排水。广场排水坡度不小于0.3%，绿化排水坡度不小于0.5%。

总平面竖向图

一、项目概况

北京龙湾别墅区位于京郊顺义后沙峪中央别墅区内，规划总用地面积约34.3万m²，西南、东南侧有200m宽绿化带，西南侧依傍温榆河，有1800m的河岸景观线。项目容积率为0.56，属于容积率适中的经济型别墅社区。

二、整体风格

北京龙湾别墅从项目名称到建筑风格都具有一种将文化底蕴与现代感结合的"新中式"韵味。设计以现代中式传统元素为源泉，庭院装饰借用了很多中国传统建筑元素，并结合市场上主流的欧美风格，重新发掘与回归地域特色。易兰设计团队以现代人文主义视角出发，融入了中国居住理念之后形成了龙湾的特色风格。针对京城温榆河水资源稀缺现状，结合地域水面特征，创设组团式水景园林。由于容积率的要求，建筑排布非常紧密，局部留出的公共空间也相对狭小。景观设计既要在有限空间内满足住宅基本功能需要，同时要与建筑风格相统一，强调设计的整体性和品质感，让居住者在居住和生活的过程中，不觉空间狭小而唯感叹设计的精妙。别墅区内相对配套设施较少，故而商业街的存在很大程度上可以缓解自身和周边楼盘的需求。商业街区共占地约2.6万m²，场地中共8栋商业建筑，设计团队利用景观手段把形态各异、摆放灵活的建筑单体进行整合。在中心广场处设置了结合跌水的大树池，作为区域的核心景观，从中引申出的小水道将空间根据不同商业功能的要求进行巧妙的分隔，并根据每栋建筑各自的业态组织，设计外围实用的场地空间，如有的地方需要大面积的硬质空间，以满足举行活动的需要，有的地方又需要创造相对安宁静谧的氛围。

项目在着眼于现代人文主义视角的基础上，融入了中国北方的居住理念，从中国古典园林精华中提炼出可以应用到现代景观设计中的简洁设计

北京龙湾别墅商业街一

北京龙湾别墅商业街二

项目总平面图

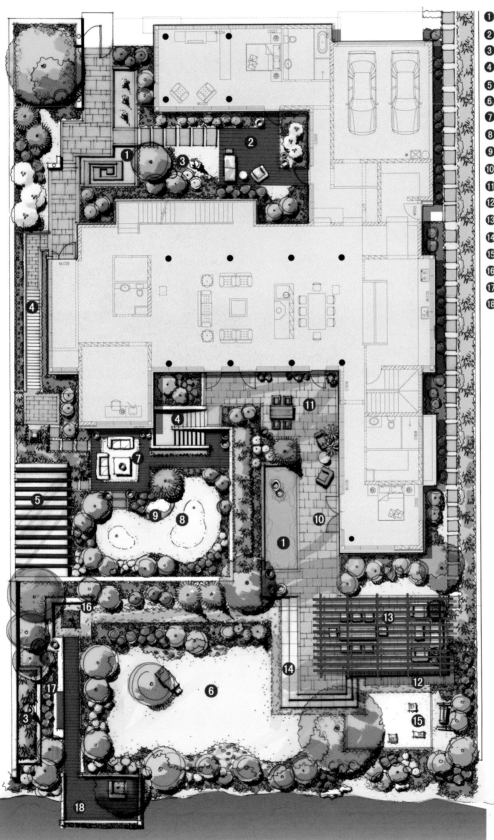

① 入口特色水景休闲区

② 老年活动区

③ 特色雕塑

④ 台阶

⑤ 阳光房

⑥ 活动草坪

⑦ 下沉庭院木平台

⑧ 小型绿地

⑨ 沙坑

⑩ 休闲露台

⑪ 烧烤区

⑫ 跌水景观

⑬ 花架绿廊

⑭ 砾石小路

⑮ 儿童游戏场

⑯ 旱喷区

⑰ 矮墙座凳

⑱ 观景台

0   1.0   2.5   5.0m

别墅小院总平面图

别墅区中式小院

别墅区小院水景

元素；立足于传统与创新的视角，进行院落布置，形成人文色彩浓厚的居住环境。别墅建筑在外立面设计上，采用了面砖与不同质感的石材进行搭配，色调以深灰与米黄色为主，局部以褐色木格栅做装饰，整体给予观者一种素雅、沉着、幽静的感觉。

三、住宅区景观空间设计

由于容积率的要求，本项目建筑排布非常紧密，局部留出的公共空间也相对狭小。这种状况对于景观设计

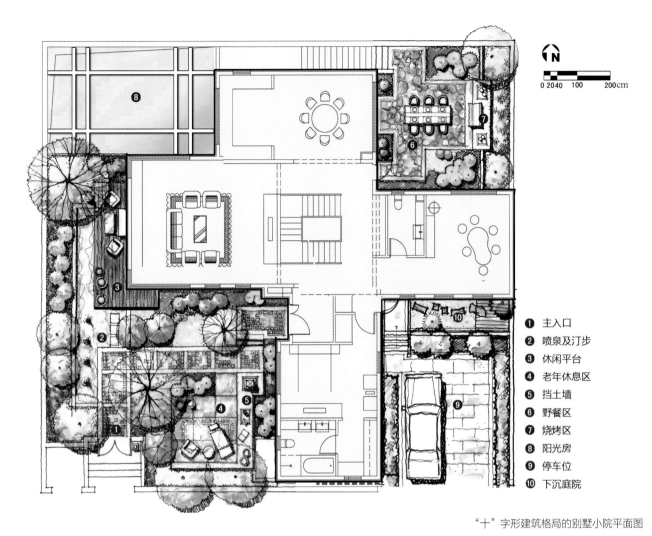

N

0 2040 100 200cm

1 主入口
2 喷泉及汀步
3 休闲平台
4 老年休息区
5 挡土墙
6 野餐区
7 烧烤区
8 阳光房
9 停车位
10 下沉庭院

"十"字形建筑格局的别墅小院平面图

商业街近水平台

商业街小景

师来说，虽然设计面积不大，但设计难度更高。

北京龙湾别墅的单体为原创建筑，以现代中式风格为基调。其建筑格局在经过以往几期的改进后，最终确定以"十字"形为主，这样在使建筑减少进深的同时增加采光面，并自然形成了4个庭院花园，这4个庭院每个都有各自的特定功能。前庭院是整栋别墅使用率最高的，也是最要求功能与形象兼备的部分；下沉庭院可采光通风，主要为了提升地下室的使用功能；侧院可满足停放车辆的功能，同时又和主要活动庭院有着明确的分隔；后院结合餐厅，作为家庭内部活动空间的延续。

设计单位：易兰规划设计院
主要设计人：陈跃中　陈靖宇　等

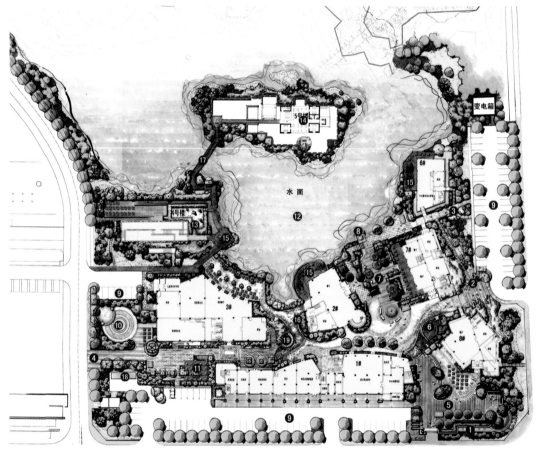

图例
① 入口喷泉景墙
② 东入口A景观
③ 东入口B景观
④ 西入口景观
⑤ 8号楼前广场
⑥ 舞台区
⑦ 水道
⑧ 水道尽头景观
⑨ 停车场
⑩ 儿童娱乐区
⑪ 旱喷广场
⑫ 中心水域
⑬ 4号楼景观
⑭ 5号楼景观
⑮ 临水木平台
⑯ 溢水陶罐
⑰ 木折桥
⑱ 自行车停放区
⑲ 售卖亭

商业街总平图

一、项目简介

锦绣花园别墅区位于北京市窦店镇京石高速公路西侧，值得说明的是别墅区用地外的租用地设有九洞高尔夫球场，小区主入口距京石高速公路出口仅200m，规划用地面积42hm²，周边租用地面积为16.8hm²，总建筑面积77810m²。本项目以3层双拼别墅为主力户型，并混有2层独栋及3层4拼户型，点睛之笔为中部的亲水豪华别墅。锦绣花园别墅业主主要是面向有优厚收入并具备一定文化素质的二次置业人群，他们比较重视个人生活空间，向往健康、生态、自由的生活理念。

二、方案总体构思

本次景观设计思路是在人们的居住空间以轻松简约的造景手法，用开敞、大气的自然空间处理公共空间。讲究设计与环境紧密配合，形式简单但层次和空间变化丰富。在平和之中寻求人与建筑，环境的完美融合。别墅区与外围租用地之间的设计是以乔木密植，使项目处于绿树掩映中。别墅区东北部和西侧的租用地设有以药膳养生为主题的观光农业园及种类齐全的活动场地，既满足小区内业主需求，又有良好的开发前景。

设计运用丰富的景观设计手法，演绎自然舒适的Town House风情，在满足聚散、休憩、娱乐等功能的基础上，尽可能地留出大面积绿地，给人以更适合的空间。突出中心湖区，满足人的亲水需求，使水体真正流动起来。俗话说："绿是静止的美丽，水是流动的生命。"设计意向就是为小区营造一个绿景与水景互补、建筑与园林交融的缤纷休闲空间。

三、重点区域景观构思

（一）主入口景观设计

因主入口与京石高速公路出口顺利相连，同时又串连着高尔夫会所及小区会所，故设计考虑到车辆减速、场地与道路结合、人流及景观关系等方面后，形成了现在的方案。依次设计了减速环岛、道路中心绿化带、高尔夫会所前广场、小区入口标识水景广场、小区会所建筑前广场、环路水景喷泉交汇环岛及休闲区域。视觉轴线直至湖心景观塔，将景观序列由实物延伸为视觉轴线。小区入口形成空间屏障并将入口鲜明化，婆娑伟岸的乔木、花团锦簇的灌木、不同形式的道路空间序列、跳跃的喷泉、清澈的水面，使人油然而生一种与外界环境不同的家的感觉。

❶入口景观大道	❺高尔夫球场	❾会所前广场	⓭环湖景观道
❷观景塔	❻中心湖区	❿环形路	⓮溪流水域
❸码头	❼步行桥	⓫休闲活动场地	⓯垂钓区
❹观光农业园	❽车行桥	⓬儿童活动场地	⓰次入口景观大道

总平面图

环岛实景

景观塔节点

（二）湖区景观设计

中心湖区突出其生态、人性的景观，环湖步道将游船码头、木栈道、木质步行桥、湖边小岛、滨水平台等景物有机地联系在一起，且与湖水若即若离、时隐时现，形成趣味十足的散步景观道。湖边乔灌木、挺水植物、浮水植物的种植既可为保持水质提供良好条件，又使湖边景色步移景异、野趣横生。在部分水中豪宅后院设私家码头，不但提升了别墅品质，而且成为湖心一道亮丽的风景线。

设计单位：北京中国风景园林规划设计研究中心

项目负责人：高亮

项目主要设计人：

李祎　刘志明　张宗华　段岳峰

鸟瞰图

水体实景

14. 大觉寺山庄景观提升（一期）

2011 年度北京园林优秀设计三等奖

一、项目概况

大觉寺山庄紧邻千年古刹——大觉寺，整体坐落于坡地之上，背西面东，东侧视线通透。山庄周围植被丰富，空气清新。地块前身为休闲娱乐会所，硬件设施较完善。山庄的主要服务对象为甲方内部人员。

景观一期改造面积9900m²，主要包括入口门区、中心景观区、设备房周边等地块。

二、现状概况

（一）现状优势

地理位置优越，人文气息浓厚，内部地形变化丰富，山庄的内部园林有一定基础。

（二）现状不足

总体布局欠缺主次关系，景观小品分布均等；水景间缺乏联系；园内交通流线不明确；对地块优良的朝向和良好的视线范围利用不够；植物配置缺少层次；园内驳岸处理生硬，置石散乱。

（三）设计目标

通过分期改造，将山庄建设成环境清幽宜人，具有一定文化内涵，设施完备，四季皆有景色的"世外桃源"。

（四）设计原则

以满足功能为主，完善设施，将功能和景观有机结合；在现状布局的

❶ 主入口前道路
❷ 主入口对景
❸ 主路对景
❹ 主路两侧花镜
❺ 水系源头
❻ 源头水池
❼ 综合楼西侧水景
❽ 拱桥、溪流叠水
❾ 现状古亭
❿ 草坡
⓫ 小叠水瀑布
⓬ 中心水景
⓭ 木平桥、水体连通处
⓮ 现状拱桥、瀑布

总平面图

基础上，对全园进行系统规划和整理，突出特点，明确主次；紧密结合地块特点和现状优势，在一系列设计中将优势进行充分的发挥；现状较好的予以保留，通过最小的改动达到最大的效果。

（五）总体分区布局及改造措施

根据山庄现状和建筑功能布局，将山庄总体划分为门区、中心景观区、垂钓休闲区、观光果园区、住宿及接待区、观赏菜园区、温泉疗养区。各区分步实施，一期主要实施区域为门区、中心景观区、垂钓休闲区及设备房周边。

1. 门区改造

对入口通道、大门及现状影壁统一设计，力求给人以提示作用，营造世外桃源的氛围。适当保留看山视线，让进出的景色与远处的山景融为一体。

2. 中心景观区、垂钓休闲区、设备房周边改造

（1）交通调整

对园区交通流线进行梳理。调整主园路两侧景观。利用台地，在靠近道路一侧种植花境，增加沿路植物色彩。

（2）地形改造

现状挡墙局部拆除，将地形顺坡，保证排水自然，利于人行走。

（3）水体改造

沟通分散的水系，利用地形高差，在原有水系的基础上，顺势将部分水体改造为叠水、溪流、瀑布等，使水富有生气；整理水体周边置石，破除过于生硬的驳岸，结合改造后的水体，种植水生、湿生植物；相应增

整理后地形

改造后水体及种植

加汀步、桥、木平台等涉水、亲水设施。

（六）种植设计及主要树种

尽量保留现场大树，在此基础上适当点缀落叶乔木，增加小乔木、灌木及地被花卉，力求层次丰富、疏密有致，同时留出观景透视线。

主要植物品种为立柳、白蜡、银杏、连翘、碧桃、棣棠、迎春、月季、马蔺、德国鸢尾、狼尾草、拂子茅、玉带草、水葱、黄菖蒲、睡莲等。

设计单位：北京市海淀园林工程设计所

项目负责人：宋阳

设计人员：

田文革　宋阳　任艳君　孙少婧

B区种植图1:300

A区外种植图1:300

序号	名称	规格	数量	备注

说明:
1、本图为大览李山庄A、B区种植图。
2、放线网格以北侧门区现状楼梯角点为放线线原点。
以楼梯边线为A0、B0轴。放线网格5×5m。

A、B区种植图

C区种植图1：300

C区种植图

居住区绿化
2013年度

15. 富力丹麦小镇

2013 年度北京园林优秀设计二等奖

一、项目概况

本项目规模为 6.07hm²，位于大兴区庞各庄南侧。

二、设计理念

设计理念"小镇会客厅"，追寻技术美与人文情怀的和谐统一，在感受异域风情的同时回归宁静与自然。

三、设计手法

"童真化设计"。用一种童话的色彩，表达并烘托风格主题。用一颗执着的童心，突显并贯彻人性关怀，将天真的童心与娴熟的专业设计充分交融。

吸收及借鉴丹麦风情元素，结合成熟的造园手法，通过尺度、细节、色彩、质感等方面营造与建筑完美融合的园林景观。

在使用功能上紧密结合居住人群的使用需求及居住习惯、文化传统、价值取向等人文因素，以最绿色与可持续的建造工艺，创造具有时代气息和质朴田园风格的高品质居住区门户景观空间。

1. 精细塑造微地形

在极其有限的空间中，运用微地形精细划分空间视线，在不同的轴线及建筑界面中形成多个具有趣味性的景观对景点，在丰富景观效果的同时，创造小中见大的切身感受。

2. 严格选择铺装材料

注重颜色、质感与建筑、雕塑

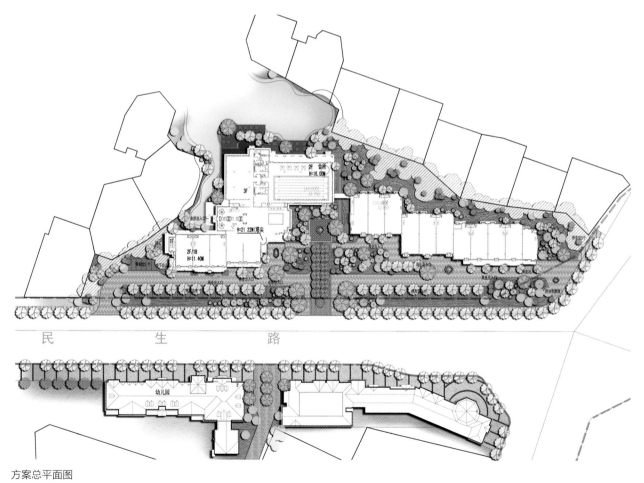

方案总平面图

的搭配以及强调高品质的铺砌手法，力求还原北欧原汁原味的质朴与简洁。

3. 定制化标识系统

将标识系统融入园林与建筑的每一处细节，对景观空间起着良好点缀、烘托主题作用的同时，企业的文化与实力得到充分展示。

四、设计难点

1. 处理建筑主出入口与景观轴线的进深及对景关系。

2. 林荫车行道及停车场空间与活动广场功能相结合。

结合本项目所处的区位及承载的功能，把极具北欧风情的元素，通过空间的划分与组织、材料的选用、雕塑的设置、logo水景墙的营造、植物体的精心搭配，让设计理念充分贯穿并落实在项目的各个空间细节之中。

五、结语

用一种最本真的设计语言，传达人与自然的和谐理念。2009年7月8日，在印度首都新德里举行的"联合国人居署论坛暨可持续发展城市化战略峰会暨联合国人居范例奖颁奖盛典"上，"富力丹麦小镇"成为北京荣膺"联合国人居企业（中国）最佳范例奖"的3个高端人居别墅项目之一。

设计单位：北京北林地景园林规划设计院有限责任公司

项目负责人：张亦箭

主要设计人员：

孟颖　张雪辉　朱京山　邹辉　孙巍

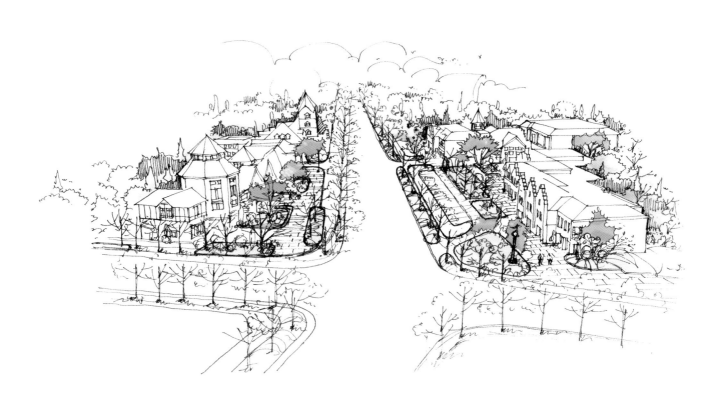

总体鸟瞰效果图

商业小场地效果图

幼儿园前景观效果图

商业立面图

迎宾轴线建成效果

商业界面建成效果

街道转角节点建成效果

商业街建成效果

16. 通州运河湾

2013年度北京园林优秀设计二等奖

一、项目概况

项目位于北京市通州区运河东岸奥体公园南侧，东邻城市主干路芙蓉路；南侧为规划绿化带，距项目用地红线30m处为京秦铁路；西侧为规划滨河东路、运河新堤，再往西为北运河；北侧为规划三元村一街；城市主干路玉带河东大街从项目用地内自西向东穿过。总占地面积约为9.5万m²，景观设计总面积约为8万m²。

二、文化传承

古通州，因运河而鼎盛一时，"漕艇贾舶如云集，万国鹅航满潞川"。定位为北京新城区的通州新城，于2006年起步建设，本项目作为2009年"绿色审批通道"项目之一，本项目定名"运河湾"，意在依傍运河、扬帆起航。

当前建筑的发展态势，在可持续发展的绿色思潮驱动下，从"内"至"外"，正全方位地朝着"生态"和"场域"方向深化。景观作为建筑的外延，同样贯彻着人居环境这一概念。本项目的基础条件具有一定优势：小区分为南北两区，每个区建筑组团中心都拥有一个约240m长、60m宽的平整场地，给了景观足够的发挥空间。因此，将设计理念定位于"人，诗意的栖居在大地上"，努力打造一个高绿化率、高舒适度的绿色居住港湾。

三、设计原则

在整个设计过程中，坚持贯穿四个原则：

（一）自然宜人性

本项目的设计一切从自然生态出发，紧抓生态环境改造这一主旨，充分利用地库顶板的可用荷载，在安全

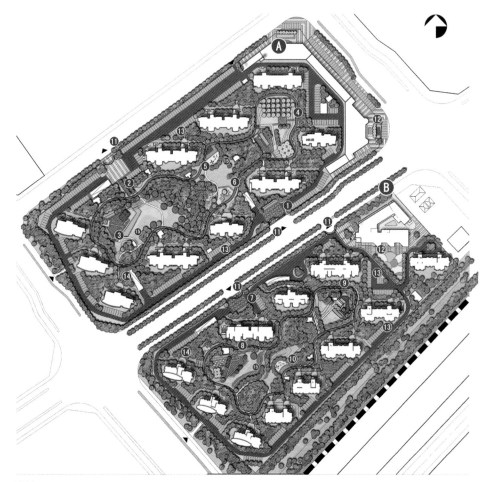

运河湾总平面图

A
① 慈云壁　　⑪ 出入口
② 北区次出口　⑫ 商业/幼儿园
③ 彩霞矶　　⑬ 停车位
④ 水畔樱晚　⑭ 入户空间
⑤ 荻芦草　　⑮ 特色雕塑
⑥ 栖霞台
B
⑦ 染烟光
⑧ 汀蒲矶
⑨ 翻风画
⑩ 香堤畔

设计的提前下，对原有平坦的场地进行改造，利用轻质材料结合种植土，尽可能塑造起伏错落的地形，通过分层次复式配置的植物，使乔灌草三层有机结合，形成茂林，地形的堆砌和塑造最大化地增加了植被可栽植面积，提升了绿量。植物种植分季相处理，突出一季，兼顾三季。利用绿色植被与地形划分出大小空间，把整个小区中心打造成一个森林花园式的氧吧。

（二）文化内涵性

文化是景观的灵魂所在，设计融入运河独有的自身文化，在形式上采用流线型自然式布局，在流线的汇集、人流集中的所在布置新中式的景观节点——慈云壁、彩霞矶、栖霞台、荻芦草、豳风画、水畔樱晚等，并赋予其特定的文化寓意，力图还原土地记忆，再现运河河畔生生不息的历史气息与场所精神。在材料上，就地取材，以石木为主，呼应主题。

（三）体贴亲人性

以人为本足以概括一切功能的出发点，设计非常注重人与自然、人与人之间的相互交流。首先在满足消防人行车行等各类功能要求的基础上，充分考虑人的行为习惯，优化功能线路；其次本案并没有传统楼盘中那些大面积的硬质铺装广场与入口，而是逐级优化活动空间，从5人以下的私密活动空间、5人至15人的小广场，甚至到能容纳50人以上的大型活动空间，合理设置。满足各类人群及活动的需要，也将小区密集的活动人群逐

栖霞台

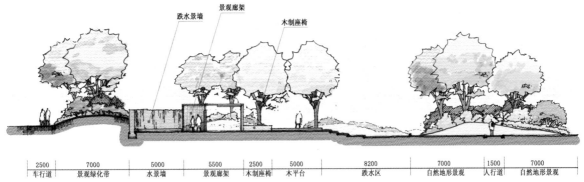

2500	7000	5000	5500	2500	5000	8200	7000	1500	7000
车行道	景观绿化带	水景墙	景观廊架	木制座椅	木平台	跌水区	自然地形景观	人行道	自然地形景观

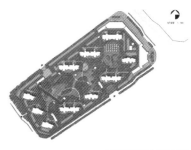

彩霞矶节点剖面图

级分流，各取其乐。

（四）景观性价比与节能新技术

设计的一个重要课题就是提高景观的性价比。在这个问题上还是以绿色生态为出发点，利用丰富的植物造景取代更多的硬质景观，增加绿化；少种名贵树种及大规格苗木，引进新、优品种，与原有园林植物合理搭配，科学密植，大大缩短了植物成景的时间，也为以后的生长留下足够的提升空间；多用地被，少用草坪，提高生态效益，节约用水；园区内2/3的庭院灯采用太阳能节能灯；采用LID低成本低耗能概念对小区排水进行改造，利用高透水的硬质铺装，配

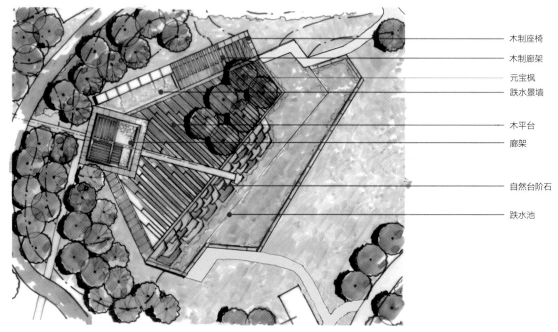

木制座椅
木制廊架
元宝枫
跌水景墙

木平台
廊架

自然台阶石

跌水池

彩霞矶节点平面图

彩霞矶实景

合竖向设计，结合路旁及建筑周边的植草浅沟，在雨量大的时候，实现了生态排水、缓解雨排水管线压力的作用，合并了景观和排水的费用，大大节省了建设成本。

设计力图打造一个通州新城的绿色旗舰、一个人居和谐的生态家园。借用周边环境要素，通过科学的软硬调配，对小区的空气、声音、自然等环境要素进行了循序渐进的"质"的提升，小区的环境本身具备相当的生态效益后，对周边局域生态环境的改善也发挥了最大限度的能动作用。

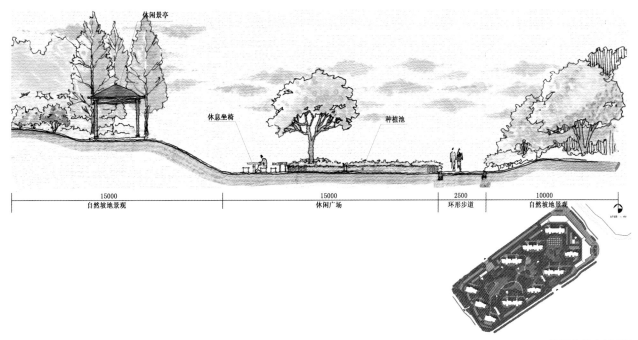

休闲景亭

休息坐椅　　　种植池

| 15000 | 15000 | 2500 | 10000 |
| 自然坡地景观 | 休闲广场 | 环形步道 | 自然坡地景观 |

栖霞台节点剖面图

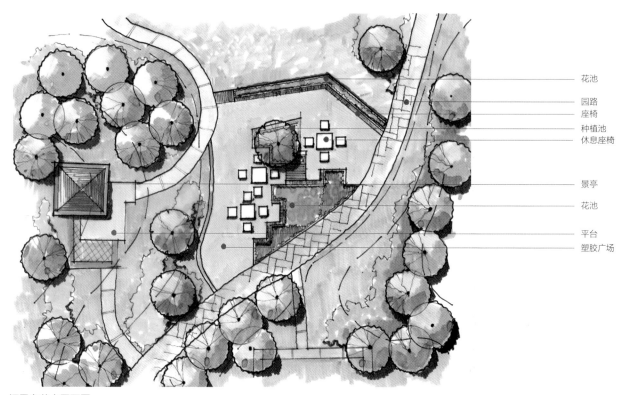

花池
园路
座椅
种植池
休息座椅

景亭

花池

平台
塑胶广场

栖霞台节点平面图

设计单位：中外园林建设有限公司

项目负责人：孟欣

主要设计人员：郭明　李长缨　方蓬蓬

主要参与人员：谷嘉溪　戴小展　张灏

一、项目概况

首城国际位于朝阳区广渠路36号，地块处于北京东南部东三环与东四环之间，北临广渠路，南临人民机械厂南路，紧临中央商务区。

二、设计思路

首城国际无论是在位置上，还是园林面积上都占据优势，大胆采用了绿色地产与艺术地产相结合的规划，即在健康的绿色基底上加入艺术元素，实现一个有艺术品位的生态园林，通过赋予环境更多的内涵使居住品质得到根本性提升。

（一）A区——梦幻首城

以电影为题，隐喻着"艺术地产"的梦幻首映。漫步A区，如同步入一座正在放映电影的电影院。

1. 梦广场和梦花园

梦广场以硬质为主，承载着更多的居者活动的功能，相当于户外起居室；梦花园以绿化种植为主，将整个中庭包围，以微地形、草花、白桦林为特色，并有效遮挡了地下车库的出入口。

2. "电影盒子"

金属穿孔板镂空出很多椭圆的光斑，灵感是来源于摄影中焦外散景Bokeh的形态。

3. "电影放映机"

一架1.5m高可旋转的铸铜摄影机，人们可以旋转它看到内庭的风景和生活百态。

4. "发光石和许愿树"

4块中间劈开、与灯光结合的石块，上面雕刻着电影场景Chapter1、2、3、4；另一个较大的圆形广场称为"岁月广场"，外围被白桦林包围，中心有1株银杏许愿树。

（二）B区——浪漫首城

以音乐为题，进入浪漫首城，凝结着音乐历史与造型艺术、散发着悠扬乐曲的盒子，带居者回家。打造"三庭"三庭为三个不同主题的林荫广场，三足鼎立位于B区音乐盒子南侧最为开阔的区域内，分别是"礼乐之庭"、"鼓缶之庭"、"天籁之庭"。

1. "鼓缶"之庭

靠近入口，以打击乐为主题的特色座椅，位于16株高大的法桐树下，中心有一尊观赏性雕塑——首城缶。所有的鼓缶，都可发出适度的音响，设计具有趣味性而又不影响居住者的宁静。

鸟瞰效果图

2."礼乐"之庭

居中，采用抽象的管弦乐符号雕塑，错落于12株鹅掌楸下，序列的管状物雕塑可与音箱结合，也可增加有人参与的具象或抽象演奏小提琴的雕塑。

3."天籁"之庭

居南，象征音乐的最高境界。三庭中，"天籁"之庭最大，跳动的音符成为主题，将游憩者带入这方浪漫的音符画卷，感受园中的曼妙与秀美。

设计单位：北京市园林古建设计研究院有限公司

项目负责人：毛子强

主要设计人员：

潘子亮　王路阳　孔阳　崔凌霞

王晓　柴春红

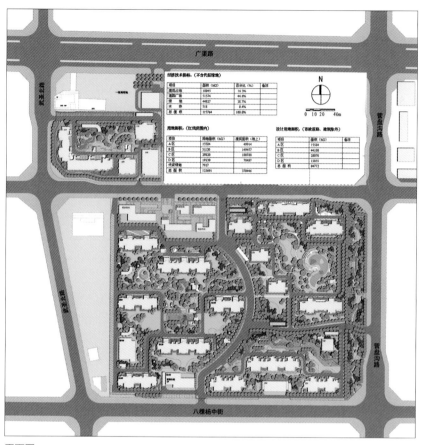

平面图

发光石

A区梦幻首城

B区浪漫首城

18. 龙湖唐宁 ONE

2013 年度北京园林优秀设计三等奖

一、项目概况

龙湖唐宁ONE位于北京市海淀区北四环北，西侧紧邻中关村东路，南临中关村路，东侧为财经学院东路。周围有清华大学、综合商业中心、轻轨车站、写字楼等人流密集的建筑物。项目占地近42000m²，其中景观面积约为28000m²。

二、设计理念

以"城市中的森林"为景观主题，营造高品质的居住环境。

用地形隔离空间，打破临近高层建筑的压迫感；以水系及水景的丰富变幻，把人引入动感的绿色空间；以高大的植物及多层次的绿化来展现丰富的植物特色，营造出"出则繁华，入则静谧"的居住环境，使业主忘记身处城市，恍若来到幽深的森林。

三、设计方案介绍

（一）住宅区外围

住宅区主入口位于西侧，紧邻城市主干道，主入口以北为底层商铺，该区域是住区的形象，用标志柱和铸铁花式大门来体现居住区的庄重和仪式感。底商前空间向主干道开敞，用斜坡式种植池隔离车位，并栽植高大乔木。次入口位于东南角，矮墙和种植池掩映的入口形成幽深的气质。

（二）下沉庭院区

是雅致安静的休憩区域，净水面和临水木平台组成中心景观，不同高程的休憩平台和种植池衔接建筑内外空间，种植多采用高大的竹

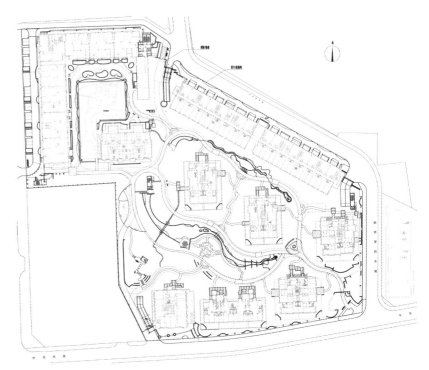

总平面图

下沉庭院

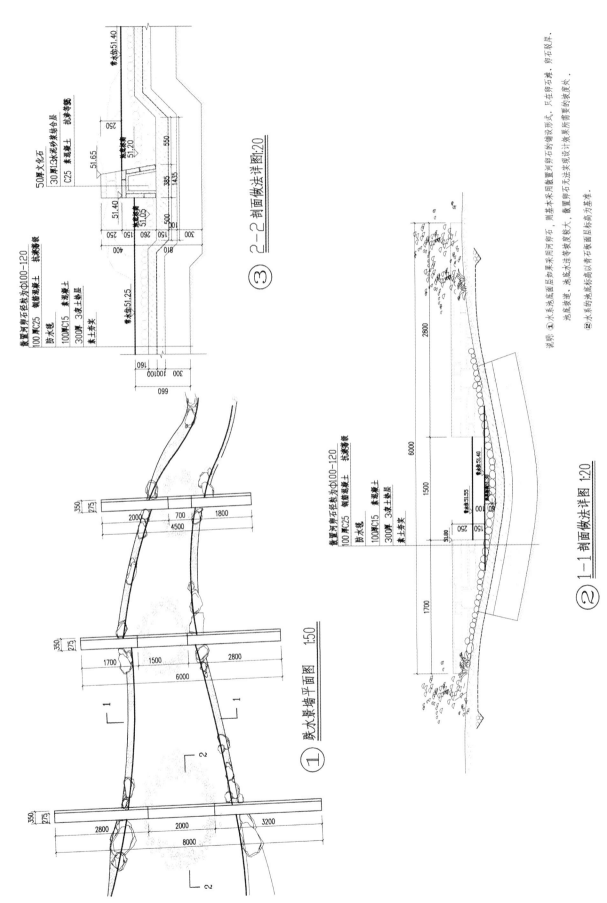

② 水系的池底标高以青石板底层标高为基准.

说明: ① 水系池底面层如果采用河卵石, 则基本采用散置河卵石的镶设形式. 只在卵石滩、卵石驳岸、卵石堆砌、重置卵石来实现设计效果所需要的坡度处. 池底堆建、池底水连等坡度较大、重置卵石无法来实现设计效果所需要的坡度处.

③ **2-2 剖面做法详图** 1:20

散置河卵石径为φ100-120
100厚C25 钢筋混凝土
防水毡
100厚C15 素混凝土
300厚 3次土垫层
素土夯实

抗渗等级
素混凝土

50厚文化石
30厚1:3水泥砂浆结合层
C25

抗渗等级

蓄水位51.40
泡沫板
51.20

51.65

51.40
泡沫板
51.05

蓄水位51.25

① **跌水景墙平面图** 1:50

② **1-1 剖面做法详图** 1:20

散置河卵石径为φ100-120
100厚C25 钢筋混凝土
防水毡
100厚C15 素混凝土
300厚 3次土垫层
素土夯实

抗渗等级
素混凝土

蓄水位51.40
泡沫板51.50

蓄水位51.55
51.80

南侧水溪局部做法详图

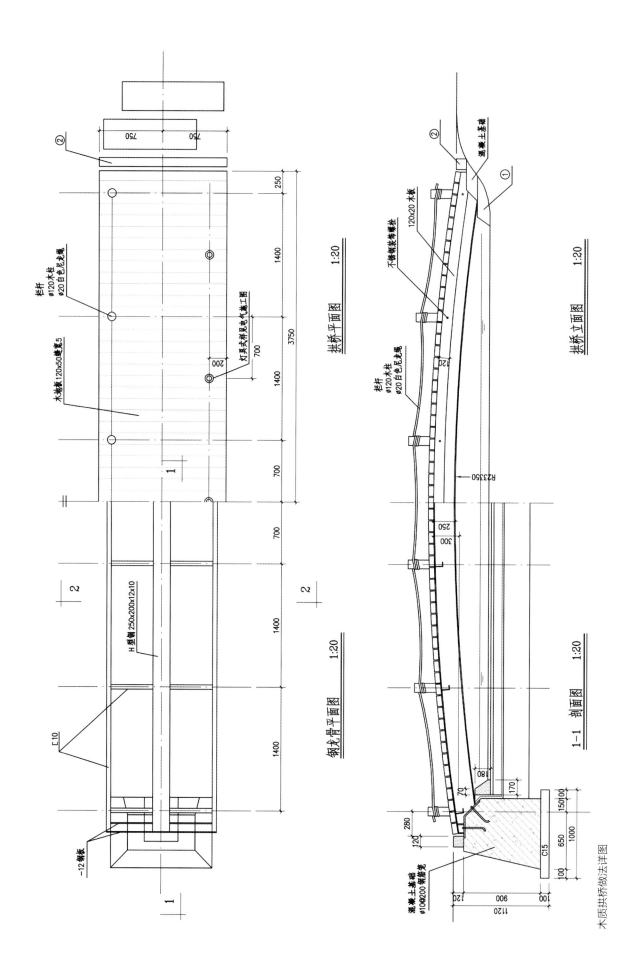

拱桥平面图 1:20

拱桥立面图 1:20

钢龙骨平面图 1:20

1-1 剖面图 1:20

栏杆
Ø120木柱
Ø20白色尼龙绳

木地板120x50缝宽5

灯具大样见电气施工图

H型钢 250x200x12x10

C10

-12钢板

120x20木板

不锈钢装饰螺栓

栏杆
Ø120木柱
Ø20白色尼龙绳

混凝土基础

R23350

C15

混凝土基础
Ø100@200钢箍筋

木质拱桥做法详图

子，用竖向线条打破二层平台的水平线条。

（三）核心景观区

5、6号楼处于本项目庭院的中心，故围绕两个楼座的空间成了本项目的核心景观区。围绕楼座的3条流线型道路充分满足了人行和消防的功能。南侧两条道路围合区域的东端为水源头，水面由蜿蜒曲折至逐渐放宽，其间布置跌水、石板小桥、岸边休憩亭、人行木质拱桥，形成流动的溪流幽谷景观。楼座北侧的道路边也沿路布置水溪，和南侧不同，北侧水溪更为靠近道路，更纤细平缓，只在局部略微放宽的小水潭处结合水生植物形成点景。

此外，两个楼座间，连接南北道路的区域，以架空的木栈道相连，两侧种植樱花和观赏草，形成樱花谷景区。

四、种植设计特色

1. 根据不同的景观体验空间，灵活使用植物造景，或郁闭、或开阔、或遮挡，以植物材料强化空间构成，体验不同的氛围。

2. 复层种植手法合理搭配，不仅要形成有利于植物生长的配置方式，还要考虑到每个组团、每个树丛的立面效果，使之独立成景。

3. 在树种选择上注意选用适合本地生长的优良树种，构建科学稳定的植物景观。同时，注意选用和公共绿地中有区别的植物品种，强调居住区特色和家的感觉，给居住者更为丰富的绿化体验。

设计单位：北京创新景观园林设计公司
项目负责人：曹晔
主要设计人：曹晔 刘植梅

涉水拱桥

花谷栈道

19. 西斯莱公馆

2013年度北京园林优秀设计三等奖

一、项目概况

项目位于北京大兴区黄村新城，地处地铁4号线延长线上盖，距南三环仅13km，景观面积约14万m²。西斯莱公馆定位为集高档住宅、国际青年公寓、大型购物中心、餐饮酒吧街、俱乐部等于一体的大型城市综合体。该项目荣获"2013年北京优秀园林设计三等奖"与2014第九届金盘奖"年度最佳公寓"。

二、风格定位与设计理念

项目除酒店建筑局部采用连续曲面外，整体为框架结构与玻璃幕墙交替风格，形成富于现代气息的box体块，其由下而上贯通一体的线条给人强烈的视觉冲击感。DDON笛东主创团队根据西斯莱公馆的建筑风格，提出打造"现代时尚HOPSCA（都市综合体）景观"的设计理念。以"线条图案"为基本元素，采用水平线、垂直线和斜线的方式，应用到整个景观规划及铺装、小品等各个层面，将现代时尚的风格贯穿于整个景观环境里。

三、设计原则

设计团队结合"都市综合体景观"的风格定位，对项目制定5个方面的设计原则。

1. 设计元素保持简洁、统一的风格。元素的统一是现代景观品质的重要体现，项目的建筑外观强调简洁明朗的秩序感，故而在景观设计上也延续这种风格，提炼一系列平行线

作为景观设计元素，并应用在室外家具、商业标识、坐凳、雕塑等小品上。

2. 整体统一，强调重点，充分利用空间，注重景观的三维效果。公共开放空间要具有开阔性、标志性和参与性，为使用者提供活动及休憩场地，并注重景观高差的营造，形成丰富的立面景观。

3. 功能优先，突出商业要求，将原有商业消防通道改为隐形消防通道，保证商业街的统一连贯，使之更加人性化、景观化。

4. 在路口和转角处形成视觉导向，聚拢人气，满足各种业态对景观的要求。

5. 强调商业景观的可识别性，形成鲜明的特色商业区。

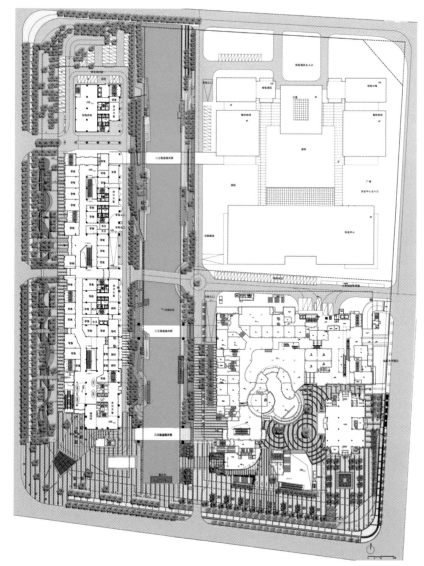

西斯莱公馆总平面图

公共开放空间强调开阔性、标志性和参与性

具有"都市综合体"风格的景观设计

通过灯光设计烘托商业广场气氛

四、植物配置与灯光设计

西斯莱公馆项目的植物配置主要以点、线、面的形式结合场地功能设计，利用线性灌木加强了空间的场所感和方向感，利用点景植物来不断强化场所与空间感，而乔木序列则创造了相对安静的下层空间，以此来烘托主体空间氛围。商业街的照明以多点光源、光色空间组合为主旨，通过景观高杆灯、草坪灯、雕塑灯、投射灯、地埋灯、LED灯带等多种灯光造景，丰富主景点，使商业环境异常丰富，并在局部重点区域创造多彩的灯光效果，使人们在此休闲聚集。

设计单位：笛东规划设计（北京）股份有限公司

项目负责人：袁松亭

主要设计人：司洪顺　许细燕

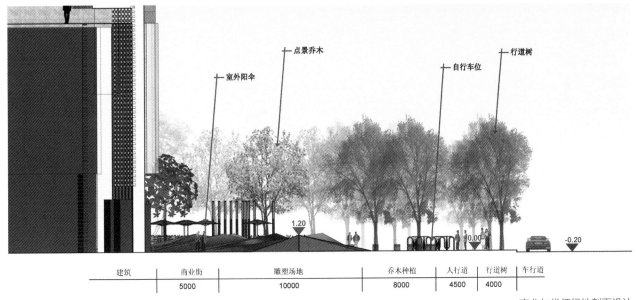

商业与代征绿地剖面设计

建筑	商业街	雕塑场地	乔木种植	人行道	行道树	车行道
	5000	10000	8000	4500	4000	

居住区绿化
2015年度

20. 清华大学教工住宅学清苑

2015年度北京园林优秀设计二等奖

清华大学教工住宅学清苑位于北京市海淀区学清路，在清华大学东北方向，是一个小型社区，规划面积3.5万m²。小区包括10栋楼以及南北两片完整的组团绿地，楼间距为60m左右。作为清华大学教职工住宅小区，居住主体大部分为清华大学青年教职工。

一、项目概况

项目用地北起银泉路，南至学知园，东至小月河，西至学清路，南北长约280m，东西宽约256m。项目南北西三侧均为商业建筑，环境嘈杂，人流密集，主要以围墙与绿植遮挡隔绝影响，创造安静独立的环境。项目东侧的外围景观效果好，可加以利用，对小区形成开放景观，使居民都能参与其中，补充并延续小区绿地。

二、设计理念

项目作为清华大学教职工家属区，是清华大学校园景观的延续。设计地块阐述了清华大学的校园文化与历史风貌，承载了清华人对母校的浓厚情感与深刻记忆，同时寄予了清华教职工对生态、和谐、高品质居住环境的憧憬和向往。学清苑项目的创作理念从历史·人文·生态3个角度展开。首先，提炼清华历史脉络，融入景观表达；其次，设计风格与形式追求独创性的审美诉求，延续清华人文精神；最后，贯穿生态设计理念，打造绿色可持续居住区景观。

三、景观植物

种植规划在品种上充分体现清华特色，同时在园区种植各类果树，降低造价，丰富小区种植景观。种植规划分为一轴四区：主入口以法桐为主题植物，打造林荫轴线。南部组团以清华校花紫荆为主题植物搭配海棠、

南区廊架

玉兰等春花植物，并结合色彩丰富的多年生花卉，突出打造春夏景观。北区主题植物是静谧的丁香乔木层，以白蜡、银杏、元宝枫等秋色叶景观树为主，局部草坪上点缀造型精致的点景树，营造疏林草地的效果，突出夏秋景观。入口西侧以紫薇为主题植物，结合核桃、山楂等观果植物，加大种植密度，提高绿量。停车场以白蜡为主题植物，打造秋色叶树阵景观。

入口弈园廊架

四、景观节点

主入口区由入口法桐林荫道与西侧弈园（老年活动）组成。入口营造了一条50m法桐林荫大道轴线，烘托迎宾的感觉。尽端设计种植组团形成轴线对景，同时消减对直冲道路的住户的影响。弈园由两个廊架环抱，围合成一个活动空间，绿化周围组团，舒适的木坐凳营造出安静的、内聚性的空间感觉，适合老年人在此活动健身。南区组团分别西侧的集中活动场地新月园，东侧供儿童与老年人活动的场地谐趣园，以及南侧供居民休闲交流的花溪园，其中央围合成阳光草坪，草坪周围营造密林效果。新月园是南区的主要活动广场，由入口林荫广场、特色廊架与下沉空间3部分组成，高差的变化使空间充满趣味性。谐趣园将儿童活动与休息亭相结合，在儿童活动时，看护的大人可以在亭中休息乘凉。同时将亭子作为南区的制高点，与新月园廊架遥相呼应，形成视线通廊。整体园路借鉴中国传统造园技法，各个小型景点采用集锦式布置，同时利用自然园路将其串连，

中心草坪

儿童活动区

视线与游线相分离，以达到步移景异的景观效果。北部组团绿地布置3片活动场地，分别是北侧供儿童与老年人活动的浮香园，西侧供居民健身的清逸园和南侧的知春园，知春园结合雨水花园进行设计，中间种植大冠乔木，形成疏林草地景观。

五、景观小品设计

在景观小品的整体设计中，需要有一种或几种贯穿于整体居住区的小品中的元素重复出现，使整个小区的景观小品成为一套统一的、富有个性的作品。学清苑项目致力于表达砖这种古老的建筑材料的特性——即通过不同的设计排列产生变化与美感，形成凹凸有致的线脚与丰富的光影变化。这种艺术化的处理方式同时用于景墙、廊架、坐凳等，形成了学清苑小区的独特性格。在主要材料选择方面，使用砌筑景墙的红砖，通过软件建模与实际施工相结合推敲砖与砖之间的比例关系，最终达到满意的艺术效果。

设计单位：中外园林建设有限公司

项目主持人：孟欣

主要设计人：

李长缨　张群　杨开　薛冠楠　李美蓉

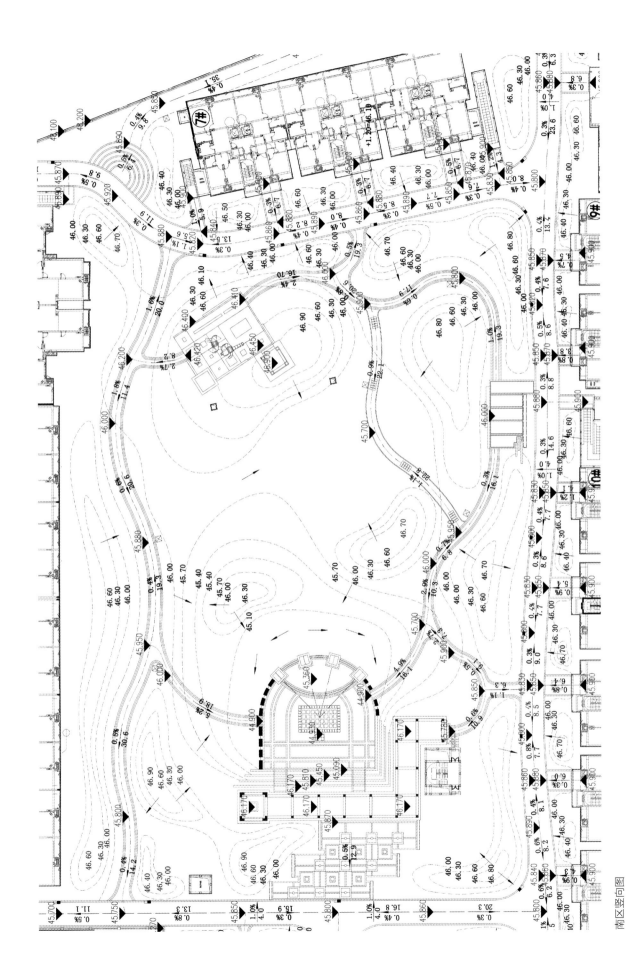

南区竖向图

北区种植平面图

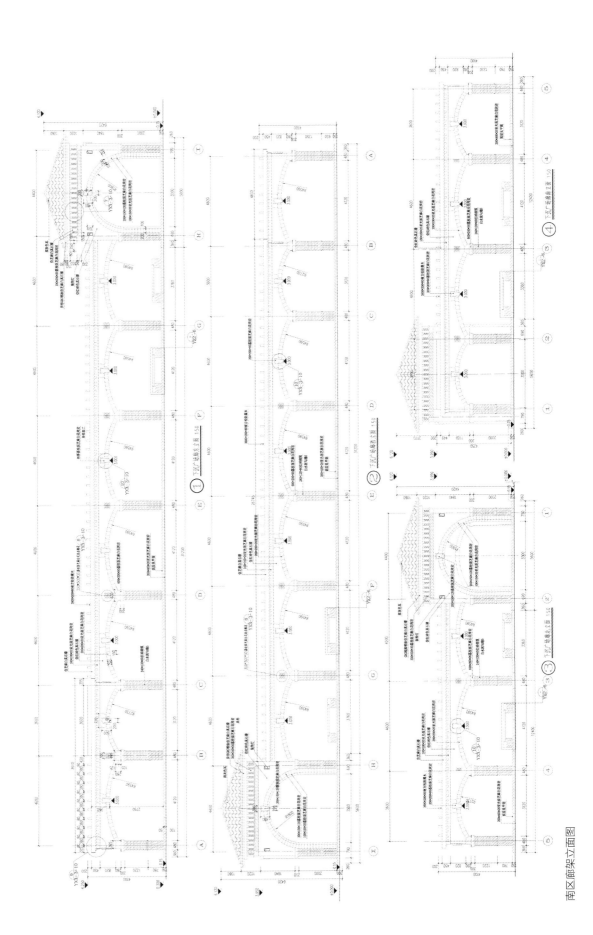

南区廊架立面图

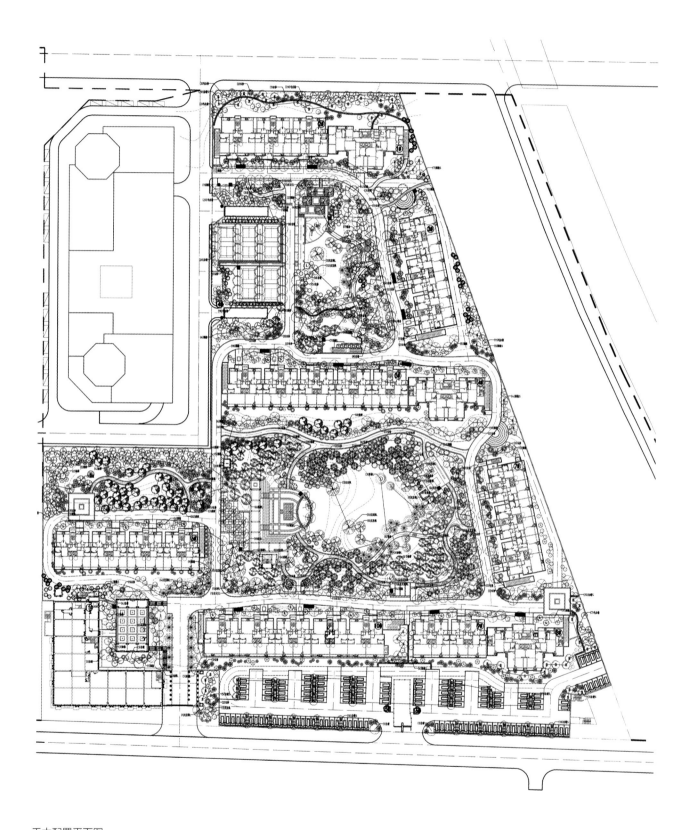

乔木配置平面图

一、项目概况

京投银泰·琨御府地处北京市中心城区，位于海淀区西三环至西四环之间，毗邻昆玉河、玲珑公园等得天独厚、不可复制的自然资源。项目占地规模约9.4hm²，于2013年启动项目，2016年完成咽喉区（示范区+公共景观）工程。琨御府是北京第一处地铁顶板项目，是集商业、办公、住宅、公园为一体的商业综合景观设计作品。其分为上盖区、咽喉区及落地区三大地块。咽喉区地块位于地铁车库顶板位置，与地面的垂直距离约9m，属屋顶花园性质。因下方有地铁高压电等，咽喉区比屋顶花园在防排水、荷载、防震等方面有着更严峻的

要求。此地铁顶盖景观设计的成功实践将对地铁顶板开发起到重大意义。

二、设计理念

作为传统西贵之地的稀缺项目，琨御府择址西三环昆玉河岸、毗邻玲珑公园，依河而建、向水而生，昆玉河千年沉淀的人文底蕴，时刻浸染琨御府，孕育出当代河居文明。DDON笛东以"珑"为景观主题，传承浓厚的中式情结，演绎皇家造园的景观理念，为世家名门打造可传承的府邸。景观设计风格与建筑风格、地方文化传承相协调，采用古园今技的理念，融合玲珑塔与昆玉河历史文化特色与新时代的景观设计理念，在传统文化

的传承与现代空间需求之间寻找结合点，倡导新中式景观地方化特色的演变，探索新中式精神内涵。以全新的设计思想来演绎传统意境，打造设计的尊贵性和唯一性，并试图在景观概念上有所突破，着眼于隐贵情境，升华思想。在重点区域营造尊贵奢华的景观空间，结合游园情境体验性的节点景观，景观整体协调统一、互相渗透。以"珑"文化为脉络，使得造园不仅仅是造景，而是营造一种意境和氛围，使琨御府的景观成为有故事可讲、有心境可寻的中式高端居住区展示景观。创造尊贵奢华、诗意雅致的情境记忆点，打造具有社会意义及人文精神的永续景观。

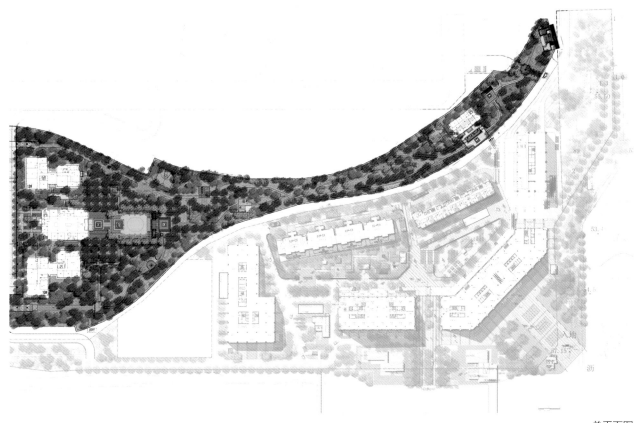

总平面图

流线图

琨御大道

三、设计手法

咽喉区作为琨御府售楼处的展示体验景观兼周边公共景观，整体上采用"轴点结合"的景观格局。在以"珑"为景观主题的前提下，传承浓厚的中式情结，演绎皇家造园的景观理念，结合对"珑"文化的理解，打造尊贵奢华的景观空间，营造情境式景观体验，体现传统中式的山水意境和人文精神。

笛东设计团队根据整体地块性质及周边区域功能，将景观风格与不同地块的功能定位相融合，并进行差异化设计，打造"琨御六景"。

1. 紫碧凝晖

展现中式文化元素，体现皇家的唯一性与纯粹感。

入口牌楼

2. 驾云探玉

利用场地周边稀缺资源堆高造景；使用借景、框景等景观手法，创造唯一性景观。

3. 坐石临流

取圆明园四十景之曲院风荷与坐石临流，"白玉清泉带碧萝，曲流贴贴泛金荷"。通过现代的手法营造古典情境。

4. 玲珑叠翠

玉阶生白露，玲珑望秋月。灵活设计线性场地，人为制造高差；栽植松竹等寓意植物，营造"隐"的意境。

5. 飞觞醉月

采用"转"的手法，起意于"举杯邀明月"；营造诗情画意的中式情境景观体验。

6. 琨御天光

取清圆明园四十景之"上下天光"，一碧万顷，不啻胸吞云梦。中轴式景观，大气磅礴，打造尊贵奢华的皇家园林景观。

轴线景观结合以上六处情境体验性的节点景观，塑造具尊贵感、唯一性的景观空间。

四、植物配置

由于项目临近两条地铁交汇站点，覆土与荷载均有限制，种植条件也相应受到约束。笛东设计团队通过部分地形营造、采用轻型结构等手法，变弊为利，通过空间组织与丰富种植层次，对空间进行整合梳理，强调规划、建筑与景观的一体化，使景观的场所营造感与建筑的使用功能完整融合。减轻绿化给顶板带来的荷载，根据植物的不同埋深要求，采用局部微地形堆土、轻质人工基质等技术手段缓解荷载压力。在种植设计上，大乔木尽量设计在承重结构的上方及附近，必要时局部堆坡以植大树。为防止根系穿损顶板防水层，在防水层与排水层之间增设一道抗穿透层（即防根系保护层）。同时注意选种浅根系植物，根系发达的植物不宜选种。咽喉整体相对竖向为9m及以上，考虑到北京自然条件与项目基地条件，在植物的配置上，考虑防风及防噪效果。

京投银泰·琨御府项目基于城市核心地带极为稀缺的土地、自然资源，及高水准的整体设计，将景观风格与不同地块的功能定位相融合，进行差异化设计，通过景观设计对空间进行整合梳理，弱化不同建筑的空间性格冲突，强调规划、建筑与景观的一体化。

设计单位：笛东规划设计（北京）股份有限公司

设计主持人：袁松亭

主要设计人：司洪顺　许细燕　邓冰

特色景墙

细节处理

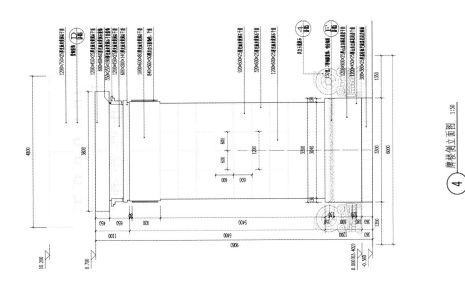

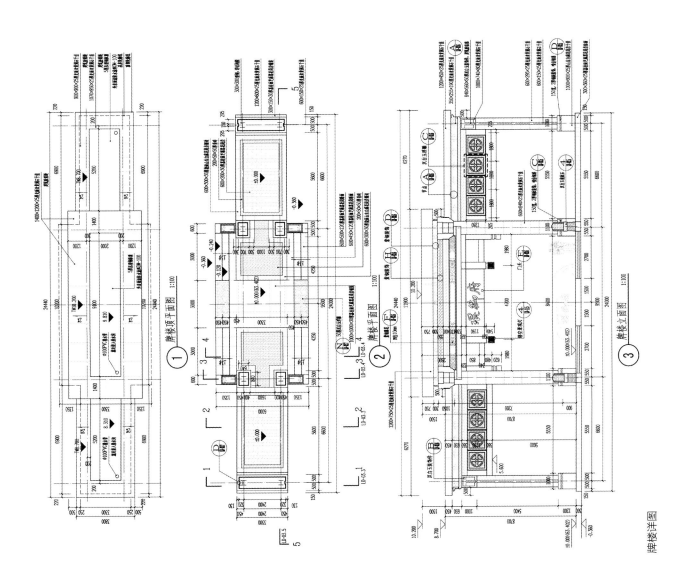

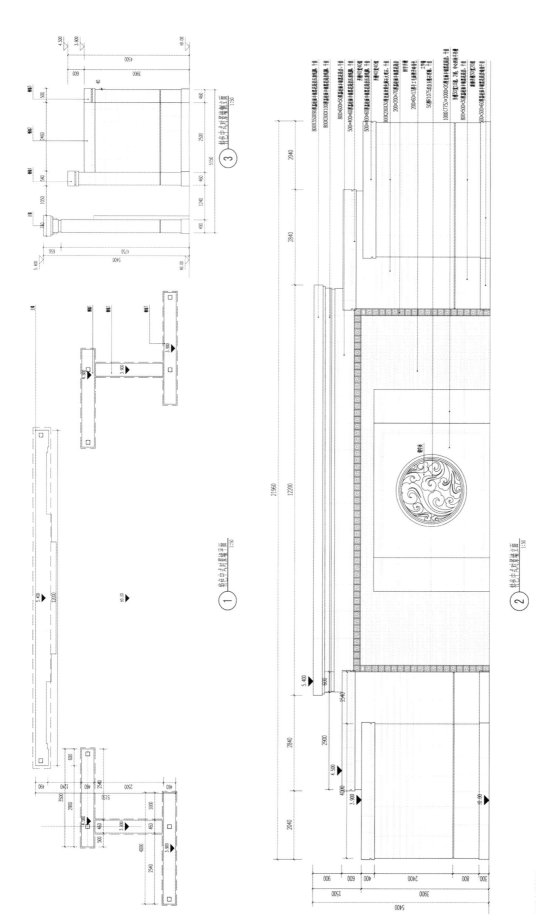

西城区旧城保护定向安置用房（二期）位于北京市昌平区回龙观镇西二旗，共分（720号、738号、745号）3个地块，是3个独立的小型居住社区，总规划面积约7hm²，其中景观面积总计约5hm²。

一、周边概况

项目位于京藏高速西侧、西二旗北侧，龙域东一路与龙域南街交叉口处。是西城区旧城保护利用和人口疏散、定向安置搬迁居民的保障性住房项目，主要聚集了原北京西城区住在大合院中的部分居民。

二、设计理念

合院是老北京传统的居住方式，居民习惯于家门—院落—巷—胡同的行为方式。项目景观特色定位为"与自然为伴的京味社区公园"，运用现代设计语言，再现老北京居民合院生活的情境。京味园林和合院空间在功能方面着重考虑了老北京居民的生活特点，比如健身场地、儿童场地、宠物乐园、健身步道、戏迷乐园等；在文化方面，将门墩、鱼缸等作为场地内的小品，将影壁及瓦片用于景墙及地面铺装，增加文化韵味；将脸谱、剪纸、春联等老北京传统民俗，作为园中京味文化主题点缀，令人重拾那些美好的记忆。

三、设计手法

通过对景观视线的设计，引导居民的空间行为。在每个主要活动空间之间有视线的对景联系，以满足人的安全感和邻里交流的需求。

通过日照分析，将集中的活动场地避开阴影区域，选择光照充足处放置。

通过竖向设计，集中采用绿地内起伏的微地形，结合植物层次围合不同的景观空间，地形高度控制在1m以内。

园林铺装小品延续一期色彩，以灰色为基底，点缀红色，形成古街坊胡同的氛围。

本项目的设计从自然生态出发，采用了下凹绿地和透水铺装，合理平衡景观造价配比，合理布置有限的景观空间，融入老北京的人文情怀，充分整合地下管网与景观设施；采用节能材料，节约建设成本，兼顾性价

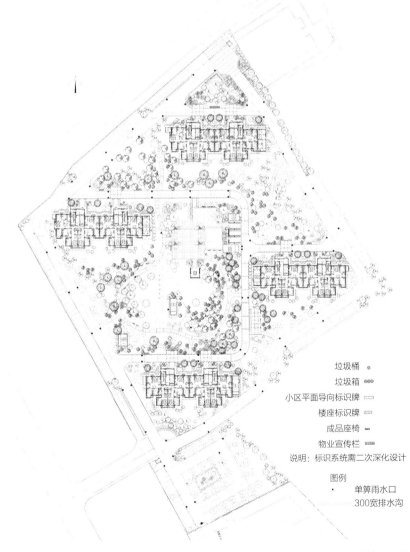

垃圾桶
垃圾箱
小区平面导向标识牌
楼座标识牌
成品座椅
物业宣传栏
说明：标识系统需二次深化设计

图例
单箅雨水口
300宽排水沟

720地块平面图

720地块中心场地效果图

745地块实景

西城区旧城保护定向安置用房实景

比；对周边区域生态环境的改善发挥最大限度的能动性。

四、造价控制

　　由于本项目是安置房工程，景观造价控制严格，但是又需要体现老北京的记忆，因此按照景观的重要级别去平衡总造价。控制的原则是如下。

　　1. 功能场地完整，集中。

　　2. 空间疏密有致，既简洁又重点突出。

　　3. 整体风格现代、自然。

　　4. 京味主题通过点缀体现，采取实用的中式小品。

　　5. 控制植物品种和乔木数量。

　　6. 种植和绿地相对集中，体现

完整的景观效果。

设计单位：中外园林建设有限公司

项目主持人：孟维康

主要设计人：

黄名轶　包鑫萍　张敏　孟欣　李长缨

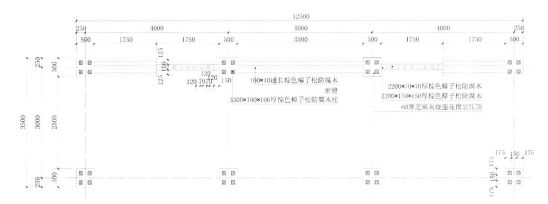

① 廊架截面图 1:50

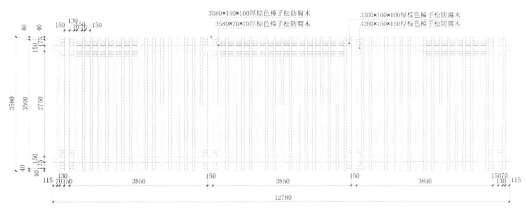

② 廊架顶平面图 1:50

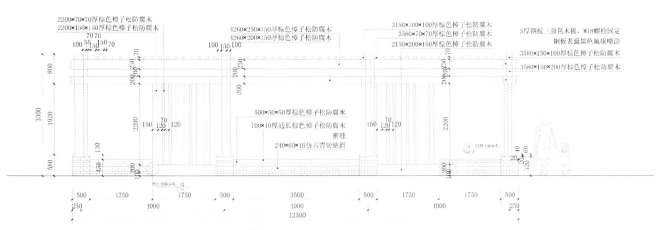

③ 廊架正立面图 1:50

廊架详图

23. 红杉国际公寓

2015年度北京园林优秀设计三等奖

一、项目概况

项目位于北京市北四环外，东临双清路，西靠荷清路、地铁十三号线，场地紧邻清华大学，东侧是北京语言大学及北京林业大学，高校云集，拥有极好的文化氛围与良好的交通条件。

二、设计理念

项目引用了堪称世界第一高的树种"红杉"所代表的独特理念——挺拔、高达、坚韧的形象既是美国精神的象征，同时也是一种生生不息、顽强坚韧的生命写照，在建筑风格上也紧随其意，展现"红杉"英姿。因此，在景观设计过程中，首先定位"学院气质与精英精神的共生"，针对项目区位性质、客群来源等，充分挖掘"红杉"挺拔向上的精神含义，通过当代美式景观自然的表现手法，将其融入景观的设计语言中。项目强调的是一种对生活方式的营造，而非单纯地对美式景观的照搬。坚持生态性、人性化与艺术性三者的在景观层面的结合，形成项目独有的可识别性的景观。

三、设计原则

设计原则主要分为三点：第一，生态原则，是自然生态居住观的体现，适当保留原有场地的记忆；第二，亲人性原则，生活融于自然、和谐源于交流，注重对人的关怀；第三，艺术性原则，通过对景观设计的艺术化处理，使居住空间更显轻松、愉悦。

在功能上满足业主对内对外运维的各类需要，为不同类型的使用客户提供各自适合的活动空间，考虑使用者领域感、场所感、安全性、可达性等一系列需求，有序地组织场地。

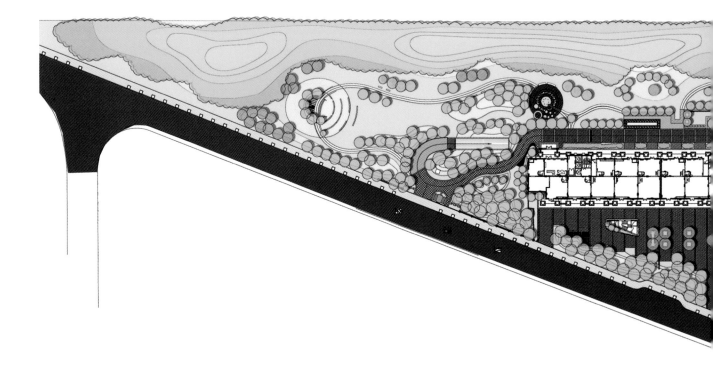

总平面图

四、设计内容

设计整体营造宁静休闲的氛围，以叙事性的景观设计手法，娓娓道来；景观风格与建筑设计立意相统一，结合当代美式景观，形成突显在地文化的可识别性景观；旨在通过学院式的外在景观空间来丰富居住者的精神世界。

小区外侧，塑造开放式的商业与户外阅读空间，在学术氛围浓郁的学院区营造一抹浓浓的绿意；小区内侧由于紧邻京包线，形成空间较为狭长的三角地。基于现状条件，通过对相关规范的深入研究和实际论证，在小区外围打造绿色隔声屏障，化劣势为

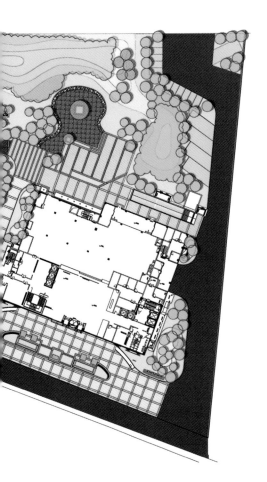

优势，在有限的空间内合理布局休憩场所，组织串连完整的健身步道，最大限度地还小区居民一份宁静。整体设计对杂乱的外环境进行阻隔和适度引导。不仅仅构筑出·个入住者的精神家园，同时提升周边的城市形象。

在绿色隔声屏障与建筑围合形成的三角形设计区域内，采用叙事性景观设计手法，将庭院景观设计共分为"起—承—转—合"4个部分。

1. "起"

入口大门采用喷铜色漆的不锈钢板材质，样式华贵典雅，体现学院气质与精英精神；庭院主入口中心为阳光房，建筑前设计绿色竹壁，采用障景的景观设计手法，阻隔庭院外的喧闹，营造场地内的静谧氛围。

2. "承"

庭院内中心场地东西两侧为成列的银杏，随四季变化形成不同的景观场景。南侧为月洞水景，以白色的月洞景墙、木纹漆饰面的方钢管格栅与涌泉水景组合构成观赏景观节点，一高一矮，一静一动，一实一虚，与阳光房形成对景。

3. "转"

跌水景墙是设计中现代与自然的转折交接景观。曲折的休憩水系采用自然式驳岸，表现出美式自然景观的特点，自然置石高高低低，配合两侧层次丰富的植被景观，将视线引入自然水系花径中，沿小径栽植时令花卉，以成组的常绿阔叶乔木为背景，形成步移景易、充满自然情趣的水系景观设计。中式木桥作为点景节点，横跨蜿蜒的水系，突显在地文化景观的特点，精致细腻，浪漫活泼。

4. "合"

内庭小院作为景观序列的结尾，以简洁的设计手法，营造休闲自在的开场活动空间，与休憩水系的空间形成鲜明的对比，场地内以汉白玉花岗石阳刻花样图案铺地，与周边自然植被景观相互呼应，突显自然主题，既体现了当代美式景观的设计特点，也体现了中国园林景观设计的在地文化特色。

五、植物种植设计

场地内自然景观以植物造景手法为主，通过多层次、多品种配合，形成形态丰富变化多姿的四季景观。乔木以银杏、元宝枫等彩色叶树种，灌木以西府海棠、绚丽海棠、山杏、紫丁香等植物为主，形成层林叠翠、四时色彩形态各不相同、层次丰富的植被景观。

中心庭院周边采用规则式种植，植物选取突显场地的人文气息以及在地文化特点，与休憩水系以及场地周边草坡采用的自然式种植形成较为鲜明的对比，疏密有致，错落变化，营造自在休闲的生活方式，以生态性、人性化与艺术性为设计原则，打造可识别性强的景观，突显在地文化与美式景观的结合。

设计单位：中外园林建设有限公司
项目主持人：方蓬蓬
主要设计人：
谷嘉溪　薛冠楠　戴晓展　张灏
设计指导：李长缨

活动广场

金属logo标识牌

廊架水景

24. 首开熙悦山
2015年度北京园林优秀设计三等奖

一、项目概况

"首开熙悦山"项目位于北京市房山区长阳镇地铁长阳半岛南侧，北邻京良路，东临京深路，西侧为熙空间，南侧为北京小学，项目交通便利，规划配套齐全，为房山区核心重点发展地段。该区域景观设计本着"以人为本"的设计理念，合理地利用较大的宅间空间，把功能与美观有机地结合到一起。空间设计合理地结合功能场地及建筑构筑物，并合理地将植物利用到景观空间中，做到自然、舒适。

二、设计思路

1. 以人为本，尊重功能；从客户和使用者的角度进行空间景观设计，从中青年、老年、儿童不同的角色层面考虑区域的使用功能，做到人性而合理。

2. 雨洪花园结合景观设计，巧妙而多变；结合房山雨水收集细则与实操性，巧妙地利用了水系及下凹绿地空间，结合雨排水系统，把雨水收集到下凹绿地中，然后连接到市政雨水管道中，在遇到极端天气时能够快速地把雨水排除。

3. 合理布局功能空间，同时利用科学的数据来设置功能场地；合理地利用科学数据进行设计前期功能分析，把日照系数较强较佳的位置给予活动空间，同时考虑到空间的季节性变化，结合风向等数据，规划老年健身、儿童活动等场地；在打造大尺度宅间景观的同时，合理利用景观气候学、景观风水学进行空间功能布局。

4. 一水三山，三重庭院，小空间，大智慧；在限价、控制成本的前提下，以打造品质项目的景观思路为理念，通过设计提升价值，让消费者体验高品质生活空间。

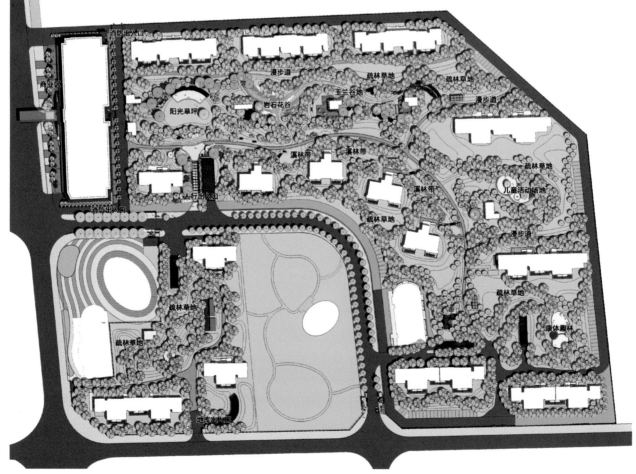

总平面图

设计单位：北京京林联合景观规划设计
院有限公司

设计主持人：李春雨

主要设计人：

李荣辉　陈莲莲　程雪飞　卢月

疏林草地

漫步道一

岩石花谷

漫步道二

居住区绿化
2016年度

25. 方兴亚奥金茂悦

2016年度北京园林优秀设计一等奖

一、项目概况

方兴亚奥金茂悦在景观设计上坚持人、建筑与环境的交流互动，延续芝加哥摩登风格。社区强调温馨的家庭亲切感，旨在使其成为各户居民之间沟通、休憩、娱乐的媒介，以及每个家庭成员齐享天伦之乐的载体，创造"自然、趣味、礼仪与亲和"的社区氛围。

二、地理位置

本项目位于北京市朝阳区北五环来广营村，距市中心约13.1km，距首都国际机场约15.1km，周边有京承、京平和京藏高速公路、铁路、地铁13号线和5号线。

项目所在B2地块北至洼里路，西至红军营路，南至北苑一号路，东至红军营东路。项目用地性质为二类居住用地，占地面积54783m²，代征城市公共用地面积15780m²。

三、建筑解读

住宅项目定位为高档住宅区，整体风格为英式风格。设计住宅景观时综合考虑景观与建筑立面风格的协调、统一，结合建筑形态进行总体景观设计，通过茂密丰富的园林景观弱化高容积率抗性。

四、设计理念和策略

金茂悦总体风格定位为自然怡人与生态结合。运用自然亲切、拙璞生动的造景方式和适宜的尺度感来营造一种怡人舒适的居住氛围。

（一）植物营造

植物强调整体设计，以软景为主，根据不同空间给予多层次的软景设计。集中优势主攻软景高、低两层，层次丰富，近人尺度细腻；中央景观搭配缓坡地形，形成开敞草坪，增加视线通透性。

（二）景观与建筑融合

运用植物底层包裹掩映建筑死角，丰富天际线及建筑背景，美化建筑与基地不协调的地方。在考虑建筑性质的同时强化其要体现的空间与功能，例如入户空间、中央景观区等。

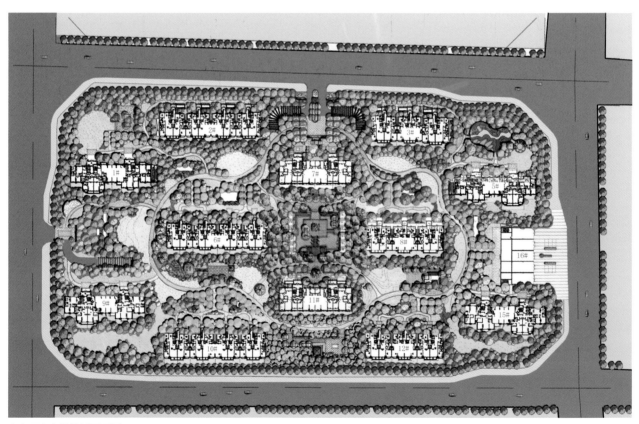

方兴亚奥金茂悦总平面图

（三）多类型活动空间

根据客户类型及功能需求充分考虑活动场地设计，结合景观带设置休憩空间，满足聚集交流需求；设置组合游乐设施场地，满足健身游乐需求；多处布置小型活动场所，以覆盖各区域的住户。

五、景观特点

（一）自然性

多层次的自然式植物种植，丰富的植物种类，多变的搭配方式，形成自然舒适的生活环境。

（二）趣味性

在社区内设计儿童、老年、休闲运动等多个活动空间，为家庭及邻里间的交流、娱乐提供平台，充满生活趣味。

（三）亲和性

无论是空间尺度、活动设施还是景观小品，处处以人的参与度为优先考虑条件，实现温馨、亲人的氛围。

金茂悦建筑

细部节点设计

喷泉水池

（四）仪典性

小区入口以及中轴层次有序、规则对称的景观形式，成为全区的象征及标志。

六、独具特质

超大楼间距，营造"全家庭"畅游体验的生活情趣，开阔心境，臻享朗阔空间。

绿色健康理念，让生活更充实，清晨在环形跑道上跑步，晚上给家人做顿丰盛的晚餐，不再匆忙路过身边的风景，生活也更加充实。

悦见自然静谧，尊享精美墅质生活；植物搭配疏密适宜、错落有致、开合有度，为大家提供丰盛的视觉盛宴。

细节精致考究，彰显尊贵品质；细节决定成败，精雕细琢；升级改造，至臻完善，以致醇熟绽放。

七、设计手法

景观运用自然怡人与生态结合的设计风格，通过自然亲切、拙璞生动的造景方式和适宜的尺度感来营造一种怡人和舒适的居住氛围。整个园林

强调和谐原则，为居民营造一种舒适自然、温馨恬静的居住社区。

项目整体园林自然形成"一环、三段、八庭院"格局。"一环"为贯穿内庭院的浪漫步道，形成曲径通幽的漫步小道；"三段"由主入口景观、中央花园、后花园3段形成中央序列景观带；"八庭院"分别由环绕着中央花园的"阳光草坪""疏林草地""清风竹林""花境溪谷"4个庭院花园，及项目四角的特色庭院花园围合构成，各庭院拥有各自的风格，以不同的植被特色形成自然花境。立

中央花园

体园林景观、错落有致的原生植被、曲径通幽的公寓化叠墅园林，形成疏密有致、曲径通幽的自然式丰盛花园。

在进行景观设计时格外注重老人与儿童的活动感受，有针对性地打造了多功能景观分区，特设老人休闲区、儿童游乐区、家庭玩乐草坪、浪漫步道、宠物出行通道等因生活而生的愉悦空间，提供老少皆宜的静谧花园。

建筑与园林相互映衬，自然而和谐。水景墙、喷泉、景观灯精致美观，彰显品质与尊贵。叠水、喷泉等动水景观，以不同的节点设置，动态景观的和谐搭配，愉悦了居者身心。

为了实现景观的错落层次，项目精选优质树种，以多层次树种配置，搭配高低错落的缓坡景观，强化不同区域不同的景观效果，植物图案化、模型化丰富了整体景观的视觉效果，成为园林设计中的又一个亮点。

此外，项目充分考量所处地块及区域特性，将整个园林规划为内向围合型布局，以建筑、园林、道路、绿化带的结构分合，营造严谨对称的格局。同时，金茂悦对每一处园林小品及水景、雕塑等的处理都极为用心，以工整、对称、对仗、对景的排布原则，通过不同空间的有机搭配，使整个园林充满仪式感、秩序感。

设计单位：笛东规划设计（北京）股份有限公司

设计主持人：袁松亭

主要设计人：

袁松亭　司洪顺　刘春红

金茂悦水景

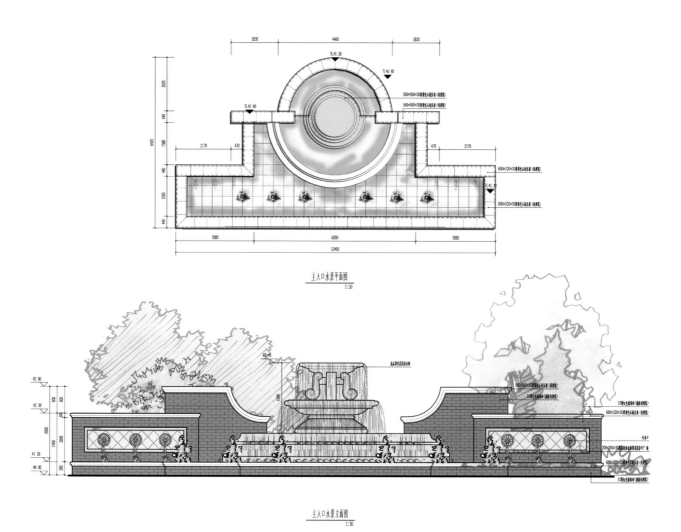

主入口水景平面图
1:50

主入口水景立面图
1:30

喷泉水池剖面

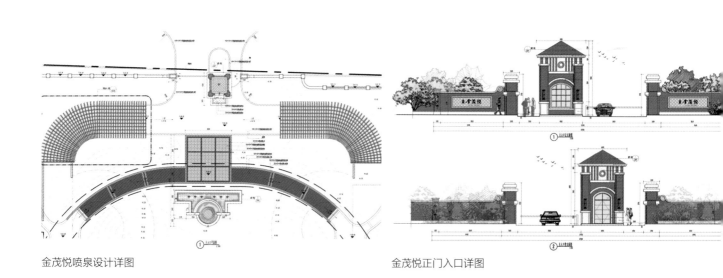

金茂悦喷泉设计详图

金茂悦正门入口详图

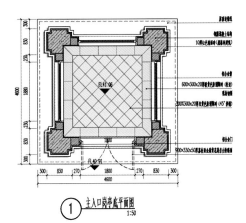

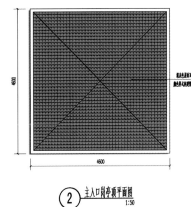

①　主入口岗亭底平面图　1:50

②　主入口岗亭顶平面图　1:50

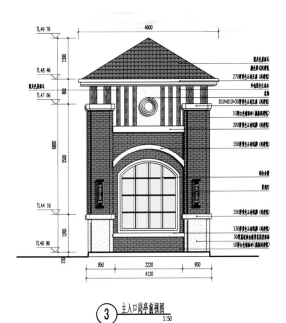

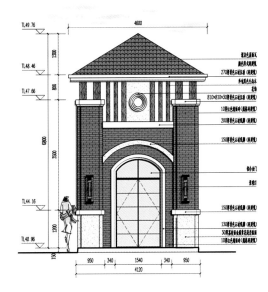

③　主入口岗亭前视图　1:50

④　主入口岗亭后视图　1:50

主入口岗亭详图

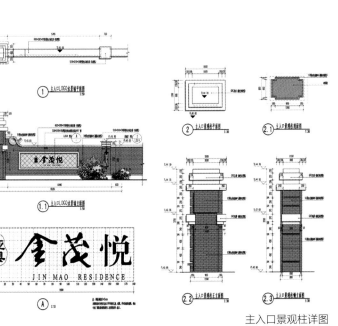

主入口景观柱详图

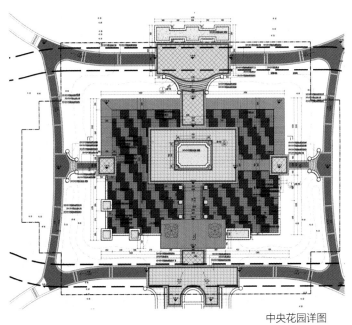

中央花园详图

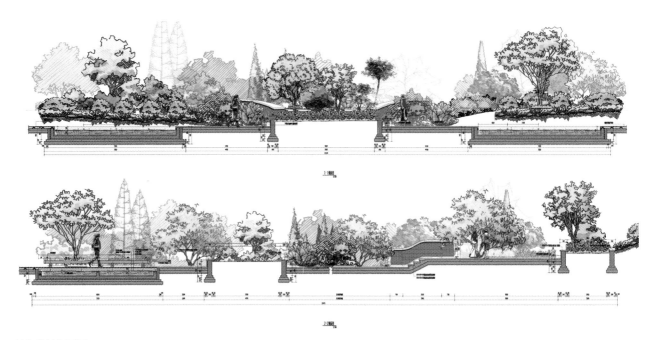

植物设计剖面图

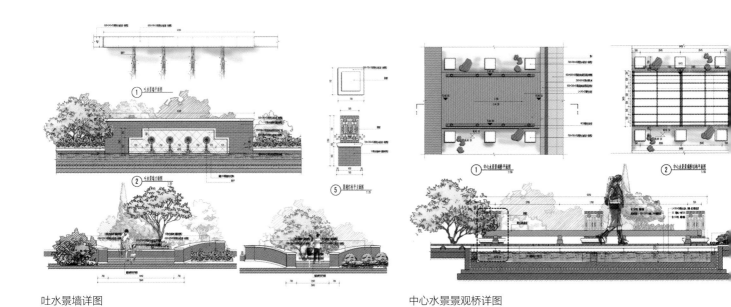

吐水景墙详图

中心水景景观桥详图

"西山古潭柘，今日径初由。问景层层妙，入门步步幽……"

——清朝嘉庆皇帝

一、项目概述

项目由北京源树景观规划设计事务所承建。该项目绿地占地面积6132.8m²，位于北京市门头沟区潭柘寺镇，地处潭柘山麓。潭柘寺镇交通便利，自然资源丰富，人文积淀深厚。建成后能很好地与周边环境融为一体，为居民提供了良好的游憩活动空间，体现了以人为本的原则。

二、园林设计理念及原则

设计理念尊重建筑规划风格，以京西潭柘寺文化和自然山体环境为依托，以中式的精致典雅与闲适从容为基调，景观表达探寻着潭柘寺景观韵味与文化之缩影，山谷幽幽，溪水潺潺，在层层妙景中感受"问景层层妙，入门步步幽"的景观意境。园林景观和山居生态的自然环境、尊贵高端的生活品质，完全突破城市景观印象与尺度。

三、景观设计

景观设计首先要依托于建筑，在风格及色彩上与建筑保持统一，在功能和美感上又要成为建筑的延续和升华。整个设计的基础来自对各种空间比例关系的深度研究，通过不断的探索，使空间利用率最为合理，绿化面积达到最大化，充分体现对自然环境的寄托。

（一）示范区入口

入口设计景石流水叠瀑，造型别致，层峦叠嶂，上书"檀香府"，展示檀香府山与水的磅礴气韵。置石、假山、植物，三者比例协调，尺度适宜，完美结合成一个整体，体现了中国古典园林中的"虽由人作，宛自天开"的境界。

穿过入口是一条林荫礼仪大道，采用了连续性的自然景观，两侧选用对称高大的行道树，视线尽头为潭柘山麓，形成了大气尊贵的气势。

（二）园区

潭柘十景为潭柘寺的景色精华，示范园区取其打造潭柘八景——御亭流杯、千峰拱翠、飞泉夜雨、平原红叶等，营造潭柘寺特有的禅意和宁静氛围。入园，听到飞瀑流泉的哗哗声，水雾弥漫，似"岩峦幛开豁耳目，岚雾翠低濡衣襟"的意境。飞瀑边便是水潭溪流，水潭与蜿蜒的水系相连，有小桥横跨溪上。曲径通幽的园路贯穿整个园区，与植物完美搭配，营造自然舒适的园区道路。

总平面图

示范区入口

园区中心为御亭流杯亭，亭内巧妙展示潭柘寺十景之一"曲水流觞"之"南龙北虎图"，石桌刻有蜿蜒曲折的水槽，水从精致的汉白玉雕龙口流出，精致趣味。

项目的植物景观设计在美观的基础上更注重其生态效应，最终形成乔、灌、花、草合理配置的复层生态群落。把自然界的精华营造在方寸之间，达到类似自然山水的审美效果，通过丰富的植物搭配与精致的细部处理体现高端住宅项目的生活内涵。种植选用潭柘寺特色树种，如金镶玉竹、二乔玉兰等，突出檀香府的潭柘特色及社区的尊贵，选择银杏、元宝枫等秋色叶树种，点缀秋季的色彩，

高低的搭配、色彩的运用无不体现园林设计的别具匠心。彩色树种和开花乔灌木的良好运用，使得该项目中的植物景观尤为突出，三季有花，四季有景，一年中给人以不同的景观感受与体验，体现了季节美。

（三）样板间入口

利用市政道路与样板间建筑的高差，引入潭柘寺寺庙山门的概念，打造阶梯式景观入口，配以流水回溪景观，台阶与地形、种植充分结合，自然尊贵。

檀香府景观设计融合了山水溪流、文化底蕴、中式元素等高端中式地产景观中的设计内容，并进行专项的细化和提升，使其呈现精致大气的

景观效果。

隐居在郊外，享受自由不羁的精致生活，亲历一种大隐隐于市的豁达和怡然，是大多数人追求的生活方式。在城市的边缘，一座山收藏一个家。诗意的栖居填充了最后的浪漫，家在自然中深呼吸。安详的郊外，是对都市人最好的无言包容。

设计单位：北京源树景观规划设计事务所
项目负责人：刘二保
主要设计人：
白祖华　胡海波　孟江月　刘二保
何云龙　赵倩倩　李竞

御亭流杯亭

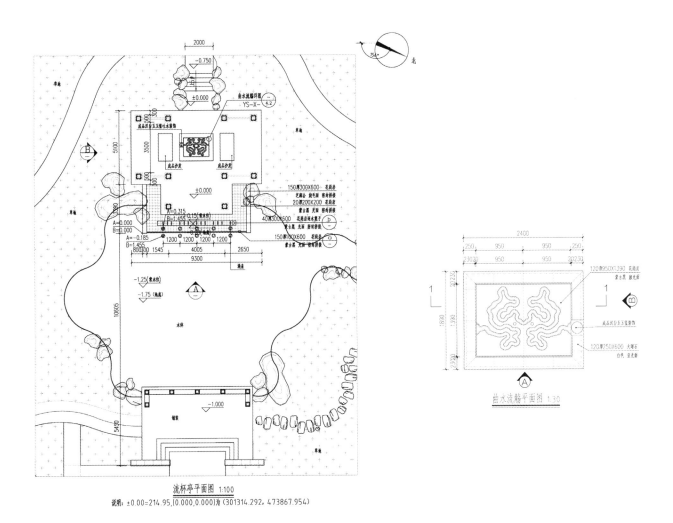

流杯亭平面图 1:100

说明：±0.00=214.95，(0.000,0.000)为 (301314.292，473867.954)

曲水流觞平面图 1:30

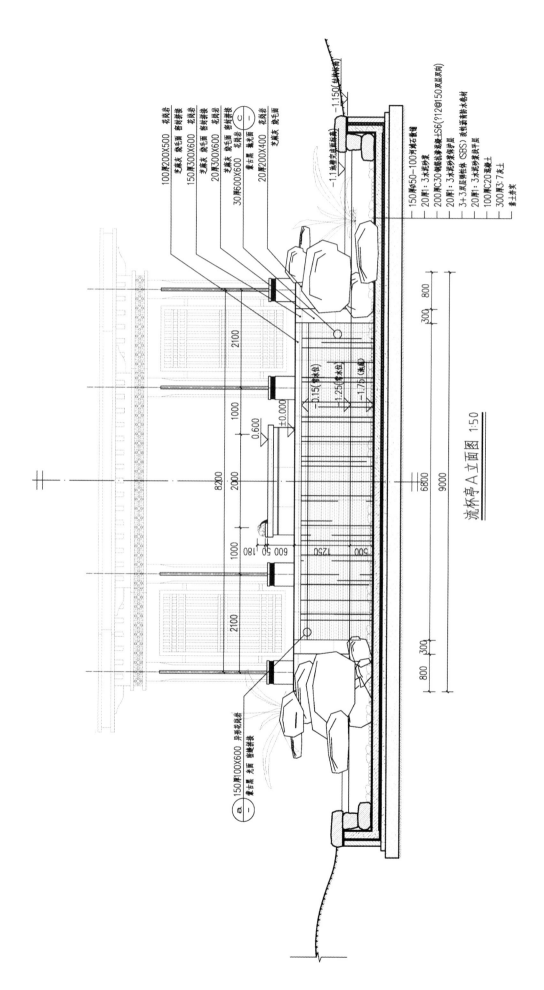

流杯亭A立面图 1:50

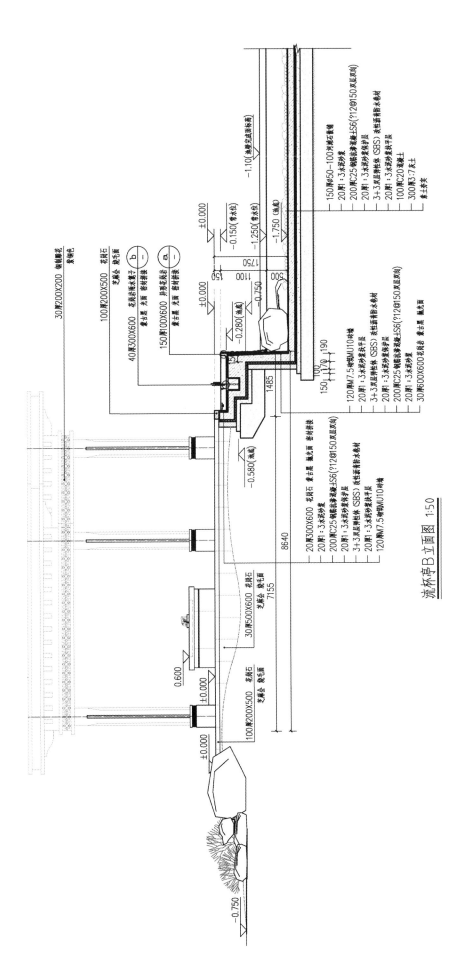

流怀亭B立面图 1:50

园区自然景观

样板间入口

北京城建·海梓府位于北京亦庄经济技术开发区河西区内，总占地面积约8万m²，于2013年启动项目，2016年竣工。该项目是以英式建筑风格为主导的住宅项目，其地理位置优越，北临北京最大的湿地公园南海子公园，得天独厚的自然景观将它变成一个巨大的"绿色氧吧"。项目周边现有幼儿园、小学、银行及社区医院等配套设施，还将规划大型商业、文娱中心，体育中心等成熟配套。优渥的区位条件使海梓府成为天然宜居、环境优越的品质宜居社区。

一、设计理念

项目打破以往"景观跟随建筑风格"的惯性思维，提出了"回归当下生活，回归居住品质"的设计理念，从探讨人们居住本身对空间的需求和融合出发，在设计中力求搭建一个使用者与景观对话的平台，最终达到建筑与景观相容、景观与行为相随的状态，让住宅区景观回归生活的本质。

二、设计手法

设计在前期花费了大量时间，分析基于当下快节奏人群的生活习惯，

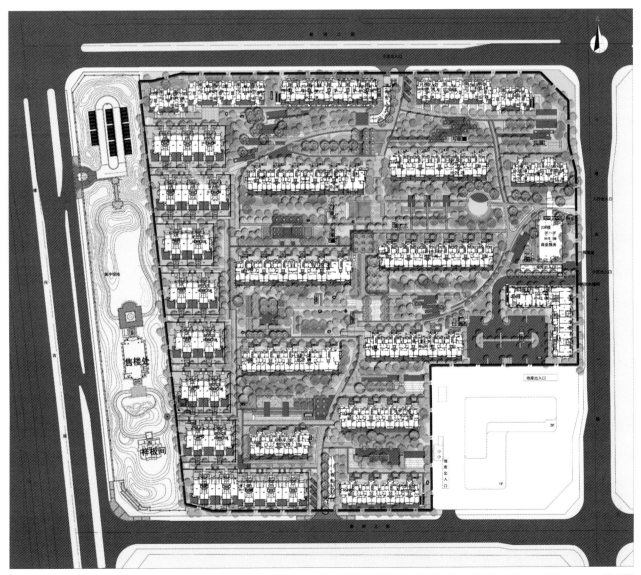

平面图

不同年龄层的人们在不同时间段户外行为模式的各自需求，并以此为基准和原则来营造住宅区景观。在设计手法和语言上不刻意追求和拘泥于某种形式，而是以最舒适宜人的手法和尺度介入场地。首先在整体空间布局上，场地通过对传统欧式轴线的对称和阵列来进行景观空间的演进和推导。利用消防道路（消防和慢跑相结合）作为各个空间点功能上的连接，形成相互补充的空间形态，将整个社区串连合一。景观节点设置引入"模糊空间"的概念，去掉标志性的核心景观，使景观设计节点的分布相对均质化，使其具有方向性、多样性、包容性和组合性的特点。具体设计手法体现为以下三点。

1. "非确定性"空间

灵活布置活动场地，强调均好性强的景观，如尽量让每一处景观空间都能满足多功能活动广场、林荫空间、健身休闲空间、可坐式景观矮墙等使用功能，尽可能让空间满足不同年龄段人群的活动需求，而非只针对某一个群体的使用需求，造成空间使用上的单调和浪费。同时这样的景观空间更适用于家庭活动，景观休闲场地能够最大限度地满足就近需要，提供高效、便捷的生活方式。

2. "集中分散式"空间

集中分散式设计强调人居所行为的诉求和需要，在保证重点空间公共属性的前提下，放大宅前景观功能，通过对场地的抬升、变化，以及置入软性铺装，为老人和儿童提供多样的、近距离的活动场所，同时对环境有需求的人群可以使用不同功能的中

主入口

活动场地

休闲廊架

互动水景

央组团节点空间，从而践行潜在的人群分级使用原则。

3．"互动型"空间

考虑不同的居住群体在不同场景下的需求。景观考虑人与景观的互动性，人与绿化相互融合，如可嬉戏的水景、健康有氧环道、林荫交流空间、广场集散空间等。除了实现人与景观的互动，更希望唤醒邻里意识，最终完成人与人的互动，打造有人情味的社区。以上景观空间的设置能够让业主自愿参加更多的公众活动，如利用户外组合廊架、外摆家具、户外烧烤台、果皮箱等设施，周末可举办户外Party，这是认识朋友、促进邻里交流的好场所、好时机。

三、植物搭配

植物的设计不过分强调植物的层次堆砌，而是从整体景观角度对植物配置效果进行整体把握，根据美学原则、人们的观赏要求以及场地的空间属性进行合理配置。顺从植物的生长规律，做到"适地适树"，不盲目追求一时的景观效果而选用一些非本地适宜树种，而是着眼长远的景观种植效果。

北京城建·海梓府的景观是基于当代语境设计，强调多样化的功能体验与场地感受并重，不同的景观空间赋予居住者丰富的景观感受，亦是对住宅景观回归生活化、景观设计回归人性化的一种探索与实践。

设计单位：笛东规划设计（北京）股份有限公司

设计主持人：袁松亭

主要设计人：

司洪顺　许细燕　邓冰　赵斐

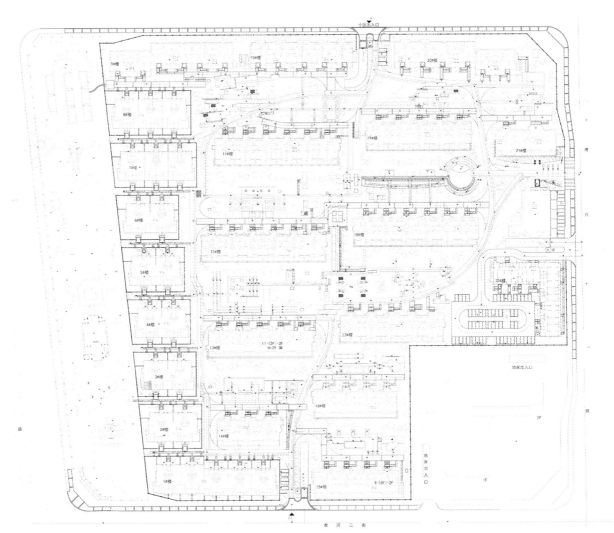

方案总平面图

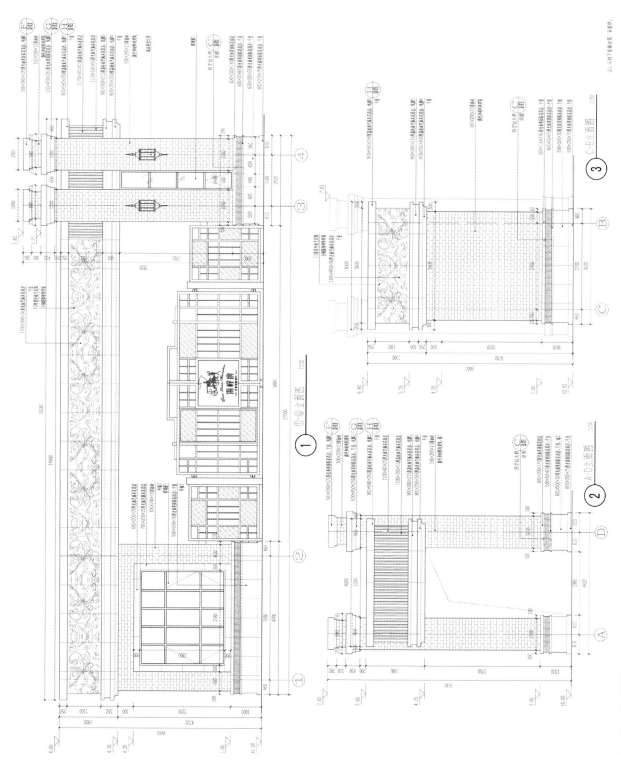

主入口大门立面图

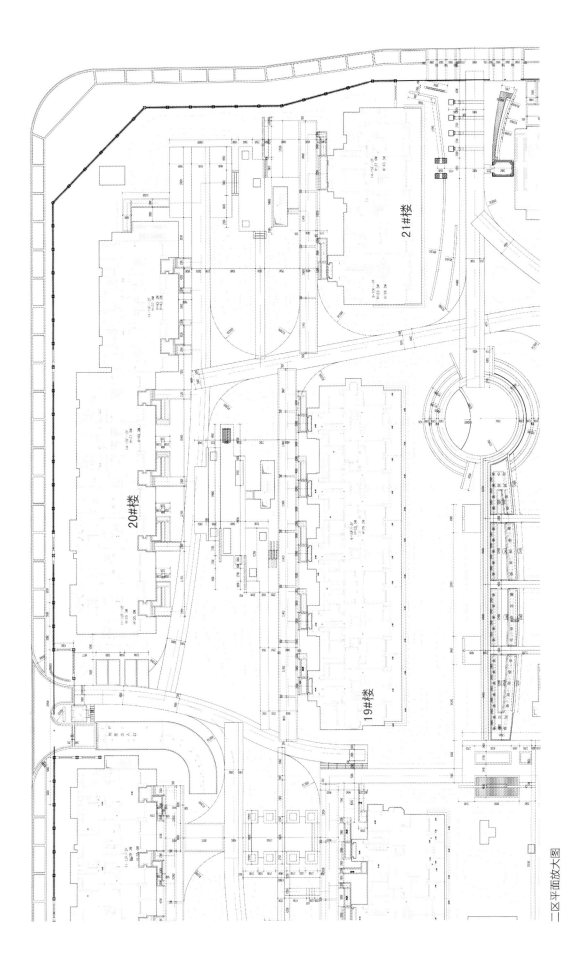

21#楼

20#楼

19#楼

二区平面放大图

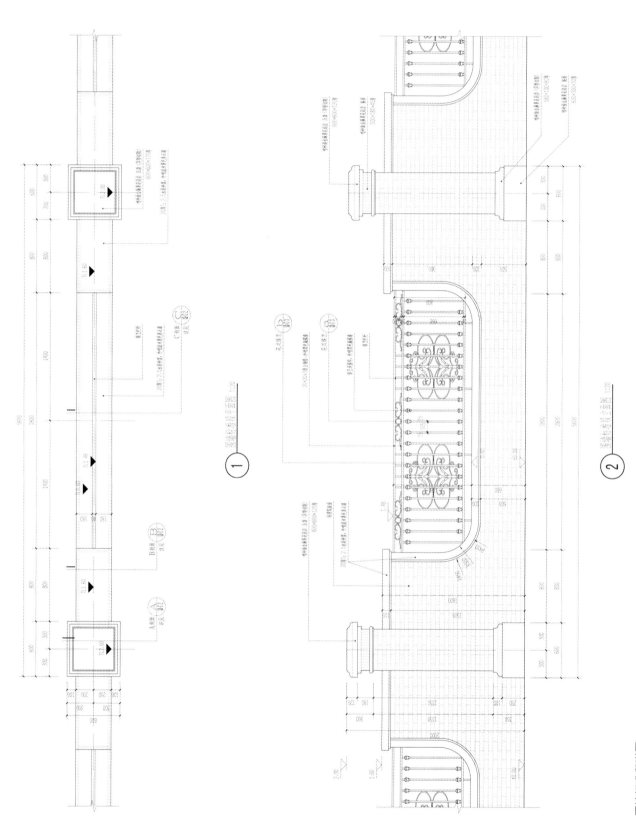

围墙标准段详图

一、项目概况

康泉小区项目位于北京市朝阳区建国路八里桥南1号，为国家机关公务员住宅小区，该项目建设用地总面积67168.8m²，景观设计面积46223m²。造价控制在300元/m²，区内现状人防出入口及通风竖井繁多，割裂场地空间，影响整体楼间活动空间的布局和营造。实际覆土标高比市政路高近1m，区内区外高差较大。

二、设计重点

项目设计思路不同于普通商品楼盘。根据项目居住人群特点，重点体现绿化品质。以雅致、自然、舒适、实用为主，避免欧式、法式构筑物的堆砌。设计最大化利用、整合场地空间，结和建筑形式及场地实际，重点解决与外围市政高差顺接的问题。

三、方案设计

本案设计采用现代、简洁的材质，质朴、单纯的色彩，典雅、大气的空间，情趣、艺术的小品，设计理念为"静谧的花园·喧嚣之外的幽雅庭院"，旨在告别喧嚣，回归自然。整个园区的景观结构划分为"一轴、两环、七园、八庭"。设计7个特色景观园区——和之园、舒之园、畅之园、雅之园、静之园、秀之园、丽之园。交通考虑车行环路、人行环路、游园路和隐形消防通道，四路贯通，路面防滑、渗水，并设计无障碍坡

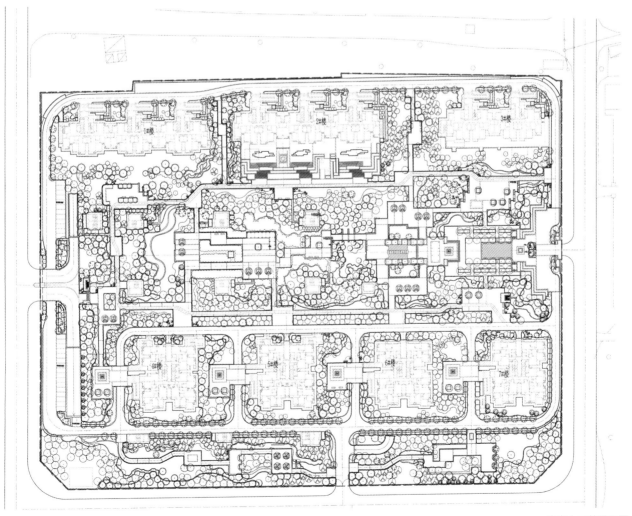

康泉小区总平面图

道。同时区内结合场地高差设计水景观，创造有利的雨水收集条件。植物种植设计做到春有繁花、夏有浓荫、秋观色叶、冬观绿景。

四、详细设计

（一）"和"之园

中轴通长序列空间为3个开合有致、收放自如的活动空间，利用台地解决与外围市政路的高差，对称4排白蜡景观种植，营造大气的空间序列感。廊架、格栅墙、挡墙、种植分割空间，灵活布局，步移景异。

（二）"舒"之园

是全区光照最充足的位置，设置儿童活动场地，彩色的塑胶防滑地面，及儿童活动设施、围树座椅方便陪同家长看护。为孩子们提供舒适安全的室外活动空间。以春景为主的樱花为园内主要点景植物。

（三）"畅"之园

园内设置健足汀步、logo墙和3条错落的景观条石，丰富园区景观感受，植物种植以常绿植物云杉、油松为主，散发出大量的负离子，适合太极等静态健身活动。

（四）"秀"之园

园内没碎石铺装和跌水池，丰富景观元素的同时有生态雨水收集利用的功能。植物种植以开花乔灌木为主，配植开花地被，春季观海棠、碧桃，夏季观紫薇、合欢，尽显秀美。

（五）"雅"之园

园区由3个庭园组成，景墙分割休息和通过空间，设置木平台，为住区居民提供舒适自然的林下休息和活动空间，植物以春花玉兰点缀，尽显雅致、清新。

（六）"静"静之园

园内以早园竹作为主要景观种植，围合出私密感强的静谧空间。区内设置休息座椅，是居民读书、看报、静思的好去处。

（七）"丽"之园

园区内绿地结合铺装构成简洁空间，阳光草坪周边种植观果植物，如石榴、山楂、杏树，色彩绚丽。

五、专项设计

铺装、大门、围墙及小品设施设计考虑造价、节约成本，实用美观。材质简洁现代，形式典雅大气，色彩与建筑及场地和谐统一。

设计单位：北京山水心源景观设计院有限公司

项目负责人：高莹莹

参加人员：

高莹莹　黄圆　张玉晓　王峰

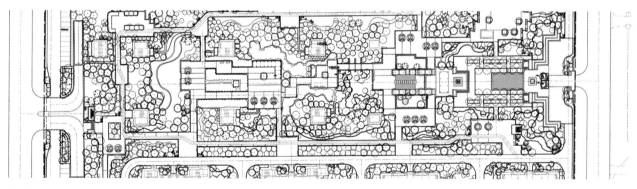

"和"之园平面图

入口大门立面图

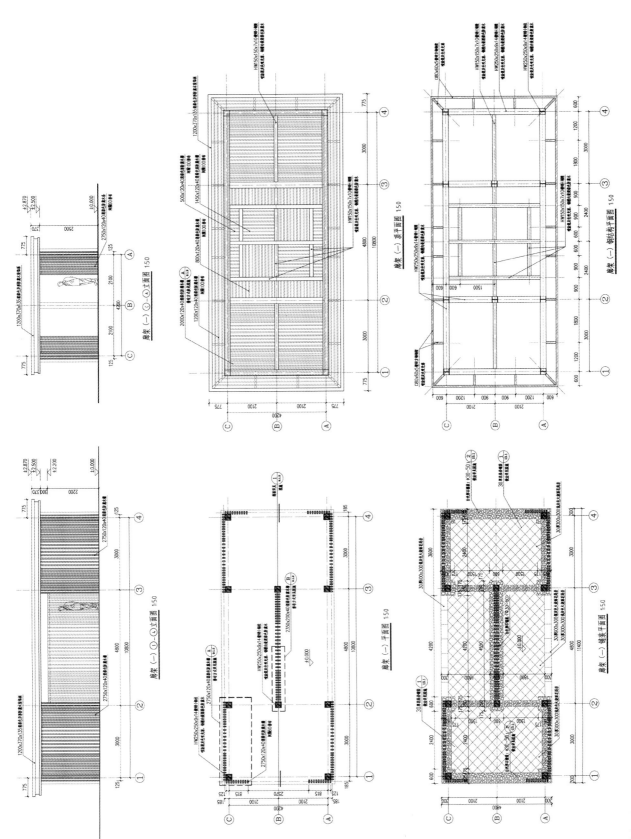

廊架（一）①-④立面图 1:50

廊架（一）①-④立面图 1:50

廊架（一）顶平面图 1:50

廊架（一）钢结构平面图 1:50

廊架（一）平面图 1:50

廊架（一）基础平面图 1:50

廊架详图

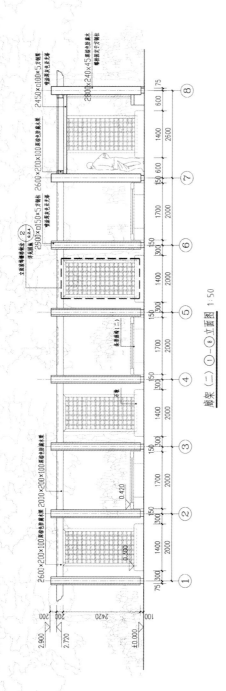

廊架（二）①—⑧立面图 1:50

廊架（二）Ⓔ—Ⓐ立面图 1:50

廊架详图

东入口实景

西入口实景

大门实景

"和"之园廊架实景

29. 北京城建·世华龙樾（二期）

2016 年度北京园林优秀设计三等奖

一、项目概况

北京城建·世华龙樾（二期）项目位于海淀清河小营桥东，占地总面积32hm²，于2013年启动设计，2015年竣工。

二、设计思路

项目以园区主轴线为空间骨架，将园区划分为"一轴、三庭、五院"的空间格局。法式主轴线的仪式感结合深宅大院的神秘感，阐述新时代豪宅理念，打造园中有园的新贵族之家。"三庭"为轴线主要景观节点，以石、水、木为景观设计元素，"石令人古，水令人远"，为园区增添诗意与活力。"五院"各设不同的主题及特色，并通过设计演绎其内涵，在植物配置上也进行差异化处理。在整体空间序列上，设计师运用起承转合的手法，创造开合变换的院中院格局。在各主体大院内设计公共性、半公共性及私密性的院落空间，营造诗情画意的空间氛围。

三、具体设计

（一）"一轴"

在具体设计上，北入口形象展示采用大堂式设计，整体厚重大气，细节精致华美，展现项目的整体品质。礼仪林道作为轴线贯穿地块南北，串连三庭五院，涌泉、花卉、灌木、精美欧式花钵、乔木、背景绿篱构建出多层次的景观效果。园区东侧设园区次级入口，以林带形式设计为谐趣园，集老年活动、娱乐健身、儿童游乐、户外交流、林下漫步等功能于一体，屏蔽公共场地对宅间及中轴的不利影响，成为整个园区的一大亮点。

（二）"三庭"

"三庭"作为项目最为重要的景观节点，坐落在主轴线上。

1. 清石庭

以现代西式的手法表达"清泉石上流"的诗画情景。该庭核心为古朴厚重的造型大理石墩，泉水由中心汩

总平面图

中央水景

汩涌出，雾喷袅绕，台阶拾级而上，极富诗情画意。意在以现代西式的手法营造中式古典情景。

2. 镜水庭

为整体园区的核心，双核心的椭圆流线极具设计感，向两侧导向院落空间。镜面的水景作为景观基面，设多级跌水及涌泉，中心的景观雕塑作为主景是点睛之笔，背景为错落的植栽。该庭作为景观核心焦点，仪式感强，高低错落，动静相宜，是整体景观品质的代表。

3. 杏林庭

是轴线上的停留空间。以植物景观为主要表现形式，西侧通过多层植物屏障隔离幼儿园对园区的影响，多层植物营造幽静宜人的林下空间。

（三）"五院"

"五院"的设计旨在丰富项目的景观空间和气氛。

1. 静晖院

意在体现夕阳般的温暖静谧，阳光草坪为院内的核心空间。木平台与景观廊串连；精致的法式模纹搭配华美是雕塑小品，是为点睛之笔；并人为创造高差变化，搭配密植背景，丰富景观层次。设计细节考虑景观休憩体验的舒适度。

2. 芳青院

意为清幽、富有韵味的青翠之地。通过植物与水景、景亭不同方式的组合，设计下沉庭院；并以"堆坡"方式创造高点，塑造丰富的空间感受。

3. 畅澜院

意在展示清泉与花木的美幻情境。院内水景为空间与视线的焦点，前设庭荫槐树，银杏阵列两旁，营造宁静氛围，涌泉、流水的声音使整个空间静中有动。闻香、听声、观景三者结合，成为本院亮点。

4. 听篁院

意在营造风篁成韵的情境。通过密植松竹林，隔离学校对本院的影响；配以绿意盎然的茂林碧草、精致动人的小品雕塑及线状水景，营造富有意境的院落空间。

5. 鉴朗院

内设大面明镜般的水景，倒映天空，形成"水天一体"的浩然之境。

设计单位：笛东规划设计（北京）股份有限公司

设计主持人：袁松亭

主要设计人：

司洪顺　许细燕　渠凯　赵斐

下沉景观

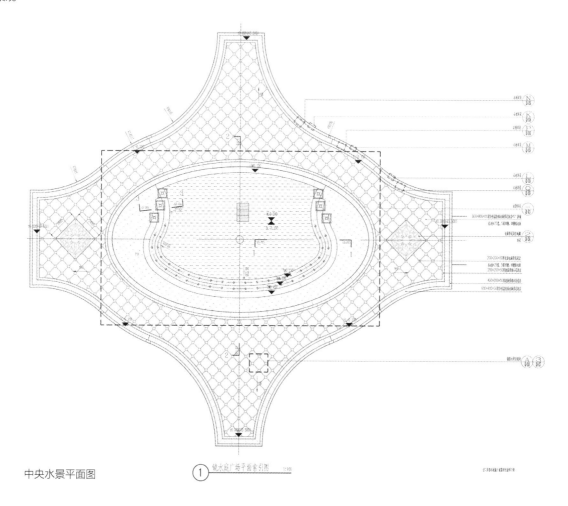

中央水景平面图

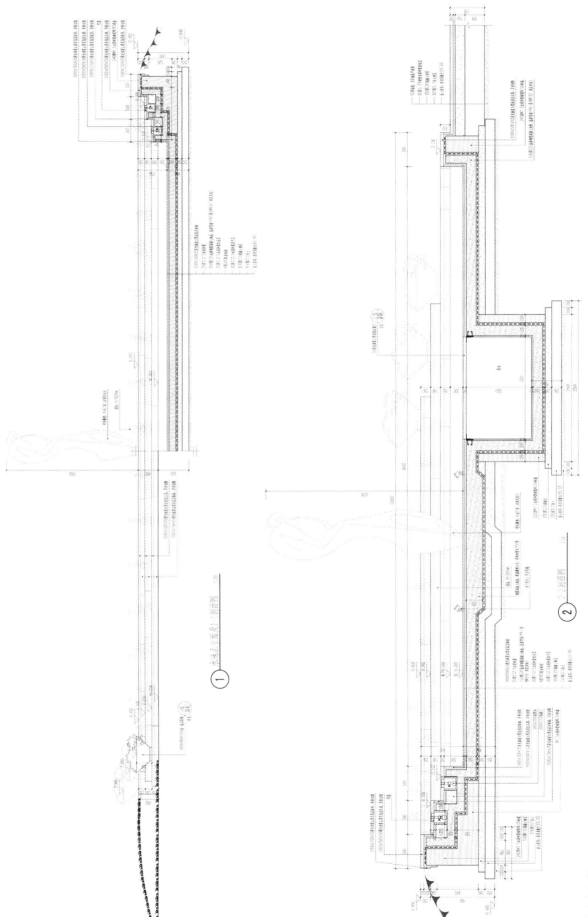

中央水景详图

屋顶绿化
2010年度

二等奖

1. 中铁建设大厦

1. 中铁建设大厦

2010年度北京园林优秀设计二等奖

一、项目概况

该项目为石景山区中铁建设大厦裙楼5层的屋顶绿化。屋顶平台距离地面17.95m，宽26.4m，长49.2m，总面积1299m²。平台北靠主楼，东、西、南三面临空，视野良好。屋顶花园的服务对象为楼内办公人员。

二、项目定位

将商务休憩融于自然氛围中的精致屋顶花园。

三、设计方案

希望能够充分利用高层建筑附属裙楼楼顶的有限空间，最大限度展示屋顶花园。设计露天茶吧和观景大平台，提供商务会谈和视野舒展的区域。在特殊的建造条件下，用卵石及置石的枯山水来体现水系，以丰富景观类型；并用木栈道、凉亭、台层变化等，表现空间的活泼。

在植物配置方面，由于屋顶的特殊环境条件，植物的选择应以抗性强、须根系发达的乡土树种和耐旱型地被为主。项目中，设计的乔、灌木树种有龙爪槐、红叶碧桃、贴梗海棠、红瑞木、棣棠、大叶黄杨球、沙地柏、丝兰等，地被植物品种有金焰绣线菊、八宝、马蔺、大花马齿苋、常夏石竹、佛甲草等。

以上的设计不仅能给大厦内的人们提供一处可以放松身心，摆脱工作烦恼与压力的空中花园；同时，花园也能与建筑相互依托、相得益彰。

四、基层施工介绍

（一）防水处理

施工前，总包土建施工单位已经施工至防水保护层，故项目施工时直接在底层防水卷材上面铺设钢复合胎基改性沥青耐根穿刺防水卷材，以防止植物根系破坏防水层；且将防水层的坡度调整到大于3%，将雨水有组织地排入屋面雨水收集口。

（二）排水层的设计

项目采用的是隔根板加粗粒的排水层结构。隔离过滤层采用PE聚乙烯凹凸排水板和无纺布，在起到过滤和保水功能的同时还可以防止各层材料之间产生粘边现象，有效保护屋面。排水层用100mm厚陶粒，这样既可迅速排除底层积水，又对人工土的通气和储水起到良好的改善作用。

（三）过滤层的设置

为防止种植土流失而造成肥力下降及屋顶排水系统堵塞，在种植土的底部设置塑料网格（固定排水层陶粒及扩大根系固定）和无纺布作为过滤层，防止种植土中细小颗粒的流失。

（四）种植土的组成

根据花园的设计标高和各种植物的生长特点，种植土层的厚度最小为30cm，最大为60cm。土壤成分由

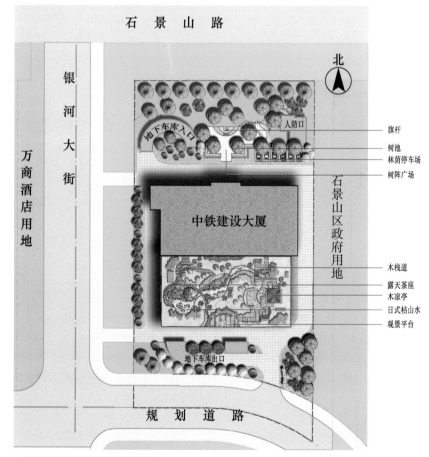

中铁建设大厦庭院绿化总平面图

10%木屑（经腐烂发酵）、30%腐殖土、55%本地园土和5%砂混合而成。

五、其他

本屋顶花园设计最大荷载10KN/m²，为使景观小品的设计满足屋面承重要求，尽量选择轻体且美观的建材，如，景观亭的材质以轻体钢架和防腐木为主，枯山水中的置石用塑仿石替代自然石块。为了保证植物的生长、提高其抗风能力，对较大规格的灌木采取在树木根部土层下埋塑料网的加固方法。

六、结语

项目从2007年10月开始参与招投标，于2008年3月开始施工，施工期间受建筑施工和奥运停工的影响，历经15个月后，于2009年5月竣工验收。作为石景山区第一座较大规模的屋顶花园，该项目竣工后受到一致好评。它的建成不仅给中铁大厦增加了一处优美的办公休憩环境，同时也给周边的高层观景视野平添了一抹空中绿色。

设计单位：北京市石景山区园林设计所
项目负责人：马钰
主要设计人员：马钰　王军华　谢梦

中铁建设大厦屋顶花园效果图

屋顶花园总平面

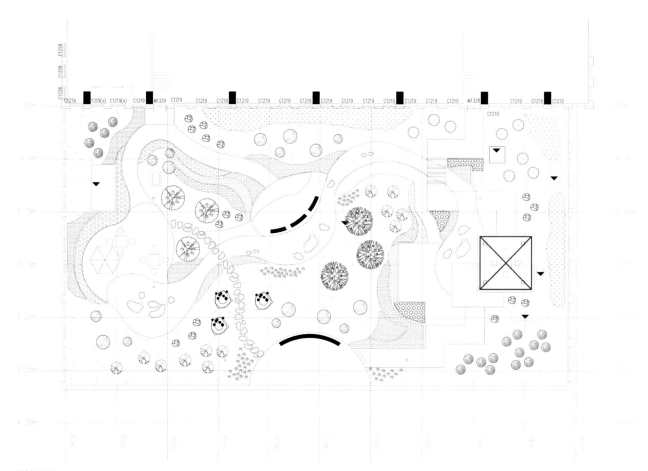

种植平面

栈道效果

卵石旱溪

屋顶花园整体景观

楼前栈道及花卉布置

屋顶绿化
2013年度

二等奖

2．房山区政府第三办公区

2. 房山区政府第三办公区

2013年度北京园林优秀设计二等奖

一、项目概况

项目位于北京市房山区CSD，第三办公区是展示房山的窗口。其建筑外观现代、时尚、简约，一定程度上代表了房山未来的发展方向。而景观形态是建筑特征的外延，因而项目融合了建筑现代式的设计特点，以"简约主义"的设计风格，让亲临于此的人能够第一时间感受到房山的现代风貌，并真正将这里塑造成房山的时代窗口。

景观形式现代自然，与建筑形态充分融合。用植物造景、花境、花箱、木平台、亭廊、沙石、草毯等多种景观元素，营造房山第三办公区现代、简洁、大气、功能宜人的景观环境。

二、设计主要特点

整体屋顶花园由3栋大楼分割成4个独立的空间。通过分析办公楼区人群的心理需求，主要分为独处、聚会、谈心、游动4种功能，由这几个功能要求形成静观式、聚集开敞空间式、散置多空间式、回游式几种空间形态，并将之命名为心语园、喧聚园、聆听园和游思园，代表了这几种空间形态带来的不同心灵体悟。

（一）心语园

心语园主要营造一种独处的空间意境，以圆形的花境、灰色调的铺装、孤植的点景树、特色花箱和坐凳烘托出简约、空灵的感觉，适合独自在此冥思遐想，任思绪扶摇而上。

（二）喧聚园

喧聚园是四面围合、中间开敞的空间布局，多样化的条形种植带、开敞的阳光草坪、舒适的木平台、惬意的景观步道以及精心打造的中心广场和景观亭营造出既有通过感，又有内聚性的空间感觉，适合工作之余在此聚会小憩，也可聚集团队成员在这里高谈阔论、一抒怀抱。

（三）聆听园

聆听园以散置、多空间分布的方式，采用白色卵石、景天类的肉质地被，结合木坐凳、花廊、花带、步道表现日本枯山水式的禅意空间，适合二三知己良友在此坐而论道、感悟人生。以精细整齐的种植方式结合白色卵石形成CSD特色景观，在高处眺望

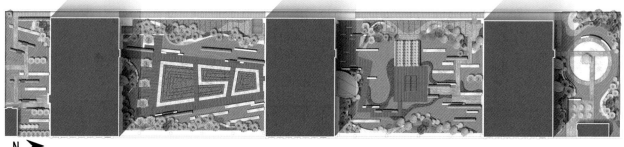

N ➤

总平面图

心语园中庭

中心绿植

喧聚园

具有极强的标志效果，于近处观赏又极具把玩性。花廊结合logo标志，利用支撑斜杆形成，以矮本花石榴密密遮盖，一方面形成幽静的游廊效果，另一方面也严实地遮盖住logo标志物，围合出绿色的植物空间。

（四）游思园

游思园以简单的特色坐凳和花带形成回游式的空间形态，便于与二期工程结合，也呈现一种等待、徘徊的形态，给人留有余韵。

总之，CSD屋顶花园在风格上简约、大气；在空间布局和设计细节上，既在中心地带突出"CSD"标志物，又关注使用者的健康、安全和心灵体验，真正做到形神兼备，是现代园林的集大成者。

三、主要技术难题及创新点

（一）荷载问题

经建筑结构设计师计算，屋顶花园的荷载仅为350N/m²，对于屋顶花园已达到极限。而当时业主又要求有亭廊等休憩设施，并要求在景观上尽可能保证丰富度，这给设计造成了极大的难度。主要解决方案如下。

1. 景观亭、廊架以及排风口外装饰面等构筑物布置在建筑的主次梁上，并使用法兰盘进行固定。

2. 土壤采用大兴安岭腐殖土配合珍珠岩等基质配置，并在表面整体覆盖环保草毯，这样配比而成的轻质土能有效降低覆土的厚度和每立方米

游思园座椅

土壤的重量。

（二）排水问题

屋顶花园所在的位置为裙房，两侧均为24层高的玻璃幕墙，为满足瞬时暴雨的排水要求，屋顶花园到处是纵横交错的200×200mm的排水沟，而覆土厚度大部分在100～300mm之间，这些排水沟势必外露。为避免排水沟影响屋顶花园的景观效果，使用不锈钢材料做成排水沟，并在上面覆盖设计感极强的雨水箅子，使整个排水沟也变成了一道风景线。

（三）防水层和屋顶障碍物的处理

因原建筑并未考虑建造屋顶花园，为避免出现漏水问题，在设计中整体做了防水和阻根层。但现场众多的排风口、空调机、广告牌等支撑物为防水层的施工带来了很大的困难。经过多次现场踏勘和分析探讨，具体问题具体分析，根据各个障碍物的情况，采用覆盖、砌墙、特殊防水处理等多种方法，最大可能地保证屋面安全。因空调、防风口也影响了屋顶花园的景观效果，故根据现场情况，通过增加木格栅、钢结构装饰面、土壤和植物覆盖等方式，使之与花园景观融为一体。

设计单位：中外园林建设有限公司
项目负责人：孟欣
主要设计人员：
彭军　郭明　李长缨　谢卫丽
主要参与人员：
杨开　薛冠楠　雷晨　李美蓉　张灏
周英葵　任鸿春

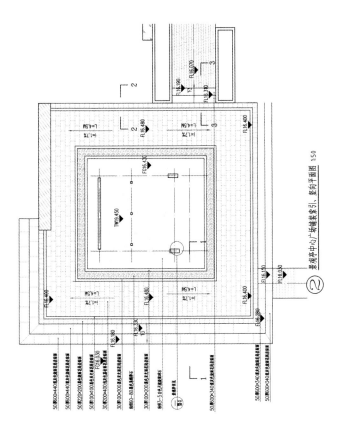

② 景观亭中心广场铺装索引、竖向平面图 1:50

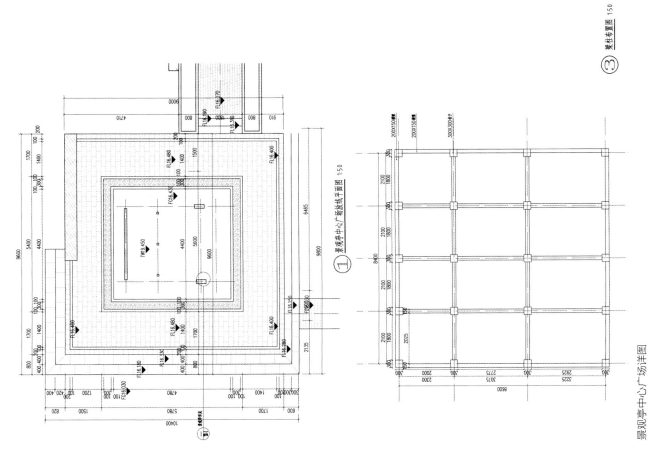

① 景观亭中心广场放线平面图 1:50

③ 梁柱布置图 1:50

景观亭中心广场详图

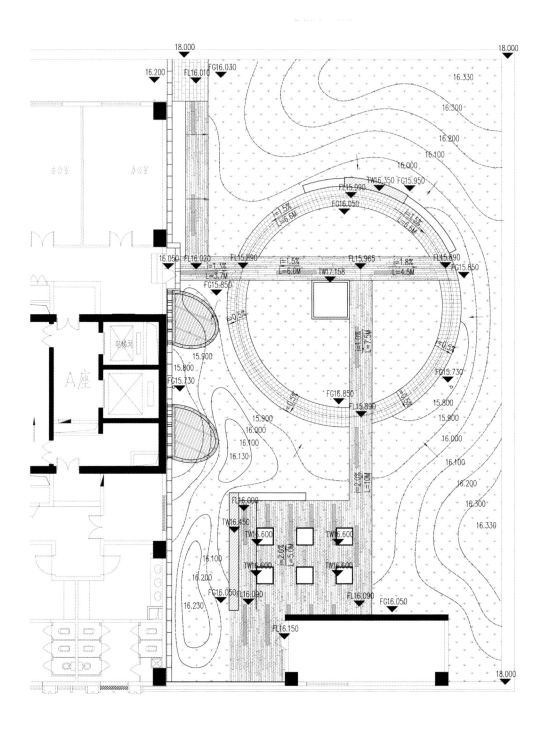

心语园竖向图

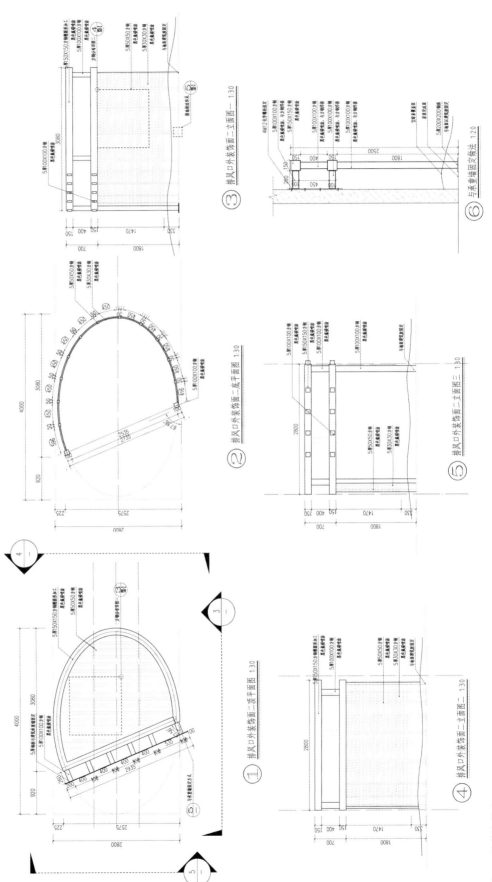

① 排风口外装饰面—顶平面图 1:30

② 排风口外装饰面—底平面图 1:30

③ 排风口外装饰面—立面图— 1:30

④ 排风口外装饰面—立面图二 1:30

⑤ 排风口外装饰面—立面图三 1:30

⑥ 与承重墙固定做法 1:20

排风口外装饰做法

屋顶绿化
2015年度

二等奖

3. 北京经开·国际企业大道（Ⅲ）

三等奖

4. 公安部招待所及警察技能用房东中庭

3. 北京经开·国际企业大道（Ⅲ）

2015年度北京园林优秀设计二等奖

一、项目概述

北京经开·国际企业大道（Ⅲ）位于北京城市东南五环，亦庄经济技术开发区东部。项目用地为边长约300m的近正方形地块，其中屋顶绿化面积约为2.5万m²，由建筑围合的车库顶板屋顶绿化形成五大组团，面积4500～6000m²不等。

二、场地难点解析

（一）覆土浅，植物景观的营造难度加大

本项目覆土深度最厚为70cm，最薄处不足50cm。如此厚度的土层无法满足乔木类植物的生长要求，因此在植物景观多层次复层的营造上受到很大的限制。

（二）顶板荷载小，竖向空间的塑造受到局限

本项目车库顶板荷载为13KN/m²，这个值包含土壤的湿容重、植物、景

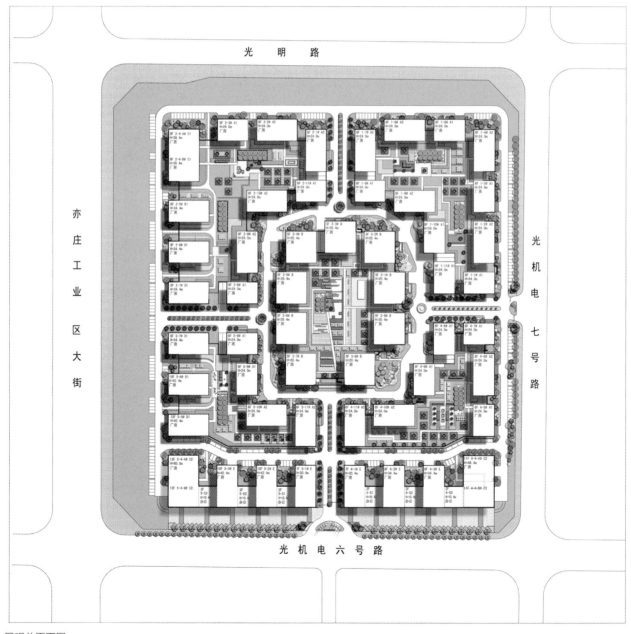

景观总平面图

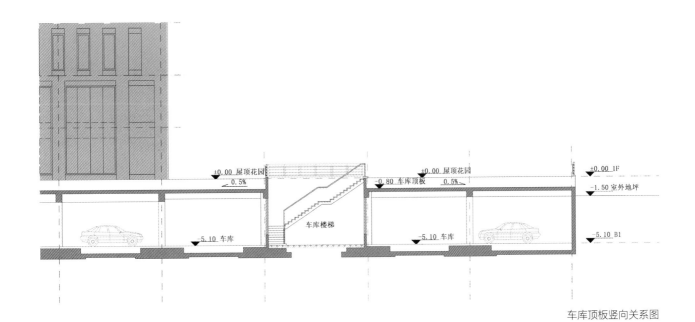

车库顶板竖向关系图

观小品、地面铺装等全部荷载。土壤的湿容重一般为1600~1800kg/m³，按照本项目最厚土层0.7m计算，每平方米上土壤的重量为1600×0.7=1120kg，占用了绝大部分的顶板荷载，预留给种植物、地面铺装、景观廊架、水景小品等的荷载不足180kg/m²，这对选择植物的种类、廊架的高度及材料、水景的尺寸、台地的高度等造成了局限。

三、基于场地特性的营造技术

（一）结构柱点增加覆土深度，满足小乔木的生长要求

在车库顶板结构柱柱点位置设置45cm高的树池，使土层厚度增加到95~115cm，以此满足亚乔木类植物的生长要求。结构柱点呈规律均匀式排列，因此树池也呈阵列式排布，成为各组团统一的景观元素。树池里栽植分枝点低且树冠开展的山桃或樱花。山桃、樱花抗旱耐寒，十分符合

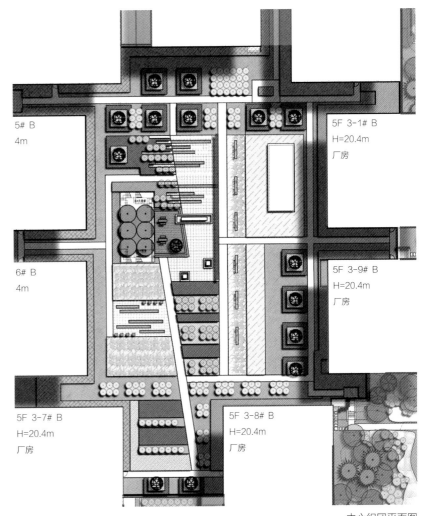

中心组团平面图

结构柱点位置设置树池，栽植山桃

车库顶板的生长条件。

（二）水景、构筑物、条石等小品量小而精，且尽量分布于顶板结构柱位置

水景以规则式的点状水体为主，水深控制在15cm左右，既利于平时的清洁保养，又能满足顶板荷载要求。水景以墨绿色抛光面石材为主，与浅灰色花岗岩铺装、栗色木平台形成强烈对比，汩汩涌动的喷泉，轻如薄纱的跌水，体现水的灵动，营造充满活力的商务空间。廊架是竖向空间中最突显的景观元素，以钢、碳化木为主要构筑材料。廊架结合台地、水

景布置，栅格式的木棱条与方钢结合，通透轻盈。石材水景、廊架、条石等小品尽量分布于顶板结构柱的位置，数量不多，面积不大，设计精巧，传达场地的现代雅致之感。

（三）台地回填选用加气混凝土取代土壤，满足顶板荷载要求

在各组团的中心区域，局部设置台阶，形成面积30～60m²的台地。台地基础选用B05级加气混凝土砌块取代C15混凝土。B05级加气混凝土容重相为混凝土的1/4、土壤的1/3，能大大减轻回填重量，满足顶板荷载要求。

（四）地表排水与顶板排水共同构成排水系统，满足组团空间的排水要求

地表径流排水主要是指雨水收集，景观师以建筑设计师的排水设计为依据，对场地进行竖向设计，尽量保证原有建筑物屋面的排水方向和坡度。

车库顶板排水是指雨水或绿化灌溉渗透进土壤，土壤饱和后多余水的排放。景观师选择排水板作为排水材料，四周由透水管连接建筑预留的集水井，其上铺设无纺布，再加盖5cm粗砂滤水层，使基层底部形成一个完

整的排水体系，快速有效地排走灌溉时土壤中多余的水分和雨天时土壤中的渗透水。

（五）大量花灌木、花卉地被、观赏草的运用，在有限的土层厚度下尽量丰富植物的多样性

注重植物多样性，通过不同植物间色彩明暗的对比、不同色相的搭配、不同花期的组合，进行布局和设计，形成富于统一变化的植物景观。灌木成片栽植，选择花期长且色泽鲜艳的品种，春季观紫丁香、白丁香、黄刺玫等，夏秋赏木槿、紫薇、珍珠梅、丰花月季等。同时，常年彩色观叶观干植物也广泛选用，如美国红枫、红瑞木等。建筑边缘栽植修剪的大叶黄杨、金叶女贞、紫叶小檗绿篱色块，规整统一，同建筑的商务气息相融合。下层花卉地被也是本项目植物设计的重点，大量运用了宿根花卉丰富平面景观，将不同花期、同花期不同花色、不同花形的品种进行组合搭配。由于抗性强、管理粗放、形态质朴、观赏性强等优点，观赏草也成为组团空间绿化种植的选择。秋季抽穗的狼尾草与台地、廊架、水景、园路相结合，花序茂密纤柔，随风摇曳，给现代商务办公环境添加一份自然野趣的景致。

设计单位：北京北林地景园林规划设计院有限责任公司

项目主持人：谭小玲

主要设计人：

谭小玲　陈又畅　张雪辉　孟颖

朱京山　马亚培

点状水景与平台、廊架形成的精致空间

条石、草坪、花带切割形成的场地

植物围合的台地增加了竖向空间

场地里假龙头，早园竹围合的廊架

场地里狼尾草的运用

一、项目概况

项目位于中国公安部大楼内，设计范围为公安部招待所及警察技能用房屋顶的中庭绿地，绿化面积约1140m²。

项目为建筑中庭屋顶花园，荷载仅为300kg/m²，绿化覆土严重受限。

二、设计原则

（一）整体性原则

将绿色景观自然融入单调、规整的办公环境中，做到整体化一。

（二）实用性原则

充分考虑使用者的需求，提供休憩、商谈的空间，满足办公、休憩等多种需求。

（三）生态性原则

种植应富有层次感，优化建筑本身的生态性。

（四）安全、持续性原则

遵循屋顶花园设计规范，充分探究项目特殊性，选择合适的植物品种、注重防水与排水设施的设计，以保证景观的安全性、持续性。

三、项目理念

该项目是集办公、休闲、通行为一体的多功能屋顶花园，设计时，希望通过中庭将建筑空间与景观相互融合、彼此渗透，形成"四季有水"的生态景观。在严肃、规整的建筑内部设计一处自然、生动的绿色内核，为使用者提供一处提神醒脑的绿色氧吧。

四、详细设计及策略

中庭周边为建筑墙体，现有中庭屋面防水与墙体交接处上翻高度为300mm。设计时必须考虑墙体处需保留有效泛水高度。针对屋顶荷载较小、绿化覆土较薄的特点，设计时考虑多种解决措施。同时，考虑绿化排水与屋面现有排水沟的有效结合。

中庭通过木栈道组织交通，在绿地外围形成主要的步行空间，使中心绿地景观更加集中；同时，架空的木栈道还对现状四周裸露的排水沟起到遮挡作用。

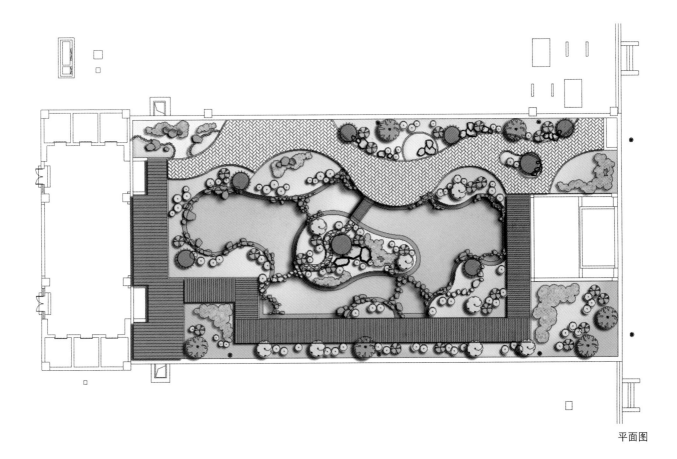

平面图

中心的水体景观由于水池深度受限，采用驳岸、池底一体化的设计方法，压缩水池厚度。给水管直接连接开关形成涌泉效果，解决了池底过浅无法隐藏涌泉喷头的问题。

水池中央的绿岛通过穿透池壁设置排水管的方法，将雨水排入水池中，从而解决排水问题。

五、种植设计

由于绿化覆土严重受限，最终施工厚度仅为400mm。植物配置以浅根系植物为主，小乔、灌木、地被多层次种植。中庭可根据季节变化，摆设室内花卉，如杜鹃、非洲凤仙等，以丰富庭院景观色彩。定期对植物进行修剪，以保持其较好的形态。具体植物种类选择如下。

1. 小乔及灌木

平顶油松、云杉、山楂、红枫、果海棠、紫薇、金银木、丁香、木槿、黄刺玫、大叶黄杨球等。

2. 地被

金娃娃萱草、佛甲草、玉簪、景天、珍珠梅、绣线菊、月季等。

设计单位：北京北林先进生态环保技术研究院有限公司

项目负责人：童舟

主要设计人员：谭文娜　杨扬　耿鹤

中庭效果图

水景

木桥

中心绿岛

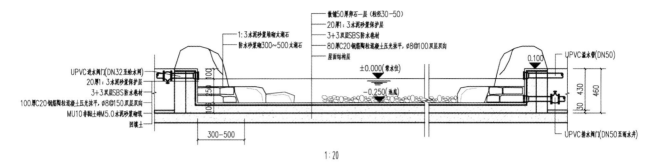

1:3水泥砂浆垒砌太湖石
防水砂浆砌300~500太湖石

散铺50厚卵石一层(粒径30-50)
20厚1:3水泥砂浆保护层
3+3双层SBS防水卷材
80厚C20钢筋陶粒混凝土压光找平,Ø8@100双层双向
屋面结构层

±0.000(常水位)

UPVC进水阀门(DN32至给水网)
20厚1:3水泥砂浆保护层
3+3双层SBS防水卷材
100厚C20钢筋陶粒混凝土压光找平,Ø8@150双层双向
MU10幸黏土砖M5.0水泥砂浆砌筑
回填土

−0.250(池底)

0.100

UPVC溢水管(DN50)

UPVC排水阀门(DN50至雨水井)

300~500

1:20

驳岸、池底做法详图

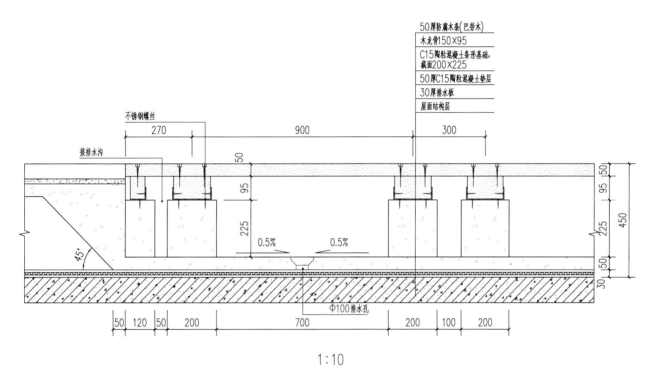

50厚防腐木条(巴劳木)
木龙骨150X95
C15陶粒混凝土条形基础,截面200X225
50厚C15陶粒混凝土垫层
30厚排水板
屋面结构层

不锈钢螺丝

接排水沟

270   900   300

50   95   225   50   30   450

0.5%   0.5%

45°

Φ100排水孔

50 120 50   200   700   200 100 200

1:10

木平台接排水沟详图

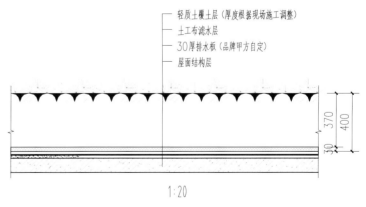

轻质土覆土层(厚度根据现场施工调整)
土工布滤水层
30厚排水板(品牌甲方自定)
屋面结构层

30 370 400

1:20

屋顶排水结构剖面图

其他附属绿地
2009年度

二等奖

1. 北京金融街核心区

三等奖

2. 凯晨广场

1. 北京金融街核心区

2009年度北京园林优秀设计二等奖

一、项目概况

北京金融街南起复兴门内大街，北至阜成门内大街，西自西二环路，东邻太平桥大街。金融街核心区集写字楼、公寓、五星级酒店、国际会议中心为一体，配有专为金融界高级人士打造的银行家俱乐部、国际金融会议中心，以及相配套的各种商业、餐饮、娱乐、休闲、学校、医院等设施。

利用地下、地上一二层及连廊，合理安排商业配套设施，形成一个功能完善、服务齐全、充满活力的24小时不夜城。

金融街中心区景观设计总面积约7hm²，包括约2hm²的中心公园及f1、f2、f4、b1、b3、b4、b7各地块的附属绿地。

二、总体设计理念

（一）体现了生态和人性化的特点

办公空间要求自然采光；中心绿地、建筑组团之间的庭院绿地、建筑室内的立体园林，使绿化率高达40%。

（二）建筑、景观、室内、街道家具等一体化设计

景观设计从功能出发，强调外环境的整体感，突出城市高密度地区特有的现代气氛，让所有的游客都能感受到这个地区的独特性。

三、空间布局

以中心公园为核心，各地块附属绿地围绕在四周，并通过建筑通廊、下沉廊道、特色植栽及铺地等手段加强各地块与中心公园之间的联系与沟通，互为因借，风格上保持高度的统一。

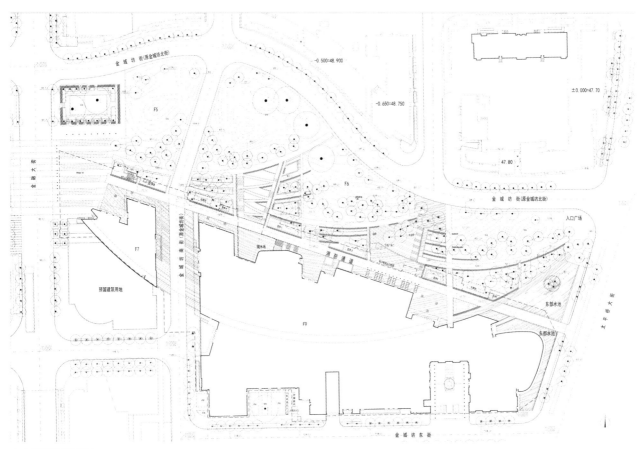

中心公园总平面图

四、道路交通设计

空中、地下通道四通八达、人车分流，与周边建筑与交通设施良好沟通，彻底解决金融街地区交通拥堵的老大难问题，绿地中道路设计强调多路径设计，最大限度满足特殊地段人流量大、开放性强的特点。

五、种植设计

种植设计突出利用乔木架构空间，选用整齐的修剪花灌木突出现代感，强调建筑周边基础栽植。法式花园及各地块连接通道选用树冠较为整齐的千头椿界定空间，中心公园强调自然，选用北京乡土树种国槐，配合银杏、白皮松等观赏大乔木，突出自然特色。地块间行道树与周边道路行道树相呼应。

六、细节设计

核心区的景观设计是与总体规划本身同时进行的，并紧密地联系着周边的住宅、办公及公园地区的设计。建筑的外观设计将采用开放手法，结合街旁树木，街灯和石面路的设计，提高工程的整体度。工程强调室外公共场所的设计和与附近较大型公园的关系。一系列的交通循环条件和花园的几何形状加强了这种关系，并把建筑、场地规划的内部和外观、开放和隐蔽的性质紧密地连接在一起。当花园波浪形的地面与各种建筑的波纹板被发展为一个统一的景观时，交织效果也将同时由三维效果与表面循环形成。此设计将创造一个"园内有楼，楼内有园"的独特理想格局。植物、水流以及硬质地面都在此关系中起着

步行通廊

中心公园绿地

下沉花园

B3庭院水景

极为重要的作用。树木将用来构造公园内的空间与运转；而灌木丛将创造室外花园房间以及开放草坪可利用空间。水景巧妙地与建筑相互映衬，巩固了花园与房间的关系，并将花园的质地与明亮的特性引入了建筑。

七、中心公园详述

北京金融街中心公园由四大元素构成。

1. 供主要活动使用的大草坪。

2. 供休憩使用的法式花园。

3. 供交通、交流、大型集会和表演等使用的硬质铺地区。

4. 用于渲染气氛的喷泉区。

除此之外，中心公园建有2个露天剧场，下凹至B1层。每个空间均可用于容纳25~50人的小型表演或容纳1000人的大型集会。

设计单位：美国SWA设计公司、北京市京华园林工程设计所
项目负责人：Rene' Bihan 张初夏
主要设计人：

张初夏 夏永梅 史静宇 张静 张弛
杨程

中心公园水景

B7法式花园

2. 凯晨广场

2009年度北京园林优秀设计三等奖

一、项目概况

凯晨广场（现用名为"凯晨世贸中心"）位于长安街与闹市口大街交汇路口东南角，其北侧为工商银行总行，西侧为国际金融中心与远洋大厦，地理位置优越，是长安街沿线建筑的收官力作。

凯晨广场景观规划面积为2.17hm²。景观设计始于2005年11月，项目竣工时间为2008年11月。

二、项目认识

项目为临长安街的高档写字楼，被四通八达的立体交通网所环绕，区位及交通优势得天独厚，构筑了5A核心地标建筑所必需的中心交通环境。凯晨广场建筑设计为SOM的首席设计师艾德里安·史密斯（Adrain Smith），这也是他退休前的最后一个作品，其立面设计借鉴了中国传统建筑及民间艺术中常见的"乚""勹"形饰纹和佛教中吉祥如意的"卍"字符，将汉字中偏旁部首的笔划拆解为最基本的横平竖直，重新组合形成一系列相互交错的Z、L形，在长安街上创造了独特的立面效果，给人以强烈的视觉冲击，成为长安街的地标性建筑。

三、设计构思

景观设计遵循《长安街园林绿化设计导则》的要求，考虑与项目建设总体理念的协调，与环境空间尺度的协调，与建筑主体风格材质、形式语汇的协调，并将建筑设计中贯穿的中国汉字笔画构成概念，运用到景观设计中。

四、景观特色

项目结合其位置及自身特点，在景观设计中推陈出新，敢于大胆尝试，突破长安街惯有的以低矮灌木为主、以雕塑喷泉等为景观焦点的设计

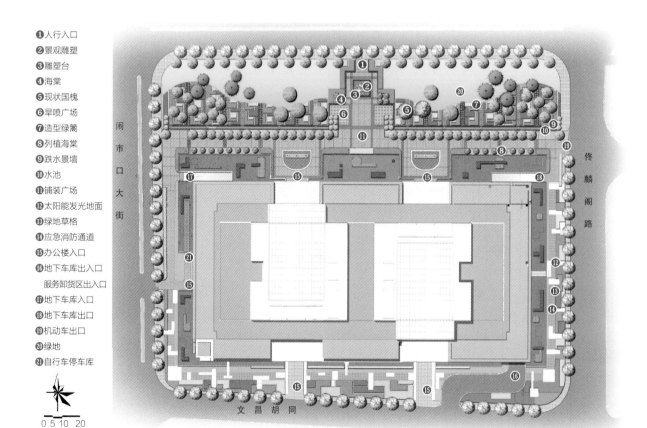

❶人行入口
❷景观雕塑
❸雕塑台
❹海棠
❺现状国槐
❻旱喷广场
❼造型绿篱
❽列植海棠
❾跌水景墙
❿水池
⓫铺装广场
⓬太阳能发光地面
⓭绿地草格
⓮应急消防通道
⓯办公楼入口
⓰地下车库出入口
　服务卸货区出入口
⓱地下车库入口
⓲地下车库出口
⓳机动车出口
⓴绿地
㉑自行车停车库

0 5 10 20

规划总平面图

长安街沿线绿地景观

风格。设计注重绿色、生态，形成以乔木为景观主景，主次分明、层次丰富的绿色景观。将景观与建筑总体理念相结合，运用绿化、小品、水景、灯光等诸多景观元素，结合新技术、新材料，使凯晨的景观环境成为长安街上一个绿意浓重的新亮点。

长安街30m宽的绿化带，在整体设计风格上临街开敞、靠近建筑规划有层次的绿植和水景景观。整体环境以大乔为景观主景。此风格独树一帜，虽与长安街沿线整体的风格有所不同，但又能保持和谐统一。事实证明，种植大乔同样能够烘托主体建筑，营造优美大气的景观环境。种植

入口景观

设计注重景观的细节和装饰性，延续建筑自身的语言，将文字笔画的符号运用到膜纹图案中，使景观与建筑的整体感更强烈。

设计中，水景和灯光是景观的又一亮点，因建筑周围有大面积的镜面水池，为与其呼应，绿地内设置旱喷及跌水墙，展示水的动态美。跌水墙也成为一道流动的风景，不仅丰富了室内观景效果，同时屏蔽了嘈杂的人流车流。

景观照明大胆采用环保节能的新技术——Led变色发光灯，与跌水墙、铺装相结合，形成一道亮丽的新景观。铺装设计也采用了新技术，用半透明的琉璃作为环保透水铺装的骨料，透水、透光、防滑，从空中看去，在绿地内形成一串亮线。此外在有临时通行需求的绿地内铺设绿地草格，兼顾绿化和通行性，最大限度地发挥了绿地的生态效益。

设计单位：北京市园林古建设计研究院有限公司

项目负责人：李松梅

主要设计人：李松梅　岳玉芬

参与设计人：付松涛　杨春明　马立安

文字笔画型模纹

跌水墙景观

绿地发光通道

其他附属绿地
2010年度

三等奖

3. 高安屯循环经济产业园 2009 年环境整治

4. 北京科航大厦

3. 高安屯循环经济产业园2009年环境整治

2010年度北京园林优秀设计三等奖

一、项目概况

本地块位于朝阳区与通州区交界处，占地面积24.50hm²，主要设计内容为厂区内部道路、垃圾填埋山一层平台、现状办公区小院、循环经济展示园4部分。

二、设计目标

在厂区现有基础上提升垃圾山和生产区、办公区、现状车行道等景观品质，使整体区域在生态性、先进性、经济性等方面得到本质性提高。

三、设计原则

（一）生态型原则

在厂区规划中充分体现生态保护第一的原则，以丰富多彩的植物群落，创建一流的生态环境。

（二）先进性原则

厂区整体规划的内容与项目设置与时代相衔接，体现现代园林绿地的风格和特点。

（三）再利用原则

将规划区域内现有大量植被有机融合到新的设计中，并加以应用。

（四）发展性原则

本此设计内容结合整体规划方案，为厂区的可持续性发展提供基础。

（五）经济性原则

厂区内各类设施的设计体现经济性，为其今后的良性发展打下基础。

四、设计分区

（一）道路绿化

1. 主要进出路（2条）

办公车辆和垃圾车分行。北侧进出路绿化以春季景观为主，局部搭配夏景植物，基调树种为千头椿。

南侧进出路目前为垃圾车出入路，在规划中为产业园主要进出路，因此在景观设计上以整型绿篱为配植前景，搭配红叶李、金银木、红王子锦带、榆叶梅等植物，做到三季有花、四季常绿。

2. 内环路两侧绿化带

此路为产业园区内主要机动车道之一，设计重点处理道路转弯处和沿路的林下空间，以组团式桧柏搭配连

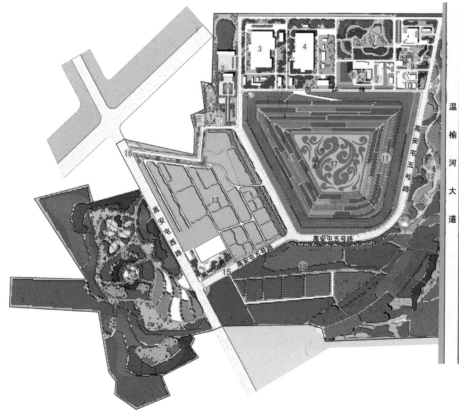

❶ 园区公共设施
❷ 园区内活动场地
❸ 电厂
❹ 生活垃圾焚烧设施（预留地块）
❺ 生产区小花园（预留地块）
❻ 填埋作业机械停车场
❼ 气体利用设施
❽ 医疗垃圾焚烧设施（在建）
❾ 生产区庭院（预留地块）
❿ 渗沥液处理设施
⓫ 垃圾山一层绿化带
⓬ 沿路绿化景观区
⓭ 发展预留地块
⓮ 香苑（西区公园）
⓯ 入口小庭院
⓰ 厂区出入口
⓱ 模纹绿篱

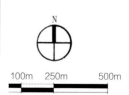

景观规划总平面图

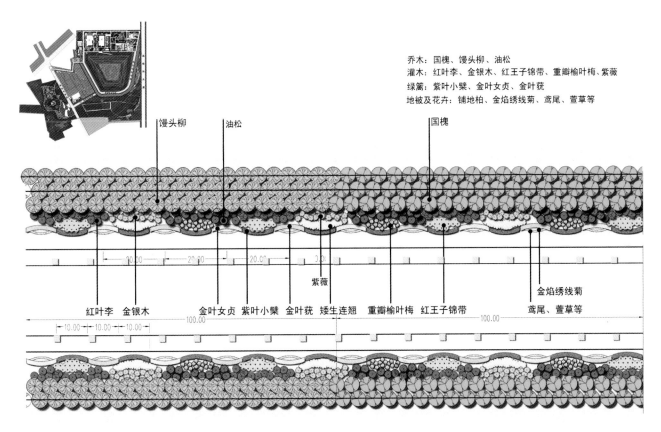

乔木：国槐、馒头柳、油松
灌木：红叶李、金银木、红王子锦带、重瓣榆叶梅、紫薇
绿篱：紫叶小檗、金叶女贞、金叶莸
地被及花卉：铺地柏、金焰绣线菊、鸢尾、萱草等

馒头柳　　油松　　　　　　　国槐

红叶李　金银木　　金叶女贞　紫叶小檗　金叶莸　矮生连翘　重瓣榆叶梅　红王子锦带

紫薇

金焰绣线菊

鸢尾、萱草等

南侧进出路规划平面图

循环经济展示园景观规划平面图

林荫步道

翘、榆叶梅及宿根花卉，保证沿路景观的连续性和观赏性。

3. 生产区北侧道路

种植上突出春夏效果，海棠、紫薇等开花灌木及整型绿篱，使这条路在春夏两季的景观效果有效提升。

4. 生产区内道路（2条，南北向）

道路两侧种植榆叶梅、紫薇等植物，在春夏季节，鲜花灿烂、景色优美。地被植物采用金叶女贞、大花萱草等，路两侧形成了层次丰富的景观。

（二）现状办公区小花园

现状小花园现有植物品种较为丰富，故本次设计主要在现状的基础上进行调整，调整内容如下。

1. 现有水系为土工膜防水，周边为混凝土压边，池壁坡度较大，整

体效果较差，因此设计采用双层湖底做法，近岸处采用缓坡驳岸，草坡直接入水，使游人可以近水观水。

2. 东侧原有混凝土铺面广场不变，原有矩形绿地补植整形绿篱和花卉。

3. 原有仿古轩与周边地块、水面之间缺乏必要的联系，因此重新调整了仿古轩与周边的广场形式及亲水方案。

4. 入口处原有种植较差，因此在亭子重新粉饰后，重点处理入口空间，为办公人员和参观者打造一个优美的拐角景观。

5. 原有出水点及溪流与广场关系不够协调，故在临近广场的一侧布置小的花镜，结合特色出水口，将此处设计为广场边一个具有特色的

节点。

6. 在原有道路微调的基础上，在仿古轩北侧围合出一个相对开敞的小空间，在空间上与周边地块相对比。在缓坡草坪上种植大规格孤植景观树。

7. 主入口处设计标志性小挡墙，并以仿古轩为远景，设计一条视线通廊。

8. 原有此地块布置两个欧式园亭及一个组合花架，出于对园内整体风格的考虑，在广场中间设置小绿岛，使此处成为令游人感到舒适的集散空间。

9. 东侧广场中间设置旗杆及升旗台，并预留节日摆花装置。

10. 规划厂区内绿化停车位，保证区内的机动车摆放规范，车行

科普长廊

顺畅。保证厂区内的整洁和绿化覆盖度。

（三）垃圾山一层平台及外围15m绿化带

垃圾山由于现状覆土仅为50~80cm，不适宜种植乔木和大型灌木。故以绿篱色块为主要植被，整齐美观，依托垃圾山的宏伟山体，形成以大色块为主要构图元素的植物景观，保证道路方向和垃圾山顶部两个方向的视觉效果。同时整体覆盖色块也能够起到保持水土、预防沙土的生态效应。

（四）循环经济展示园

1. 设计原则

经济、适用、美观。

2. 设计特色

通过设计语言将人与自然和谐共生的理念传递给参观者，多角度、全方位地阐述循环经济的发生与发展，发挥展示园科普教育的作用；采用立体化、多样化的展示手法，遵循可持续性原则，在设计过程中将溪流符号简化，减少景观用水，使用本地材料。

3. 双环设计

其一为红色步道——人类进步之环，象征着人类生生不息、完善自我、不断前进的过程。其二为花环——自然之环、能量之环，体现自然界的生态循环系统、自我调节控制能量的流动和物质的循环，做到综合、反复利用可再生资源。

**4. 各个展示区的平面基本构图为圆形，环环相扣，象征着循环经济所宣扬的对资源的再利用和可持续发展模式。主要展示手法包括展窗文字、图片，主题雕塑、回收材料的利用、定期举行的互动活动、环境展示等。

（五）大门及雕塑设计

设计利用可回收标志的形象，并在原图形的基础上加以发挥创造。在色彩上，黑色代表污染与废弃物，黄色代表净化回收再利用的过程，绿色代表对生态与绿色的还原。

设计单位：北京市园林古建设计研究院有限公司

项目负责人：严伟

主要设计人员：

李海涛　王堃　汪静　黄通　耿晓甫

蒙博　季宽宇

4. 北京科航大厦

2010年度北京园林优秀设计三等奖

一、项目概况

北京科航大厦位于朝阳区五里沟，东至京润水上花园，南至莱太花卉市场，西至鹏润大厦，北至机场辅路50m绿化带。北京科航大厦位于燕莎商圈中心地带，毗邻女人街、莱太花卉、美国使馆区，是集购物中心、酒店、甲级写字楼、餐饮等配套于一体的综合性多功能项目，紧邻北京中央商务区，项目占地面积11208m²，建筑总面积为85040m²。

二、定位

北京科航大厦外环境景观定位为五星级酒店外环境和高档商务空间、总部基地景观，总体风格为与建筑相适应的现代风格。

科航大厦双子楼，由5层裙房相连的两座塔楼组成，一座为23层的甲级写字楼，为海航总部基地；另一座为24层五星级酒店，为万豪酒店；裙房为酒店功能用房及部分商业用房。本设计重点设计区域为万豪酒店大堂外景观。

三、设计理念

从科航大厦首层大厅的室内设计方案中，可以看到圆的符号得以大量运用，与建筑方形的棱角形成了很好的调和。室内的铺底以一个向外延展的圆形为底，其上图案可以提炼出稍大的一个圆形和两个小椭圆，这自然让人联想到中国古典文化中的"一池三山"。

"一池三山"的设计理念源于上古传说，传说海上有蓬莱、方丈、瀛洲三座仙山，为水光山色的神仙居所，素来是人们渴望的理想山水，其后演变成中国古典园林中经典的山水造园理念，并留下众多成功的范例，如颐和园、西湖、北海等。

四、空间划分

分为酒店接待礼仪空间、办公区礼仪空间、露天茶座休闲空间、水景和绿植背景空间。

设计重点内容包括酒店入口螺旋水池、金色中国结雕塑、百泉景观、

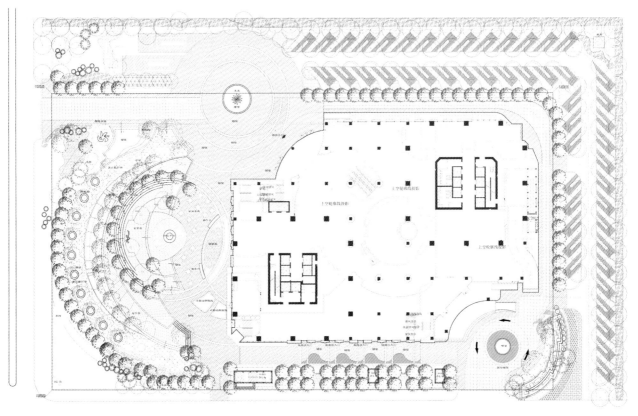

平面图

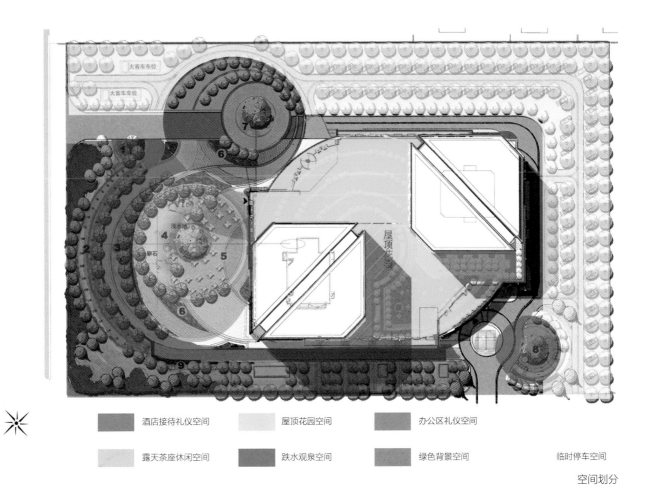

▉ 酒店接待礼仪空间	▉ 屋顶花园空间	▉ 办公区礼仪空间
▉ 露天茶座休闲空间	▉ 跌水观泉空间	▉ 绿色背景空间	临时停车空间

空间划分

露天消夏平台、百花台、大堂入口水景等。

五、结语

在酒店复杂的交通、随时变化的服务功能、投资、建设方企业文化和管理公司风格等诸多条件制约下，对于如何在狭小空间内，达到最大化的实用目的，同时效果美观，又具有中西方观者都易于理解的文化内涵和高品位景观价值，设计做了新的实践与尝试。

设计单位：北京市园林古建设计研究院有限公司

项目负责人：毛子强

主要设计人员：潘子亮　么永生

参加人员：

王玮琳　张雪辉　王晓　孔阳　柴春红

百泉

实景鸟瞰

其他附属绿地
2011年度

一等奖

5. 密云云水山庄

三等奖

6. 国家海洋局北京教育培训中心

7. 华电密云培训中心

5. 密云云水山庄

2011年度北京园林优秀设计一等奖

一、项目位置和概况

密云云水山庄坐落在北京风景秀丽的密云水库大坝东侧，与自然风景区黑龙潭、京东第一瀑、白龙潭、司马台长城等地相邻，绿地面积约13050m²。

二、立意构思

云水山庄的建筑形式是新中式风格，建筑类型多样。场地坐落在密云水库大坝一侧的山间，竖向变化丰富，高差大。这些条件使园林营造充满了机遇与挑战，设计以新中式风格为景观主题，充分利用现状山林地势，围绕山庄建筑因地制宜形成层次丰富、特点鲜明、环境清新自然、文化韵味浓厚的景观效果，山庄整体景观宛若天成，与水库周边的整体山林环境相得益彰。

三、具体设计

（一）入口及围墙的处理

山庄入口及围墙设计突出标示性和文化性，与建筑灰白黑的传统中式色调相呼应。细节上对传统云纹进行演绎，材料使用筒瓦、钢材和玻璃，形成具有山庄特色的文化标识。

（二）凭台远眺

改造了现状的挡土墙，结合建筑竖向，形成上下两层可扶栏凭眺远山风景的观景平台。巧于因借，将山林青翠之色、田间阡陌交通的景观引入场地中，云水山庄景色醉人。高台下是知音流水、青竹小径，满是文化之韵。

（三）牡丹亭

利用场地落差大的现状，在服务建筑前，于适宜位置设置观景亭。建筑与牡丹亭互相呼应，在尺度上和场地空间层次上产生了丰富变化。亭子四周种植牡丹，形成了植物特色鲜明的景观。

（四）山水涧

山庄服务建筑与别墅间有7～8m的落差，设计利用高差变化，以中式建筑为景观基底，结合现状大树和新植庭院树为景观环境，加入瀑布、跌水、溪流等表现形式，配合点缀布置的自然山石和人造山石，形成一幅幅生动活泼、生机盎然、韵味横生、诗情画意的山水画卷。水景元素的运用，呼应了云水山庄对"水"文化的追求，为山庄景色增添了灵性。

（五）别墅小院

场地有两栋别墅，景观空间要求半开敞。对铺地和苗木种植的考虑更加细致，传统图案的运用和现代材料的使用，突出了新中式风格这一景观主题。别墅结合园区的溪流水景，设计了观景台、木桥。同时，岸边布置按摩游泳池，与层层山石跌水呼应。种植形式以小乔木配合灌木，形成半私密的景观观赏空间。

四、种植设计

尽量保留、利用现状大树造景，使场地植物景观与四周自然优美的山

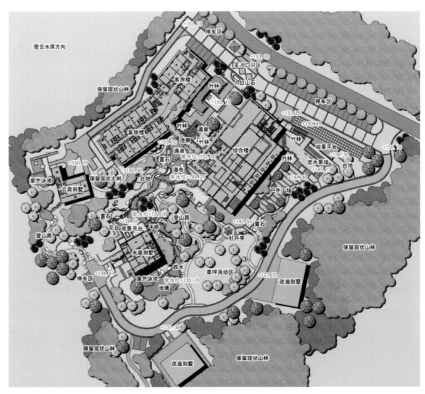

云水山庄总平面图

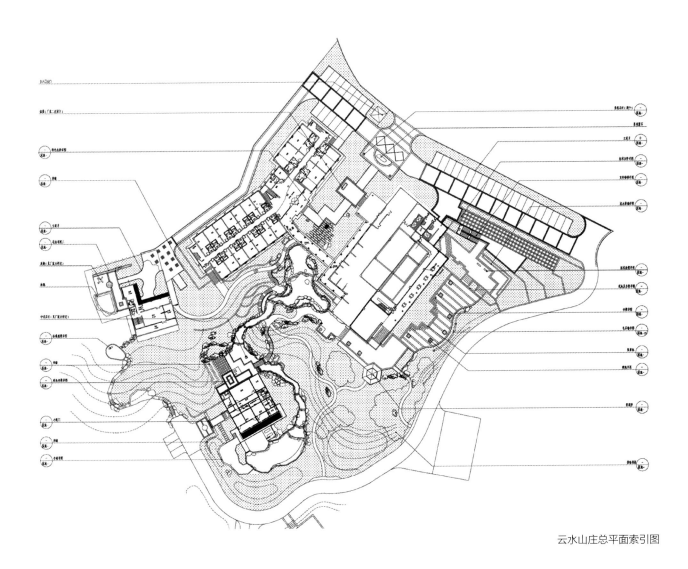

云水山庄总平面索引图

林形成呼应，宛若天成。绿植材料以乡土树种为基础，大量选用体现传统文化意境的苗木，如松、竹、梅、玉兰、石榴、海棠、桃等。在种植形式上突出文化园林意境，呼应山庄整体新中式风格的文化追求。

五、竖向设计

山庄地势北高南低，别墅及服务建筑错落布置。竖向设计要充分利用现状丰富的高差变化，

围绕建筑形成层次丰富的园林景观空间。因地制宜、巧于因借，在高处形成观景眺望台，运用造园之借景手法，将场地南侧山林优美的自然风光引入山庄。减少山地项目土方施工量，利用场地现状登山路改造成景色怡人的山涧溪流，呼应云水文化内涵。

充分考虑山庄雨洪排水设计需要，综合管网结合山地竖向造景进行统一设计。

设计单位：北京市园林古建设计研究院有限公司
项目负责人：严伟
主要设计人员：
金柏苓　李海涛　朱泽南　汪静　王欣
刘杏服　耿小甫　杨春明

比例 1:300

云水山庄竖向图

比例 1:300

云水山庄乔灌木种植图

连廊与涌泉

景观台地

山庄一角

特色水墙 观景台

户外交流平台

6. 国家海洋局北京教育培训中心

2011年度北京园林优秀设计三等奖

一、项目概况

项目地处北京西北，位于海淀区北安河乡七王坟北路6号，占地面积127100m²，其中绿化面积约90800m²，绿化率为50%，设计概算总额2000万元，竣工决算总额2200万元。项目北侧有带状山地，杂木丛生，西南侧为原办公区，其余地区为荒芜的沙地，草木不生。

设计过程中，对脆弱的沙质荒地进行生态修复，利用地形优势建立人工湿地，引入新技术净化水体，恢复自然野趣，创造生态涵养区。现在，园区经过园林工人的精心养护，林木遍地，鸟语花香，生态构造初具规模，优美的环境和舒适的活动场地得到了领导和员工的一致好评。

二、设计思路

根据园区总体规划布局，遵循中国传统造园理念，依据现状地势，将项目打造成以"生存、生态、生活、生产"为基调的"四生"格局，园区通过对"水"和"绿"两大自然元素的运用，形成森林氧吧、小鸟天堂、湿地公园，以实现园区生存安全、生态安定、生活安逸和生产安心的绿色生态花园休闲场所。

（一）生存格局

设计充分考虑了防洪减灾的需要，通过景观规划的生态性、创新性与水利结构相配合，通过水体、广场、植物设计，达到雨洪利用、抗震避险、防风防火的目的。

（二）生态格局

园区以山水作为设计主题，依据原有地势高差，因地制宜，采用"一池三山"的设计手法，营造湿地景观，进而保护和优化自然生态环境，利用景观生态湖的设计收集雨水，形成雨水花园，实现雨水收集灌溉，园林绿地，同时采用生态修复构建技术保持水质，形成集水生植物、鱼类、底栖动物及有益微生物等为一体的人工水生生物生态链系统，改善水体功能，增强净化水质，促进生物物种交流。

（三）生活格局

园区通过水系来组织景观结构，依水岸走向布局，使景观节点穿插其中，在绿色廊道基础上，形成活力廊

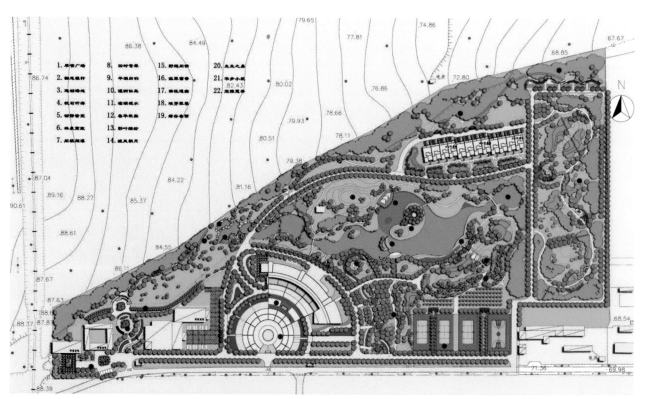

国家海洋局总平面图

中心湖区实景图　　　　　　　主入口区旱喷泉实景图

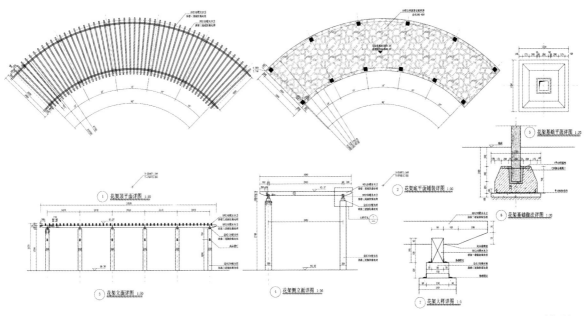

廊架详图

道，设置了闲棋闻瀑、平湖垂钓等景观节点。

1．闲棋闻瀑

以瀑布作为整个园区的起点，既给人鲜活的感觉，又利用自然的声音唤醒人们宁静的思念，在瀑布前的平台上以一壶茶为伴，静听自然之声或对弈数局，闲谈几句，体会"难得浮生半日闲"的畅快。

2．平湖垂钓

在湖区设置木平台，引导游人参与其中，不经意间，就有"钓尽满江青与绿"的感叹。

3．怡情健体

在生活区铺上砾石小径，作为健康步道，同时在东南侧开辟运动场地，设置羽毛球场和篮球场，满足员工及客人对健身的需求。

（四）生产格局

在园区种植大面积的果木，如柿树、核桃、山楂、山桃、石榴等，以展示耕耘中春华秋实的美好，增加浆果类植物招引鸟类，鸟语花香，形成人与自然和谐共处的美好环境。同时，满足园区开展党校、教育、培训、会议、后勤服务等需求，使各种功能最大化发挥作用。

设计单位：中外园林建设有限公司

项目负责人：李长缨

主要设计人员：郭明　庞宇　薛冠楠

主要参与人员：张群　方蓬蓬　张灏

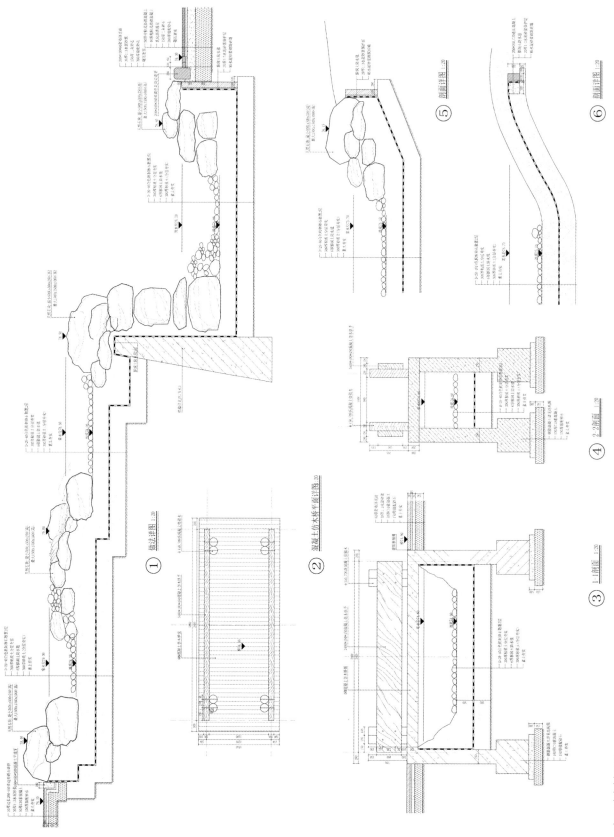

① 做法详图 1:20

② 混凝土仿木桥平面详图 1:20

③ 1-1剖面 1:20

④ 2-2剖面 1:20

⑤ 剖面详图 1:20

⑥ 剖面详图 1:20

山石跌水剖面图

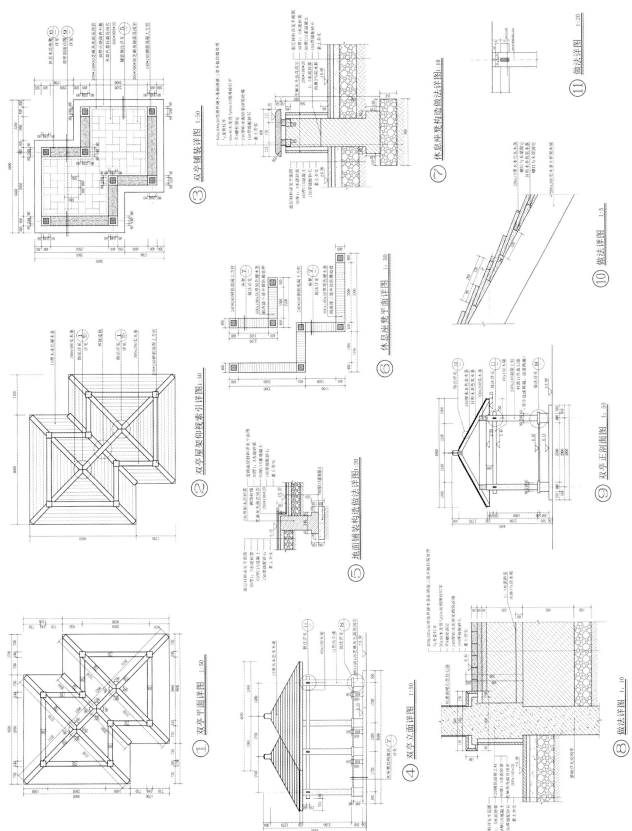

③ 双亭铺装详图 1:50

⑦ 休息座凳构造做法详图 1:10

⑪ 做法详图 1:20

② 双亭屋顶架仰视索引详图 1:50

⑥ 休息座凳平面详图 1:50

⑩ 做法详图 1:5

① 双亭平面详图 1:50

⑤ 地面铺装构造做法详图 1:20

④ 双亭立面详图 1:50

⑨ 双亭正剖面图 1:50

⑧ 做法详图 1:10

双亭详图

7. 华电密云培训中心

2011年度北京园林优秀设计三等奖

一、项目概况

华电密云培训中心位于北京市密云县溪翁庄镇，密云水库南侧，属北京市二级保护区，占地面积72000m²，建设于2005年。

培训中心地处一条南北向的山谷中，背靠风景秀丽的密云水库，三面环山，是天然氧吧。院内树木葱郁，周围气候宜人，有着浓厚的自然生态氛围。地理位置优越，甲方力求将该处打造为内部培训同时承接对外休闲度假的优良场所。现有主要建筑物17处，因此绿地布局分散，且高差变化大，只有南侧入口两侧有较集中的大片绿地。

工程力图营造符合高级培训中心的大气舒适的环境。

景观设计在资金有限、空间分散的情况下，注重利用外部环境，使内外景观相互借鉴；注重处理细节，景观见缝插针，营造亲人尺度的小型室外景观；注重利用现有的地势地被等，利用地表水汇流形成流音涧水景观，利用院内现有的山体形成水源头景观；整体植物景观风格自然，内外衔接，与环境浑然一体，虽然是人工添加栽植，但仍自然大气、生态绿色。

二、设计亮点

因为地块本身面积狭长，设置的建筑内容较多，设计充分考虑因借周围的山林景观，内外景观融为一体，使置身其中的人们不会感到环境局促。

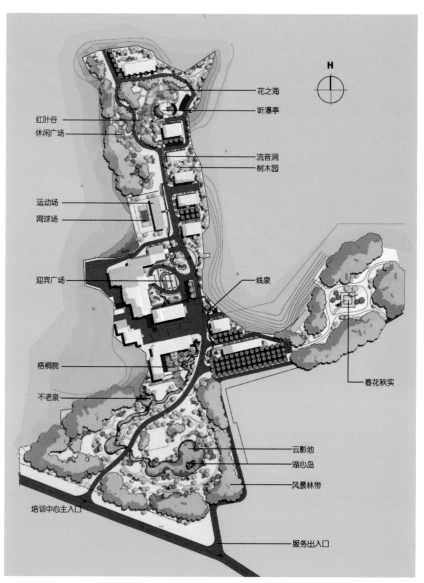

红叶谷
休闲广场
运动场
网球场
迎宾广场
梧桐院
不老泉
培训中心主入口

花之海
听瀑亭
流音涧
树木园
线泉
春花秋实
云影池
湖心岛
风景林带
服务出入口

总平面图

园区鸟瞰实景一

园区鸟瞰实景二

集水旱溪景观使培训中心在解决雨季时，地块内以及两侧山体的雨水可以汇集到雨水排水渠，景观化的内部雨水排水沟，设置时贯穿南北，时隐时现，为避让管线和地型，还在路两侧穿插，并且在地势开阔处做成溪水小景，排水沟的工程做法也很景观化，用当地的水库卵石堆叠，自然中孕育着匠心。

设计单位：北京市园林古建设计研究院有限公司

项目负责人：李松梅

主要设计人：李松梅　单菊梅

参加人员：

张霁　付松涛　杨春明　马立安　隆声

流音涧

北区昕瀑亭施工图

入口园区种植设计图

其他附属绿地
2013年度

三等奖

8. 全国组织干部学院

2013年度北京园林优秀设计三等奖

一、项目概况

全国组织干部学院位于北京市朝阳区金盏金融后台服务区内，东临金盏服务区西三路，西临机场二通道，北临东坝路，南临规划东坝北街。总建设用地面积129506.34m²，建筑占地面积9379.44m²，景观用地面积120130m²，铺装面积25590m²，水景面积2900m²，绿地面积91640m²，绿地率76.3%。

项目用地近矩形，地势较为平坦，主体建筑位于用地东南侧，用地西北侧为大面积集中式园林景观绿地，西南、东北侧绿地为预留待建区。

二、设计特点及定位

1. 将学院定义为"绿色学院"。"绿色"设计体现整体化、综合化、系统化、智能化，不局限于新技术材料的展示和使用，而是更加关注怎样能更好地让使用者亲身体验、感受现代科技材料和循环经济的效益，把绿色低碳设计理念根植于生活方式和态度。

2. 设计团队多专业协同设计，努力打造高完成度的绿色设计作品。

3. 着力实现节能减排，低能耗、低排放、低污染，把可持续发展提升到绿色发展的高度。

三、设计理念

1. 以简洁的景观元素，创造安静怡人的原生态自然景观。

2. 通过景观手法的营造、各元素的有机结合及对适人空间尺度的把握，将公共绿地归属化处理，给人们以亲近自然景观的感受。

3. 利用雨水花园概念和技术，结合周围植物造景、碎石、砾石铺地，展示独特的自然景观效果，体现节能环保的绿色设计理念。

4. 利用现状植被，增加低维护品种，体现季相变化丰富的绿色景观。

学院整体鸟瞰效果图

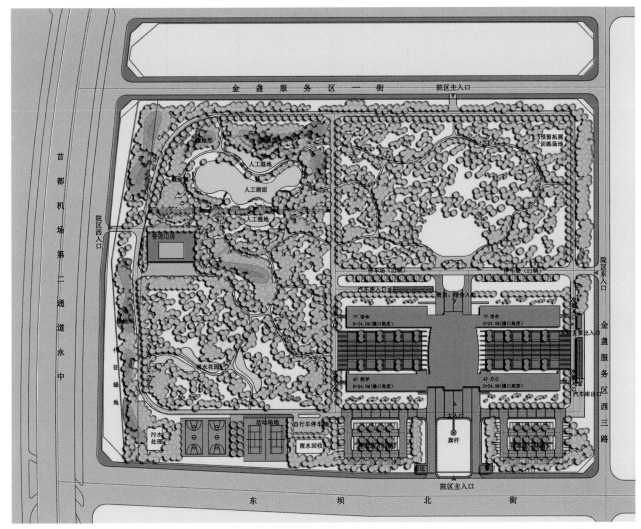

学院景观平面图

5. 采用先进的科学技术手段，构建绿色生态、低碳环保、低能耗的循环水景系统。

四、设计要点

（一）铺装系统

主要采用绿色环保、耐用的常规材质，如透水混凝土、透水砖，注重雨水渗透收集，循环处理后回用；使用木塑地板等可再生材料，减少对木材资源的消耗；使用花岗石、青石板、植草砖等耐候性强、粗放维护的常用材料。

（二）绿地系统

院区共有60多个植物品种，选择适宜当地气候和土壤条件的乡土植物。结合保留部分植物，根据不同景观区域的种植设计要求，进行树种增种或移栽，因地制宜进行植物种植，多采用乔、灌、地被、草的复层绿化种植形式，形成色彩丰富、舒适的景观空间。新增一部分低维护成本植物品种，节水节能。草坪采用节水型草种，节约灌溉水量。

（三）水景系统

院区水景系统主要分布在用地的西北侧集中绿地中，包括一个人工湖，两块小型人工湿地，西南侧绿地内设置了雨水花园。

人工湖充分尊重并利用原有水资源，使其相互关联、互为补充，实现水资源最大化的合理利用。结合项目的环保要求，考虑将景观水、中水、雨水、绿化用水、冲厕用水等各种水系统综合利用，保证该区的环境质量，实现节水、节能减排、低能耗和水资源的循环利用，保证湖水质量达到环评要求。

人工湿地用于作为景观湖水的水体保持，以及杂用水的深度处理。根据水量估算，结合实际需求，采用潜流式人工湿地形式，设计时保证人工湿地的长宽比小于3∶1。

院区内部采用雨水花园技术，结合道路设计带状雨水沟。雨季时，雨水流入后自然下渗，过量时进入市政排水管线，暴雨时减少管线负荷，雨量匮乏时，可以结合绿色种植和卵石碎石、砾石铺地，形成独特的自然生态景观。

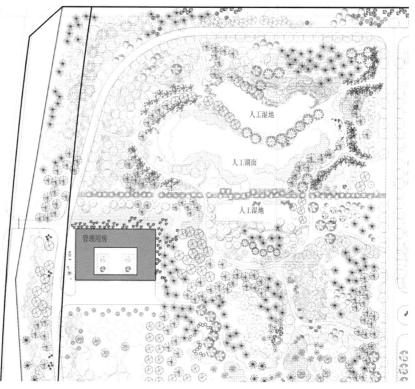

人工湖区域景观平面布置图

设计单位：北京市建筑设计研究院有限公司

项目负责人：张果　孙志敏

主要设计人员：王玥　韦敏燕

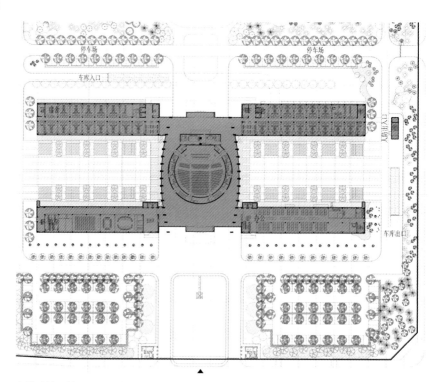

主体建筑区域景观平面布置图

人工湖区域实景

主体建筑庭院区域实景

9. 北京会议中心 8 号楼

2013 年度北京园林优秀设计三等奖

一、项目概况

（一）地理位置

北京会议中心位于北京市朝阳区北五环来广营西路，毗邻奥运村和首都机场，远离喧嚣，交通便捷。

（二）场地地貌

设计范围位于会议中心东部腹地，背山面水，林木环抱，私密安逸。

（三）环境气候

项目山水围合，小气候极佳，植被生长条件较好。

（四）设计范围

共8.19hm²，现状高差范围为41～47m（室外地坪）。

（五）整体评价

北京会议中心是北京市五环内最大的园林式会议接待单位，绿地率达66%。本次设计范围位于会议中心山水围合的东南腹地，是中国传统中理想宜居的山水庭园格局。

二、设计理念

1. 以中国传统理想山水模式为景观格局，人、建筑与自然协调融合为核心，特色历史文化为脉络，现代化造景理论为手段，营造幽雅闲逸、意境深远的理想山水庭园。

2. 庭园外部采用"一峰则太华千寻，一勺则江河万里"的造景手法，形成山水环抱、幽邃深远的整体空间，室内空间延续建筑内部中式古典风格，形成体现"江山如画"大主题的序列性景观庭园。

3. 延续建筑文化，拓展建筑功能，以传统造园文化为载体，形成以皇家园林文化为室外园林龙头，江南文化为室内庭园主体，多种文化元素为点缀的全景式园林文化空间。

三、景观格局

整体庭园景观分为"一轴两带，三景五园"，形成室外山水围合、私密自然，室内文化内涵深厚，南北风情各异的序列景观格局。

（一）一轴

以建筑东西向为主轴线，主要为前庭水景广场和室内中央庭院的对应轴线。

（二）两带

即外环园路景观带和水系辐射景观带。

（三）三景

1. 套房外庭院

是私密性亲水空间，有弧线优美的视觉远景，运用植物分割营造多层次空间，使水面视野扩大。

2. 宴会厅外庭院

以私人绿岛为主景，形成亲水、近水、远水等不同游憩路线，流水、净水、叠水为宴会厅，营造多形态的窗外水景。

3. 入口水镜广场

主要功能为建筑入口集散广场，且为前庭绿化区与建筑的景观过渡空间。

（四）五园

室内庭园以中央庭园（瀛岛胜境）和4个不同风情的独立小庭园"春雨江南""层林尽染""渔歌唱晚""北国风光"共5个庭园组成，形成表现"江山如画"主题的序列性景观。

四、种植布局

（一）统一协调

整体园区种植景观协调统一，各分区植物群落过渡自然，视觉感受丰富连贯。

（二）区域特色

在统一协调的基础上，根据各区域功能和景观性质的不同采用相应的植物搭配形式，形成统一中又有变化的种植景观。

（三）空间围合

利用种植弥补山水围合的不足，保证景观的同时，增加空间私密性。

（四）空间层次

丰富景观空间层次，扩大视野空间；结合现状，最大化结合现状种植，自然式种植为主。

五、品种规划

（一）突出特色原则

符合整体空间和建筑文化及功能需求，根据相种植乔树。

（二）多样性原则

根据区域自然条件、人文特色和景观要求多样化种植品种，丰富景观空间。

设计单位：北京中国风景园林规划设计研究中心

项目负责人：郭志强

主要设计人员：

孙俊恒　李玉超　黄静　李杰　李祎

肖秀丽　牛春萍

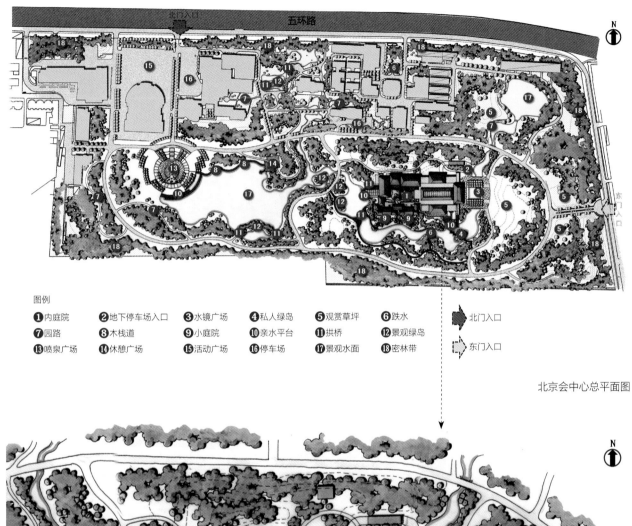

图例

❶内庭院　　　❷地下停车场入口　　❸水镜广场　　❹私人绿岛　　❺观赏草坪　　❻跌水

❼园路　　　　❽木栈道　　　　　　❾小庭院　　❿亲水平台　　⓫拱桥　　　⓬景观绿岛

⓭喷泉广场　　⓮休憩广场　　　　　⓯活动广场　　⓰停车场　　⓱景观水面　　⓲密林带

北门入口

东门入口

北京会中心总平面图

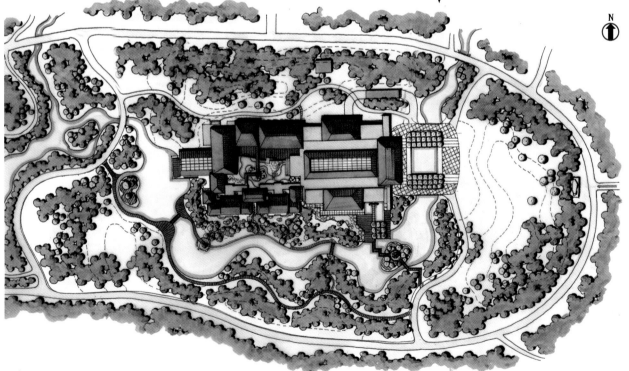

北京会议中心8号楼室外景观设计平面图

总设计平面及索引图

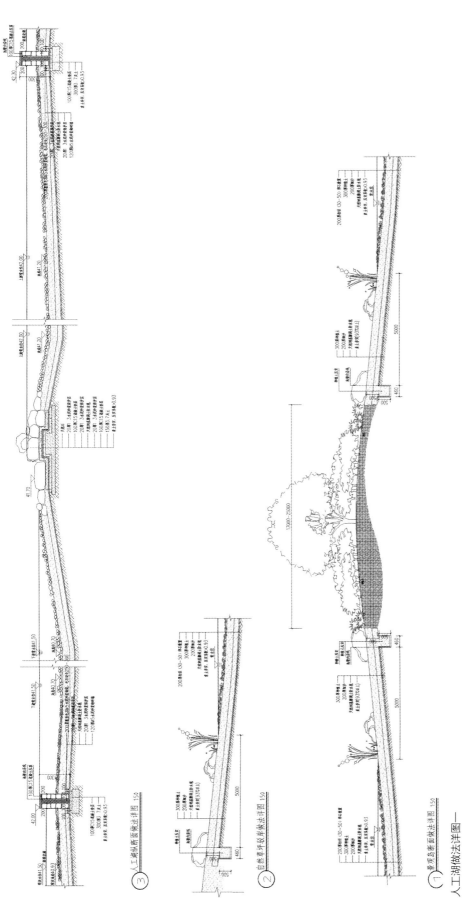

"春雨江南" 水滴汀步详图

套房外庭院生态水系

水镜广场

内庭院瀛岛胜境

其他附属绿地
2014年度

10. 老山公园配套管理用房

2014 年度北京园林优秀设计二等奖

一、项目概况

老山公园配套管理用房附属绿地位于石景山区老山地区，北至六建机械分公司，南至石景山路，西至老山骨灰堂，东至北京国际雕塑公园三期。项目属于附属绿地绿化工程，总面积21285m²。

项目区域浅山地貌特征明显，环境幽静，林木茂盛，但周边墓地陵园场所较多，所以场地氛围的特殊性对景观设计有一定的局限性。

二、设计理念和原则

（一）设计理念

该项目地处长安街沿线，但周边环境氛围特殊，且主体建筑风格淡雅质朴。综合以上特点，作为附属绿地的景观设计如何与环境自然融合，风格如何与建筑协调统一，是本次设计的关键。

结合周边环境和简洁、有质感的现代中式风格建筑，设计理念为建设一处以"自然和谐、稳重大气"为主旨的精品绿地，以凸显中国传统园林之美。

（二）设计原则

1. 采用自然式造园手法，以植物造景为主。

2. 合理调整利用山势地形关系，营造山水特色园林。

三、总体布局

项目景观区域依托建筑布局及山体地形划分为山体缓坡区、叠水景观区、庭院水景区及休闲漫步区。山体缓坡区根据其地形特点配合植物形成自然的观赏背景。叠水景观区利用其特点来柔化地形高差，使山体景观变得更为亲切、自然、充满活力，令人产生一种与之亲近的愿望。庭院水景区运用水系将建筑内外庭院连接，配合水生植物、折桥、驳岸及亲水平台，勾画出精致细腻的水景，并为游人提供戏水休憩的区域。休闲漫步区以园区内开敞平缓的绿地为主，结合园路铺装及山石汀步为游人提供适宜赏景散步的空间。园内各景观区域由环形主路相连通，区域内由次级园路和汀步来引导游人观赏，整体道路系统形成网络，方便游人快速便捷地到达景区。

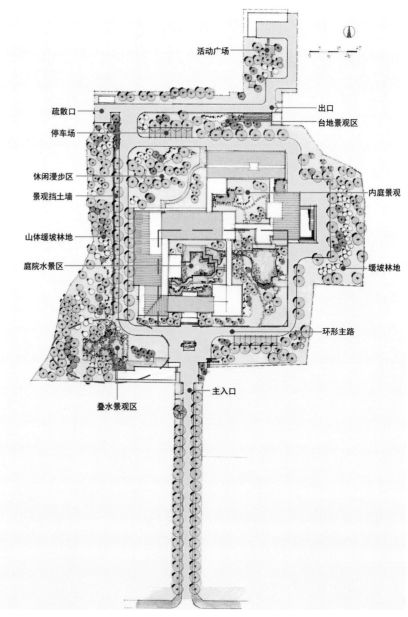

老山公园配套用房附属绿地总平面图

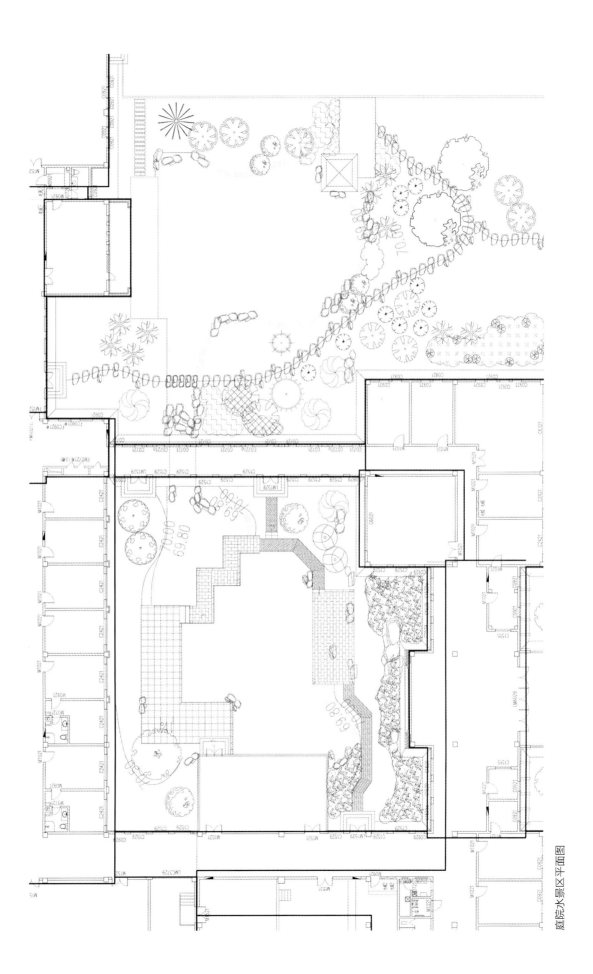

庭院水景区平面图

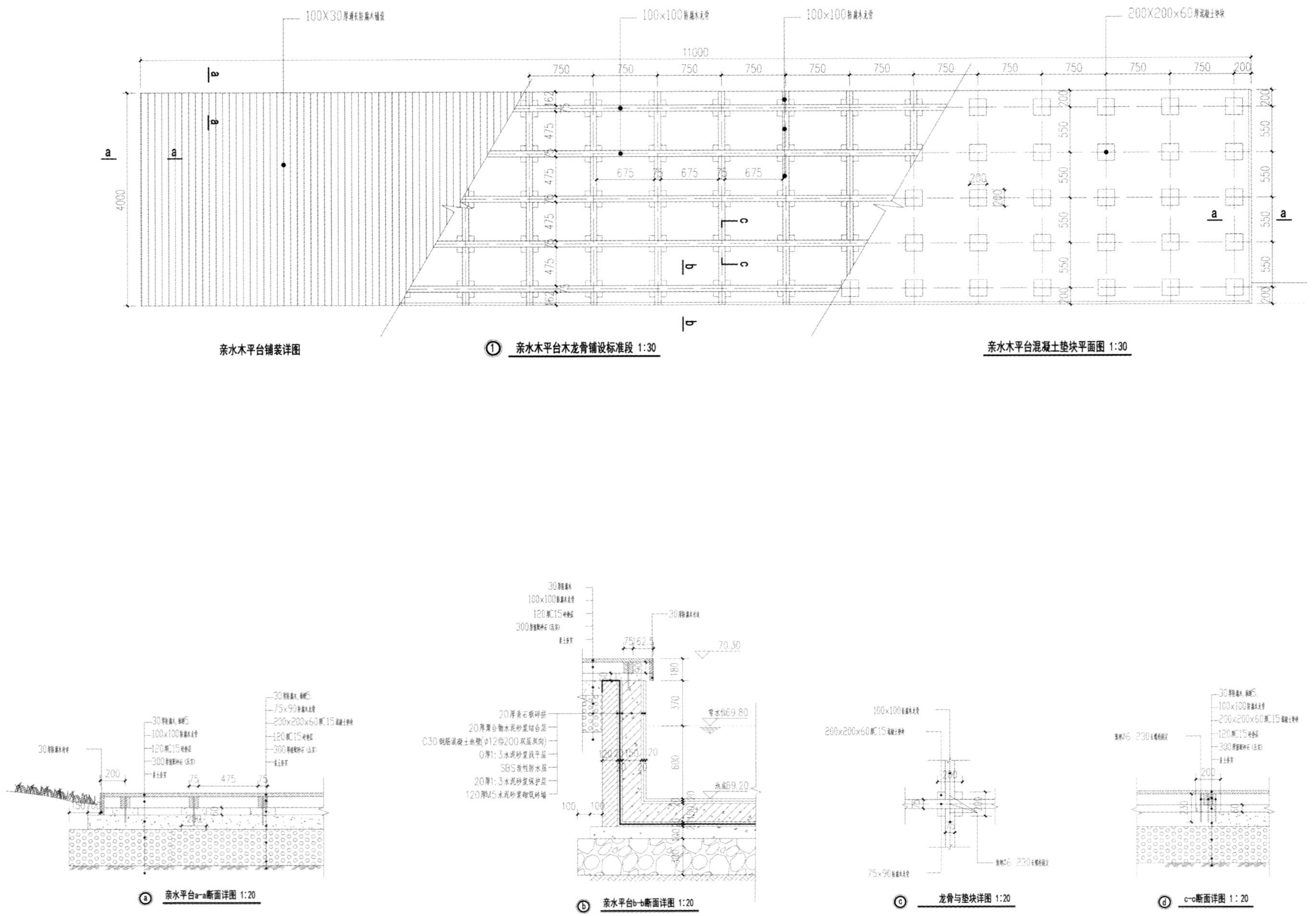

100X30厚进口防腐木铺设
100x100防腐木龙骨
100x100防腐木龙骨
200X200x60厚混凝土垫块
11000
4000
亲水木平台铺装详图
① 亲水木平台木龙骨铺设标准段 1:30
亲水木平台混凝土垫块平面图 1:30
20厚青石板碎拼
20厚聚合物水泥砂浆结合层
C30钢筋混凝土池壁(ø12@200双层双向)
0厚1:3水泥砂浆找平层
SBS改性防水层
20厚1:3水泥砂浆保护层
120厚M5水泥砂浆砌砖墙
常水位69.80
池底69.20
70.30
ⓐ 亲水平台a-a断面详图 1:20
ⓑ 亲水平台b-b断面详图 1:20
ⓒ 龙骨与垫块详图 1:20
ⓓ c-c断面详图 1:20

外庭院亲水平台详图

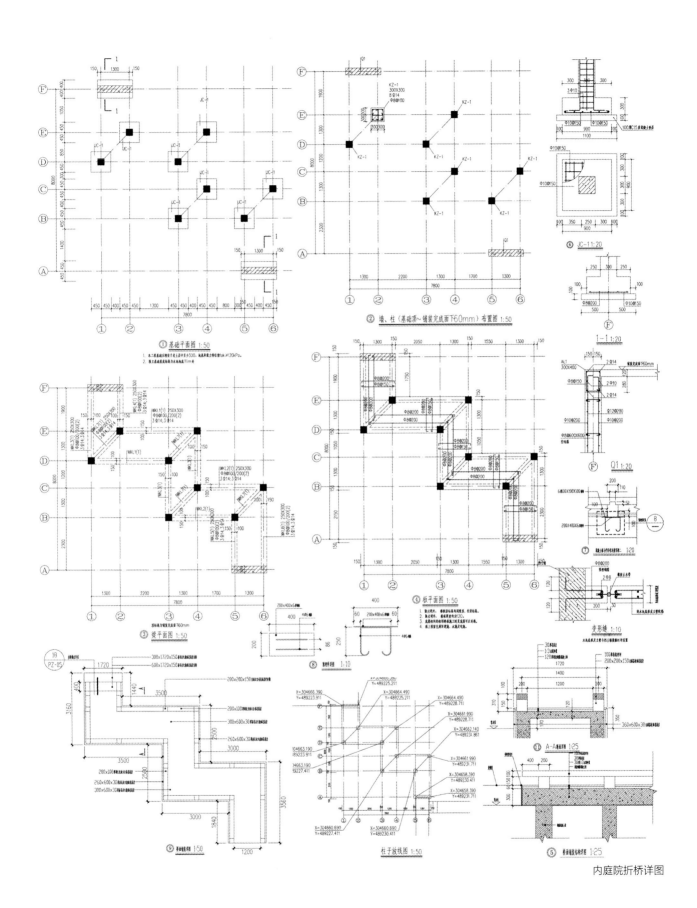

① 基础平面图 1:50

② 墙、柱（基础顶~铺装完成面下60mm）布置图 1:50

③ 梁平面图 1:50

④ 板平面图 1:50

⑥ JC-1 1:20

1-1 1:20

⑦ 1:20

⑧ 1:10

变形缝 1:10

⑨ 1:50

柱子放线图 1:50

⑪ A-A 剖面详图 1:25

⑤ 1:25

内庭院折桥详图

外庭院水景景观

四、种植设计

（一）保留原有大规格的油松、榆树、核桃等乡土树种，并通过复壮使之成为环境的硬骨架。

（二）大量运用彩叶植物的色叶效果突出季相特色，如美国秋红枫、波姬槭、鸡爪槭等本地区表现较好的彩叶树种。

（三）充分利用地形地貌结合自然式栽植方式、垂直绿化手段，丰富植物配置层次，处处体现植物造景为核心的理念。

五、地形竖向设计

项目地形地貌错综复杂，现状地势北高南低、西高东低。由于配套建筑的落成，环形主路内区域地势比较平缓，环形路以外区域山体陡峭，与路内区域高差较大。结合场地特点，在设计过程中对场地内山体与地形坡度的处理，主要采用整体地形格局不变、局部空间改变与利用、微地形营造等设计手法。

（一）项目西侧和东侧为高差较大区域，尽量保留原山体的自然走势。对现有错落的山体特点进行合理的修整，于道路相邻处设置挡墙，减少山体的压抑感。

（二）临近门区一侧利用山体自然走势增添一处叠水景观。根据自身

内庭院水景景观

山体地势特点，配合山石将原有巨大的地形落差缺陷处理成一处高低错落的叠水景致。

（三）中间平缓区域以开放式绿地为主，营造微地形并搭配植物与置石，使景观更加自然、富有层次。对水景周边的处理，为减少大坡度带来的雨水急流冲刷驳岸，水边地形在满足排水要求的前提下，以缓坡入水为主。

六、景观小品及配套设施设计

（一）园林小品设计的重点放在了置石、自然式叠水及庭院水景的处理上。古人云："石令人古，水令人远。"园内的多处水体设计，使景观更加连续、灵动，并为建筑增色不少。

（二）园区配套设计主要包括灌溉、喷雾及景观照明系统。除满足日后植物的养护管理外，喷雾和景观照明可以更好地突出植物形态特点，营造自然式园林的意境。

设计单位：北京市石景山区园林设计所
项目负责人：马钰
主要设计人员：马钰　杨召

叠水景观平面图

1—1 剖面图1：20

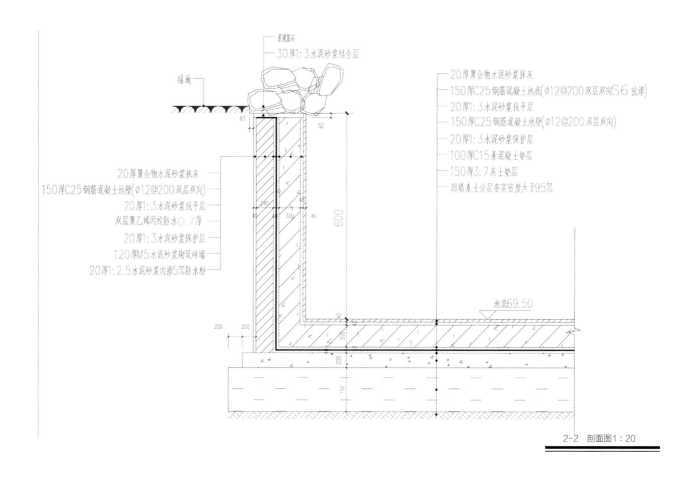

景观置石
30厚1:3水泥砂浆结合层

绿地

20厚聚合物水泥砂浆抹灰
150厚C25钢筋混凝土池底(Ø12@200双层双向S6抗渗)
20厚1:3水泥砂浆找平层
150厚C25钢筋混凝土池壁(Ø12@200双层双向)
20厚1:3水泥砂浆保护层
100厚C15素混凝土垫层
150厚3:7灰土垫层
回填素土分层夯实密度大于95%

20厚聚合物水泥砂浆抹灰
150厚C25钢筋混凝土池壁(Ø12@200双层双向)
20厚1:3水泥砂浆找平层
双层聚乙烯丙纶防水0.7厚
20厚1:3水泥砂浆保护层
120厚M5水泥砂浆砌筑砖墙
20厚1:2.5水泥砂浆内掺5%防水粉

池底69.50

2-2 剖面图1:20

叠水景观详图

秋季叠水区景观

秋色叶植物组团景观

一、项目概况

望京SOHO占地面积11.5393hm²，规划总建筑面积521265m²，由3栋集办公和商业于一体的高层建筑和3栋低层独栋商业楼组成，最高一栋高度200m。项目位于北京的第二个CBD——望京核心区，东至阜通西大街、南至阜安东路、西至望京街、北至阜安西路。周边轨道交通便利，地铁14号线（在建）、15号线交汇于望京站，可快速到达地铁13号线的望京西站、10号线和机场快线的三元桥站，是从首都机场进入市区的第一个引人注目的高层地标建筑，其独特的曲面造型使建筑物在任何角度都呈现动态、优雅的美感。

自2014年建成后，望京SOHO俨然成了"首都第一印象建筑"，塔楼外部被闪烁的铝板和玻璃覆盖，与蓝天融为一体，加上独一无二的都市园林式办公环境，使其成为国内首个亚高效空气环境的办公和商业楼与灵活的商业办公空间配置。

二、设计理念和策略

整个项目围绕3座建筑分别划分为北侧、西侧、东侧和南侧4块绿地，不同区域表达不同的景观主题。为了体现四季更迭变化，易兰设计团队为望京SOHO打造了休闲剧场、场地运动、艺术雕塑、水景四大主题景观。5万m²超大景观园林，绿化率高达30%，形成了独树一帜的都市园林式办公环境。其独具匠心的音乐喷泉和园林景观设计，与楼群相辅相成。

这一切使得整个项目在建筑、景观和施工组织等方面都达到美国绿色建筑LEED认证标准，打造出一个节能、节水、舒适、智能的北京新绿色建筑。

三、景观设计要点

北侧绿地地势比较平缓，主要由地形围合的休憩空间以及音乐喷泉构成，平面构图延续建筑"锦鲤嬉水"的设计理念，线条流畅自然，与周边场地道路、地形植被交错掩映。水景由外侧抛物线泉、中心跑泉以及位于水面中央、由30m高的气泡泉组成，同时配合韵律感极强的乐曲和炫彩夺目的夜景灯光，而水柱则按照设定程

望京SOHO鸟瞰

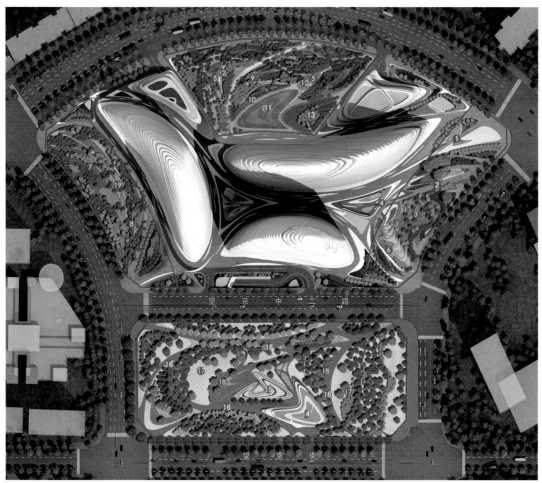

图例
① 音乐喷泉广场
② 步行坡道
③ 疏林慢坡
④ 步行廊桥
⑤ 现状大树
⑥ 跌水花园
⑦ 野趣花岛
⑧ 起伏康体步道
⑨ 林荫漫步花园
⑩ 梨花水岸
⑪ 中心喷泉
⑫ 活力广场
⑬ 林下氧吧
⑭ 公园管理中心
⑮ 中心水景花园
⑯ 漫跑道
⑰ 阳光活力草坪
⑱ 林荫休闲广场
⑲ 花境漫步休憩道

总平面图

步行入口空间

休憩空间

大型喷泉水景观

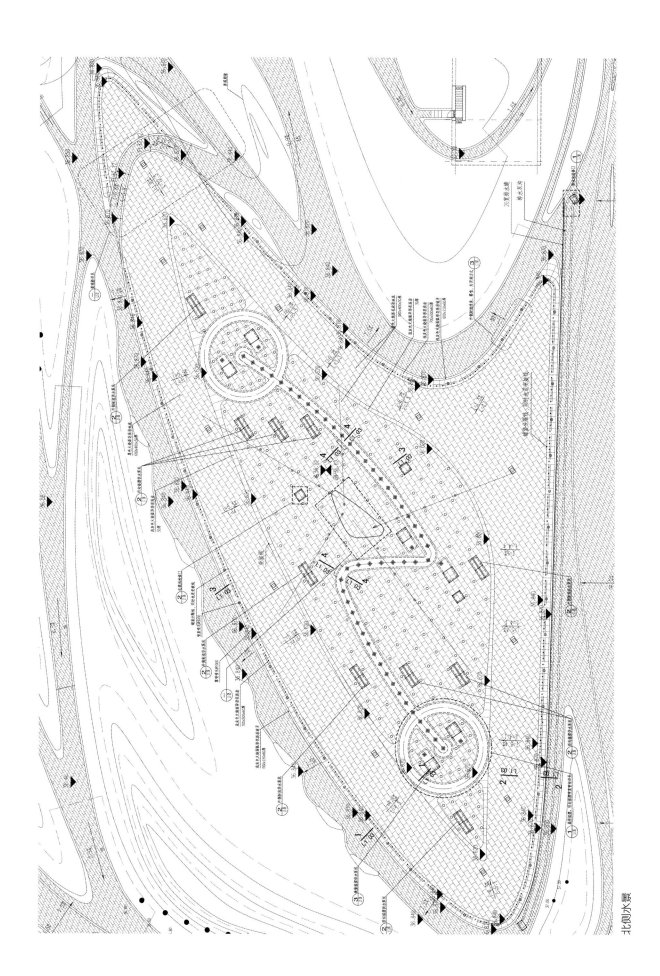

北侧水景

音乐喷泉

望京SOHO景观

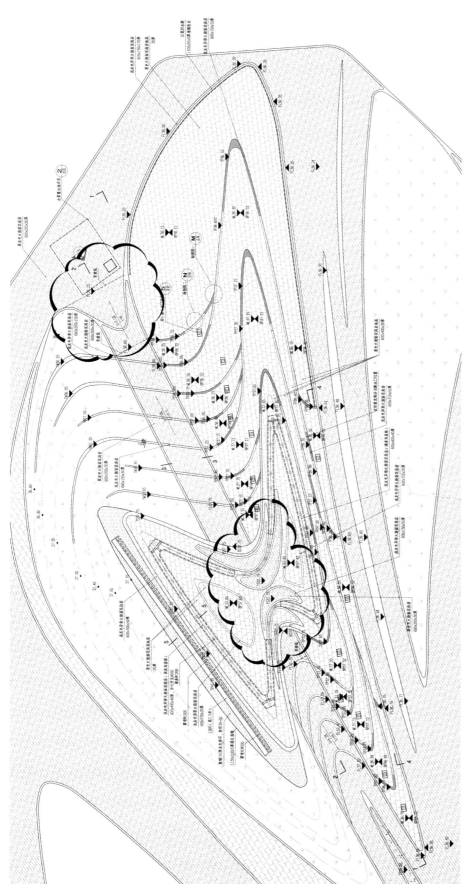

东北角水景铺装及竖向平面图 1:100

东北角水景

序伴随着起伏的旋律，将艺术与科技完美结合，力求打造动静相宜的办公休闲空间。

西侧绿地距离市政道路较近，景观设计一方面利用密植的植物降低道路对此处绿地的影响，同时也将植物作为背景，在绿地内塑造地形，种植大面积地被，以构筑幽静清新的休闲空间。

东侧绿地是该项目另一个重点打造的地块，该区域以两座重点水景和一座露天下沉剧场为主要景观元素。首先，位于场地东北角的水景，以建筑作为背景，引用建筑采用的流线型设计，打造层层相叠的跌水景观。另一座水景与下沉剧场位居东侧连桥下方地块内。该水景由连桥下方幕墙的流线型曲线逐渐演变而来，水景和幕墙紧密连接、相互呼应。运用与竖向统一的流线型元素，使整个下沉广场完美融入建筑环境，青翠的草坪与花岗石条凳穿插于倾斜的地形之中，自然阶梯式的地形处理特色、大面积的开敞草坪预留出开阔的视野。

南侧绿地主要以运动、休闲空间为主，较其他主题景观稍显独立。景观中设置了小型艺术馆和运动场地，一条蜿蜒的跑步道将四周零散的绿地空间串连起来，每个设计元素各就其位，汇聚成天衣无缝的连续统一体，为人们提供更多休息放松的场所。

四、景观特色种植

在植物设计中较少使用修建型灌木，主要采用形态自然的、极具景观效果的品种大面积种植，且层次饱满，并遵循了功能分区明确、情景主

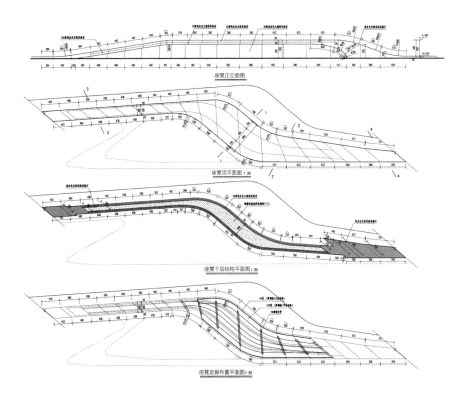

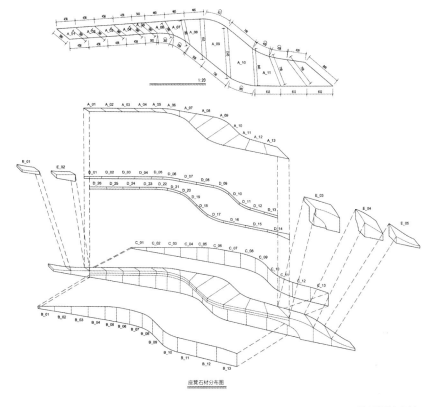

林下矮墙坐椅

题突出的原则，北侧绿地由于部分建筑的遮挡，植物选择以耐阴树种为主；同时鉴于该区域需要体现音乐喷泉主题，于是将成片林带作为水景背景，使其形成硬质建筑向水景设施的自然过渡；高大的原生大树使得建造林下休息场地成为可能，不同品种的观赏草搭配地被花卉，形成丰富而大气的景致，将该块绿地打造成动静相宜、疏密相融的园林景观。

为了提升整个项目景观的舒适度，一方面，利用密林、草坪、花境、游园、台地等多种形式，创造出一个个颇具看点的休闲小空间；另一方面，大量运用国槐、白蜡等成荫效果好的乡土乔木，以及丁香、玉兰、迷迭香、薄荷等芳香植物和宿根马蔺、八宝景天、玉簪、铺地柏等低养护植物，在确保植物景观季相分明的同时，也为后期养护管理提供了方便。

五、特色节点

北侧水景景观桥由钢结构支撑，设计突破了结构难点，利用水平竖直双向曲面，打造灵动轻盈的景观桥体。排水口暗藏于绿地与道路转角交汇处，美观实用。水景边矮墙座椅采用双曲面设计，既烘托水景区动感氛围，又能满足游客多角度的观景需求。

林下矮墙座椅采用双曲面设计，与道路用砾石自然衔接，既起到柔滑作用又能很好地限定空间。座椅正立面设置沟槽，隐藏灯带，丰富矮墙立面的同时提升夜景效果。

流线型挡土墙与地形及道路用钢板收边、砾石过渡，并有植被遮挡其顶部，弱化墙体给人带来的压迫感，打破"横平竖直"的铺装拼接方式，采用统一倾斜角度，配合内部流线收边，彰显动感与现代。

铺装采用流畅的抛物弧线设计，铺装之间留有10mm的渗水缝隙，框出有机形态后，再用不同的颜色或大小来区分体块，这样更容易强调边界。场地内井盖用石材镶嵌，既满足了功能需求又不切割铺装图案。

设计单位：易兰规划设计院
主要设计人：

郝艳华　陈跃中　穆二东　王平

唐艳红　陈靖宁

望京SOHO流线型座椅

一、项目概况

新台址园区位于北京CBD中央轴线上，由主楼（CCTV）、电视文化中心（TVCC）、能源中心（服务楼）、地下车库和媒体公园组成，媒体公园面积2.56hm²。设计范围为N10规划道路以东、N11规划道路以西、服务楼以南、光华路以北。

媒体公园是位于新台址东南角的园区绿地，是新台址园区内的中央绿地，建成后将成为新台址周边的重要绿色景观。

二、设计理念

（一）宏观印象——绿毯

地块被众多个性鲜明的地标高层建筑围合，设计追求俯瞰景观时给人带来平静与柔和的感觉，以连绵的绿色树冠和疏朗的草坪为主，天然去饰，融入天际。

（二）设计创意

遵循绿毯之上的皮拉内西变奏——从"雨点"到"泼墨"。

在理念与形态结合的过程中，将已建成的皮拉内西景观的"雨点"均匀像素化构图进行"变奏"，将像素圆点变化大小、缩放间距、演绎色彩与质感，形成形态自然的"泼墨"效果。泼墨中隐约可见"山水"，两条自由墨绿的"山谷"，背后是宽广的阳光草坪。这不仅是景观的过渡衔接，更是将体现东方特色的景观天际线纳入北京地标区。

三、总体布局

按照功能需求划分区域，最南侧1/4靠近光华路的部分作为主要开放活动空间，设为公共广场区；北侧3/4区域内以绿化为主，分别设置了绿色剧场区、阳光草坪、休闲健身区3个区域。

（一）公共广场区

位于公园最南侧，靠近光华路约1/4的空间为开放广场空间，设计为林下广场，同时结合各色花灌木特色的绿岛种植，形成较大的绿色空间，为周边居民和观光者提供休憩、观赏北京CBD典型建筑天际线的空间。

（二）绿色剧场区

预留足够的草坪面积，提供多元化、可塑性强的一片空地，舞台与两侧的人防上屋顶相配合，营造圆形围绕的气场。

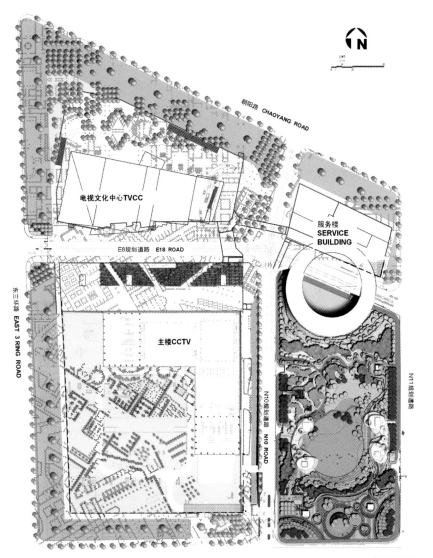

总平面图

公共广场

（三）阳光草坪

剧场北端与服务楼之间设计了阳光草坪，并向剧场方向放坡。在靠近服务楼的区域种植彩叶林，作为剧场的背景。

（四）休闲健身区

位于公园北侧，紧邻服务楼。此区域主要以林下空间为主，设置带状林下健身栈道、并局部放大广场，沿路一侧结合观赏草周边布置座椅。为了遮挡地下车库出入口和人防设施，设计了景墙，所有的活动器具都尽量利用回收材料，让孩子们在玩乐的同时，了解环保、生态知识。

1. 休闲花园空间

拥有室外采访厅、员工休闲花园等多个功能区，在N10路靠近主楼一侧，设置多个各具风格的小空间，有静谧、半封闭的竹林花园，也有开敞的阳光草地。

2. 弧形桥

在彩色林下，设计一条蜿蜒的、高低起伏的弧形桥，与曲桥相连，串起7个不同的小花园。在竹径中穿行，视线变化丰富，是午后散步的一条慢节奏通道。

设计单位：北京市园林古建设计研究院有限公司

项目负责人：毛子强

主要设计人：

潘子亮　王路阳　孔阳　崔凌霞

王晓　柴春红　杨玉梅

总体效果图

休闲广场

13．公安部第一研究所

2014 年度北京园林优秀设计三等奖

公安部第一研究所位于海淀区首体南路与半截塔东路之间，与首都体育馆、紫竹院公园隔桥（白石新桥）相望，环境设施和交通较为便利，地理位置十分优越。

设计范围为主办公楼、住宅楼周边与庭院集中绿地，以及新建办公楼屋顶花园景观设计，总面积为26000m²。

公安部第一研究所是为公安业务和社会公共安全部门提供产品、工程和技术服务的技、工、贸相结合的综合性研究所。

如何将现代景观与单位的传统文化相融合，既符合生态要求，同时又能展现现代视野和稳重大气的精神，成为造园的一个重要思想。项目把我国丰富的传统材料，如砾石、沙、石头、树篱和水与现代技术因素相结合，以"接近自然，回归自然"为设计法则，贯穿于整个设计与建造过程中。打造由散步道、休憩区、儿童娱乐区和一个开阔的水池同大片的落叶、开花树木交织成一体的特色景观。

庭院中心采用开敞式的草坪，同时搭配水景，与中国传统的亭、台、曲桥共同营造美好的自然景观意象，有一种"星垂平野阔，月涌大江流"的气魄。在我国，建筑多运用风水理论，强调水景与建筑物的方位关系，通过蜿蜒的水系设计，追求"水不在深，有龙则灵"的意境。

闲庭信步于园林间，水的灵动给人以无穷的想象空间，透出浓浓的韵味。只有在有限的生活空间利用自然、师法自然，寻求人与建筑、小品、山水、植物之间的和谐共处，才能使环境有融于自然之感，达到人和自然的和谐。这种自然式造园手法、流畅的布局形式，打破了单位庄严、紧张的办公氛围，员工步入其中也会忘却烦恼，回归本然。

4号楼与5号楼之间建成一个舒适宜人的休闲聚会场所，用各种形式的石材、颜色和形式创造出一个舒适随意又生机勃勃的场所，L形的种植台，可供人们休息叙谈，挡墙的设计也相对拥有半私密空间，充满动感的

不规则条石平台，上面设置斜格凉亭，给人们提供一个遮阴避雨的场所，这块休闲场因为简单的几何形式铺装显得井然有序，整个方案设计寄给人以统一完整之态，又不失私密性。

3号楼与4号楼之间是一个重要的人流集散的休闲广场，是由石材铺砌的规则广场和修剪整齐的绿篱组合而成的开场空间，绿篱之间穿插着散步道，庄严、大气；又有一些曲形园路置于林间，置身其中能放松心情，另一方面也保证家属区内有一个露天活动场所。

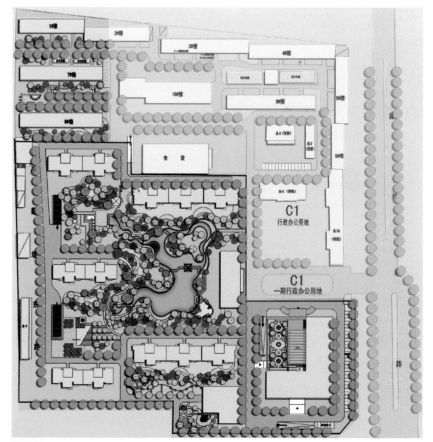

平面图

儿童活动区域设计有开敞石材铺装广场与塑胶活动场地，铺装广场设有健身器械、儿童滑梯等休闲设施，旁边设置休闲坐椅，在儿童区的道路拐角处设置木质的儿童攀爬器械区，儿童区的广场北部树林有一条蜿蜒的曲形路，为孩子们提供隐蔽和躲藏的机会。

　　绿化布局采用合理的设计手法，视线通透，线条流畅，植物配置以缓坡草坪为基调，适当点缀观赏乔木，使种植景观形成乔、灌、草、高、中、低的，层次性、多样性特点。并有意识选择花色花期不同的花灌进行巧妙搭配，以便使花灌花期连续不断，三季有花可赏。同时观花与观

叶、常绿与落叶植物混交在一起，若断若续，极富趣味，使人感到杂而不乱、宛自天开。

设计单位：北京北林先进生态环保技术研究院有限公司

项目负责人：童舟

主要设计人员：杨扬　郭丽萍　谭文娜

凉亭

效果图

连廊

水景

其他附属绿地
2015年度

二等奖

三等奖

14. 八宝山革命公墓生态墓园

2015年度北京园林优秀设计二等奖

一、项目概况

项目地块位于北京市八宝山革命公墓北山西北部，总占地面积43303.36m²，分为两期实施，其中一期占地面积约17645.85m²，现已投入使用。

生态墓园的规划设计是希望通过以宣传科学殡葬的方式革新人们的传统殡葬观念，以创造第二自然的方式来建造绿色生态墓园。

二、规划设计理念

生态墓园的规划在理念上延续八宝山革命公墓总体"安魂慰民，追思励志"的主题思想，旨在加强爱国主义教育，弘扬民族文化精神，以营造具有民族特色、与时俱进精神的生态化墓园为中心，树立生态建设新方向。

生态墓园案名为"融真"，"真"即自然，融"真"就是融于自然、回归本真。生态墓园设计意在营造一个充满诗意、富有季相变化、风景优美的环境，为逝者提供回归自然的场所，为生者提供感悟、净化心灵的空间，以契合生态安葬墓区的设计理念。

三、规划设计原则

（一）接近自然，回归自然

以"师法自然，天人合一"作为设计法则，在有限的空间内利用自然、改造自然，实现墓型最小化，绿色空间最大化，使墓型与绿地很好地融为一体，达到远处只见绿不见墓的效果，达到人与环境的和谐自然。

（二）寓教于境，见景生情

在规划设计中综合考虑当地民风、民俗以及传统文化，在沿袭当地原有殡葬风俗的基础上，充分考虑以人为本，从人的生理和心理两个角度出发，营造安全、舒适和富有美感的墓园景观。

四、景观节点设计

（一）入口纪念场地

生态墓园入口纪念场地中央有一座汉白玉的三间四柱"融真"牌楼，场地四周为空旷的草坪墓葬区，视野较为开阔，人们在此收心凝神，感受墓园宁静简单的氛围。拾阶而上，两侧行道树形成夹景，可以看到轴线尽头宽厚沉稳的主题景石，其自然的纹理和气质使人感到平和、安宁，在茂

总体鸟瞰效果图

林、高树、美石中央，静思生命内涵，感悟人生价值。

（二）"饮水思源"纪念场地

"饮水思源"为由弧形的木质休憩廊架、水井小品组成的纪念场地。水景小品造型古朴，辘轳的形式具有革命年代的特征，意在唤醒人们对过去艰苦年代的回忆，更直接表达了"饮水思源"的主题，从而实现对先烈的悼念。

（三）"林泉高致"雕塑纪念景墙

主题雕塑纪念墙位于纵轴线南侧，为高约3m的弧形景墙，用《林泉高致》中的词句和山水装饰画直抒胸臆，感悟山水自然、生命至美，旨在突显墓园的传统文化意境。

（四）"伴岩松寮"纪念场地

简洁的方形木亭位于山腰，为登高远望休憩之处，场地周围堆叠置石，栽植青松、红梅，为集静思、休憩、悼念等功能于一体的场所。

（五）"丹崖"贴壁假山

自然石堆叠的挡土墙与嶙峋的置石构成磅礴的贴壁假山，层层假山时隐时现，犹如高耸入云的山崖，血色"丹崖"二字书写在最高的岩壁上。贴壁假山作为挡土墙的同时也是立体安葬的主体，可实现在最较小的土地面积内安置较多的骨灰格位数，并将墓葬很好地融于自然与景观中。

（六）"松涯天华"纪念场地

圆形广场刻满中华民族特色符号的山水、松鹤等地雕图案，场地边缘的弧形景墙上铸铜远山、浮云、迎客青松等立体图案和装饰。景墙后面的廊架爬满蔷薇，后面山谷溪水潺潺流动，唱响山谷，地面的特色地雕闪耀

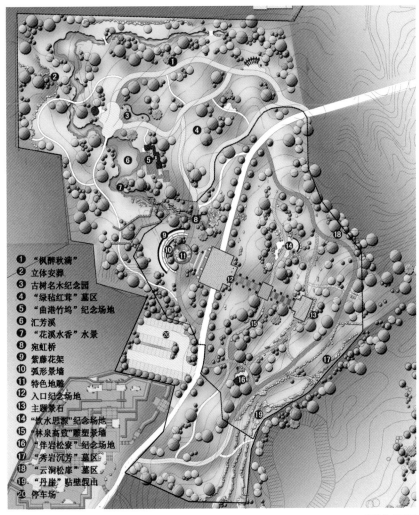

① "枫醉秋满"
② 立体安葬
③ 古树名木纪念园
④ "绿茸红茸"墓区
⑤ "曲港竹坞"纪念场地
⑥ 汇芳溪
⑦ "花溪水香"水景
⑧ 宛虹桥
⑨ 紫藤花架
⑩ 弧形景墙
⑪ 特色地雕
⑫ 入口纪念场地
⑬ 主题景石
⑭ "饮水思源"纪念场地
⑮ "林泉高致"雕塑景墙
⑯ "伴岩松寮"纪念场地
⑰ "秀岩沉芳"墓区
⑱ "云洞松崖"墓区
⑲ "丹崖"贴壁假山
⑳ 停车场

规划平面图

"松涯天华"纪念场地实景

着民族的光辉，人工之美与山水之音交互融合、交相辉映。

（七）"花溪水香"水景

溪水名为汇芳溪，形态自然蜿蜒，犹如巨龙飞腾。溪水由水源头开始顺应山势缓缓流至山脚结束，溪上栽柳植荷，岸芷汀兰。石拱桥名为"宛虹桥"，桥身弯曲，有"天半飞虹界碧霄"之势。

生态墓园景观的设计以营造自由、安宁的氛围为主旨，让人们感受山水自然带来的恬淡，融合环境本真，感悟生命内涵。

设计单位：中外园林建设有限公司

项目主持人：马志明

主要设计人员：李成程　谢诗雨

"林泉高致"雕塑纪念景墙实景

"花溪水香"水景实景

丰富的植物组团景观实景

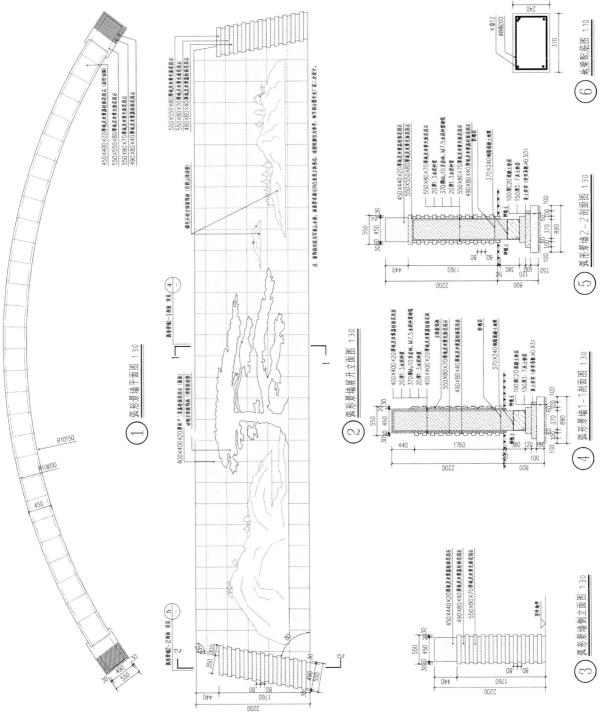

弧形景墙详图

图例

▼ 25.00 场地设计标高
—— 排水方向
25.00 道路设计标高

总平面竖向图 1:350

总平面竖向图（一期）

注:
1. 本设计为八宝山革命公墓生态墓园一期环境景观工程竖向设计图。
2. 图中涉及标高为绝对标高,等高线高差为50cm。
3. 道路、场地、绿地雨水采用自然式排水。
4. 施工过程中如与现状有较小出入,可现场做适当的调整,如情况比较复杂,需与设计方和甲方协商解决。
5. 图中尺寸单位为"m"。

项目位于北京市海淀区东北旺的中关村软件园于西南角，总占地面积139hm²，总建筑面积60余万平方米，容积率0.44。软件研发区的研发中心以组团的形式，在森林绿地中自由疏散分布，充分体现了"让科技融入自然"的宗旨。周边良好的氛围与自然条件给了项目本身很多可借鉴的地理优势。

项目分为C9和C10两个地块，是两组相互呼应的建筑组团，分别为C9地块杰伟研发中心和C10地块尚东嘉华研发中心。其建筑设计的灵感源自"冰河时期的冰川"，形成了由外围主体建筑、中岛、下沉广场等多层次组合而成的建筑组群，因此被命名为"数字山谷"。

现代园林景观不能当做孤立的个体来对待，而是将之视为建筑精神与形式的外延，两者本就是紧密结合的一体。因此，在塑造景观的过程中延展了建筑"冰川"的概念，从竖向转为横向拓展的建筑所要表达的语言。

以"冰川"与"冰原"的特性为切入点，提炼出三元素，分别是冰山本体、冰河中成块的浮冰，以及冰河水流本身。将浮冰与冰河的概念揉入硬质景观。在形式上，通过景观小品、构筑物、铺装肌理的拼接来充分表达；在材料上，通过黑、白、灰的石材与金属材料，从平面到立体交错结合地诠释。

以人为本，合理布局，整个设计从人性化的角度出发。在空间布局上，充分利用建筑本身特点，分为上、中、下三层竖向立体空间，既有整齐开阔的建筑周边办公空间，又有地下穿行的流线性交通空间，在两组建筑当中，还有相对安静的中岛屋顶花园，提供给周边使用人群一个休憩与调剂的场所，最大限度地丰富景观层次，增加使用人群的多重体验。

在交通的组织上，结合办公区的人流及车流动线，合理划分区域，满足安全需要与功能保障，在此前提下，优化人群的体验。

在场地的利用上，结合业主需求，适当布置小广场，以便于后期的二次空间利用，组织不同类型的室外活动，如集会、餐饮、娱乐等。

种植设计注重生态效益。通过相对规则的植物配置，来烘托与强调场所精神。在办公楼前的线性空间中，以规则修剪的黄杨篱和草坪为基础，

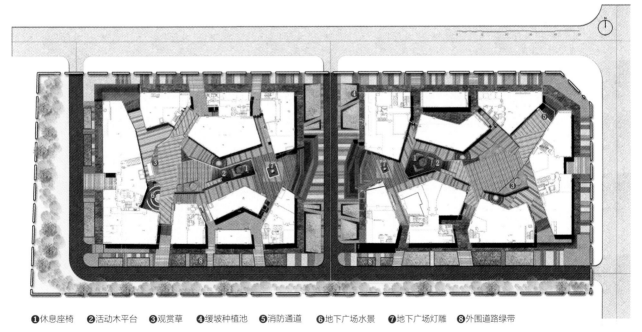

❶休息座椅 ❷活动木平台 ❸观赏草 ❹缓坡种植池 ❺消防通道 ❻地下广场水景 ❼地下广场灯雕 ❽外围道路绿带

总平面图

圆形不锈钢水池

屋顶塑木休息平台

采用杜仲为行道树；在带状空间中，以国槐、栾树等乡土树种为底，配以元宝枫、白玉兰、天目琼花等，打造多季节植物景观。

设计单位：中外园林建设有限公司
项目主持人：方蓬蓬
主要设计人：
张群　尹玉洁　梁宇　李美蓉
设计指导：李长缨

下沉广场

屋顶活动场地

一、项目概况

中央文化管理干部学院毗邻大兴新城核心区，是文化部直属的干部教育培训专业机构，承担着干部的教育培训、教学科研与咨询服务等职能。学院内建筑之间围合出丰富而灵动的庭院空间，但使用功能区域分布散乱，缺乏统筹，整体感较弱，且服务功能相对滞后，不能满足学院职工与学院的使用需求。

二、设计理念

作为改造项目，本方案认真分析现状，在尊重现状的基础上营造场所精神。对建筑功能、已有场地功能、可以被塑造的景观轴线和景观视线进行充分论证，结合对用地性质和建筑庭院空间的深刻分析，与业主、建筑师一起讨论最优的可能性。这不仅仅体现在保留现状已有的较好景观元素上，更是体现在现状景观元素的利用与再设计上，让人们在惊讶景观环境得到巨大改善的同时，也觉得亲切不陌生，充满归属感。

三、主题创意

规划理念定义为"绿色赞歌"：一根柔软的芽茎最终成长为苍劲有力的树干，联系绿体的各个部分，这是一首生命的赞歌。

四、功能分区

（一）核心景观功能区

核心区注重"交流、认同"，设置"涵远庭""知海坞""琅泉庭"3个景区，3个景区以四时景观为主。

（二）庭院休闲区

注重通过季相变化感受时间和空间的转变，设置"跬步园""笃志园""百思远""子贤园"5个景区及入口广场。其中跬步园打造春景，笃志园打造夏景，百思园打造秋景，子贤园打造冬景。

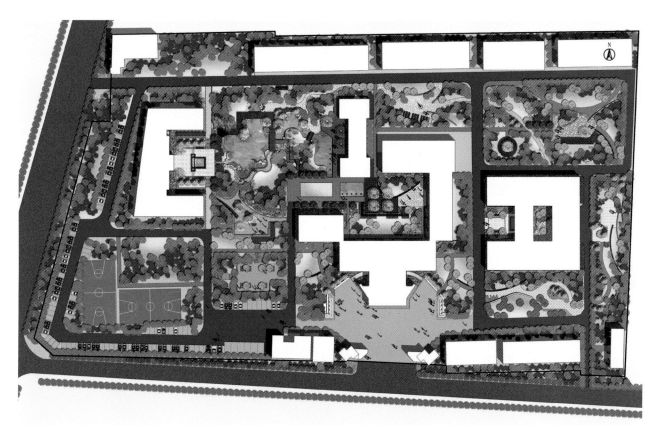

平面图

"知海坞"现状景观亭的保留与再设计

"知海坞"生态一角

五、景观组织

（一）创造一个美丽的绿色校园

创造整体景观系统，犹如一个美丽的公园，所有的建筑都如同从这个公园中"长"出来一样。

（二）衍生多个宜人的主题庭院

为每个功能空间设定合适的主题，利用不同的景观元素来体现各个空间的特色。

（三）打造一个延续的时代典范

景观材料和景观元素体现与建筑的融合，体现前卫的时代特征，并成为可以延续的经典。

（四）呵护一个生态的植物花园

通过疏密有致的植物种植划分功能空间，增加空间趣味性，丰富室外空间体验。

（五）描绘一个宁静的室内室外空间

考虑建筑内部空间向室外的延伸，同时考虑室外景观向室内的渗透。

六、设计特点

（一）化零为整

取消原场地中央贯穿南北的车行路，形成具有一定休憩面积的核心景区。

（二）全局梳理

提升景观环境的同时，对学院的内外交通关系、休闲活动安排、整体视线格局等进行很好的梳理，不但做到环境优美，亦做到功能合理。

（三）升华文韵

结合学院职能特点，以营造富有文化底蕴的景观品质为目标，在尊重已有场地精神的基础上，提炼升华，呈现恬静宜人、具有丰富文化内涵的景观环境。

设计单位：中国建筑设计院有限公司环境艺术设计研究院

设计主持人：赵文斌

主要设计人：

孙文浩　路璐　王洪涛　刘子渝　王婷　刘环　颜玉璞　张景华　曹雷　魏华

"涵远庭"中式意蕴

生态透水铺装

17. 市委东西院绿地改造

2015年度北京园林优秀设计三等奖

一、项目背景

项目位于台基厂路西的市委大院内，北邻中国人民对外友好协会。老市委楼于1958年建成并投入使用，功能以办公及会议为主。原建筑所在的场所，现实及历史意义非凡，经国务院批准，在原址重建。以"传承历史、百年建筑、科学规划、功能完备、科技高效、绿色环保"为理念。原市委办公楼为简化的欧式建筑风格，并融入中式建筑元素。新建筑在继承原有风格的同时，在空间布局和立面设计上顺应时代发展，对其予以调整和创新。

二、设计理念

"注重绿化与建筑协调统一，突出绿地休闲功能，构建和谐、绿色、舒适、实用的办公环境"。通过合理的布局来衬托建筑简洁、庄重的风格，强调景观与新建办公楼风格统一，与市政府办公环境协调；通过植物搭配来营造绿色、舒适的办公环境，为办公人员提供良好的户外休闲空间。

三、总体布局

（一）地面绿化

办公楼东侧面向台基厂大街，是市政府的门面，景观注意协调与建筑立面的关系，设计高大乔木列植，选用具有一定厚度的绿篱作为背景。办公楼西侧绿地为园区内面积较大的绿地，通过复层种植，营造一个绿树成荫的环境，作为办公人员日常的户外休闲空间。交通组织上采用曲路贯穿绿地，局部设置休息平台。因局部为覆土绿化，故组团式密集种植，中间为开敞的绿色空间。

（二）屋顶绿化

办公楼屋顶绿化作为一种新的户外办公空间，设计既体现景观的独特优势，又作为建筑的第五立面，与整体建筑协调统一。

1. 二层屋顶绿化

位于南楼与会议楼二层连接处的平台，是作为会议室的附属屋顶绿化，主要为办公人员提供相对独立的会议、休息空间。平台周边为高1.2m的设备管廊，外饰面为干挂的石材，格栅四周相对封闭。

根据建筑提供的300kg/m²荷载条件，二层屋面定位为简单花园式屋顶绿化。用3种规格的木塑花箱相互组合，并结合木塑平台摆放，形成不同的景致空间。园路曲直结合，采用木塑地板及石材汀步。入口处设计竹子作为"屏风"，可进行一定遮挡。因为受到光照限制，选择景天类及耐阴植物。

2. 六层屋顶绿化

位于主楼六层屋面，面积为2215m²。主楼七层为景观连廊、设备屋面等，本层主要为办公人员提供户外办公及休闲空间。建筑外立面包括女儿墙，整体极具雕塑感，屋顶绿化设计既要突出园林的特色，又要体现建筑的特点。

根据建筑提供1200kg/m²的荷载及设计要求，将本层定位为花园式屋顶绿化。设计之初，在采取自然式园

建筑主体实景

夜景照明实景　　　　　　　　　　　　　　　　　　六层屋顶绿化实景

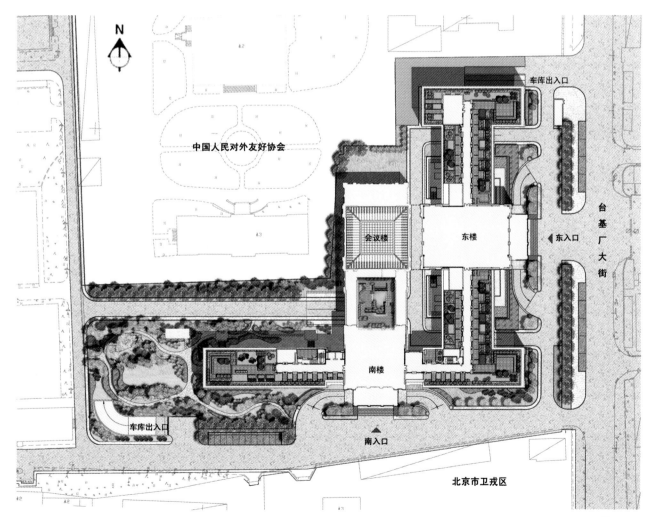

中国人民对外友好协会

会议楼

东楼

南楼

车库出入口

东入口

台基厂大街

车库出入口

南入口

北京市卫戍区

总平面图

林还是几何规则式园林构成方式上产生了意见分歧，经过对建筑整体统一性、政府办公氛围、日常养护成本等的多方面论证，最终选择几何式的设计手法。在构图和节奏上延续建筑的框架格局，并与建筑立面分格相互对位。考虑从景观连廊中向外看的效果，在靠近女儿墙处设计为同建筑外立面同色的石材贴面花池，前面栽植层次鲜明的规整式植物，与景观连廊的窗户、石材幕墙相对应。铺装则采用木塑地板，横纵分格对应建筑立面，在与建筑外墙相连接处做白色碎石浮铺处理，软化了衔接处。屋面留出6m宽的检修通道，保证日常养护及楼梯维护，并做碎石浮铺的处理。

四、结语

通常行政办公楼的绿化需要满足人们对环境质量的需求，通过种植树木、花草，营造一个绿树成荫、空气清新、优美舒适的工作环境，从而提高工作质量和效率，起到绿化和美化的效果。本项目尊重传统、注重可持续发展的设计理念，显得尤为重要。

设计单位：北京市建筑研究院有限公司
项目负责人：张果　陈曦
主要设计人：陈曦

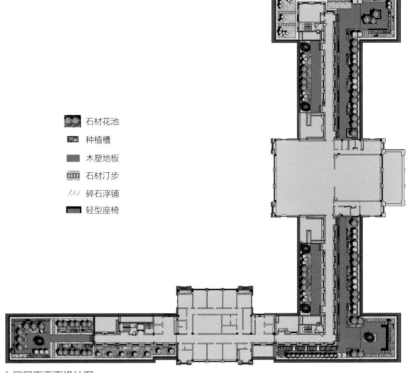

石材花池
种植槽
木塑地板
石材汀步
碎石浮铺
轻型座椅

六层屋面平面设计图

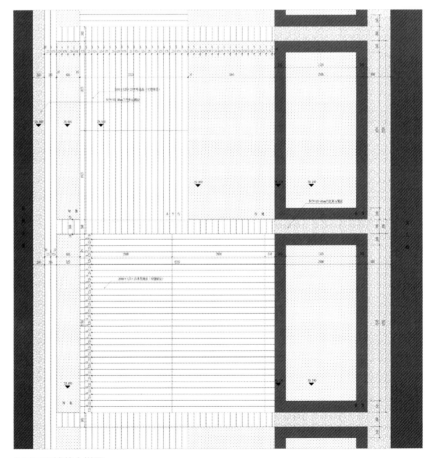

六层屋顶铺装大样图

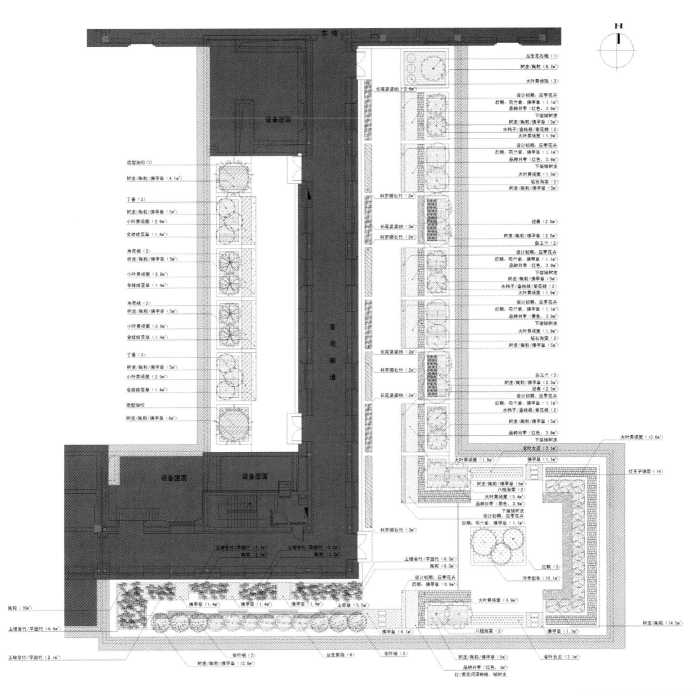

六层屋顶种植分段平面图

其他附属绿地
2016年度

18. 北京京东集团总部

2016年度北京园林优秀设计一等奖

一、项目概况

在深入人心的中国传统园林意境中加入现代功能和创新的科技元素，是京东商城总部景观的魅力所在。项目位于北京亦庄，项目面积2.9hm²，设计以"e江南"为主题，将电子科技与古典园林相结合，在当代精神之外保存一份文化记忆。

二、设计理念与策略

"e江南"为"忆江南"的谐音，设计以古典园林中常见的影壁、翠竹、条石铺装为灵感，将江南古典园林的造景手法与现代园林结合。通过影壁围合，既遮蔽了设备，又形成大小错落、可分可合的空间。而步移景异的小径之中，园灯的设计则取材于家具宫灯，得其韵味，去其繁形。

依据位置与功能的不同，设计将室外场地分为"宾至""通幽""林静""芳汀""灵泉"等区域。每个区域在功能有所区分的基础上，力图展现不同的文人意境。如"芳汀"区域

京东商城总部入口设计

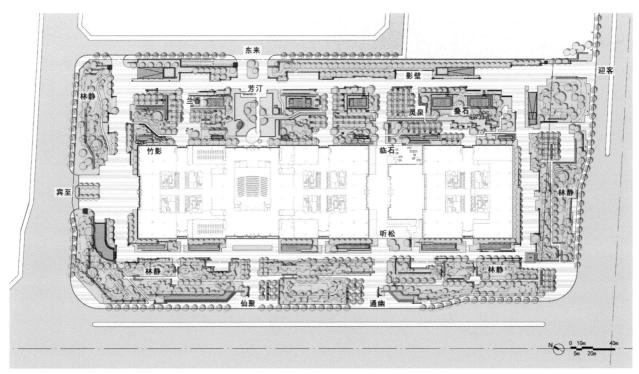

京东商城总部平面图

是建筑主入口处的一片水景，位于场地东侧。静水面中央设置了圆形平台，5棵点景树形成视觉焦点。踏水而入，隔岸观花，营造所谓伊人在水一方的诗意画面。在影壁分隔出的大小空间中，偶尔出现花卉类植物点缀其中。"灵泉"区域与"芳汀"由水系相连接，与错落有致的山石一起，营造一种"虽在城市，有山林之致"的办公环境，让人们能够产生寄情于山水的雅兴。

"竹影""临石""听松"3个区域则是与主建筑相邻的室外庭院空间，设计师利用竹、石、松等古典园林中的代表元素，形成框景，营造精致的小空间。在屋顶庭院中，简洁的窗架与繁茂的竹叶相互映衬，窗上字符的投影与婆娑的竹影相得益彰。场地内有一些不美观的建筑附属设施凸出地面，通过影壁围合，既遮蔽了设备，又形成大小错落、可分可合的空间。

三、色彩设计

正红色既是京东集团的标志性颜色，又是体现古典韵味的"中国红"，京东总部的座椅、灯柱、树池等户外家具均有这种颜色元素，在郁郁葱葱的植物背景中，显得十分醒目。景观小品的造型也是别具一格，体现东方情趣。

四、种植设计

植物是构成空间的重要元素。设计者在室内通过墙壁、布帘等物体来围合空间；而在室外，植物的枝干、叶子、铺满植物的地面则成为形成户外空间的主要材料。人们在户外会开

条形栅格"影壁"遮蔽设备，分隔形成错落的空间

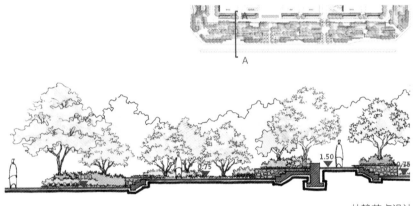

林静节点设计

树阵

企业文化与景观设计熔于一炉

展不同的活动，需要不同尺度、不同氛围的空间。

主体建筑西侧是车行主入口，也是企业面对所有到访者的形象窗口，丽影婆娑的植物生长在入口两侧，为京东总部大楼营造了一个优雅大气的开场。芳汀景区位于建筑鸟瞰视角下的核心区域，一方镜面水池，中央椭圆形草坪上点缀的7株元宝枫，使园林在宁静沉稳中散发东方美，来访者能够踏水而入，隔岸观花，营造所谓

芳汀区

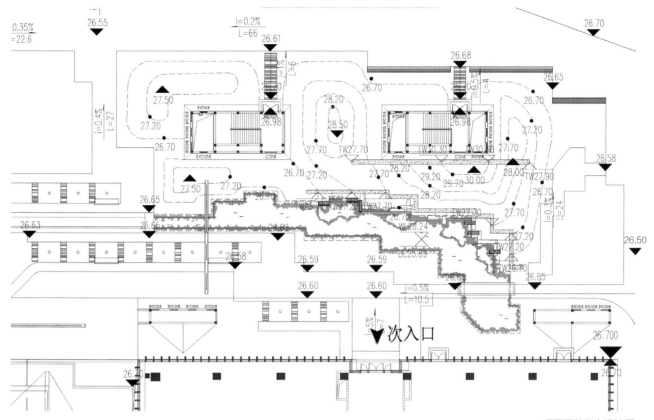

项目局部竖向设计图

伊人在水一方的诗意画面。在接待厅室外，以竹林为背景营造精致的对景小空间，形成框景。

在项目东侧的银杏林，笔挺的树干和整齐的阵列勾勒出规整的线条，与京东主体建筑相呼应。东北片区则显得相对灵动活泼，樱花等观花植物更为该区域营造自由烂漫的氛围。而在树阵广场相间种植了樱花、栾树等具有很高观赏价值的乔木、乔灌木，在夏天为行人提供丰富的树荫和林下活动空间。建筑物南侧场地整体都比北侧窄，设计了一定的地形起伏，增加游园趣味。东南侧种植空间相对闭合而自然，多常绿植物和大乔木，提供了丰富的乘凉场所，大乔木在建筑南侧也能生长更旺盛。顺着园路向西漫步，可来到合欢树阵广场，为自然

婉转的种植空间增加几分硬朗。西南侧与东南侧大致相同，形成整个建筑物南侧丰富灵动的种植空间，用林荫效果与挡墙营造城市界面的入口小广场，游走其间体验柳暗花明又一村的美妙意境。

整个场地以大面积充满原野气息的观赏草为基底，叠加井然有序的树阵，结合南方古典园林的造景手法，通过影壁围合成大小错落、可分可合的空间。通过步移景异、小中见大的造景手法，营造生动有趣的办公空间。

园区内水景景观

园区内的休闲座椅

局部鸟瞰图

兼具古典意境的现代设计

兼具古典意境的现代设计

设计单位：易兰规划设计院

主要设计人：陈跃中　罗锐　莫晓　张金玲　王平　唐艳红

一、项目概况

北京中信金陵酒店坐落在北京平谷区西峪水库东南半山之上，酒店建筑背山面水，分为山下的运动休闲区、山腰间的主体建筑群及山顶的高级套房区。景观设计对象主要为建筑周边山体和湖区，设计面积10.63hm²。

项目存在的主要问题，是酒店设施建造过程中山体大规模的开挖对原有生境造成了程度不等的损伤，生态

环境有待修复。此外，酒店建筑体量较大，并有大量台阶和室外消防疏散通道，需与周围山体有较好的融合。还考虑到五星级酒店必须营造独特的自然环境和场景意境，做到可居可游，才能拥有吸引力和持久的竞争力。

二、设计理念

景观设计更加重视周边自然环境与建筑之间的关系，打破人与自然、

人工与原生态间的界限，使景观设计以"无我"境界存在其中，将建筑与山地生境融为一体，相得益彰。

同时，富于创意地借鉴中国传统艺术的精髓，尤其是传统山水画的艺术手法，就地取材，因地制宜，既实现了生态环境的修复与改善，又营造"环境如画，人在画中"的境界，恢复与创造诗意化的山水园林景观，构建良好而丰富的生态系统。

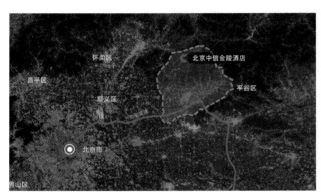

项目区位

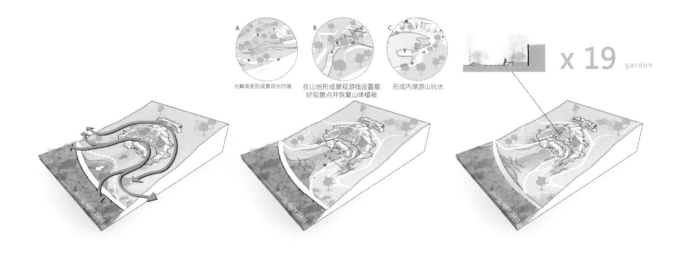

化解高差形成景观化挡墙　　在山地形成景观游线设置最好观景点并恢复山体植被　　形成内湖游山玩水

建立联系　　　　　　　化解高差、设计景观游线　　　　　　　化解建筑体量

通过设计，弥合与重建自然环境与建筑之间的关系

扩大湖景，建立山地雨洪管理系统

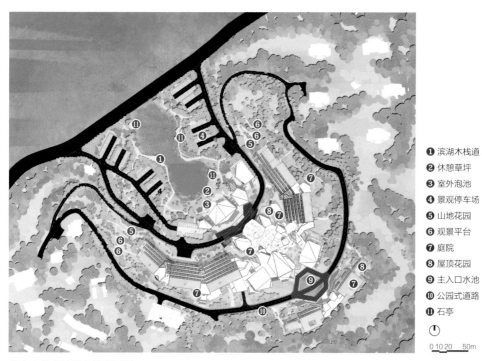

北京中信金陵酒店总平面图

❶ 滨湖木栈道
❷ 休憩草坪
❸ 室外泡池
❹ 景观停车场
❺ 山地花园
❻ 观景平台
❼ 庭院
❽ 屋顶花园
❾ 主入口水池
❿ 公园式道路
⓫ 石亭

0 10 20   50m

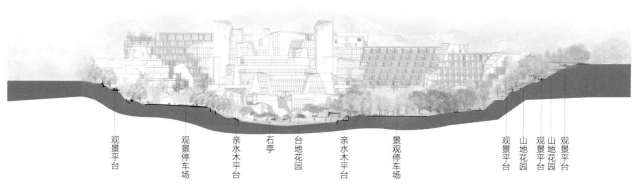

北京中信金陵酒店景观剖面图

三、设计手法

（一）扩大湖景，营造天然图画

酒店坐落的山坡之下原为一片淤塞的洼地、泥塘，周围生长着野生的柳树、槐树。将水库水引入至山脚，扩大了湖景。运用传统园林艺术"借景"的手法，将西峪水库的湖景和远处山景融入场地之中。此外，保留了原有树木，沿湖岸种植了大量水生、湿生植物，设计了景观平台、木栈道等亲水设施，丰富了游赏路径。梳理后的周边地形、保留的现有植被和生态驳岸，将景观湖与周边环境融合，形成一幅天然的图画。

（二）通过园林设计手法将建筑的功能性载体景观化

景观设计重视建筑、周边环境及自然环境之间的衔接与画面感。建筑两侧的客房区臂展至山腰两端，首先将客房区各层的室外疏散楼梯通过景观设计手法，转化为错落于山坡间的坡道、游径与观景休闲平台，并与挡土墙及植被组成山地花园。同时依照山、水、建筑及周边环境的视线关系形成不同视觉场景的景点与观景点，

由景观内湖望向酒店

从酒店望向西峪水库

山坡间的坡道与观景休闲平台

石笼挡墙

并与步行路径串联形成系统的游赏路线。

（三）将自然风景引入内庭设计，丰富酒店活动场所

项目借鉴了中国传统山水画"平远、高远、深远"的创作手法，将自然引入建筑之中，主体建筑北入口两侧由台阶可至各层屋顶花园，散落在建筑夹缝间的19个室外庭院形成不断变化的空间片段。自然渗透流淌到建筑之中，建筑与山林穿插交融。此外，多样化的场地可以举办各种形式和规模的活动，为酒店带来经济收益，将场所转化为生产力。

四、艺术手法的生态修复

（一）景观湖与山地雨洪管理系统

由于山地地形的特殊性，普通雨水管不能够完全合理地解决山地环境的雨洪问题，而景观湖具有重要的集蓄雨水的功能。湖岸的湿生植物群落可以改善水质，有利于生物的栖息和繁衍。

（二）修复山体，运用生态手段将建筑掩映于自然之中

项目面对的问题是，已有设施对部分山体损伤较大，所以将生态工程与造景结合，采用当地山石碎料装填石笼，构筑生态挡墙。在挡土墙、建筑外立面种植地锦等攀缘植物，石笼挡墙内添加乡土攀缘植物及草籽组合，尽可能通过植物生长隐藏人工痕迹。

（三）适地适树塑造四季景观

对树种精心选择，使园中之景可"应时而借"，时令不同，园内湖光山色也呈现不同的景象和韵味，产生丰富的美感和深邃的境界。

此外，栽植周边原生山野植物及岩生植物在场地内进行繁衍，达到充分融入山水环境的效果，并为从其他地方移除的植物提供庇护地，将其移植在园区适宜的位置。

（四）预制再造石艺术混凝土的应用

项目应用了预制再造石艺术混凝土，可以在色彩、肌理、形状、面幅诸方面实现复杂变化的设计意图。设计施工期间，与厂家反复进行材料样板实验，为解决室外铺装的坚固和防滑问题，尝试了不同肌理，最终选择地面上的树影作为肌理，使庭院铺装与建筑和周边环境完美融合。

设计单位：中国城市建设研究院无界景观工作室

项目主持人：谢晓英

主要设计人：

谢晓英　张琦　瞿志　雷旭华　张婷

李萍　周欣萌　欧阳煜　颜冬冬　杨灏

庭院铺装与建筑立面相呼应

一、项目概况

中粮祥云国际生活区是易兰为中粮集团倾力打造的又一力作。生活区地处临空经济带和中央别墅区核心区，北望新国展，西临首都机场，并与温榆河的支流——龙道河隔路相望，区域内贯穿多条主要交通干道，四通八达的多维交通与优越的区域位置铸就了一个面积达52万m²，兼有高端居住与国际商贸的现代国际生活样板区。

二、设计理念和策略

中粮后沙峪祥云小镇位于北京市顺义区，占地面积3.0hm²，是易兰从方案到施工图全程设计的景观项目。项目建成后，中粮后沙峪祥云小镇成为顺义地区地标级的高端生活场所，也是最聚人气的核心商业街。商业街以"国际化、高品质、漫生活、情感圈"为核心定位，秉持"花园式购物体验中心"的设计理念，旨在为北京中高端、对生活有追求的消费群体打造一个充满活力与趣味的户外商业空间。该项目落成后，成为顺义区地标级的高端休闲场所，也是北京远郊最成功、最聚人气的核心商业街。

祥云小镇景观项目主要分为入口节点、商业沿街面和商业内街3个部分。以多层次的绿化种植、趣味性景观小品及特色化的铺装为主要手段，塑造了一条充满活力的花园式商业街。

对入口节点进行了重点塑造，向市民展现祥云小镇的精神风貌。南侧的主入口处以水景、绿植组合、充满特色的雕塑与曲线铺装相结合，向市

中粮后沙峪祥云小镇商业街入口节点

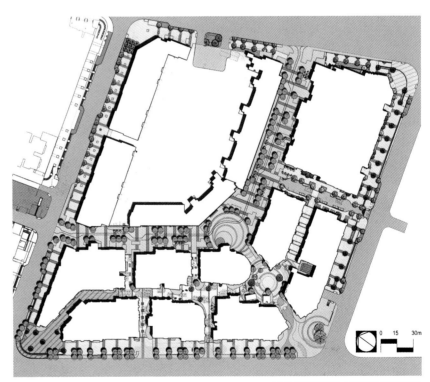

中粮后沙峪祥云小镇商业街平面图

民展现商业街充满活力的氛围。东西两侧次入口处，以线性铺装及灯带作为引导，将市民引入商业内街。场地内节点设计预留场地和草坪区，配合

不同的节庆、主题活动，丰富商业空间体验。

商业沿街面的设计提升了商业街的整体形象与吸引力。设计师增加沿

花园式购物体验中心

遍布商业街的雕塑

新颖别致、彩色明快的人形雕塑

街绿化面积，力图塑造花环式商业沿街面。外街主要以疏林草地种植为主，通过银杏、草坪、草坡以及低矮的花灌木组合，打造开敞舒朗的环境。同时，通过草坡绿化缓解市政道路与场地间的高差，大乔木有效隔离了道路上的灰尘与噪声，为市民提供了一个相对安静轻松的休闲购物环境。

商业内街是市民活动的主要区域，强化花园式购物体验场，设计上主要以绿篱、花灌木及乔木进行点植，树池、花架、可移动式盆栽和垂直绿化等增加绿化面积，以绿化种植柔化建筑带来的刚硬的空间感受。同时，乔木的组合设计结合喷雾设施，为市民创造更加舒适、自然、惬意的微气候环境，强化商业街的花园式购物体验。

在增加临街商业建筑绿地面积时，樱花、海棠、紫薇等开花灌木得到大量运用，丰富的季相变化带来独特的景观体验。彩色人形雕塑作为标志性形象，散布在主要节点和广场上，新颖别致的造型和活泼明快的色彩带来强烈的互动感。

在内街的店铺前，结合户外铺装设计户外场地，可以由不同商家灵活布置。在统一绿化之外，增加移动式的盆栽、种植钵与小型花架，这些绿植可以与户外座椅灵活地结合在一起，形成丰富多变的空间，丰富商业空间氛围，为市民提供户外休息的场所。

在内街节点预留出场地，可以根据不同的商业主题活动放置不同设施。夏天结合互动式喷泉、旱喷和彩

丰富多变的移动式盆栽为店铺提供了灵活多变的户外空间

精心设计的户外座椅及雕塑

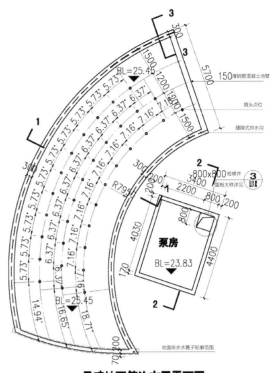

旱喷地下管沟布置平面图 1:100

旱喷地下管沟布置平面图

商业街内旱喷

色的圆环形游乐设施，以充分满足儿童的游戏需求，每到节假日就成为孩子们嬉戏的天堂，为商业街带来生机与活力。

设计单位：易兰规划设计院
主要设计人：
陈跃中　许晓霖　王少博　高慧萍
张春林　任建玲　穆二东

商业内街充满活力与趣味的户外空间

主题儿童游乐设施

"915"项目景观工程位于北京市丰台区金中都南街17号，丽泽金融商务区内，是一个综合办公景观项目，项目占地4万m²，建筑占地约1万m²，景观面积约3万m²，代征绿地面积约1.8万m²。

整个办公场地可以划分为"办公空间"和"生活空间"两个场所空间。对于办公空间，强调打造出"布局合理、简洁大方、经济实用、生态环保，能够体现审计文化"的景观感受。设计中心轴线贯穿整个场地，中心广场景观布局严格对称。通过布置中心草坪、对称树阵等多种景观元素，力求使中心办公区域简洁、大方。对于生活空间，努力营造"集休息、健身于一体，能够满足职工生活需求，且具有四季有景、四季景不同"的景观氛围。在景观处理手法上，通过丰富的种植设计，结合健康步道合理地搭配乔灌草层次、复合式种植，并点置健身休闲小广场等景观节点，包含丰富的林下散步、休息空间，以打造休闲花园景观，使生活空间安全、优美、恬静、舒适。

围绕主办公楼，设计了"汲古含今""玉堂富贵""桃李争春"3个各具特色的休闲绿地。"汲古含今"场地原有古河道通过，因此在该游园中设置旱溪，承袭历史，延续场地特色。建设中挖掘出大量卵石，可作为级配砂石利用。极具游览趣味的旱溪，结合置石、汀步形成濒临溪流的空间形态，周围种植柿树、核桃等观花结果植物，塑造花园惬意自得的游览感受。"玉堂富贵"则沿弯曲步道设置活动场地，种植以白玉兰、海棠类植物为主，开花观果，寓意着"玉堂富贵"，围合出一篇宁静的休闲空间。"桃李争春"场地设计了卵石活动场地搭配石条坐凳，种植上以桃树和李树作为骨干树种，打造一片春季有花、秋季观果的欣欣向荣的景色。

设计师还利用场地景观条件，将整个办公场所的人行步道连接成环，

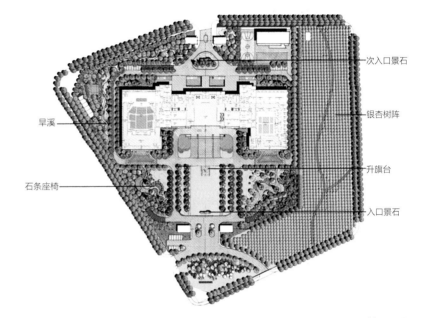

次入口景石

银杏树阵

升旗台

入口景石

旱溪

石条座椅

总平面图

中心广场

北入口道路

设计成健康步道。千里之行，始于足下，将人行小园路铺地设计成特色石笋等利于人行走健身的铺装材质，周边种植遮荫效果好的植物。健康步道亦是绿色步道，方便在此办公的人们散步锻炼，打造一种健康向上的生活理念和生活态度。

绿化物种选择适宜当地气候和土壤条件的乡土植物，且采用包含乔、灌木的复层绿化。通过技术经济比较，设计采用透水地面，设计雨水花园，运用中水等再生水，合理采用垂直绿化，打造节能、节地、节水的环保理念。

设计单位：中外园林建设有限公司
项目主持人：孟欣　薛冠楠
主要设计人：
杨开　富饶　张群　尹玉洁　李美蓉
设计指导：郭明　李长缨

玉堂富贵

健康步道

汲古含今